図解
SOLID
WORKS

図解 SOLIDWORKS 実習

第3版

3次元CAD完全マスター

株式会社プラーナー 編

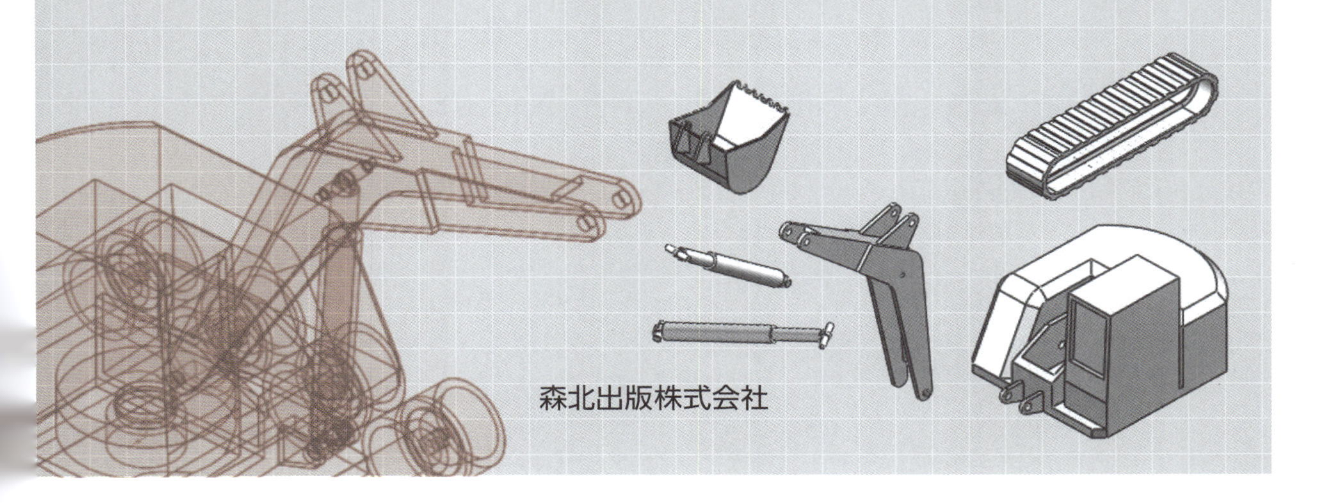

森北出版株式会社

■ダウンロードのご案内■

第2章における練習問題の解答モデル，第4章の3DAモデル，および「Shovelcar」の図面を，下記の森北出版のWebサイトからダウンロードできます．ご活用ください．

https://www.morikita.co.jp/books/mid/066663

まえがき

3次元CADが登場し，4半世紀以上が過ぎようとしています。当初は，航空宇宙や自動車などの極めて限られた産業分野に利用されていた3次元CADも，現在では開発製品の品質を向上させ，納期を短縮し，またコスト削減を実現するための重要なツールとして，多くの産業で利用されるようになりました。また，パソコンの高性能化・低価格化が進むなかで，操作性がよく比較的廉価な3次元CADとしてSOLIDWORKSが登場することにより，大企業だけでなく，中小企業や個人事業主にも利用されるようになりました。

開発や設計現場は3次元CADでデータを作成し，そのデータを用いての各種解析（CAE）がおこなわれ，製造現場でもそのままデータを利用して加工につなげる（CAM）など，ものづくりの各工程で一貫してデータを活用する動きも高まりつつあり，ますます3次元CAD技術者が必要とされてきています。

このような状況のなかで，多くの企業や教育機関で利用されているSOLIDWORKSの基本操作を，気軽に楽しく修得していただくことを目的に，2007年10月に本書の初版を発行いたしました。その後，第2版を経て，今回第3版が発行できることをうれしく思います。本書は，実際に設計業務に携わっている方のみならず，学生や一般の方でも理解しやすいように，図をふんだんに用いながら，また実際にSOLIDWORKSを操作しての学習を意識して，操作手順に迷うことがないように心がけながら解説しています。

SOLIDWORKSの特徴と基本操作を解説した後，工学系エンジニアにはおおいに興味をもってもらえるであろうショベルカーを取り上げ，1つ1つの部品をモデリングし，組み立てる例題を用意しています。知っておくと便利な機能やモデリングのコツを，**Point**として場面場面に用意しました。本書を一通り完了していただくことで，SOLIDWORKSの基本操作を修得できるだけではなく，完成させる喜びも体験できることが大きな特徴となっています。

第3版発行におきましては，毎年バージョンアップがおこなわれるSOLIDWORKSの，最新版であるSOLIDWORKS2019に対応させ，画面の変更はもちろん，新機能を盛り込んだ操作説明への変更をおこないました。また，もう一点追加したのは，3次元モデルの有効活用という点です。第2版では，与えられた題材をもとに，部品，アセンブリ，そして図面を完成させるところまでを説明しましたが，今回，第3章の最後には，一度つくったアセンブリを変更する方法やその際のファイル管理方法などについても触れて内容を充実させました。これは，皆さんが設計した製品の改良製品を開発する際に，もとのモデルを有効に活用して，効率的に3D設計をおこなうのに役立てることができます。3次元モデルの有効活用としてはもう1つ，第4章に「最新の幾何公差図面」を追加しています。グローバルなものづくりを展開するにあたって，どこの国で部品をつくっても，どこの国で組み立てても，同じ品質の製品ができ上がるようにするために，幾何公差を使用した図面を描くことが必須となっています。ここでは，SOLIDWORKSに標準で搭載されている「MBD Dimension」を使用して，3DAモデル（紙の図面ではなく，3次元モデル上に寸法・公差・注記・材質などを定義したもので，現在規格化が進められている）を作成し，幾何公差を使用した図面作成例を体験していただきます。

最後になりますが，初版から続き，第3版の発行に際してご協力をいただきましたソリッドワークス・ジャパン株式会社様，そして，執筆する機会を与えてくださった森北出版の二宮様，藤原様に，厚く御礼を申し上げます。

2019年8月

著者一同

もくじ

もくじ

Point 一覧

第1章

SOLIDWORKS の特徴

本章では，世界でもっとも普及している３次元CADであるSOLIDWORKSの特徴を解説します。SOLIDWORKSのドキュメントの種類とファイル管理のポイント，モデルの修正やモデルバリエーション追加に有効なパラメトリック機能，モデルに盛り込むことができる設計意図について説明します。

この章での学習内容

1.1 SOLIDWORKS のドキュメント

SOLIDWORKS では「部品（Part）」「アセンブリ（Assembly）」「図面（Drawing）」の3つのドキュメントを扱います。SOLIDWORKS における「ドキュメント」とは，データファイルのことを表します。

1.1.1 部品ドキュメント

部品ドキュメントは，フィーチャー※を組み合わせて作成します。「組み合わせる」とは，粘土を追加したり，あるいは粘土を取り除いたりするイメージです。フィーチャーには「スケッチフィーチャー」と「オペレーションフィーチャー」の2種類があります。ファイルの拡張子は「.SLDPRT」です。

部品ドキュメントのアイコン

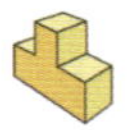

スケッチフィーチャー

平面上でスケッチ※を描き，それを押し出したり，回転させたりしてソリッドモデル※を作成するフィーチャーです。押し出し，回転，スイープ，ロフトなどのコマンドがあります。

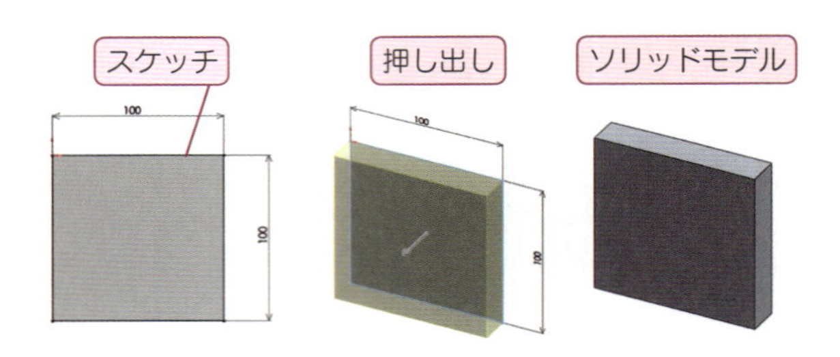
スケッチ
押し出し
ソリッドモデル
100
100
100
100

オペレーションフィーチャー

ソリッドモデル上に直接作成するフィーチャーです。フィレット，面取り，シェルなどがあります。

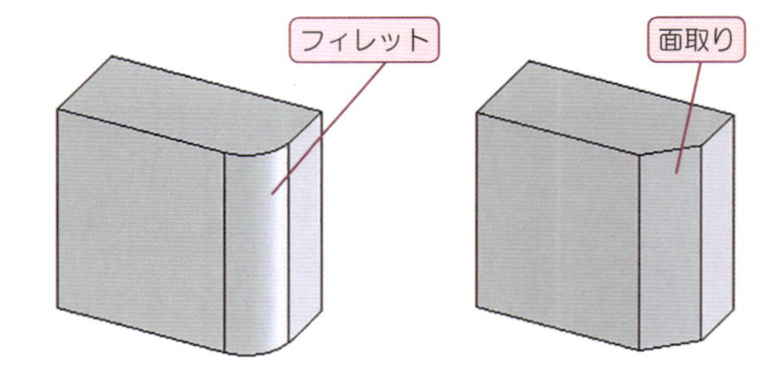
フィレット
面取り

Point 1 フィーチャー・スケッチ・ソリッドモデル

- フィーチャーとは「特色・特徴」という意味です。SOLIDWORKS では，フィーチャーを組み合わせることにより部品形状を構成します。
- スケッチとは，2次元平面上に3次元形状のもととなる輪郭などを描くことを表します。
- ソリッドとは，体積をもったかたまりのことを表します。

1.1.2 アセンブリドキュメント

アセンブリドキュメントとは，部品ドキュメントやアセンブリドキュメントを「合致」という関係によって組み合わせたドキュメントです。アセンブリドキュメント上で使用した部品・アセンブリドキュメントは，アセンブリドキュメントとは別のドキュメントとして存在しています。ファイルの拡張子は「.SLDASM」です。

アセンブリドキュメントのアイコン

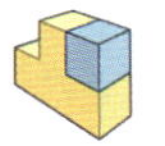

1.1.3 図面ドキュメント

図面ドキュメントとは，部品ドキュメントやアセンブリドキュメントのイメージを投影して 2 次元図面にしたドキュメントです。また，2 次元 CAD と同様に作図することも可能です。ファイルの拡張子は「.SLDDRW」です。

図面ドキュメントのアイコン

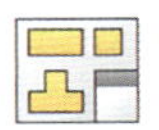

1.1.4 ドキュメントの相関関係

SOLIDWORKS で作成されたモデルは，部品と，それを使用しているアセンブリや図面の各ドキュメントで完全な相関関係をもっています。

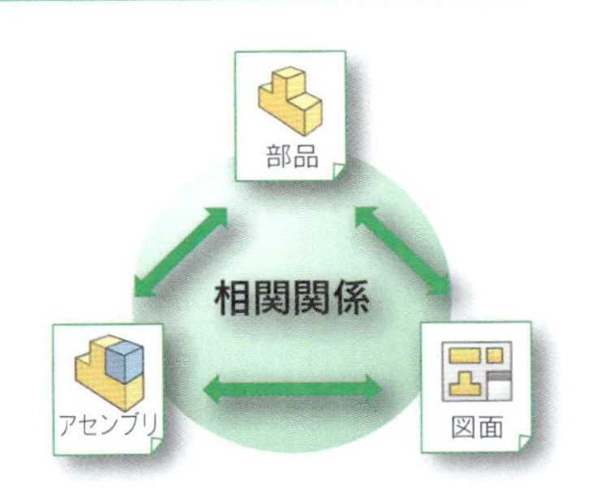
部品
相関関係
アセンブリ
図面

たとえば，部品の寸法を変更した場合，その部品をもとに作成されたアセンブリドキュメント・図面ドキュメントにも，変更が反映された寸法が適用されます。逆に，アセンブリドキュメントや，図面ドキュメント上で部品ドキュメントに変更を加えた場合も，関連する部品ドキュメントでその変更が反映されます。

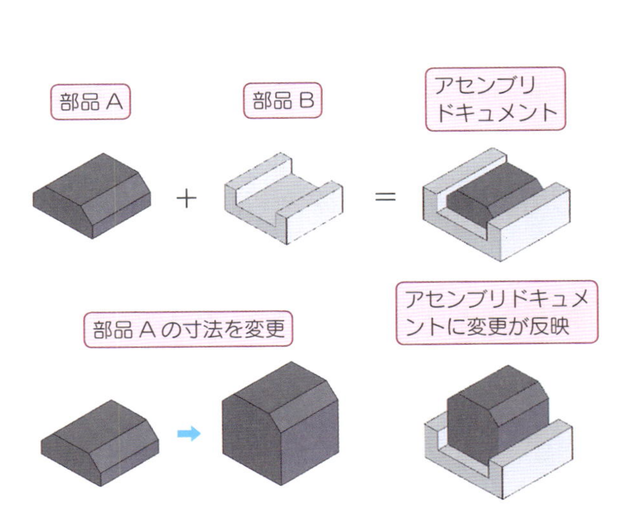
部品 A
部品 B
アセンブリ
ドキュメント
+
=
部品 A の寸法を変更
アセンブリドキュメントに変更が反映

1.1.5 ファイル名とファイルの管理

SOLIDWORKSのドキュメントは相関関係をもっていますので，ファイル名やファイルを保存する場所の管理が重要となってきます。たとえば，あるアセンブリドキュメントを構成している部品ドキュメントの名前や保存場所を変更すると，そのアセンブリドキュメントを開いたとき，その部品ドキュメントが参照できなくなってしまいます。

部品ドキュメントの名前を変更したときには，それを使用しているアセンブリドキュメントにおいて，変更後のドキュメントを指定しなおす必要があります。

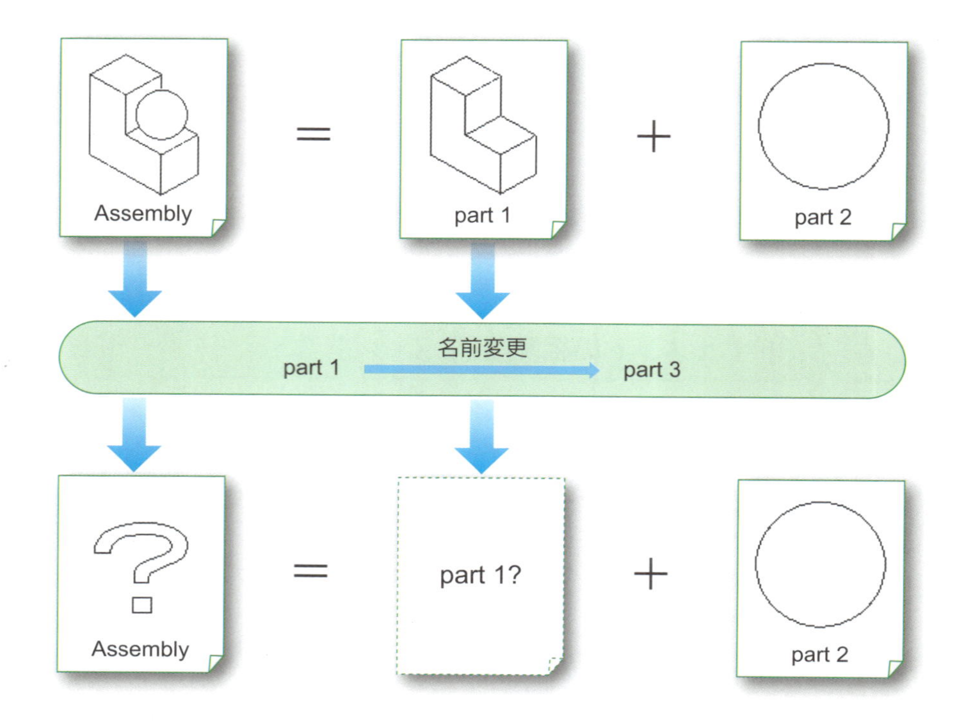
Assembly
=
part 1
+
part 2
名前変更
part 1
part 3
Assembly
=
part 1?
+
part 2

また，1つのアセンブリドキュメントに同じ名前の部品ドキュメントを使用する場合には注意が必要です。

SOLIDWORKSは違う形状として作成したドキュメントでも，同じ名前をつけた場合は，同時に開くことはできません。この場合，先に開かれているドキュメントが優先されます。したがって，本来開きたい部品とは異なる部品を開くことになります。

注意 ファイル管理上でトラブルを起こさないために，ファイル名を後から変更する必要がないように，ファイル作成時にしっかりと決めることが重要です。とくに図版などにおいては，重複しないファイル名を利用することをお勧めします。
ただし，付属ツールの「SOLIDWORKS Explorer」では，ファイル名や保存場所の変更が可能です。

1.2 パラメトリック機能

SOLIDWORKS は，寸法数値や設定を変更するだけでモデルのサイズや形状を変更できるパラメトリック機能を備えています。この機能により，設計変更やモデルバリエーションの追加などを，より効率よくおこなえます。

パラメトリック機能によるモデルサイズ変更例

パラメトリック機能を用いてモデルのサイズを変更してみましょう。

1 モデル寸法を表示させます。
変更したい寸法値をダブルクリックします。

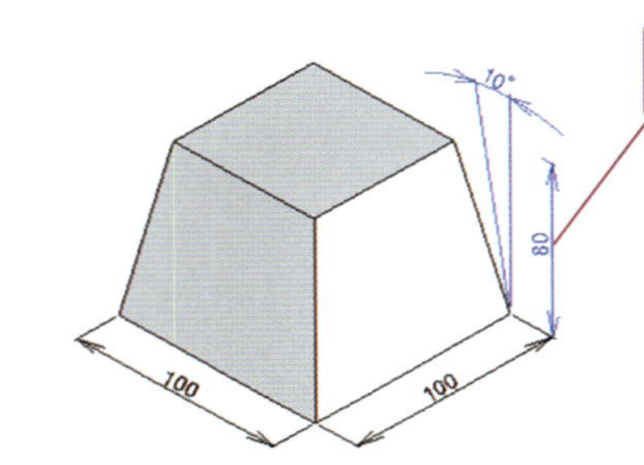
10°
80
100
100
❶ 寸法値を
ダブルクリック

2 寸法修正ダイアログボックスが表示されますので，修正したい寸法値を入力します。

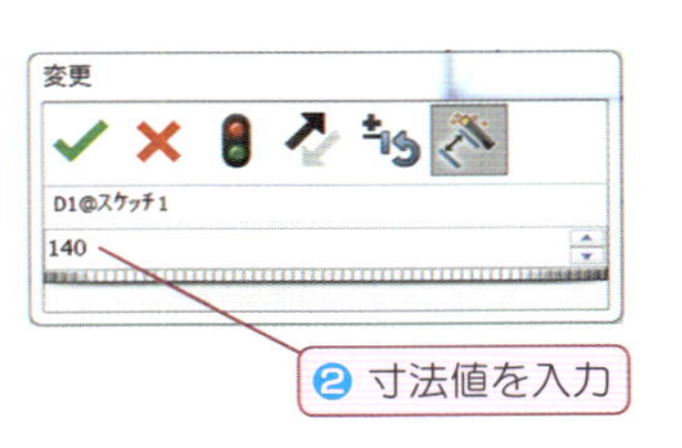
変更
D1@スケッチ1
140
❷ 寸法値を入力

3 モデルを再構築※します。
モデルサイズが新しい寸法値に変更されます。

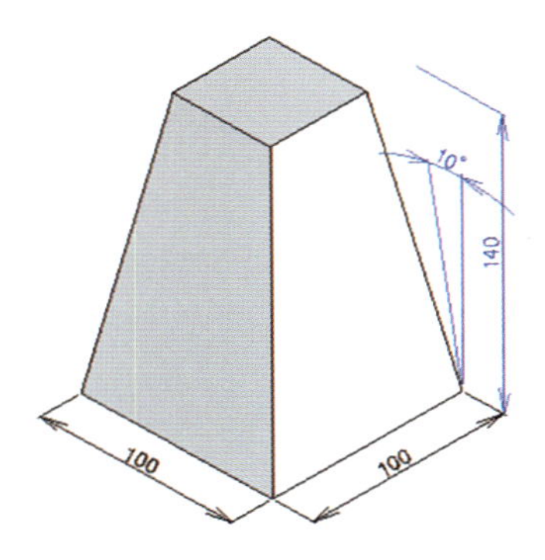
❸ モデルを再構築
10°
140
100
100

Point 2 再構築

モデル形状を定義している寸法や設定に変更を加えた場合，その変更をモデルに反映させるための作業を再構築とよびます。モデル形状を再計算し構築しなおします。

1.3 設計意図

設計意図（Design Intent）とは，作成するモデルの趣旨・目的，役割や機能に沿ったモデリング方法を考えることです。パラメトリック機能などにより変更を加える場合，モデルがどのように反応すべきかを考えて作成することが大切です。設計意図は，部品作成のときにおこなうスケッチの寸法付けや拘束条件，寸法間への関係式の追加や使用するフィーチャーの選択などにより盛り込むことが可能です。

設計意図の例

スケッチの例

扇形の角度を 30° から 60° に変更しましょう。「対称」という設計意図の有無により，角度変更後の形状が異なります。

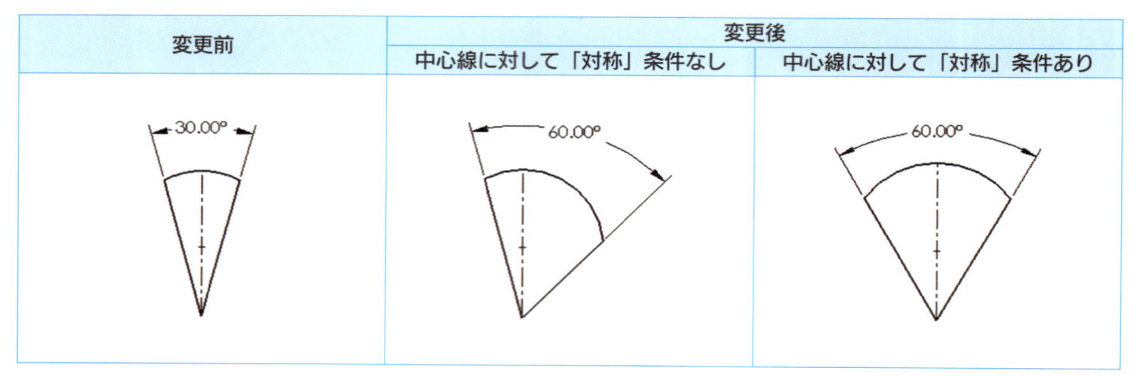

変更前	変更後	
	中心線に対して「対称」条件なし	中心線に対して「対称」条件あり
30.00°	60.00°	60.00°

寸法間の関係式の例

円柱の直径をφ 100 からφ 80 に変更しましょう。穴位置の寸法（40）と円柱の直径（100）の関係式の有無により，直径変更後の形状が異なります。

変更前	変更後	
	条件なし	穴位置の寸法＝円半径－ 10
Ø100 40	Ø80 40	Ø80 30

第2章

SOLIDWORKSの基本

本章では，SOLIDWORKSのユーザーインターフェース，部品ドキュメントを作成するための基本操作と，代表的なコマンドを説明します。練習問題も用意していますので，ぜひチャレンジしてください。

この章での学習内容

2.1 SOLIDWORKSの画面

SOLIDWORKSは，Windowsに完全準拠したユーザーインターフェースを備えています。Windowsの知識があれば，すぐに操作を開始できます。

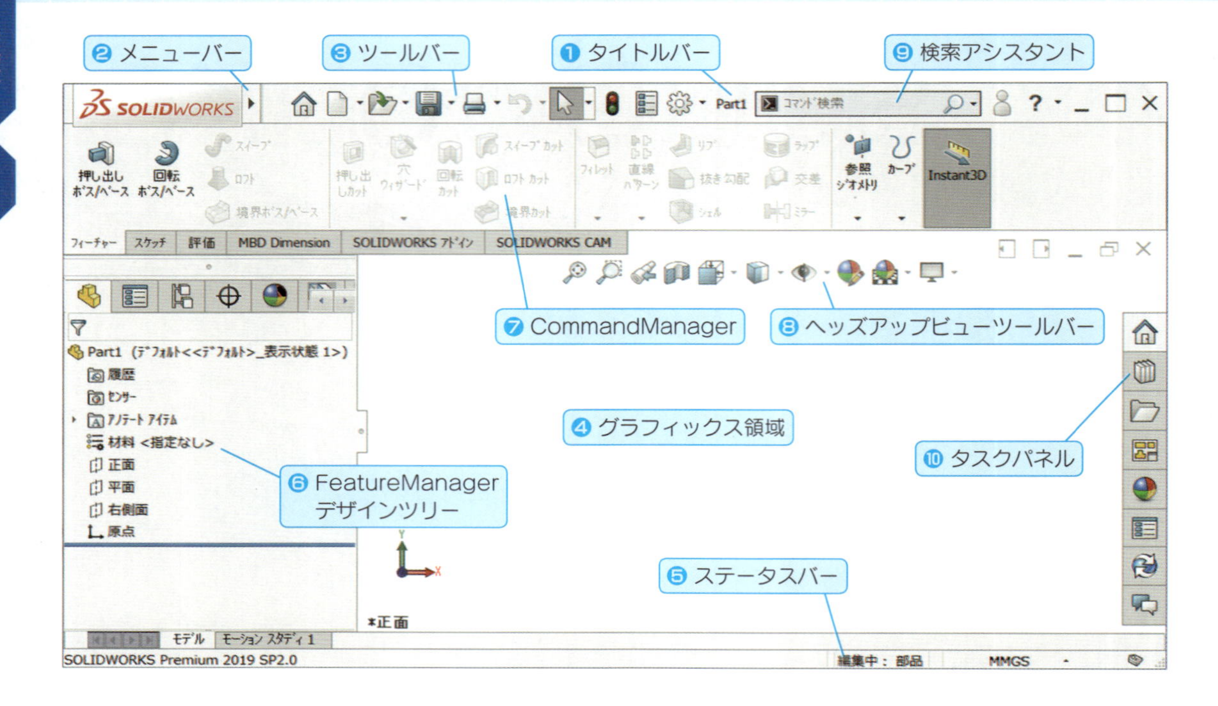
❷ メニューバー
❸ ツールバー
❶ タイトルバー
❾ 検索アシスタント
❼ CommandManager
❽ ヘッズアップビューツールバー
❹ グラフィックス領域
❿ タスクパネル
❻ FeatureManager デザインツリー
❺ ステータスバー

❶ タイトルバー

アプリケーション名（SOLIDWORKS）と現在開いているドキュメント名が表示されます。

❷ メニューバー

「▶」にマウスポインタを合わせるとメニューが表示されます。
SOLIDWORKSで使うすべてのコマンドがカテゴリごとに分類されています。

❸ ツールバー

よく利用するメニューをアイコンとして機能別に分類し，表示しています。

❹ グラフィックス領域

モデルの作成作業をおこなう領域です。

❺ ステータスバー

コマンドの説明や，編集中のドキュメントの状態などが表示されます。
スケッチ時には，ポインタの座標やスケッチの状態が表示されます。

❻ FeatureManager デザインツリー

部品ドキュメントや図面ドキュメントの場合はフィーチャー構成，アセンブリドキュメントの場合は構成部品が表示されます。フィーチャー・構成部品の削除や再編集などの作業がおこなえます。

コマンド実行時には「PropertyManager」に切り替わり，コマンドの設定画面になります。

部品ドキュメント

Cabin (ﾃﾞﾌｫﾙﾄ<<ﾃﾞ
履歴
ｾﾝｻｰ
ｱﾉﾃｰﾄ ｱｲﾃﾑ
ｿﾘｯﾄﾞ ﾎﾞﾃﾞｨ(1)
材料 <指定なし>
正面
平面
右側面
原点
ﾎﾞｽ - 押し出し1
ｶｯﾄ - 押し出し1
ﾎﾞｽ - 押し出し2
フィーチャー

アセンブリドキュメント

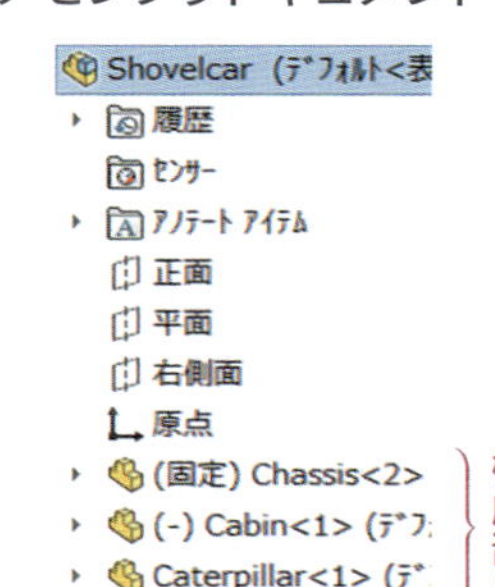
Shovelcar (ﾃﾞﾌｫﾙﾄ<表
履歴
ｾﾝｻｰ
ｱﾉﾃｰﾄ ｱｲﾃﾑ
正面
平面
右側面
原点
(固定) Chassis<2>
(-) Cabin<1> (ﾃﾞﾌ
Caterpillar<1> (ﾃﾞ
合致
構成部品

コンフィギュレーションや DisplayManager などのオプション機能を使用する場合は，タブをクリックすることでオプション画面に切り替えることができます。

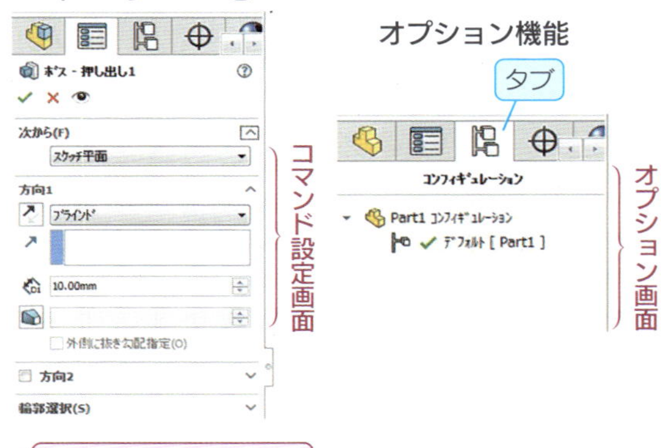
PropertyManager
ﾎﾞｽ - 押し出し1
次から(F)
ｽｹｯﾁ平面
方向1
ﾌﾞﾗｲﾝﾄﾞ
10.00mm
方向2
輪郭選択(S)
コマンド設定画面
オプション機能
タブ
ｺﾝﾌｨｷﾞｭﾚｰｼｮﾝ
Part1 ｺﾝﾌｨｷﾞｭﾚｰｼｮﾝ
ﾃﾞﾌｫﾙﾄ [Part1]
オプション画面

❼ CommandManager

ツールバーを効率的に使用するための機能です。コントロールタブをクリックすると，そのタブに対応するツールバーのアイコンが表示されます。

たとえば，コントロールタブの「スケッチ」をクリックすると，スケッチツールが表示されます。

「スケッチ」をクリック

コントロールタブ

スケッチツールが表示

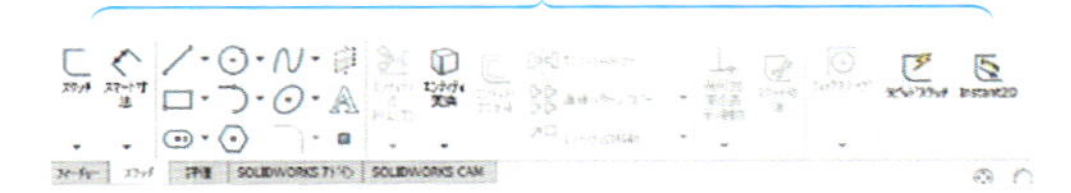

Point 3 CommandManager を利用しない設定

CommandManager を利用しないように設定することもできます。ツールバー上で右クリックし，メニュー一番上の「CommandManager」のチェックを外します。

本書の第 2 章，第 3 章では，CommandManager を利用した画面でモデリング方法を説明しています。

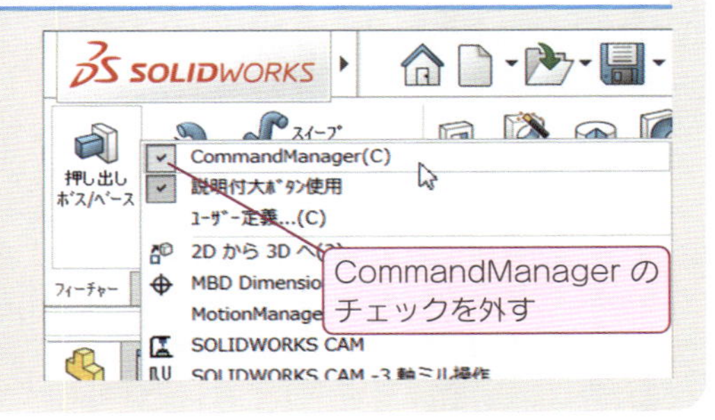
SOLIDWORKS
押し出し ﾎﾞｽ/ﾍﾞｰｽ
ｽｲｰﾌﾟ
CommandManager(C)
説明付大ﾎﾞﾀﾝ使用
ﾕｰｻﾞｰ定義...(C)
2D から 3D へ
MBD Dimensio
MotionManage
SOLIDWORKS CAM
ﾌｨｰﾁｬｰ
CommandManager のチェックを外す

❽ ヘッズアップビューツールバー

表示方向や表示スタイルを変更できるなど，表示の編集を行うアイコンが並んでいます。
（➡ P.14，**Point 5**）

❾ 検索アシスタント

ここにキーワードを入力すると，ファイル検索がおこなえます。検索結果はタスクパネルに表示されます。

❿ タスクパネル

タブをクリックするとタスクパネルが開き，その機能を利用できます。タスクパネルを閉じるには，グラフィックス領域の任意の場所をクリックします。

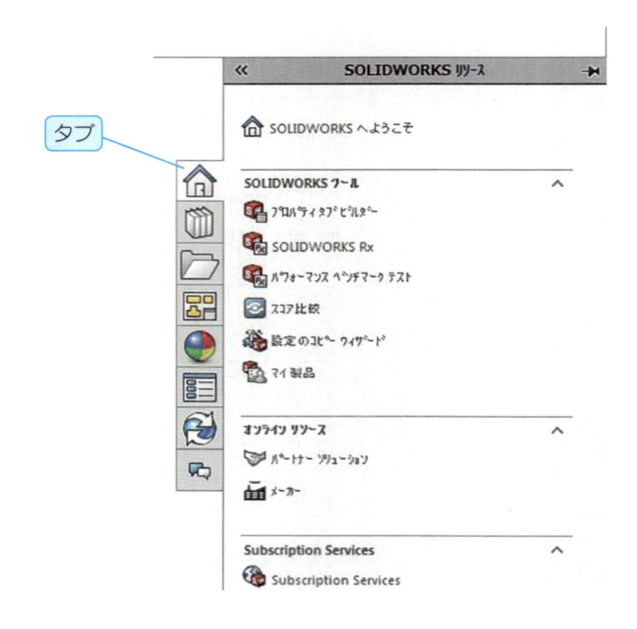
タブ
SOLIDWORKS ﾘｿｰｽ
SOLIDWORKS へようこそ
SOLIDWORKS ﾂｰﾙ
ﾌﾟﾛﾊﾟﾃｨ ﾀﾌﾞ ﾋﾞﾙﾀﾞｰ
SOLIDWORKS Rx
ﾊﾟﾌｫｰﾏﾝｽ ﾍﾞﾝﾁﾏｰｸ ﾃｽﾄ
ｽｺｱ比較
設定のｺﾋﾟｰ ｳｨｻﾞｰﾄﾞ
ﾏｲ 製品
ｵﾝﾗｲﾝ ﾘｿｰｽ
ﾊﾟｰﾄﾅｰ ｿﾘｭｰｼｮﾝ
ﾒｰｶｰ
Subscription Services
Subscription Services

2.2 部品ドキュメントの作成

SOLIDWORKS の基本操作と，部品ドキュメントの作成方法を練習します。また，基本的な3次元モデリングコマンドを確認します。

2.2.1 新規ドキュメント

1 SOLIDWORKS の標準ツールバーにある「新規」をクリックします。「新規 SOLIDWORKS ドキュメント」が開きます。

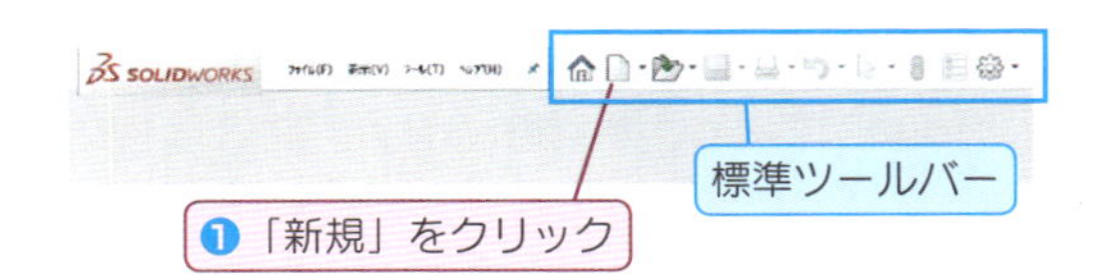
❶「新規」をクリック
標準ツールバー

2 「部品」アイコンをクリックし，続けて「OK」ボタンを押します。

ユーザー定義したテンプレート※を使用したい場合は，「アドバンス」をクリックします。

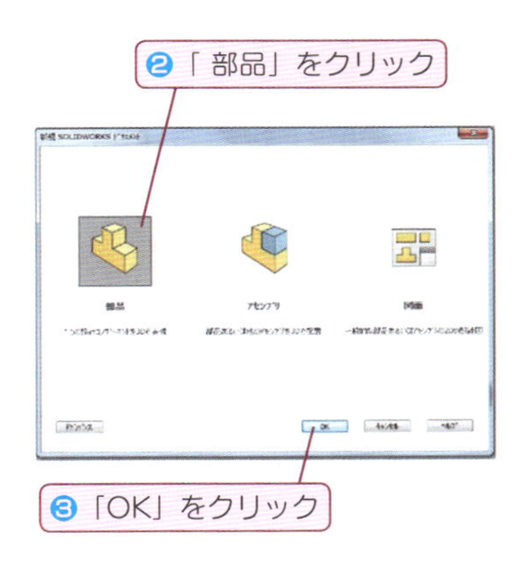
❷「部品」をクリック
❸「OK」をクリック

Point 4 テンプレート

テンプレートとは，ユーザー定義のパラメータを指定した雛形のことです。たとえば業務上，ミリメートルとインチの両方を使用することがある場合，ミリメートル用とインチ用のテンプレートを作成しておけば，新規ドキュメントを開くときに，単位系をそのつど設定する必要がなくなります。これらの環境設定は，メニューバーの「ツール」→「オプション」→「ドキュメントプロパティ」で設定できます。テンプレートは，部品，アセンブリ，図面の各ドキュメントごとに作成できます。必要な設定をした後に，ファイルの種類をテンプレートとして保存すれば登録できます。

テンプレートファイルの種類と拡張子

部品	Part Templates	.PRTDOT
アセンブリ	Assembly Templates	.ASMDOT
図面	Drawing Templates	.DRWDOT

3 新規部品ドキュメントが開きます。

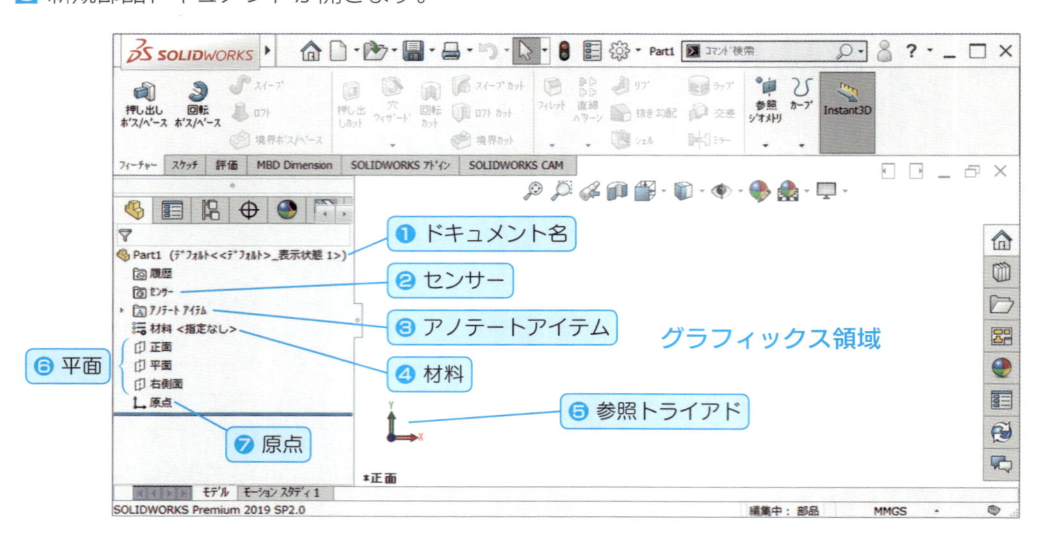

❶ ドキュメント名
❷ センサー
❸ アノテートアイテム
❹ 材料
❺ 参照トライアド
❻ 平面
❼ 原点
グラフィックス領域

❶ ドキュメント名

編集中のドキュメント名が表示されます。名前を指定して保存をしていない場合は，システムが自動的に名前をつけます。（例：Part1）

❷ センサー

部品やアセンブリの特定のプロパティを監視します。指定された制限値から値が外れると警告を表示します。

❸ アノテートアイテム

このアイコンを右クリックして，アノテートアイテム（注記や寸法など）の表示 / 非表示を切り替えます。

❹ 材料

モデルの材料を指定します。材料を指定すると，材料の色・材料特性が設定され，重さの測定や，CAE に利用できます。材料を指定する場合は，「**材料**」アイコンを右クリック→「**材料編集とメニュー**」を選択し，目的の材料を一覧から選択します。

❺ 参照トライアド

部品ドキュメントやアセンブリドキュメントでモデルの表示方向を参照しやすくするために表示されています。非表示にすることはできません。

❻ 平面

モデル作成時の基準となる平面（正面・平面・右側面）です。
以下では，ほかの平面と区別するために，これらの平面を「デフォルト平面」と表記します。

FeatureManager デザインツリー上で，「正面」をクリックしてください。「正面」がグラフィックス領域内で水色にハイライト表示されます。

ほかのデフォルト平面も同様に，クリックするとデフォルト位置関係が確認できます。

選択を解除する場合は，ほかのデフォルト平面をクリックするか，グラフィックス領域内の空間をクリックします。

デフォルト平面の表示を保ちたい場合は，FeatureManager デザインツリー上で「正面」を右クリックし，ショートカットメニュー上部の「表示」を選択してください。同様に「平面」「右側面」も表示してください。

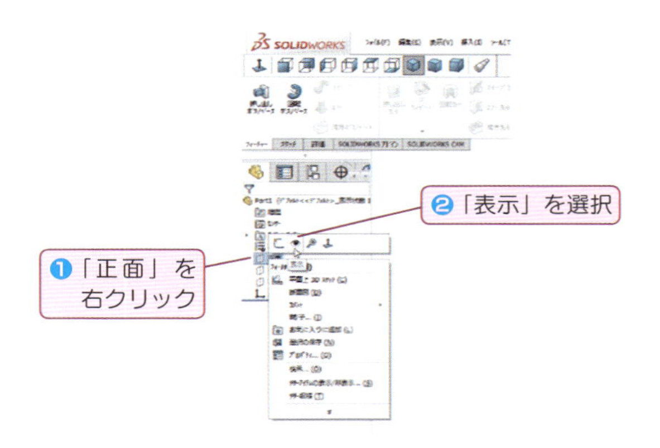
❷「表示」を選択
❶「正面」を右クリック

同様に，メニューから「非表示」を選択すると，デフォルト平面を非表示にできます。

❼ 原点

モデル作成時の原点です。

原点，正面，平面，右側面の位置関係は，右図のとおりです。

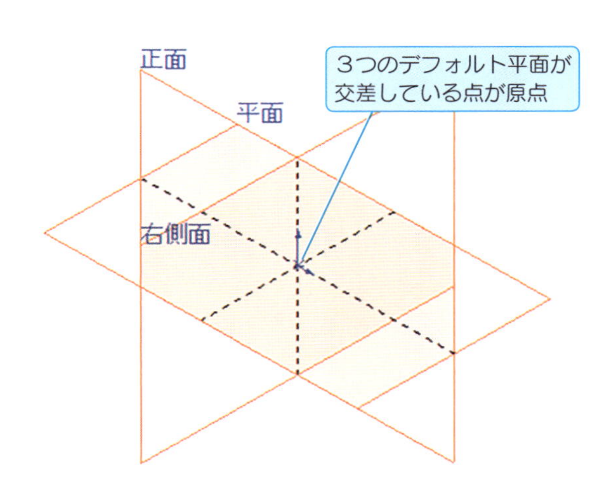
正面
平面
右側面
3つのデフォルト平面が交差している点が原点

Point 5 モデルの表示操作1：マウスの中ボタンの機能・キーボード矢印キー

グラフィックス領域でモデルの表示位置･大きさなどを変更するには，「ヘッズアップビューツールバー」のアイコンを使用するか，メニューバーの「表示」→「表示コントロール」内にあるアイコンを使用します。これらを上手に使って，作業しやすいようにモデルを表示します。

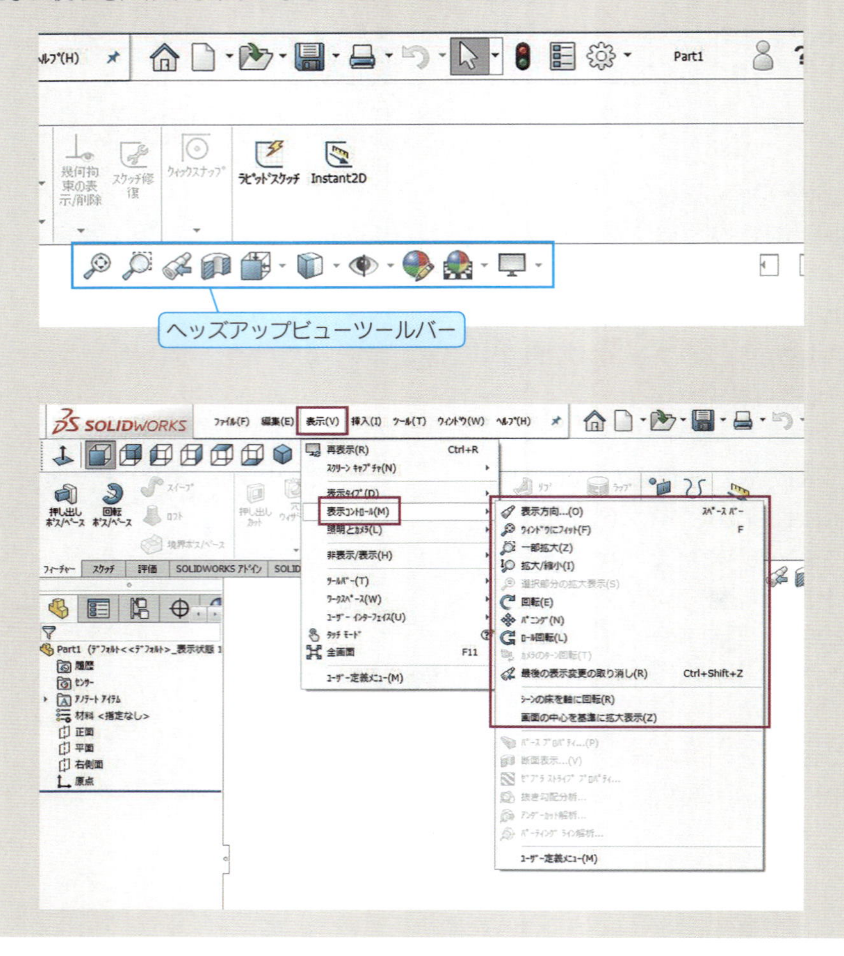
ヘッズアップビューツールバー
表示(V)
表示ｺﾝﾄﾛｰﾙ(M)
表示方向...(O)
ｳｨﾝﾄﾞｳにﾌｨｯﾄ(F)
一部拡大(Z)
拡大/縮小(I)
回転(E)
ﾊﾟﾝﾆﾝｸﾞ(N)
ﾛｰﾙ回転(L)
最後の表示変更の取り消し(R)
ｼｰﾝの床を軸に回転(R)
画面の中心を基準に拡大表示(Z)

	**ウィンドウにフィット** ウィンドウにちょうどおさまるサイズにモデル表示を調整します。
	**一部拡大** 指定領域を拡大します。このボタンをクリックし，拡大したい領域の対角 2 点をマウスでクリックします。
	**拡大 / 縮小** モデル表示を拡大 / 縮小します。このボタンをクリックし，マウスを上下にドラッグします。
	**選択部分の拡大表示** モデル上の面や点などの要素を選択し，このボタンをクリックすると，その部分が画面一杯に表示されます。
	**回転** モデルを回転表示します。このボタンをクリックし，マウスをドラッグすると，モデルがダイナミックに回転します。
	**パニング** モデル表示を平行移動します。このボタンをクリックし，マウスをドラッグすると，モデルがダイナミックに平行移動します。
	**ロール回転** 部品とアセンブルドキュメントでモデルビューを回転します。
	**最後の表示変更の取り消し** 最後の表示変更を取り消します。
	**表示方向** 既に設定された表示方向に合わせて，モデルを回転できます。 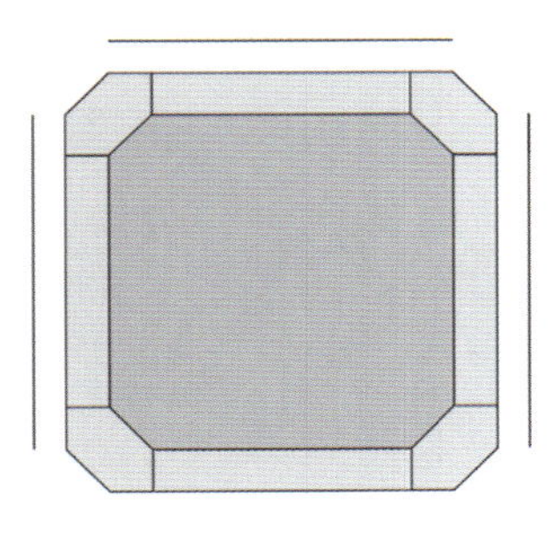 このボタンをクリックすると，左図のビューセレクターを表示し，左下図のウィンドウがドロップダウンします。 ビューセレクターを使用すると，モデルの右側面図，左側面図，正面図，背面図，平面図，軸測投影図が選択されたときにどのように見えるかを確認できます。図を選択するには，ビューセレクターの面をクリックします。 表示 / 非表示の切り替えはビューセレクターアイコンもしくは「Ctrl ＋スペース」キーでもおこなうことができます。 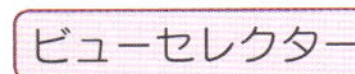 ビューセレクター 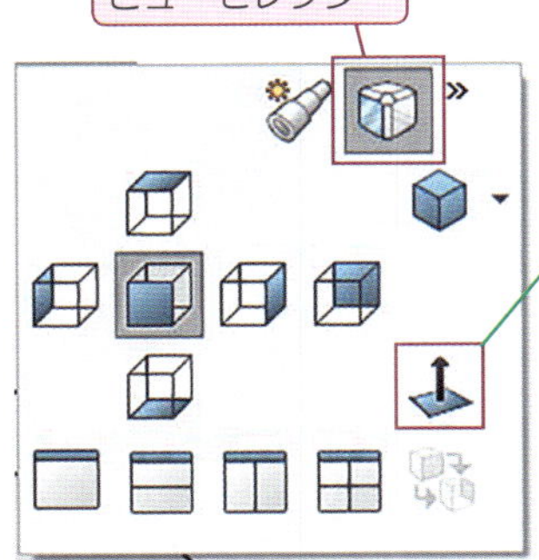 枠内のそれぞれのアイコンをクリックすると，選択したアイコンの方向にモデル表示を切り替えることができます。 **選択アイテムに垂直** 任意の面を選択した後にこのアイコンをクリックすると，選択した面が正面を向きます。

マウスの中ボタンの機能

グラフィックス領域でモデルの拡大 / 縮小表示や向きの変更などをする場合は，マウスの中ボタンや矢印キーを使用すると便利です。

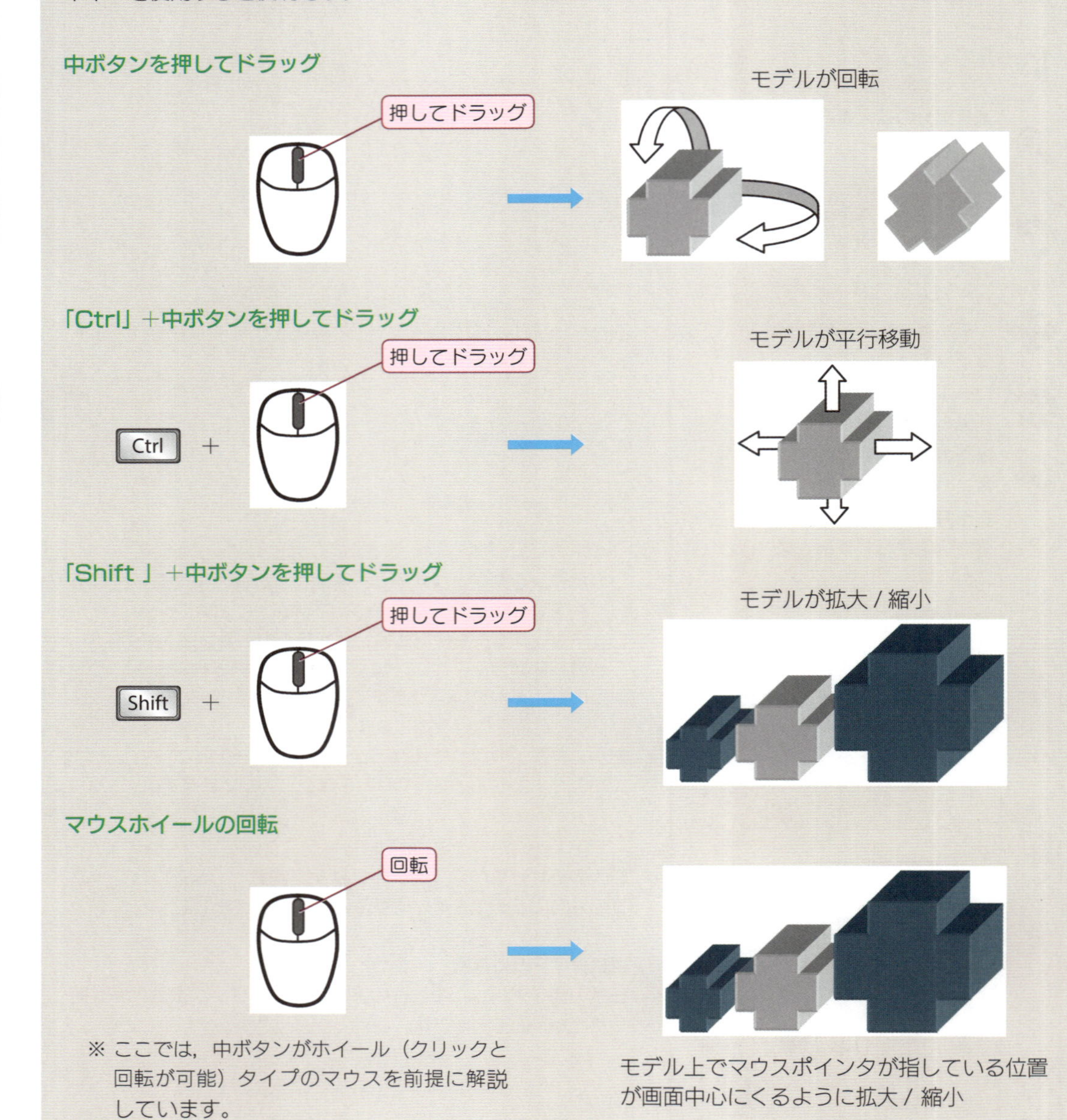
中ボタンを押してドラッグ
押してドラッグ
モデルが回転
「Ctrl」＋中ボタンを押してドラッグ
押してドラッグ
Ctrl
＋
モデルが平行移動
「Shift 」＋中ボタンを押してドラッグ
押してドラッグ
Shift
＋
モデルが拡大 / 縮小
マウスホイールの回転
回転
※ ここでは，中ボタンがホイール（クリックと回転が可能）タイプのマウスを前提に解説しています。
モデル上でマウスポインタが指している位置が画面中心にくるように拡大 / 縮小

キーボードの矢印キー

キー	説明
「矢印」キー	矢印方向へモデルを 15°単位（標準設定）で回転
「Ctrl ＋矢印」キー	矢印方向へモデルを平行移動
「Shift ＋矢印」キー	矢印方向へモデルを 90°単位で回転
「Alt ＋左右矢印」キー	時計回り，反時計回りにモデルを回転

表示関係をはじめ，ほかにも便利なショートカットが存在します。巻末の「ツールバー一覧」を参照してください。

2.2.2 スケッチの作成

基本的なスケッチフィーチャーの作成手順は，右図のとおりです。
この手順をしっかりと覚えておきましょう。

まず，スケッチから作成します。

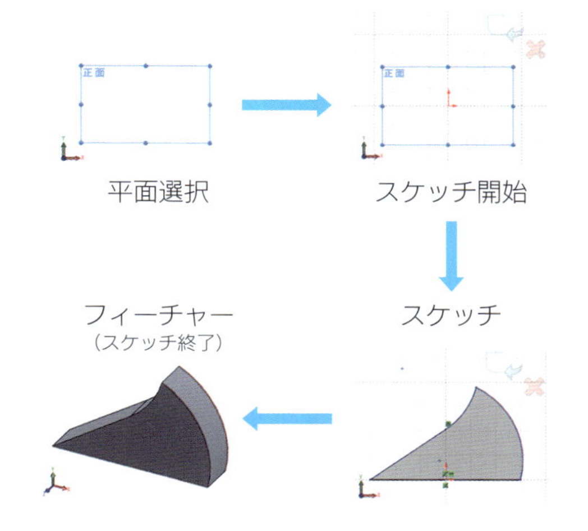
平面選択
スケッチ開始
スケッチ
フィーチャー
（スケッチ終了）

1 スケッチ平面の選択

スケッチは 2 次元平面上で作成します。

FeatureManager デザインツリーから「正面」を選択します。「正面」が表示されていれば，グラフィックス領域上で選択することもできます。
選択した平面は，デフォルト設定では水色にハイライト表示されます。

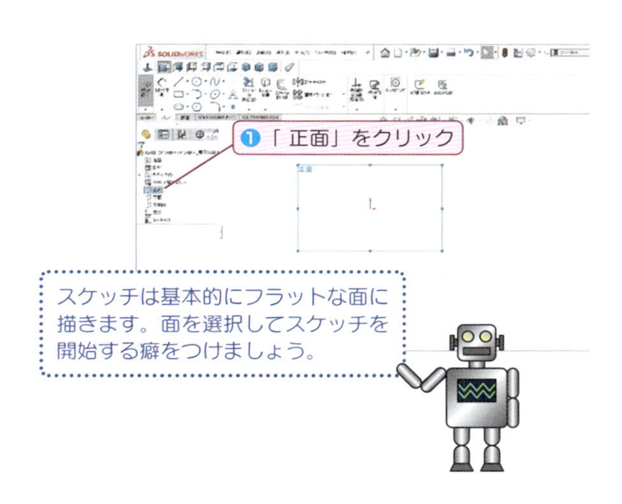
❶「正面」をクリック
スケッチは基本的にフラットな面に描きます。面を選択してスケッチを開始する癖をつけましょう。

2 スケッチの開始

「スケッチ」タブ内の「スケッチ」をクリックします。

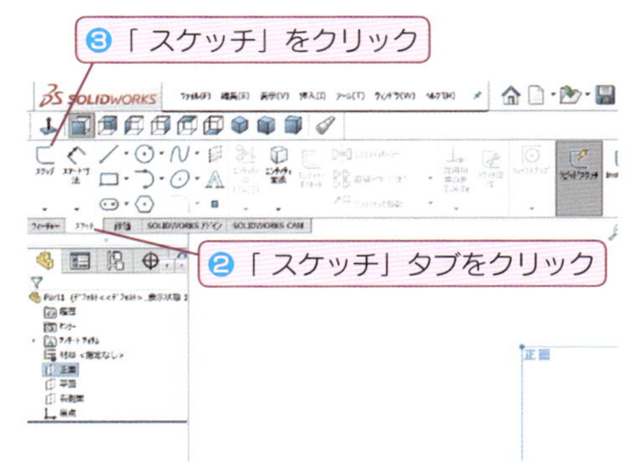
❸「スケッチ」をクリック
❷「スケッチ」タブをクリック

注意 第 2 章では，スケッチを見やすくするためにメニューバーの「表示」内にある「**グリッド**」を選択しています。
設定は任意ですが，切り替えて違いを確認してみましょう。

スケッチが開始されると，FeatureManagerデザインツリーに「スケッチ1」が作成されます。ステータスバーに「編集中：スケッチ1」と表示され，グラフィックス領域右上に「スケッチ終了」が表示されます。

直線，円，矩形などのスケッチツールを利用し，図形を描きます。

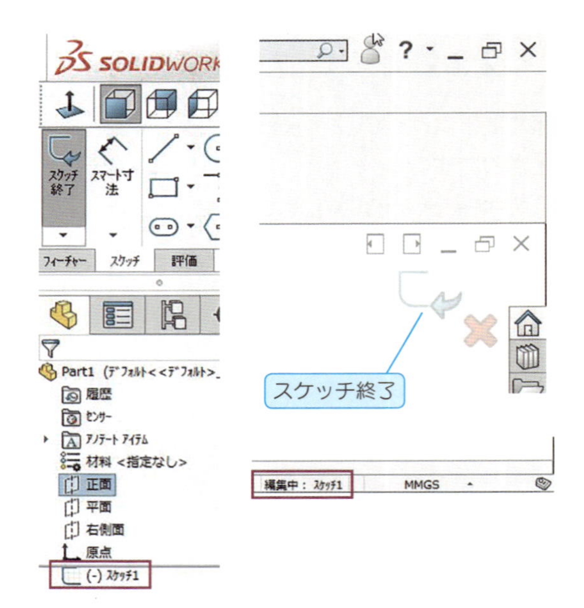
スケッチ終了
編集中：スケッチ1
MMGS
(-) スケッチ1

3 スケッチツール「円」の選択

円を作成してみましょう。
「スケッチ」タブ内の「円」をクリックします。

マウスポインタが，「円」の作成が開始されたことを示す に変わります。

① 円の中心位置の指定
② 円の大きさの指定

の順で描画します。

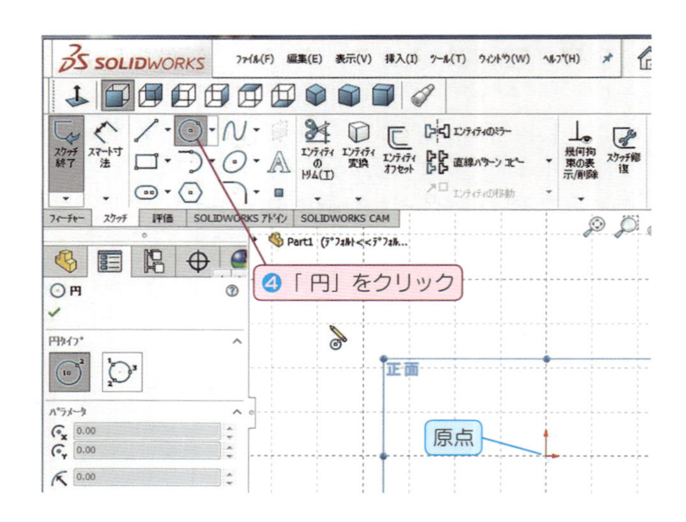
❹「円」をクリック
正面
原点

4 円の中心位置の指定

円の中心位置として，今回は原点を指定します。マウスポインタを原点にあわせます。（円の中心位置は，原点以外も指定できます）

マウスポインタが原点に「一致」したことを表すマーク が表示されたら，そこでクリックします。

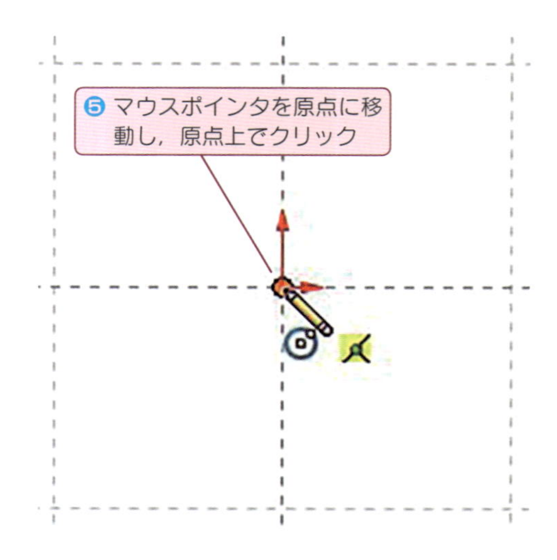
❺マウスポインタを原点に移動し，原点上でクリック

5 円の大きさの指定

マウスポインタを移動させると，マウスの動きにあわせて円が作成されます。
マウス移動中に表示される数値は，現在の半径です。

任意の大きさでクリックしてください。

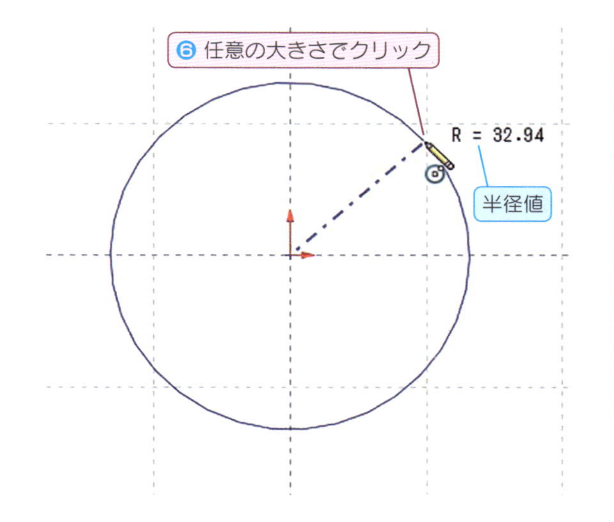

6 任意の大きさでクリック
R = 32.94
半径値

6 スケッチ「円」の終了

「円」が選択されているときは，続けて円を描画できます。

円のスケッチを終了する場合は，「スケッチ」タブ内の「円」をクリックして選択を解除します。
「Esc」キーを押しても解除できます。

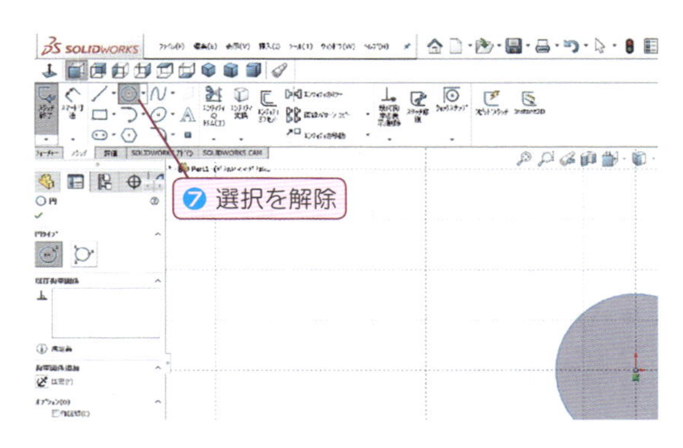

SOLIDWORKS
7 選択を解除

Point 6 スケッチ要素の削除

一度描いたスケッチ要素を削除するには，まず，スケッチツールが解除されている状態で，削除したいスケッチ要素を選択します。スケッチ要素が水色にハイライト表示されたら，「Delete」キーを押します。
また，スケッチ要素を選択し，マウスを右クリックし，ショートカットメニューから「削除」を選択しても可能です。

「Ctrl」キーを押しながらスケッチ要素を選択すると，複数の要素を選択することが可能です。マウスポインタで領域を指定することによる複数選択も可能です。

寸法なども同様に削除できます。

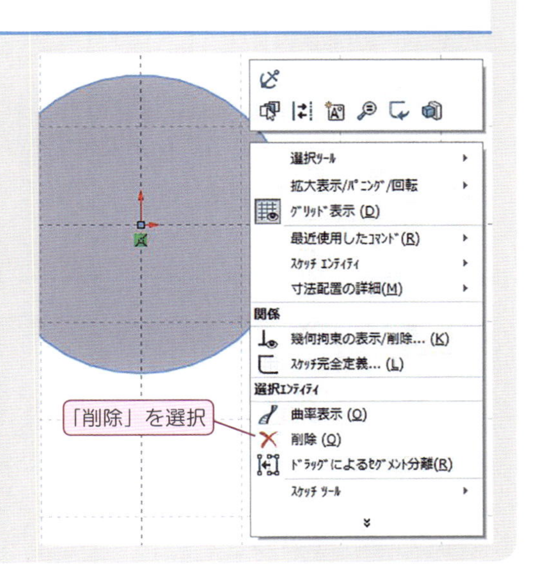

選択ﾂｰﾙ
拡大表示/ﾊﾟﾆﾝｸﾞ/回転
ｸﾞﾘｯﾄﾞ表示 (D)
最近使用したｺﾏﾝﾄﾞ(R)
ｽｹｯﾁ ｴﾝﾃｨﾃｨ
寸法配置の詳細(M)
関係
幾何拘束の表示/削除... (K)
ｽｹｯﾁ完全定義... (L)
選択ｴﾝﾃｨﾃｨ
曲率表示 (Q)
削除 (Q)
ﾄﾞﾗｯｸﾞによるｾｸﾞﾒﾝﾄ分離(R)
ｽｹｯﾁ ﾂｰﾙ
「削除」を選択

2.2.3 押し出し

スケッチした円を利用して円柱を作成します。
円柱を作成するには，「押し出し」「スイープ」「ロフト」「回転」などの複数の方法がありますが，ここではまず「押し出し」フィーチャーを利用して，円柱を作成してみましょう。

1 押し出しボス / ベース

「フィーチャー」タブ内の「押し出しボス / ベース」をクリックします。
グラフィックス領域の表示方向が変わり，「押し出し」の Property Manager が開きます。

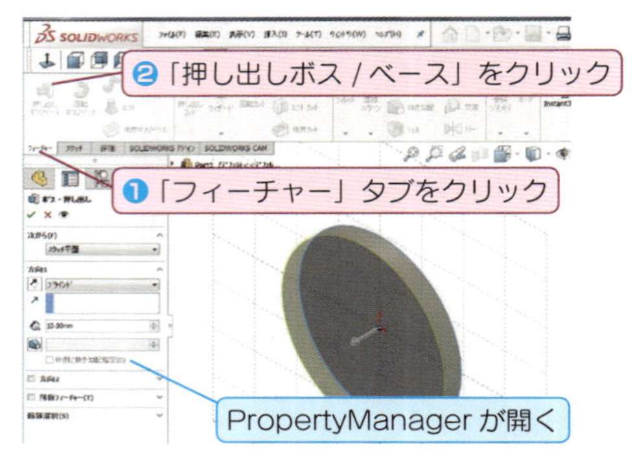

❷「押し出しボス / ベース」をクリック
❶「フィーチャー」タブをクリック
PropertyManager が開く

2 「押し出し」条件の設定

つぎのように設定します。
「押し出し状態」※を「ブラインド」（奥行きを寸法で指定する方法）に設定し，「深さ / 厚み」に「100」と入力し，「Enter」キーを押します。
単位「mm」は自動的につきます。
押し出し方向を切り替えるには，「反対方向」をクリックします。
SOLIDWORKS は，デフォルトで，小数点以下2位で表示する設定となっています。この桁数は変更可能です。
グラフィックス領域の円柱形状が手前に押し出されていることを確認して，「✓ OK」をクリックします。

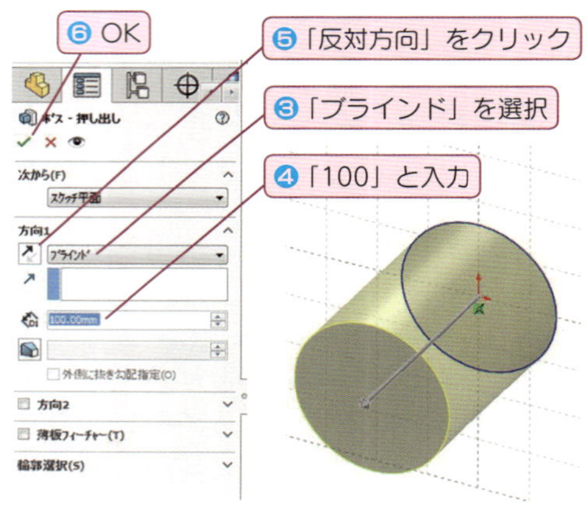

❻ OK
❺「反対方向」をクリック
❸「ブラインド」を選択
❹「100」と入力
ボス - 押し出し
次から(F)
スケッチ平面
方向1
ブラインド
100.00mm
外側に抜き勾配指定(O)
方向2
薄板フィーチャー(T)
輪郭選択(S)

Point 7 押し出し状態の種類

押し出しには以下の種類があります。
ブラインド：スケッチが描かれた面から，指定した厚み分押し出します。
頂点指定：指定した頂点まで押し出します。
端サーフェス指定：指定した面まで押し出します。
オフセット開始サーフェス指定：指定した面から指定した距離の位置まで押し出します（例：天井面から 5 mm 手前まで押し出すなど）。
次のボディまで：離れたフィーチャーどうしが繋がるまで押し出します。
中間平面：スケッチが描かれた面が中央になるように，指定した厚み分押し出します。
全貫通（カット時のみ）：モデルを貫通する穴をあけます。

3 円柱の完成

これで，「押し出し」によるフィーチャー作成が完了しました。

FeatureManager デザインツリーに「押し出し１」が作成されています。

「押し出し１」の左側の「▸」をクリックすると，「スケッチ１」が含まれていることが確認できます。「スケッチ１」は，**2.2.2** で作成した円のスケッチです。

Part1 (デフォルト<<デフォルト>_表示状態
履歴
センサー
アノテートアイテム
材料 <指定なし>
正面
平面
右側面
原点
ボス - 押し出し1
(-) スケッチ1
押し出し１
スケッチ１

Point 8 モデルの色

SOLIDWORKS で作成したモデルに色を指定できます。モデル全体の色を一度に設定することも，面の色を個別に変えることもできます。

モデル全体の色

① FeatureManager デザインツリー上で，ドキュメント名をクリックします。

②「ヘッズアップビューツールバー」の「**外観を編集**」ボタンをクリックします。

③「色」の PropertyManager が開きます。「色」の設定から，光沢，透明，くすんだ色などの色の状態を選択します。

④ 任意の色を選択します。

⑤「✓ OK」をクリックします。

モデルの透明度や光の反射度などは，「表示のプロパティ」から，詳細な設定が可能です。

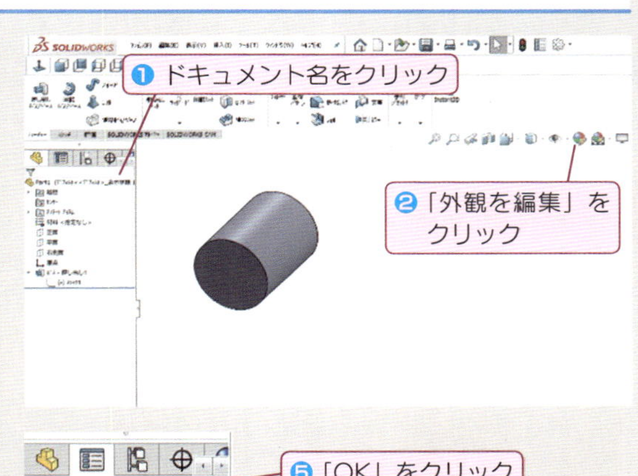

❶ ドキュメント名をクリック
❷「外観を編集」をクリック

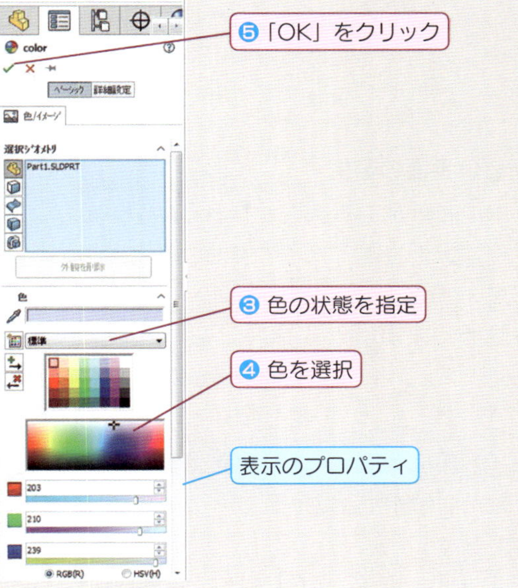

color
❺「OK」をクリック
Part1.SLDPRT
❸ 色の状態を指定
❹ 色を選択
表示のプロパティ
203
210
239
RGB(R)
HSV(H)

モデル面の色

モデル上の面の色も個別に設定できます。

グラフィックス領域の画面上で色を変えたいモデルの面をクリックします。モデルの面を選択すると，その面が水色に変わります。

この状態で，上記②～⑤の手順を実施します。

2.2.4 スケッチおよびフィーチャーの修正と削除

作成したフィーチャーやスケッチを修正・削除する手順を説明します。

スケッチ平面の修正

2.2.2 では，円のスケッチをデフォルト平面の「正面」で描いていました。これをデフォルト平面の「平面」に修正しましょう。

この修正は，部品上に作成した突起形状の位置を，部品側面から上面に移動するイメージです。

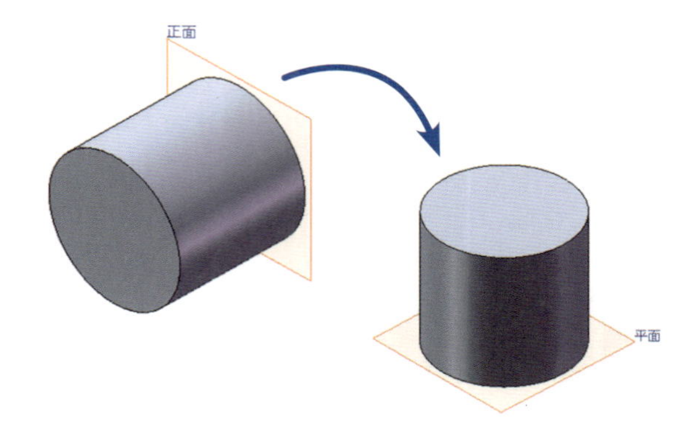
正面
平面

1 スケッチ平面編集

FeatureManager デザインツリーで「押し出し1」の下にある「スケッチ1」を選択し，右クリックします。
ショートカットメニュー上部にあるアイコンの「スケッチ平面編集」を選択します。

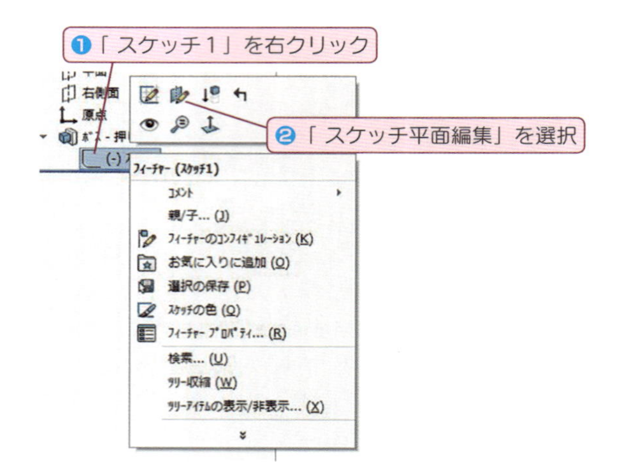
❶「スケッチ1」を右クリック
❷「スケッチ平面編集」を選択
右側面
原点
フィーチャー (スケッチ1)
コメント
親/子... (J)
フィーチャーのコンフィギュレーション (K)
お気に入りに追加 (O)
選択の保存 (P)
スケッチの色 (Q)
フィーチャー プロパティ... (R)
検索... (U)
ツリー収縮 (W)
ツリーアイテムの表示/非表示... (X)

2 新しい平面の選択

FeatureManager デザインツリーが，「スケッチ平面」の PropertyManager に変わります。ここで新しいスケッチ平面を選択します。

グラフィックス領域のドキュメント名の横にある「▸」をクリックし，FeatureManager デザインツリーを展開します。
デフォルト平面の「平面」をクリックし，「✓ OK」をクリックします。

モデルの押し出し方向が変わります。

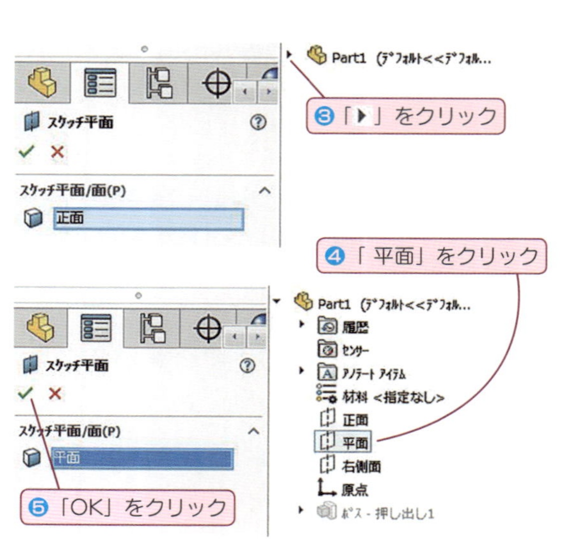
Part1 (デフォルト<<デフォル...
❸「▸」をクリック
スケッチ平面
スケッチ平面/面(P)
正面
❹「平面」をクリック
履歴
センサー
アノテート アイテム
材料 <指定なし>
正面
平面
右側面
原点
ボス - 押し出し1
❺「OK」をクリック

スケッチの修正

2.2.2 で描いた「スケッチ１」を修正しましょう。

1 スケッチ編集

FeatureManager デザインツリーで「押し出し１」または「スケッチ１」を選択し，右クリックします。ショートカットメニューから「スケッチ編集」を選択します。

スケッチ編集状態になり，円のスケッチが表示されます。

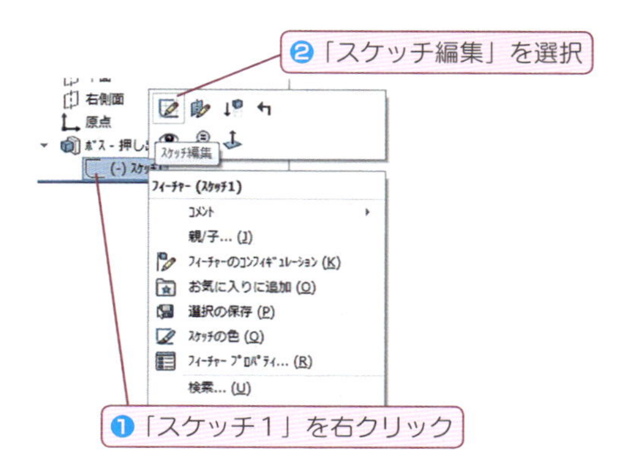
❷「スケッチ編集」を選択
右側面
原点
ボス - 押し出
スケッチ編集
フィーチャー (スケッチ1)
コメント
親/子... (J)
フィーチャーのコンフィギュレーション (K)
お気に入りに追加 (Q)
選択の保存 (P)
スケッチの色 (Q)
フィーチャー プロパティ... (R)
検索... (U)
❶「スケッチ１」を右クリック

2 スケッチ表示方向の変更

スケッチの表示方向を正面に向けます。「ヘッズアップビューツールバー」の「表示方向」を選択・展開し，「選択アイテムに垂直」を選択します※。

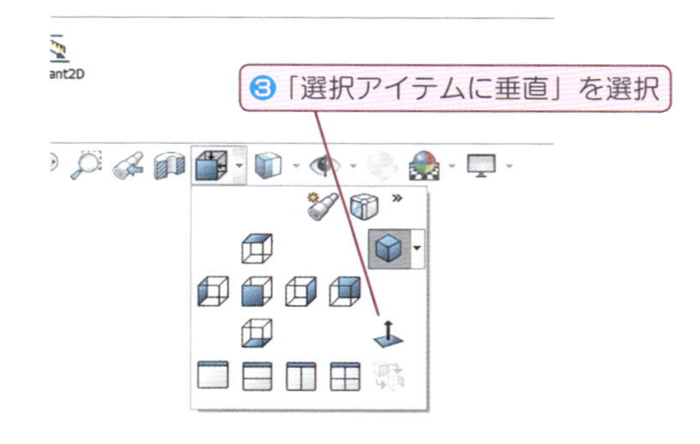
❸「選択アイテムに垂直」を選択

3 スマート寸法

円の大きさを変更します。寸法を入力し，正確な直径を指定します。「スケッチ」タブ内の「スマート寸法」をクリックします。

マウスポインタが に変わります。

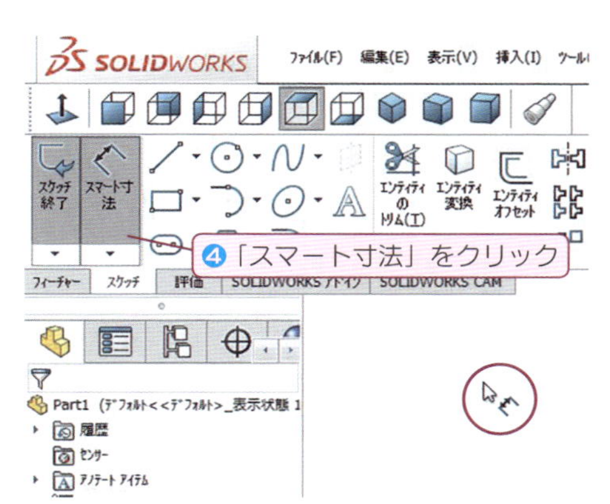
SOLIDWORKS
ファイル(F)
編集(E)
表示(V)
挿入(I)
スケッチ終了
スマート寸法
エンティティのトリム(T)
エンティティ変換
エンティティオフセット
❹「スマート寸法」をクリック
フィーチャー
スケッチ
評価
SOLIDWORKS CAM
Part1

Point 9 選択アイテムに垂直

「選択アイテムに垂直」を再度選択すると，表示が裏側を向きます。選択を繰り返すと，表裏の切り替えができます。

スケッチ編集時に「選択アイテムに垂直」をクリックしたときは，画面中央の赤い矢印の向きに注目してください。長い矢印がスケッチの鉛直方向，短い矢印がスケッチの水平方向を表します。

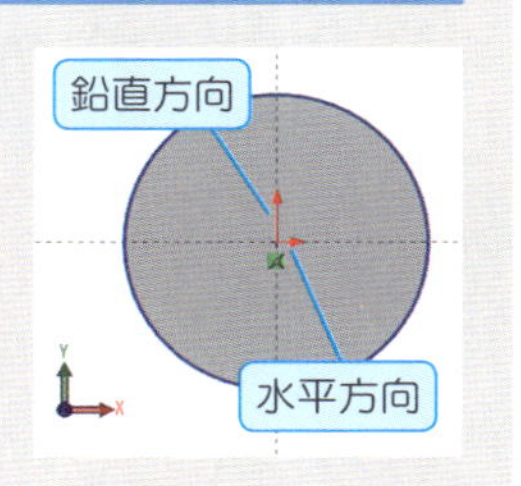
鉛直方向
水平方向

4 寸法付けする要素の選択

円周上にマウスポインタを移動させ，マウスポインタが に変わった位置でクリックします。

 はマウスカーソルが円周上にあることを表します。

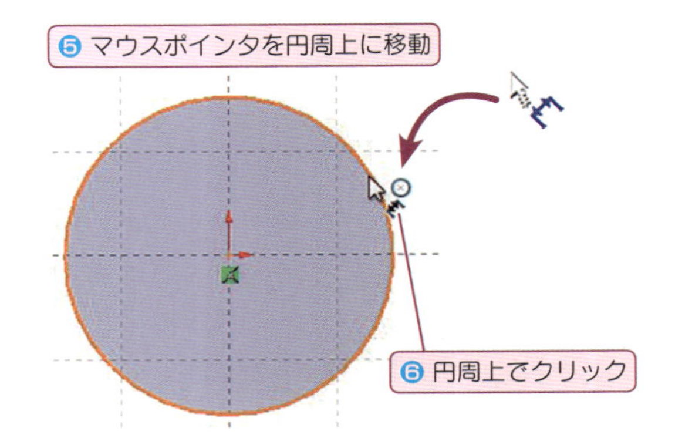

❺ マウスポインタを円周上に移動
❻ 円周上でクリック

5 寸法配置位置の指定

マウスの動きに寸法数値がついてきます。マウスの位置を動かしてみると，寸法の入り方が変わることがわかります。

寸法を配置したい位置でクリックして，寸法位置を決定します。

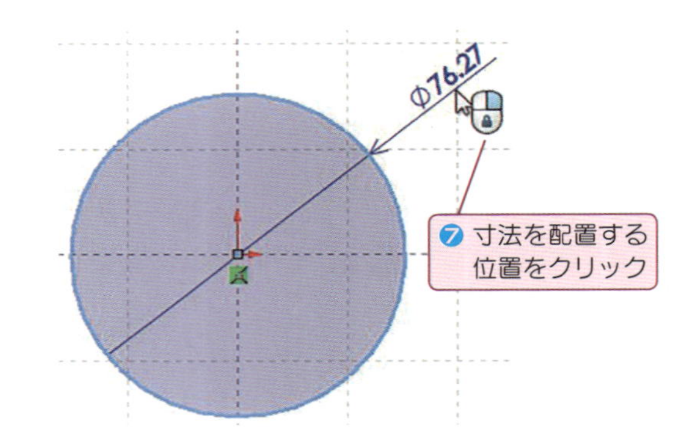

Φ76.27
❼ 寸法を配置する位置をクリック

6 寸法値の変更※

修正ダイアログが表示されます。半角数値で寸法値「100」と入力し，「✓ OK」をクリックします。

パラメトリック機能により，円の大きさが変わります。

ヒント 直線や円弧も同様に寸法付けできます。

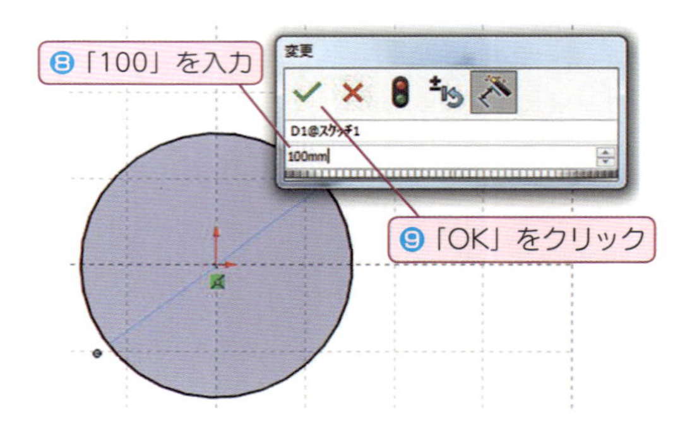

❽「100」を入力
変更
D1@スケッチ1
100mm
❾「OK」をクリック

Point 10 寸法値の変更

寸法値を変更したい場合は，変更したい寸法数値の部分をダブルクリックします。修正ダイアログが表示されます。
「スケッチ」タブ内のInstant 2D機能がオンになっている場合は，シングルクリックで寸法の変更が可能です。

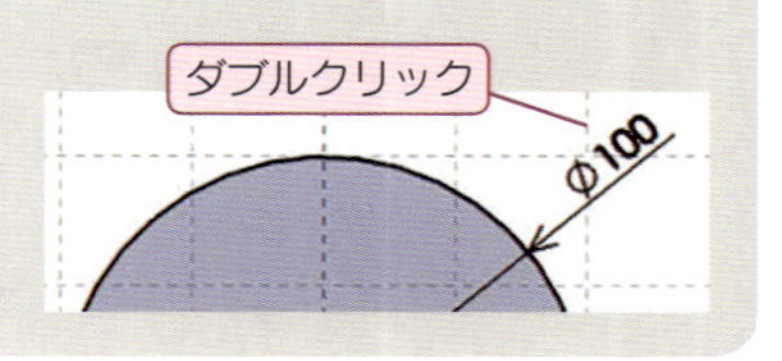

ダブルクリック
Φ100

7 スケッチの完全定義

青色のスケッチ線が，寸法を指定したことにより，黒色に変わりました。

寸法を加えたことにより，スケッチが完全定義となったことを表します。

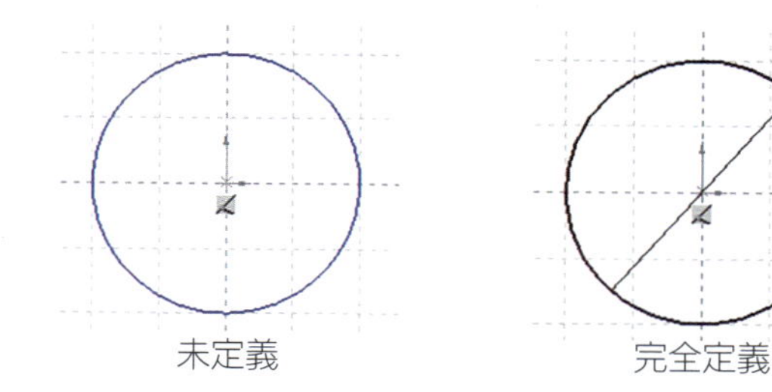
φ100
未定義
完全定義

注意 スケッチを描くときには，完全定義されるように意識してください。
スケッチを完全定義するには，寸法付けや幾何拘束※により，スケッチの形状（寸法）と位置（寸法）を過不足なく定義します。
完全定義の状態は，ステータスバーでも確認できます。

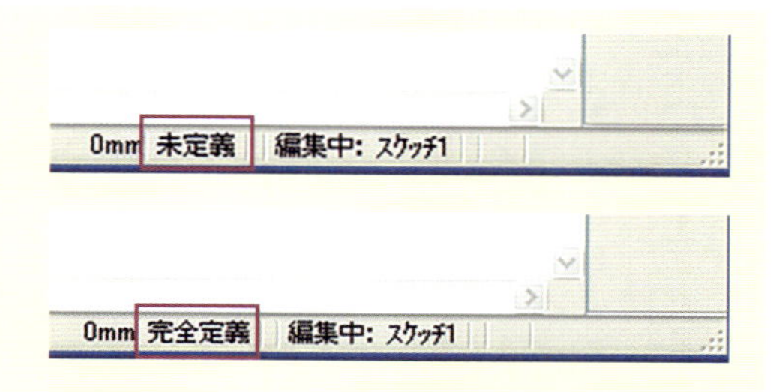
0mm 未定義 編集中: ｽｹｯﾁ1
0mm 完全定義 編集中: ｽｹｯﾁ1

8 スケッチの終了

「スケッチ終了」をクリックし，スケッチを終了します。

円柱の大きさが修正されました。モデル表示を回転させて確認してみましょう。

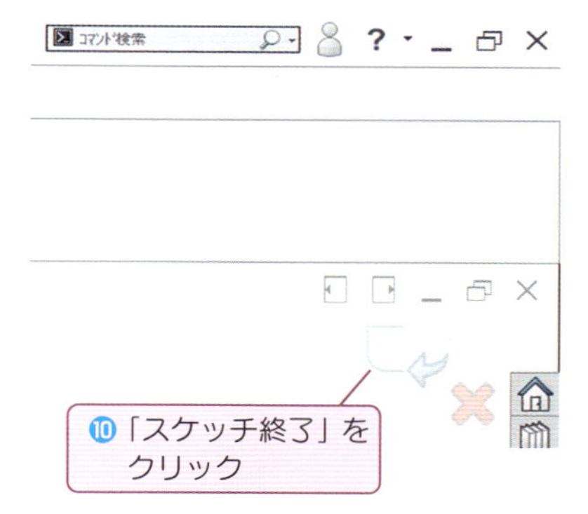
ｺﾏﾝﾄﾞ検索
⑩「スケッチ終了」をクリック

Point 11 幾何拘束・幾何拘束の種類

幾何拘束

幾何拘束とは，寸法で定義せずに，形状や位置を定義する要素間の関係を表します。

たとえば，「一致」「平行」「正接」「中点」などがあります。

スケッチ拘束のつけ方には，スケッチ時に自動でつけていく方法（自動拘束）と，手動でつけていく方法があります。

手動でつける場合は，まず幾何拘束をつけたい要素を選択します。PropertyManager に「拘束関係追加」が表示されますので，そこから必要な幾何拘束を選択します。表示される幾何拘束は，選択する要素により変わります。

「拘束関係追加」が表示

拘束関係追加
同一円弧(R)
正接(A)
同心円(N)
等しい値(Q)
固定(F)
等しいｶｰﾌﾞの長さ(L)

❷「正接」をクリック
❶ 2つの円を選択
φ100
円が接します

2つの円が接するようにしたい場合

幾何拘束の種類

幾何拘束にはつぎのようなものがあります。

記号	名前	選択する要素	説明
	水平	直線 / 2 つ以上の点	スケッチ平面の座標にしたがって直線を水平にします。点の場合は水平に整列します。
	鉛直	直線 / 2 つ以上の点	スケッチ平面の座標にしたがって直線を鉛直にします。点の場合は鉛直に整列します。
	同一線上	2 つ以上の直線	同一線上に配置します。
	同一円弧	2 つ以上の円弧	同一円上に配置します。
	垂直	2 直線	たがいに垂直に配置します。
	平行	2 つ以上の直線	たがいに平行に配置します。
	正接	円弧，曲線と直線，円弧	2 つのスケッチを正接に配置します。
	同心円	2 つ以上の円弧 / 円弧と点	中心点を共有します。
	等しい値	2 つ以上の円弧，円，直線	直線は同じ長さに，円弧と円は同じ径にします。
	中点	直線と点	点を直線の中点に配置します。
	交点	2 直線と 1 点	2 直線の交点に点を配置します。
	一致	点と直線および曲線	点をもう一方のスケッチに一致させます。
	対称	中心線 1 つと，対称にしたい要素（直線，点，円弧，円，エッジなど）	中心線に対して対称となるように配置します。
	貫通	点と軸，エッジ，直線，スプラインなど	スケッチ点（線の端点を含む）を軸，エッジ，カーブがスケッチ平面を貫通する位置に一致させます。
	マージ	2 点または端点	二つの点をマージして 1 つにします。マージとは，結合するという意味です。
	固定	任意の要素	エンティティのサイズと位置を固定します。 固定された直線や円弧の端点は自由に延長 / 短縮できます。エンティティとは，スケッチ要素などを表します。

フィーチャーの修正

2.2.3 で作成した「押し出しボス / ベース」フィーチャーの高さを修正しましょう。

1 フィーチャー編集

FeatureManager デザインツリーで「押し出し 1」上で右クリックします。ショートカットメニューから「フィーチャー編集」を選択します。

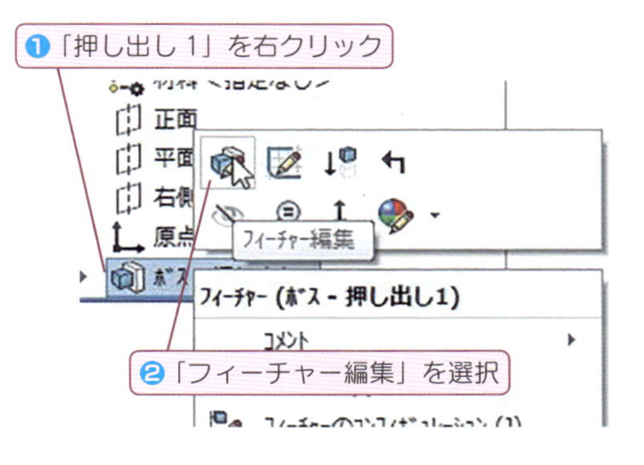

❶「押し出し 1」を右クリック
正面
平面
右側
原点
フィーチャー編集
フィーチャー (ボス - 押し出し1)
コメント
❷「フィーチャー編集」を選択

2 高さ寸法の設定

フィーチャー作成時と同じく「押し出し 1」の PropertyManager が表示され，フィーチャーの編集が可能になります。

「深さ / 厚み」に「80」と入力し，「✓ OK」をクリックします。

パラメトリック機能により，モデルの高さが修正されます。

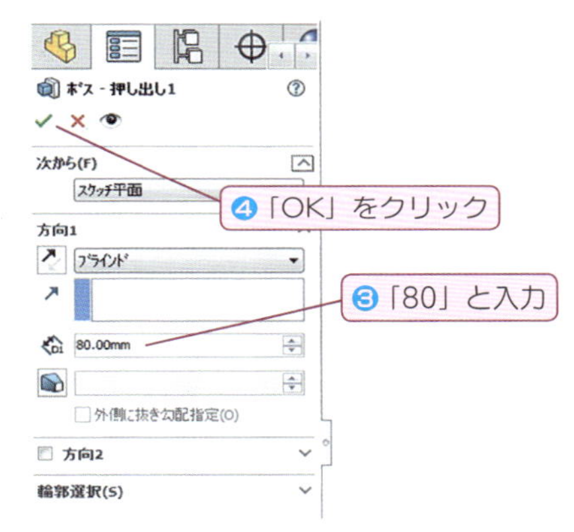

ボス - 押し出し1
次から(F)
スケッチ平面
❹「OK」をクリック
方向1
ブラインド
❸「80」と入力
80.00mm
外側に抜き勾配指定(O)
方向2
輪郭選択(S)

寸法の修正

スケッチ編集，フィーチャー編集をしなくても，モデル寸法の変更が可能です。

1 フィーチャー寸法の表示

FeatureManager デザインツリーで「押し出し 1」をダブルクリックします。

スケッチで指定した寸法と，フィーチャーで指定した寸法値が一度に表示されます。

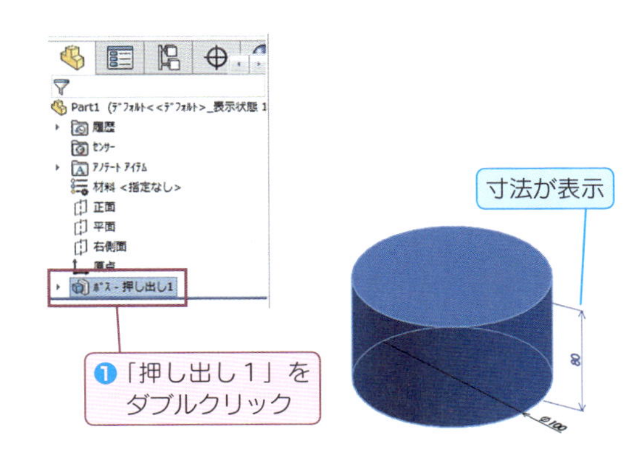

寸法が表示
ボス - 押し出し1
❶「押し出し 1」をダブルクリック
80

2 高さ寸法，直径の変更

円柱の高さ寸法の「**80**」をダブルクリックします。

修正ダイアログが表示されますので，「**100**」と入力します。

同様に，円の直径を「120」に修正します。

❷「80」をダブルクリック

❸「100」と入力

3 再構築

寸法値を変えても，グラフィックス領域内のモデルの形状は変更されていません。変更を適応するためには，メニューバーの「**再構築**」をクリックします。

モデルが新しい寸法値で再構築されます。

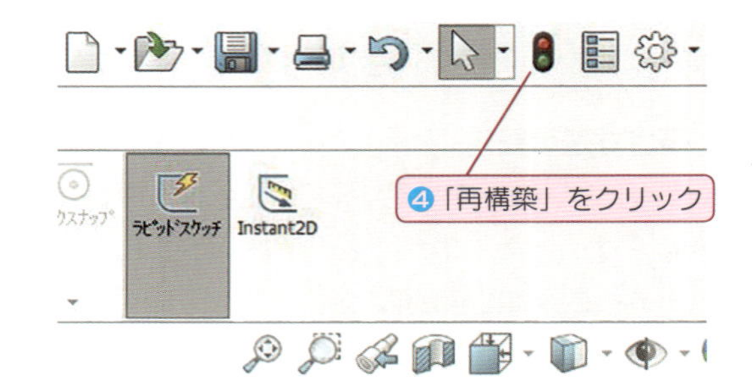
ラピッドスケッチ
Instant2D
❹「再構築」をクリック

フィーチャーの削除

作成した「押し出し 1」を削除しましょう。

1 削除方法

右図のように「**押し出し 1**」を右クリックして削除を選択します。

または，FeatureManager デザインツリーで「**押し出し 1**」を選択し，「**Delete**」キーを押します。

❶「押し出し 1」を右クリック

❷「削除」を選択

2 削除確認ダイアログ

削除確認ダイアログが表示されますので，「**はい**」をクリックします。
スケッチを残して円柱が削除されます。

スケッチも同時に削除する場合は，「**含まれているフィーチャーを削除**」にチェックをいれます。

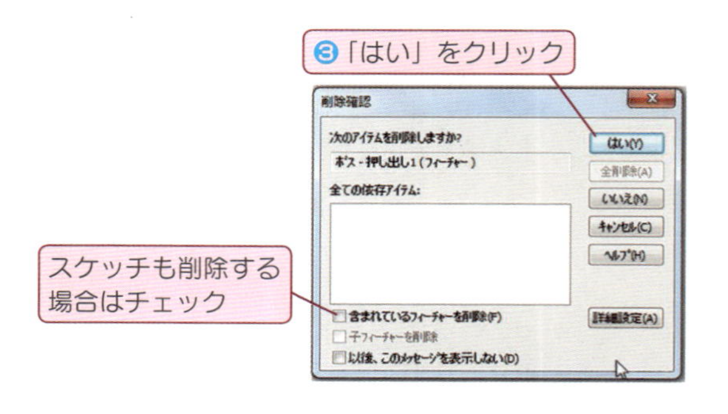
❸「はい」をクリック
削除確認
次のアイテムを削除しますか?
ボス - 押し出し1 (フィーチャー)
全ての依存アイテム:
はい(Y)
全削除(A)
いいえ(N)
キャンセル(C)
ヘルプ(H)
含まれているフィーチャーを削除(F)
子フィーチャーを削除
以後、このメッセージを表示しない(D)
詳細設定(A)
スケッチも削除する場合はチェック

練習問題 1 押し出しボス / ベース

解答は P.180

新規部品ドキュメントを作成してください。
「押し出しボス / ベース」を使って，下図のモデルを作成してください。
寸法は入れないでください。

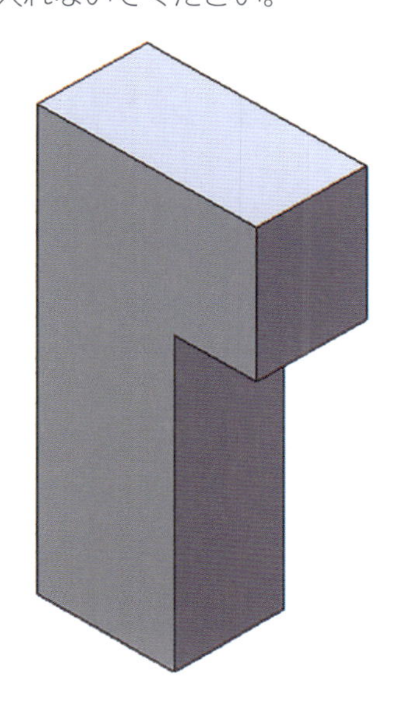

ヒント 直線の描き方

「スケッチ」タブ内の「直線」を選択します。通過点をクリックしていくことで，連続して直線を描いていきます。始点と終点を一致させると作成が終了します。
途中で作成を終了したいときは，「Esc」キーを押すか，ダブルクリックします。

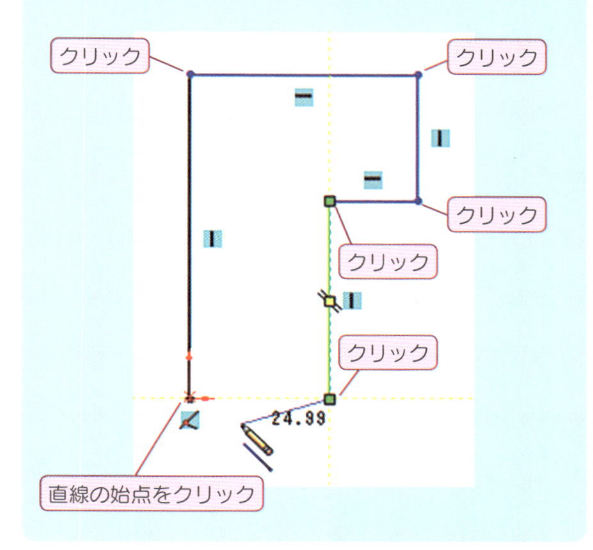
クリック
クリック
クリック
クリック
クリック
24.99
直線の始点をクリック

練習問題 2 スケッチとフィーチャーの修正

解答は P.181

「練習問題１」で作成したモデルを，右図のように寸法付けしてください。

このとき，
- 「スマート寸法」で寸法を加えます。
  (→ P.44 ～ 47)
- 厚みの修正は「フィーチャー編集」でおこないます。

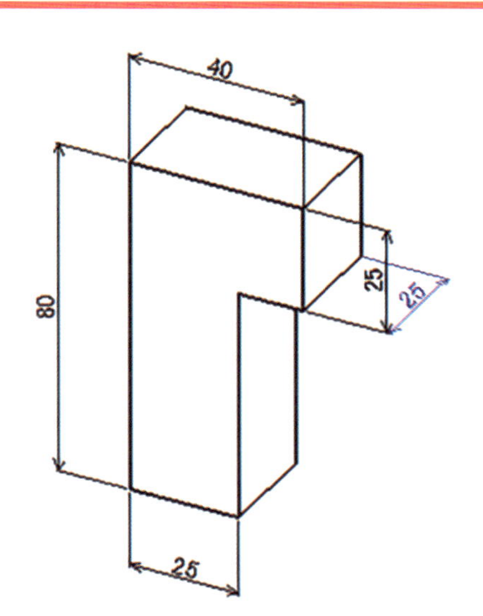
40
80
25
25
25

Point 12 ドキュメントの保存

SOLIDWORKS で作成したドキュメントは，ほかの Windows アプリケーションと同様の操作で保存できます。予期せぬ問題が発生して，ソフトウェアがシャットダウンしてしまう可能性もありますので，保存はこまめにおこないましょう。

保存

① メニューバーの「保存」をクリックするか，「ファイル」→「保存」とメニューを選択します。

② はじめてドキュメントを保存する場合には，指定保存ダイアログが表示されます。「保存する場所」を指定し，「ファイル名」を入力してください。
「保存」をクリックするとドキュメントが保存されます。
ドキュメントがすでに保存されている場合は，「保存」をクリックすると，上書き保存されます。

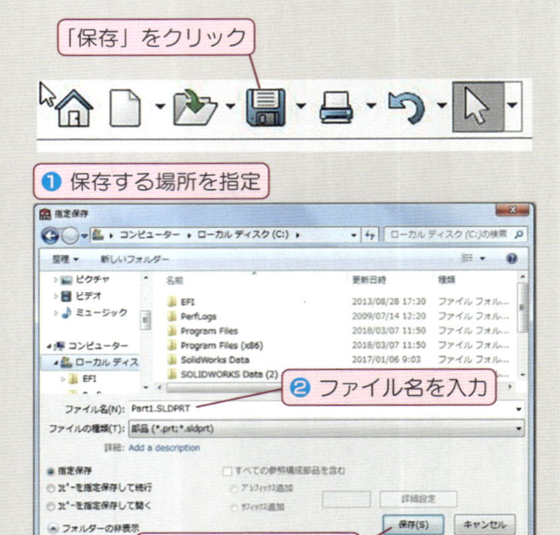
「保存」をクリック
❶ 保存する場所を指定
❷ ファイル名を入力
❸「保存」をクリック

指定保存

ドキュメントの名前を変更したい場合や，コピーをつくりたい場合に利用します。部品ドキュメント単独での名前変更やコピーは，Windows エクスプローラーでも可能です。ただし，アセンブリドキュメントに使われている部品ドキュメントの名前を変更する場合は，アセンブリドキュメントを同時に開いて「指定保存」を使って名前を変更するようにしてください。

① 標準ツールバーの「保存」の横にある「▼」をクリックして表示されるメニューのなかから「指定保存」を選択するか，「ファイル」→「指定保存」とメニューを選択します。
指定保存ダイアログが表示されます。
「指定保存」を選択して保存すると，入力した名前で保存されます。

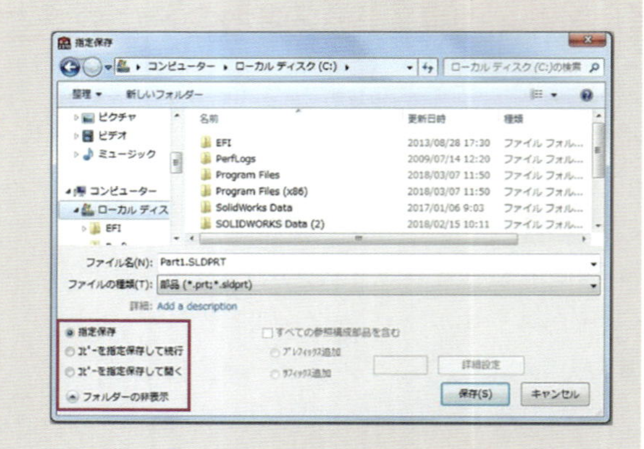

② 「コピーを指定保存して続行」を選択して保存すると，現在のドキュメントが入力した名前で保存されます。このとき，安全のために名前変更前のドキュメントのコピーが作成されます。

③ 「コピーを指定保存して開く」を選択して保存すると，入力した名前でドキュメントのコピーが作成されます。現在のドキュメントは変更されません。

2.3 代表的なスケッチフィーチャー

2.2 では,「押し出し」フィーチャーを使って簡単な円柱形状を作成してみました。ここでは,「スイープ」「ロフト」「回転」という3つの代表的なスケッチフィーチャーを使って，同じように円柱形状を作成してみます。それぞれのフィーチャーの特徴と使い方を確認します。

2.3.1 スイープ

スイープは，パス（軌道）に沿って輪郭を移動させ，３次元形状を作成します。パイプやバネのような形状を作成する場合に有効なフィーチャーです。

スイープを使って円柱形状を作成しましょう。

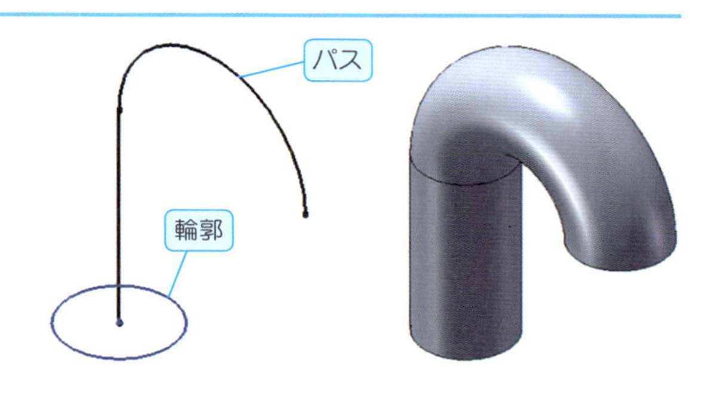
パス
輪郭

1 新規部品ドキュメント

新規部品ドキュメントの作成を開始します。（➡ P.11）

2 スケッチ平面の選択

FeatureManager デザインツリー上でデフォルト平面の「正面」を選択して，スケッチを開始します。

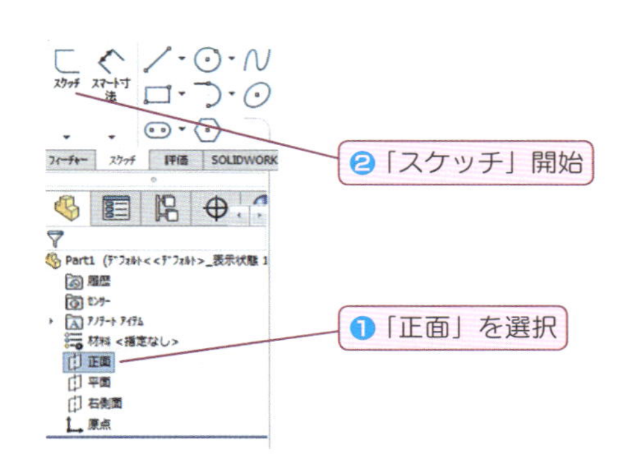
❷「スケッチ」開始
❶「正面」を選択
SOLIDWORK
正面
平面
右側面
原点

3 パスのスケッチ

「スケッチ」タブ内の「直線」で，原点から鉛直方向に直線を描きます。（➡ P.29）

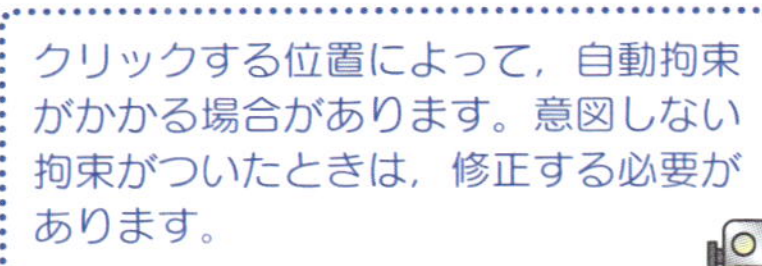
クリックする位置によって，自動拘束がかかる場合があります。意図しない拘束がついたときは，修正する必要があります。

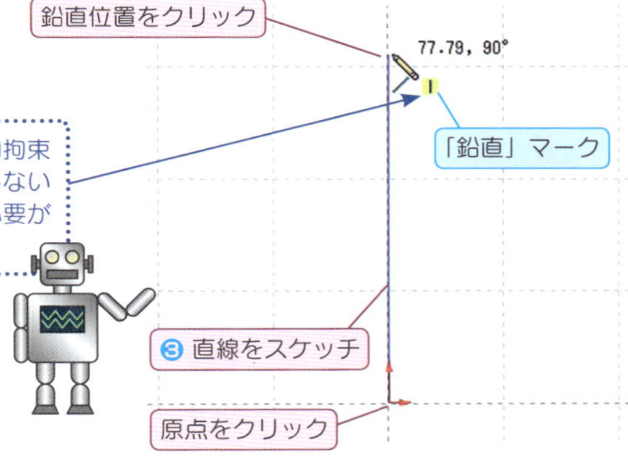
鉛直位置をクリック
77.79, 90°
「鉛直」マーク
❸ 直線をスケッチ
原点をクリック

直線を描く際に，マウスポインタの横に「|」マークが付いているときが，直線が鉛直であることを示します。これは，幾何拘束の自動追加機能です。

4 寸法付け

「スマート寸法」を選択して，描いた直線に寸法を付けます。

直線の長さに「100」と入力してください。

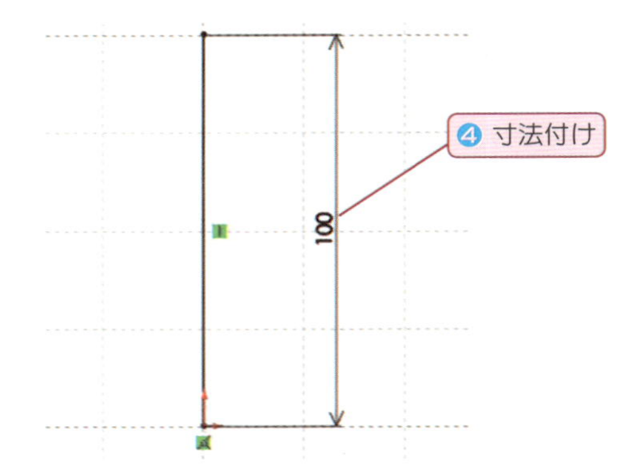
100
❹ 寸法付け

5 パスのスケッチの終了

「スケッチ終了」をクリックし，スケッチを終了します。Feature Manager デザインツリーに「スケッチ 1」が作成されています。

❺「スケッチ終了」をクリック

6 輪郭のスケッチ

FeatureManager デザインツリー上で，デフォルト平面の「平面」を選択して，スケッチを開始します。

このとき，グラフィックス領域内のモデルの向きは変わりません。「ヘッズアップビューツールバー」から「選択アイテムに垂直」を選択し，スケッチ平面を正面に向けます。

原点を中心とした直径「100 mm」の円を描きます。（➡ P.18）

φ100
❻ 直径 100 mm の円をスケッチ

7 輪郭のスケッチの終了

5と同様の操作でスケッチを終了します。FeatureManager デザインツリーに「スケッチ 2」が作成されています。

FeatureManager デザインツリーでは，スケッチやフィーチャーが作成された順番（時系列）に並びます。

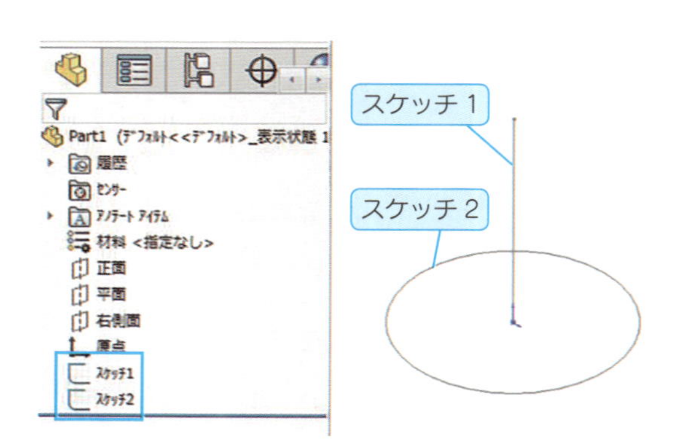
Part1
履歴
センサー
アノテートアイテム
材料 <指定なし>
正面
平面
右側面
原点
スケッチ1
スケッチ2
スケッチ 1
スケッチ 2

8 スイープ

「フィーチャー」タブ内の「スイープ」をクリックします。
「スイープ」の PropertyManager が開きます。

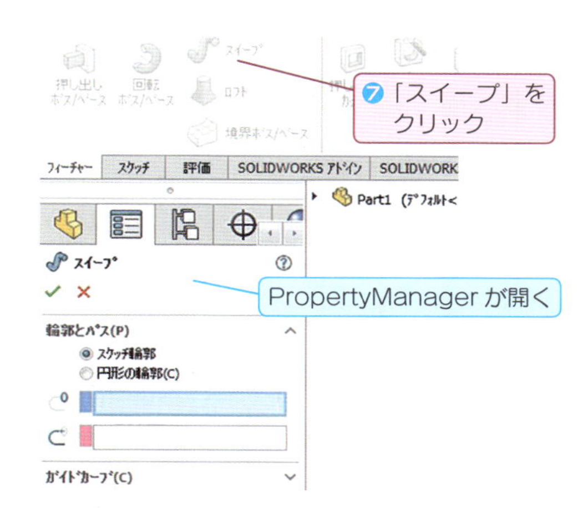
7「スイープ」をクリック
PropertyManager が開く

注意 「スイープ」や「ロフト」など複数のスケッチを使うフィーチャーはスケッチを終了させてからでないと使用できません。

9 「スイープ」条件の設定

「輪郭」に「**スケッチ 2**」（円）を，「パス」に「**スケッチ 1**」（直線）を指定します。
グラフィックス領域中から直接円や直線を選択しても，FeatureManager デザインツリーから選択しても，どちらでもかまいません。

設定が終了したら「✓ **OK**」をクリックします。

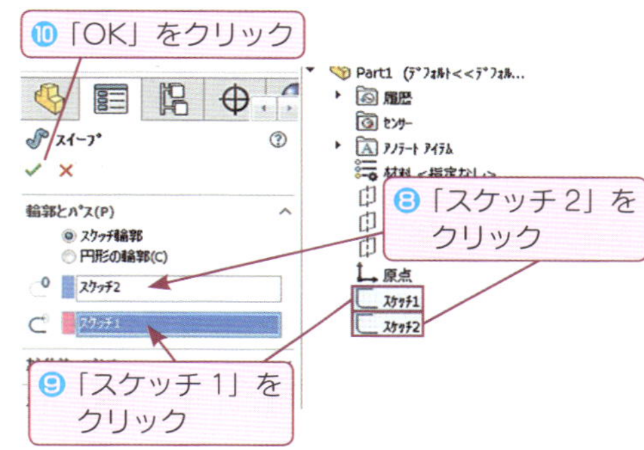
10「OK」をクリック
8「スケッチ 2」をクリック
9「スケッチ 1」をクリック

10 「スイープ」の完成

スイープのパスは，開いていても，閉じていても使用可能です（➡P.34, 練習問題4）。モデルエッジをスイープのパスとして利用することもできます。

FeatureManager デザインツリーに「スイープ 1」が作成されました。「スイープ 1」には「スケッチ 2」「スケッチ 1」が収納されています。

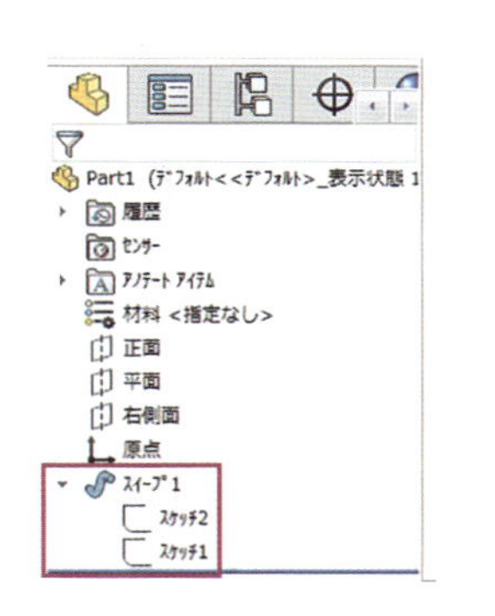

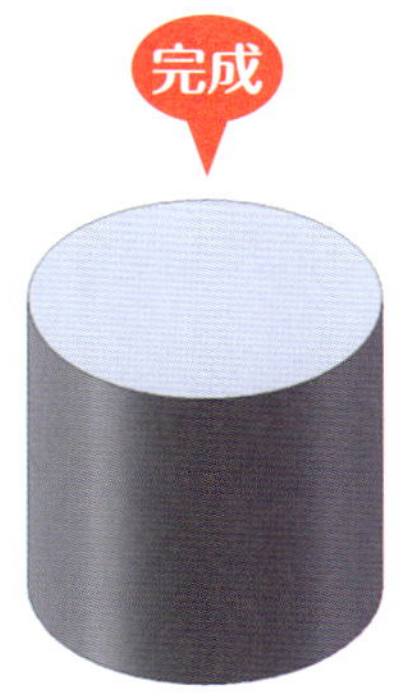
完成

Point 13 選択解除

PropertyManager で一度設定した項目（スケッチ 1 など）は選択解除できます。

設定した項目を右クリックし，「**選択解除**」（全解除）もしくは「**削除**」を選択します。未設定の状態となります。

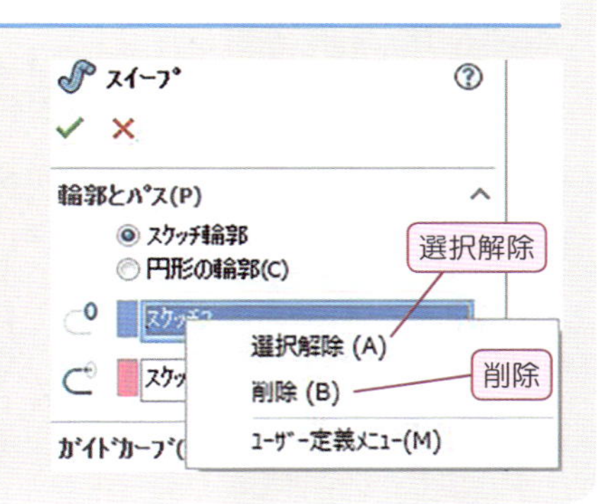
選択解除
削除

練習問題 3 スイープ 1

解答は P.183

2.3.1 で作成したスイープのパスを「スケッチ編集」から修正して，図のようにモデルを変更してください。

このとき，円弧の半径寸法を 50 mm 以上にしてください。それ以外の寸法は不要です。

注意 輪郭が円の場合，パスの円弧半径が輪郭円の半径より小さいと，エラーになってしまいます。

ヒント 円弧の描き方

「スケッチ」タブ内から「正接円弧」を選択します。すでに描かれている直線や円弧の端点をクリックすると，それらに正接した円弧が作成されます。

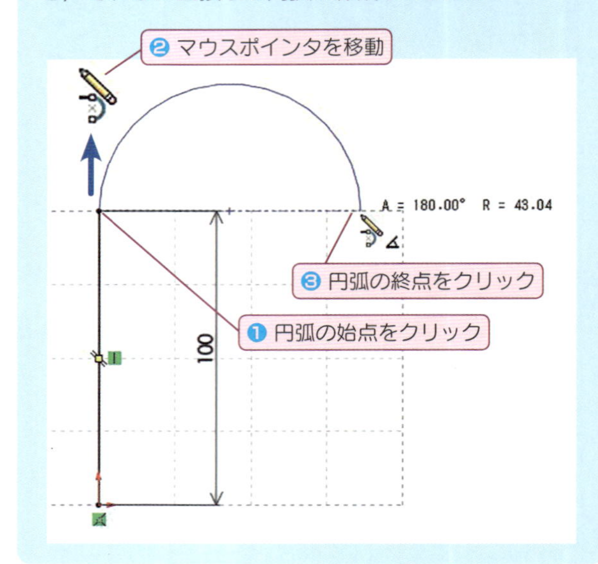

❷ マウスポインタを移動
A = 180.00° R = 43.04
❸ 円弧の終点をクリック
❶ 円弧の始点をクリック
100

練習問題 4 スイープ 2

解答は P.184

以下のルールに従ってモデルを作成してください。

- 「スイープ」を使用して作成してください。
- 「スマート寸法」で寸法を加えます。（➡ P.44 ～ 47）
- 「パス」のスケッチを先に作成します。
- 「輪郭」はデフォルト平面の「正面」に，「パス」は「右側面」に描くとよいでしょう。

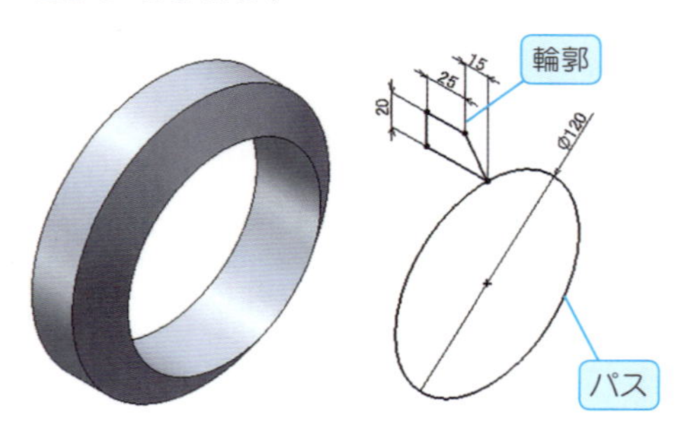

輪郭
15
25
20
Ø120
パス

ヒント 幾何拘束「貫通」

台形の頂点を円周上にあわせるために，幾何拘束「貫通」を利用します。「Ctrl」キーを押しながら台形の頂点と円を選択します。

PropertyManager の「拘束関係追加」から「貫通」を選択します。

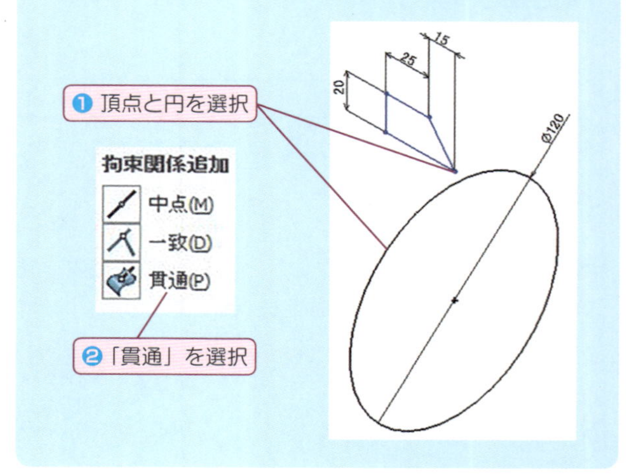

❶ 頂点と円を選択
拘束関係追加
中点(M)
一致(D)
貫通(P)
❷「貫通」を選択
15
25
20
Ø120

2.3.2　ロフト

ロフトでは，複数の輪郭を結ぶように３次元形状を作成します。デザイン的な形状を作るのが得意なフィーチャーです。

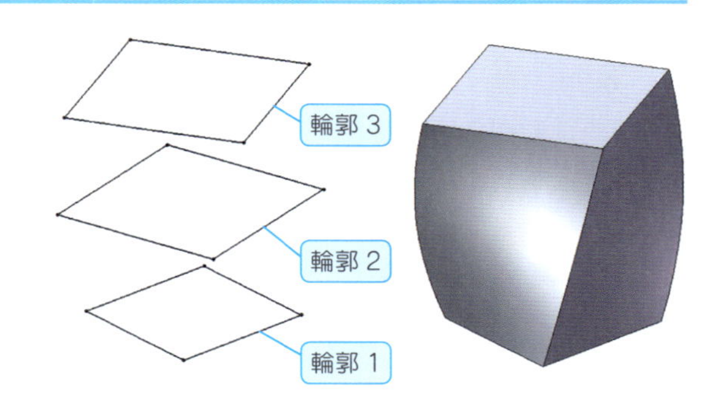
輪郭 3
輪郭 2
輪郭 1

ロフトを使って円柱形状を作成しましょう。

1 新規部品ドキュメント

新規部品ドキュメントの作成を開始します。（➡ P.11）

2 １つめの輪郭のスケッチ

FeatureManager デザインツリー上で，デフォルト平面の「平面」を選択してスケッチを開始します。

原点を中心に直径 100 mm の円を描き，スケッチを終了します。

FeatureManager デザインツリー上に「スケッチ 1」が作成されます。

❶ 直径「100 mm」の円をスケッチ

3 スケッチ平面の作成

２つめの輪郭をスケッチするために，新しい平面を作成します。

「フィーチャー」タブ内から「参照ジオメトリ」をクリックし，表示されたアイコンから「平面」をクリックします。

「平面」の PropertyManager が開きます。

デフォルト平面の「平面」に平行で，100 mm 上方にスケッチ平面を作成します。

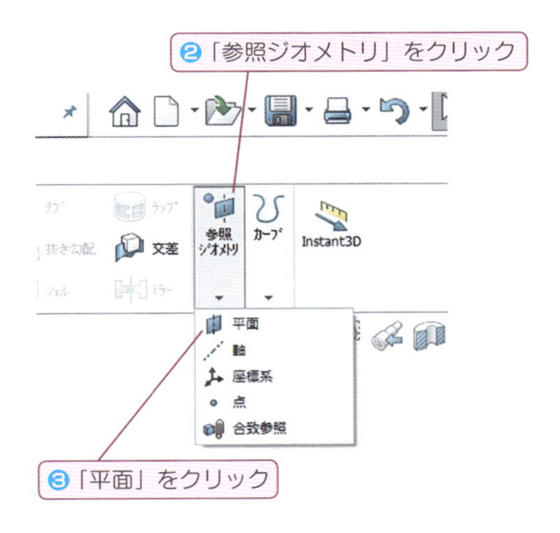
❷「参照ジオメトリ」をクリック
交差
参照
ジオメトリ
カーブ
Instant3D
平面
軸
座標系
点
合致参照
❸「平面」をクリック

グラフィックス領域上でFeatureManagerデザインツリーを展開し，「平面」をクリックします。

「オフセット距離」に「100」を入力します。グラフィックス領域のプレビューを見て，新規平面が選択平面より上にオフセットするように，「オフセット方向反転」を必要に応じてチェックボックスで切り替えます。今回はチェックを入れる必要はありません。

「作成する平面の数」は「1」にしてください。

上方に平面が作成されるようにして，「✓ OK」をクリックします。

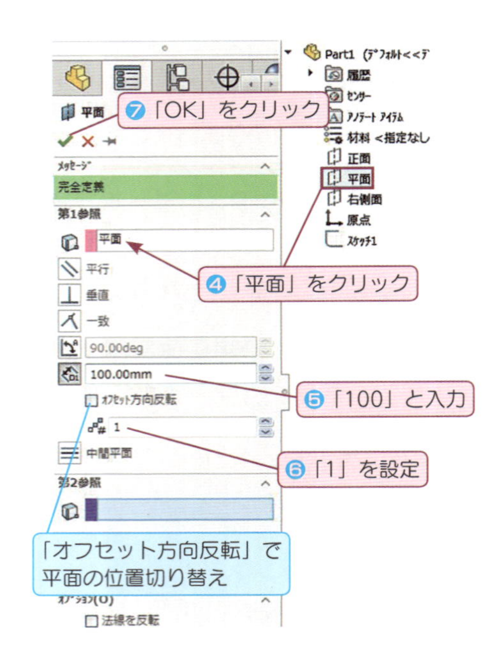

❼「OK」をクリック
❹「平面」をクリック
❺「100」と入力
❻「1」を設定
「オフセット方向反転」で平面の位置切り替え

4 スケッチ平面の確認

グラフィックス領域上に新しい平面が表示され，FeatureManagerデザインツリー上に「平面1」が作成されています。

デフォルト平面の「平面」を表示し，位置関係を確認してください。

平面1

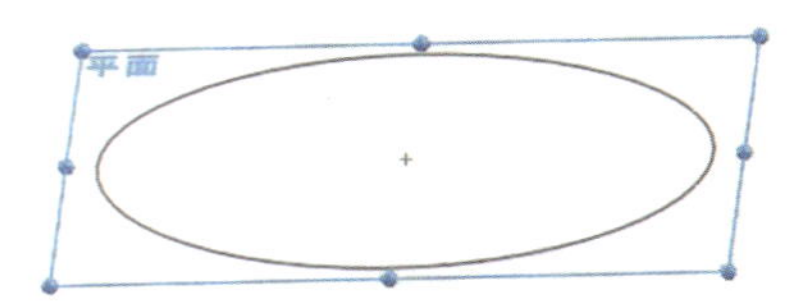

平面

Point 14 参照ジオメトリ「平面」の作成

新しい平面を作成するときに，選択する要素により平面の作成方法が自動的に変わります。このとき，モデル上の要素，スケッチ要素，参照ジオメトリ（平面，点，軸）のいずれも選択できます。

選択要素	作成される平面
平面を１つ	その面に平行な面。平面間の距離を入力
平面と軸（または直線）	選択した軸を中心に選択した平面から角度をとった面。平面間の角度を入力
点と直線	その直線と点を通る平面
曲線（または直線）とその線上の点	その点を通り，曲線（または直線）に垂直な面
平面と点	その点を通り，選択した平面に平行な面

5 2つめの輪郭のスケッチ開始

「スケッチ 1」と同じ大きさの円を,「平面 1」上に描きます。

ここでは,「スケッチ 1」を「平面 1」に投影する方法をとります。

FeatureManager デザインツリーまたはグラフィックス領域上から「**平面 1**」をクリックし,スケッチを開始します。

「平面 1」に投影

⑧ 平面にスケッチを開始

「スケッチ 1」

6 エンティティ変換

グラフィックス領域上で,「スケッチ 1」の円の輪郭をクリックします。

選択された円は,水色にハイライト表示されます。

「スケッチ」タブ内の「**エンティティ変換**」※をクリックします。

選択した円が,「平面 1」に投影されます。

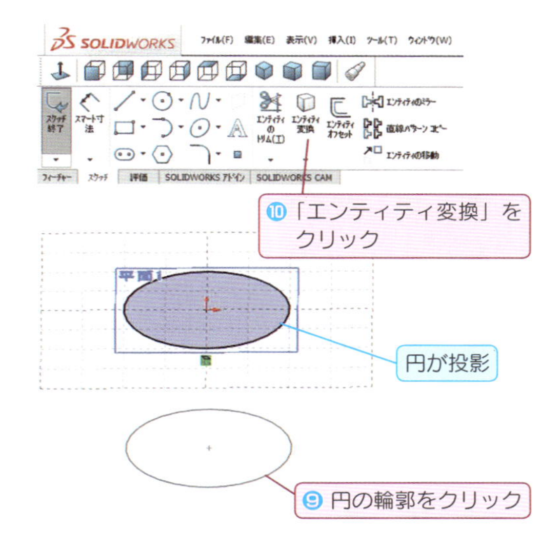

⑩「エンティティ変換」をクリック
円が投影
⑨ 円の輪郭をクリック

7 スケッチの終了

スケッチを終了します。FeatureManager デザインツリー上に「スケッチ 1」と「スケッチ 2」が作成されています。

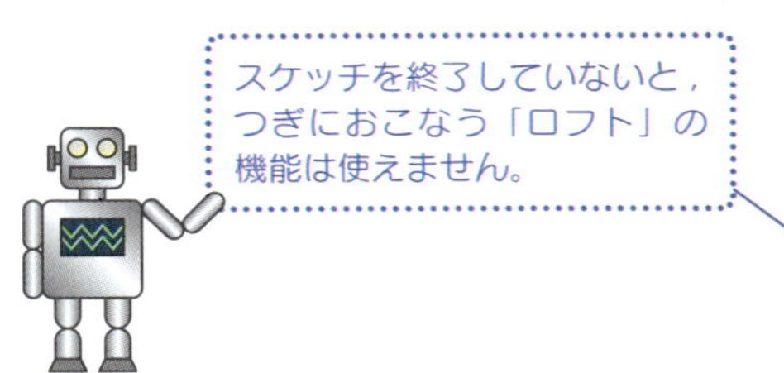

スケッチを終了していないと,つぎにおこなう「ロフト」の機能は使えません。

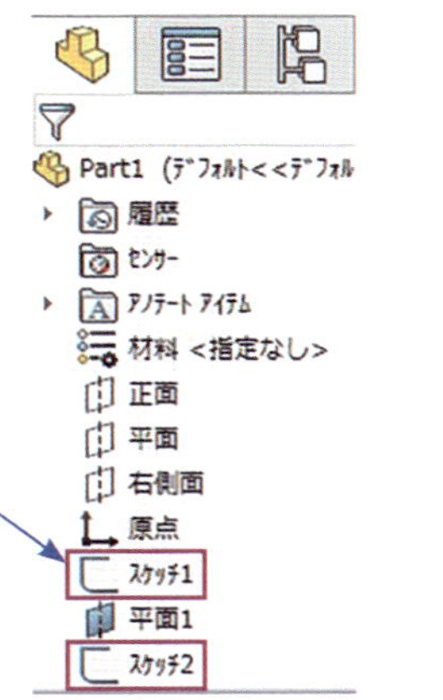

Part1
履歴
センサー
アノテート アイテム
材料 <指定なし>
正面
平面
右側面
原点
スケッチ1
平面1
スケッチ2

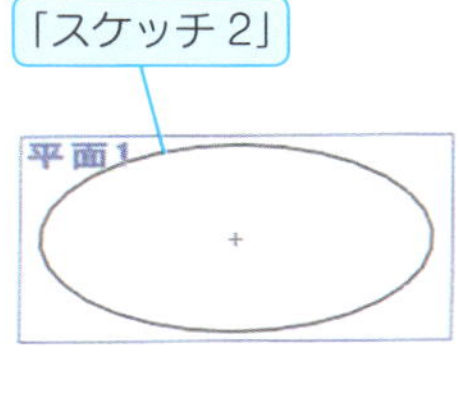

「スケッチ 2」
平面 1

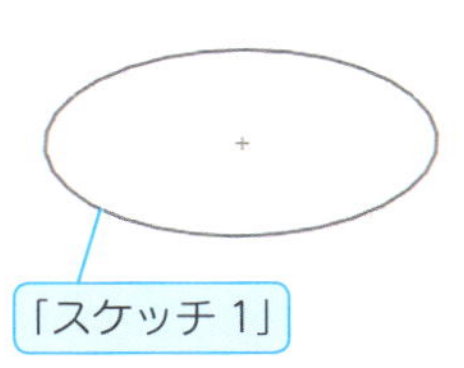

「スケッチ 1」

Point 15 エンティティ変換

「エンティティ変換」により,現在作成中のスケッチにほかのスケッチの形状を投影して取り込むことができます。このとき,作成中のスケッチは「完全定義」になっています。このスケッチは,投影元の形状に依存しており,投影元の寸法が変更されると,このスケッチも自動的に変更されます。エンティティ変換では,スケッチ要素のほかに,部品のエッジ形状も取り込めます。

8 ロフト

「フィーチャー」タブ内の「ロフト」をクリックします。

「ロフト」の PropertyManager が開きます。

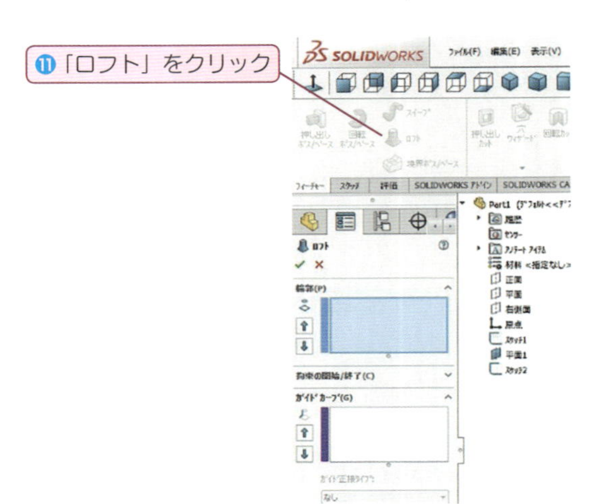
⑪「ロフト」をクリック

9 「ロフト」の設定

FeatureManager デザインツリーを展開し，「スケッチ 1」と「スケッチ 2」をクリックします。

PropertyManager の「輪郭」に「スケッチ 1」と「スケッチ 2」の名前が入力されます。スケッチ選択方法※によって異なる結果がプレビュー表示されます。

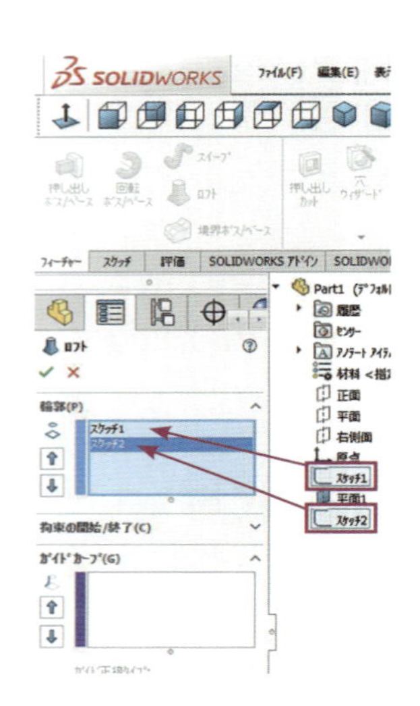

Point 16 ロフト― 輪郭スケッチの選択について

グラフィックス領域から直接スケッチを選択する場合，スケッチの選択位置により，作成されるロフト形状に違いがあります。

もし右図のようにねじれた形状となった場合には，輪郭上の●マークをマウスでドラッグして，ほぼ同じ位置に移動させます。

この操作により，ねじれ形状から円柱形状に変更できます。ただし，多少のねじれが含まれてしまうこともあります。

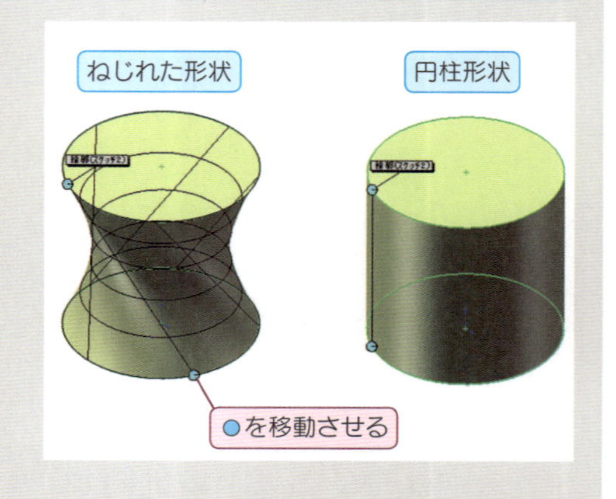
ねじれた形状
円柱形状
●を移動させる

正確に円柱形状としたい場合には，FeatureManager デザインツリーから「スケッチ 1」と「スケッチ 2」を選択するようにします。

10 ロフトの完成

設定が終了したら，PropertyManager の「✔ OK」をクリックします。

FeatureManager デザインツリーに「ロフト 1」が作成されました。「ロフト 1」には「スケッチ 1」「スケッチ 2」が収納されています。

ロフトフィーチャーは端面となる 2 面だけでなく，複数の輪郭を結合して形状を作成することが可能です。

異なる形状のスケッチや，点のみが描かれたスケッチ，また，モデル上の面形状を直接選択することもできます。

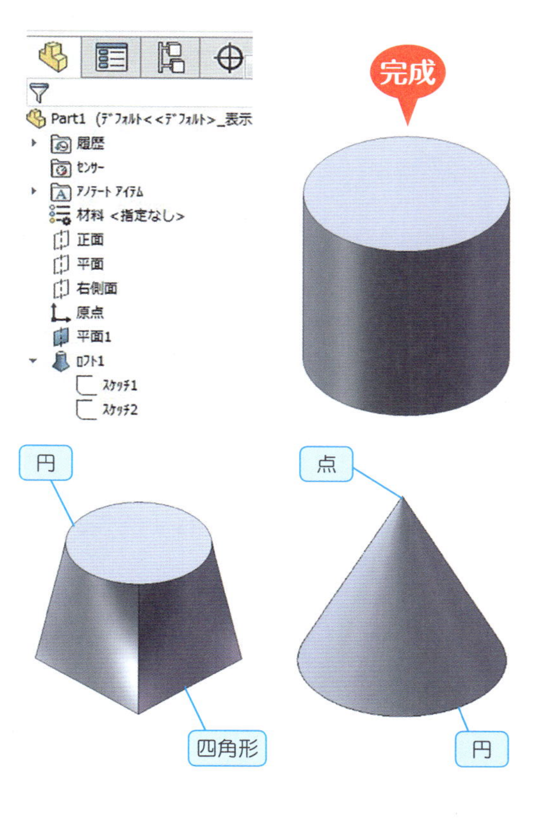
Part1 (デフォルト<<デフォルト>_表示
履歴
センサー
アノテート アイテム
材料 <指定なし>
正面
平面
右側面
原点
平面1
ロフト1
スケッチ1
スケッチ2
完成
円
点
四角形
円

練習問題 5 ロフト

解答は P.187

以下のモデルを「ロフト」フィーチャーを使って作成してください。必要な輪郭のスケッチは，φ150 mm の円，φ120 mm の円，点のみのスケッチの 3 つです。

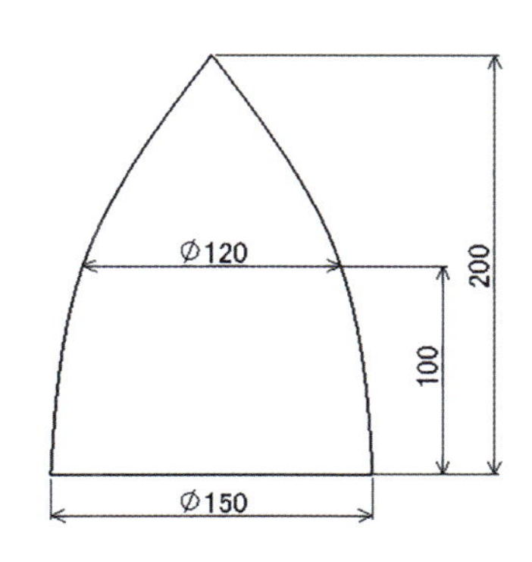
Ø120
200
100
Ø150

ヒント スケッチ「点」

「スケッチ」タブから「点」をクリックします。

グラフィックス領域上で，点を置きたい位置をクリックします。この練習問題では，原点上に点を置きます。

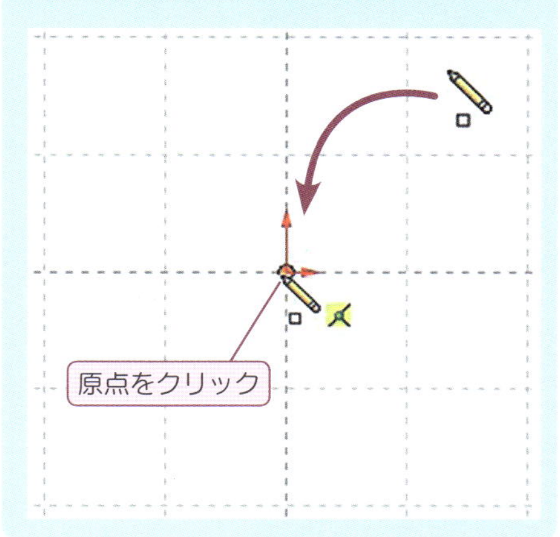
原点をクリック

2.3.3　回転

回転では，スケッチを軸まわりに回転させることにより３次元形状を作成します。

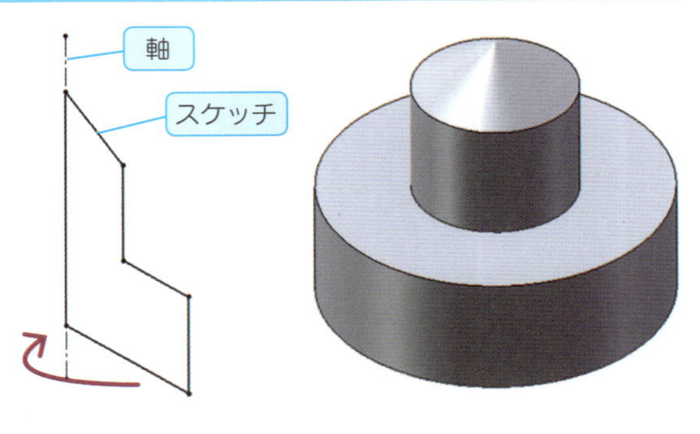
軸
スケッチ

回転を使って円柱形状を作成してみましょう。

1 新規部品ドキュメント

新規部品ドキュメントの作成を開始します。（➡ P.11）

2 中心線のスケッチ

デフォルト平面の「正面」を選択して，スケッチを開始します。

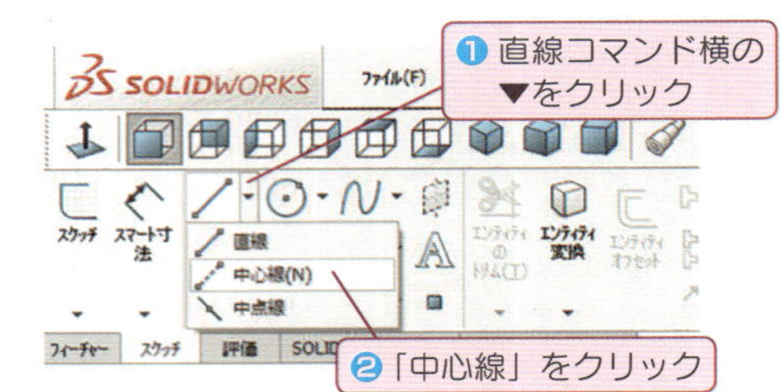
❶直線コマンド横の▼をクリック
❷「中心線」をクリック

回転の中心となる軸と，矩形を描きます。「スケッチ」タブ内の直線コマンド横にある▼をクリックし，「中心線」を選択します。

原点の鉛直線上にマウスポインタを移動させると，原点とポインタの間に青い破線が表示されます。ここでクリックし，中心線の始点を指示します。

青い破線（スナップライン）で表示されるのは，マウスポインタが原点の鉛直線上にあることを意味しています。

この状態から原点を通るように鉛直な中心線を描き，終点をクリックします。「Esc」キーを押し，中心線コマンドの選択を解除します。

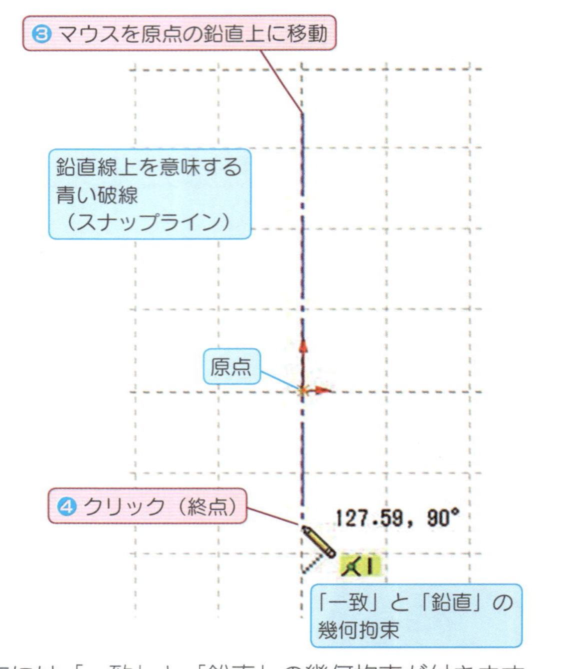
❸マウスを原点の鉛直上に移動
鉛直線上を意味する青い破線（スナップライン）
原点
❹クリック（終点）
127.59, 90°
「一致」と「鉛直」の幾何拘束

これにより，中心線が作成され，中心線と原点には「一致」と「鉛直」の幾何拘束が付きます。

スケッチを終了せずにつぎに進みましょう。

3 矩形のスケッチ

矩形のスケッチを描きます。

「スケッチ」タブ内の矩形コマンド横にある▼をクリックし，「矩形コーナー」をクリックします。

対角2点の位置を指示することで，矩形を描くことができます。

ここでは，原点と，中心線の右上方の位置を指示します。

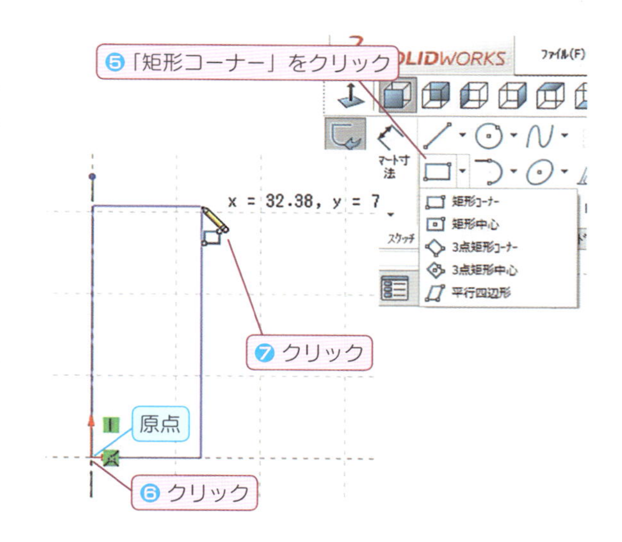
⑤「矩形コーナー」をクリック
x = 32.38, y = 7
矩形コーナー
矩形中心
3点矩形コーナー
3点矩形中心
平行四辺形
⑦クリック
原点
⑥クリック

4 矩形縦寸法の配置

矩形に寸法をつけます。

矩形の縦寸法に「100」を入力します。

直径100 mmの円柱を作成したいので，矩形の横の寸法を50 mmに設定してもよいのですが，ここでは円柱の直径をそのまま設定する方法をとります。

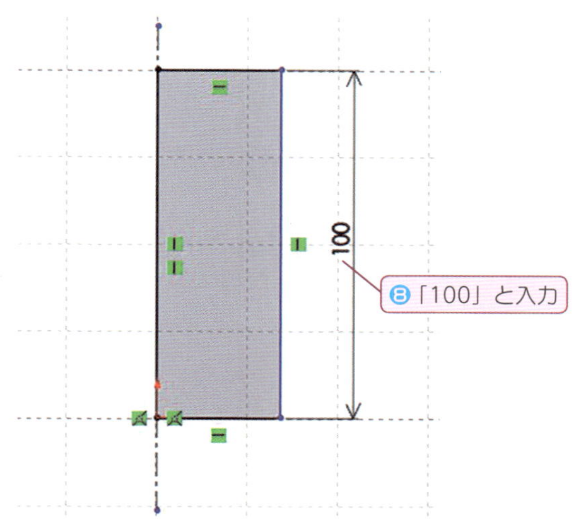
100
⑧「100」と入力

5 矩形横寸法の配置

「スケッチ」タブ内の「スマート寸法」をクリックし，中心線をクリックします。そのまま矩形右側の縦の辺をクリックします。

寸法を配置する位置を指示する前に，マウスポインタを中心線の反対側に移動します。中心線を挟んで倍の寸法が表示されます。

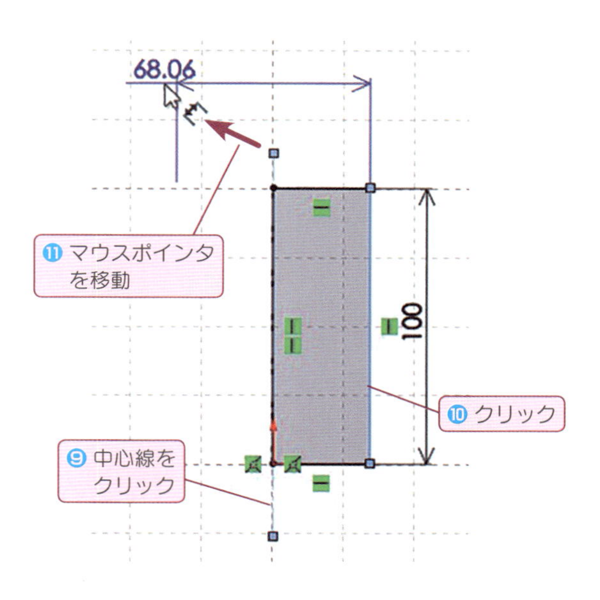
68.06
⑪マウスポインタを移動
100
⑩クリック
⑨中心線をクリック

この位置をクリックし，寸法配置位置を決定します。
寸法修正ダイアログに「100」と入力します。
（➡ P.44 ～ 47）

直径と同じ「100 mm」の寸法を設定できました。

一度配置した寸法は，マウスでドラッグして位置を変更できます。

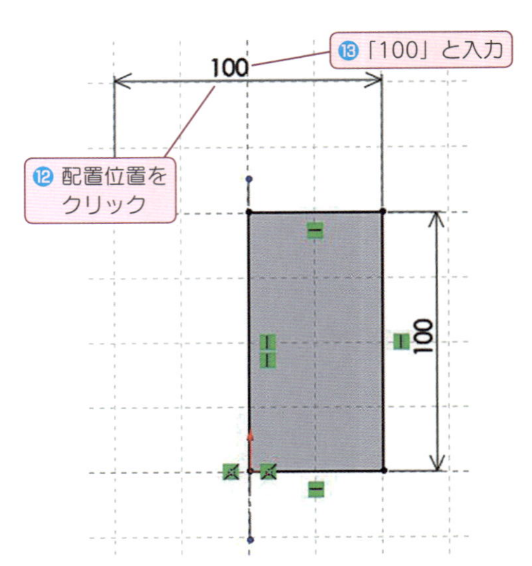
⑬「100」と入力
100
⑫ 配置位置をクリック
100

6 回転

「フィーチャー」タブ内の「回転ボス / ベース」をクリックします。

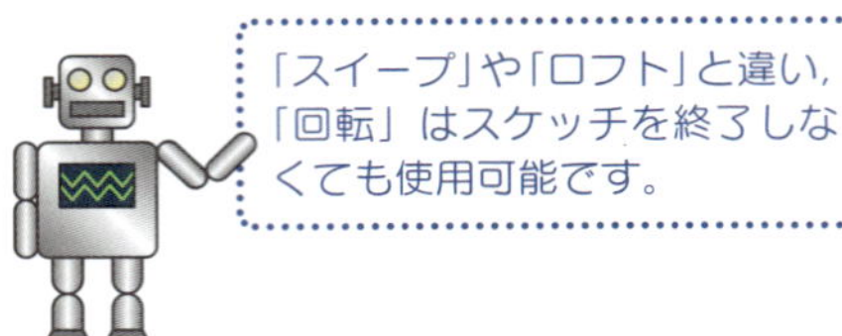
「スイープ」や「ロフト」と違い，「回転」はスケッチを終了しなくても使用可能です。

「回転」の PropertyManager が開きます。

7 「回転ボス / ベース」の設定

「回転軸」には，「直線 1」という名前が設定されています。スケッチで中心線が 1 本だけ描かれている場合には，この中心線が自動的に設定されます。

中心線が複数本描かれている場合，または 1 本も描かれていない場合には，ここで回転の中心となる直線や中心線を選択します。

「角度」には 360° が設定されています。スケッチの中心線を軸として 360° 回転させて形状を作ります。

設定が終了したら，PropertyManager の「✓OK」をクリックします。

⑭「回転ボス / ベース」をクリック
PropertyManager が開く
「直線 1」が設定されている
「角度」には 360° が設定されている
回転
回転軸(A)
直線1
方向1(1)
ブラインド
360.00deg
方向2(2)

8 回転ボス / ベースの完成

FeatureManager デザインツリーに「回転1」が作成されました。「回転1」には「スケッチ1」が収納されています。

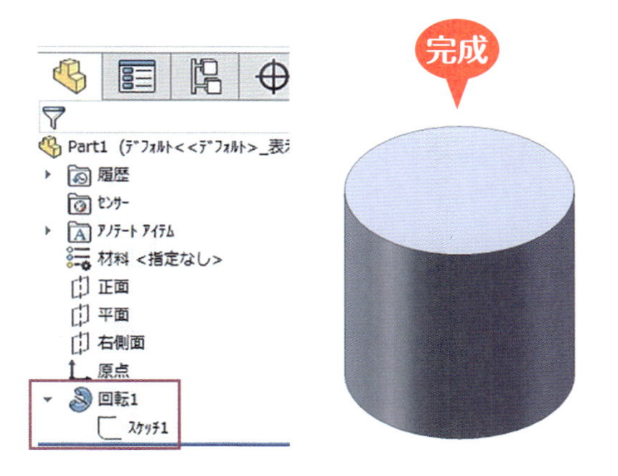
Part1 (デフォルト<<デフォルト>_表示
履歴
センサー
アノテート アイテム
材料 <指定なし>
正面
平面
右側面
原点
回転1
スケッチ1
完成

練習問題 6 回転ボス / ベース

解答は P.189

以下のモデルを「回転」を使って作成してください。

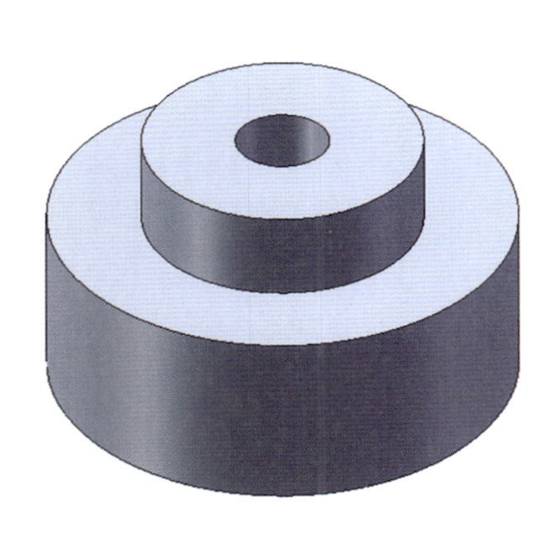

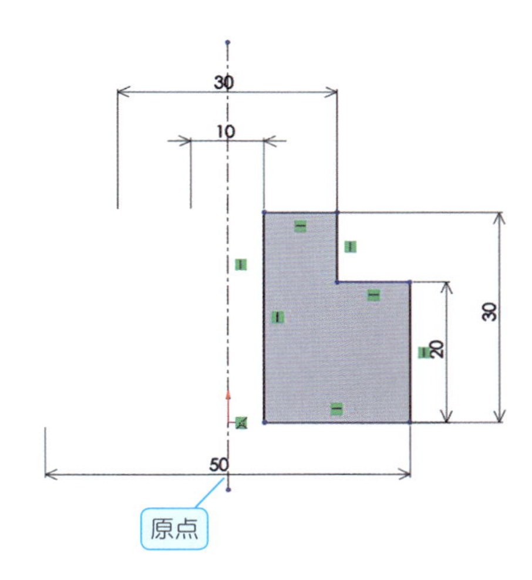
30
10
30
20
50
原点

補　足　スケッチの寸法配置について

「スマート寸法」で寸法作成をするとき，寸法を配置するマウスポインタの位置により，寸法の内容が変わってきます。寸法作成時に選択する要素と，寸法配置時のマウス操作について説明します。

直線の寸法

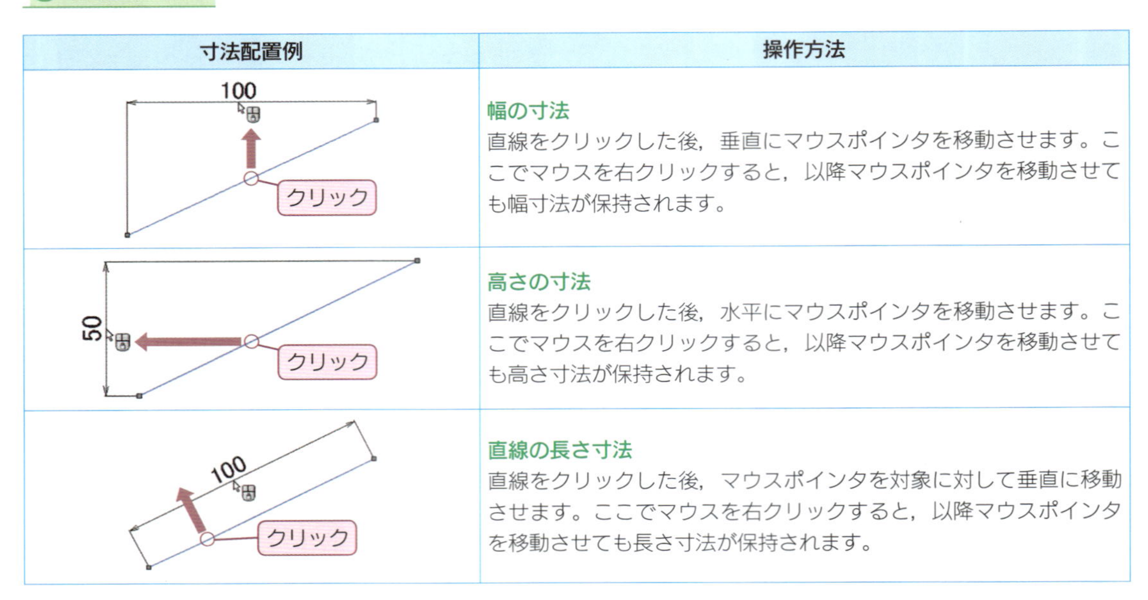
100
クリック
50
クリック
100
クリック

寸法配置例	操作方法
	幅の寸法 直線をクリックした後，垂直にマウスポインタを移動させます。ここでマウスを右クリックすると，以降マウスポインタを移動させても幅寸法が保持されます。
	高さの寸法 直線をクリックした後，水平にマウスポインタを移動させます。ここでマウスを右クリックすると，以降マウスポインタを移動させても高さ寸法が保持されます。
	直線の長さ寸法 直線をクリックした後，マウスポインタを対象に対して垂直に移動させます。ここでマウスを右クリックすると，以降マウスポインタを移動させても長さ寸法が保持されます。

平行な 2 直線，または直線と点への寸法

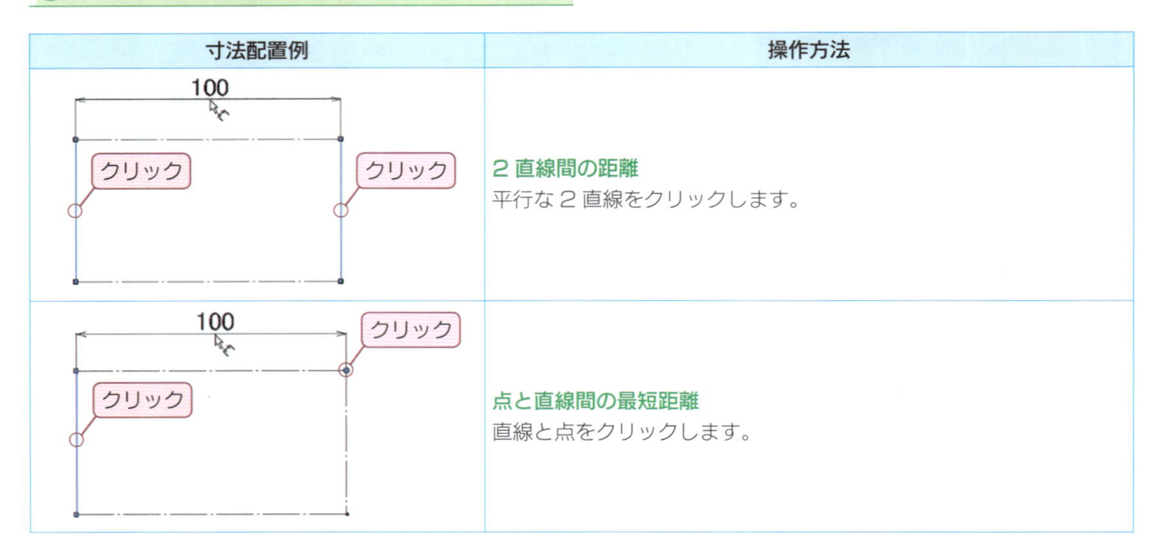
100
クリック
クリック
100
クリック
クリック

寸法配置例	操作方法
	2 直線間の距離 平行な 2 直線をクリックします。
	点と直線間の最短距離 直線と点をクリックします。

✓ 2 点への寸法（直線や曲線の端点，スケッチ点など）

寸法配置例	操作方法
100	**幅の寸法** 2点を選択した後，図の青色の領域へマウスポインタを移動させます。ここでマウスを右クリックすると，以降マウスポインタを移動させても幅寸法が保持されます。
50	**高さの寸法** 2点を選択した後，図の青色の領域へマウスポインタを移動させます。ここでマウスを右クリックすると，以降マウスポインタを移動させても高さ寸法が保持されます。
100	**2 点間の距離寸法** 2点を選択した後，マウスポインタを2点に対して図の青色の領域に移動させます。ここでマウスを右クリックすると，以降マウスポインタを移動させても長さ寸法が保持されます。

✓ 円と円弧への寸法（直径と半径）

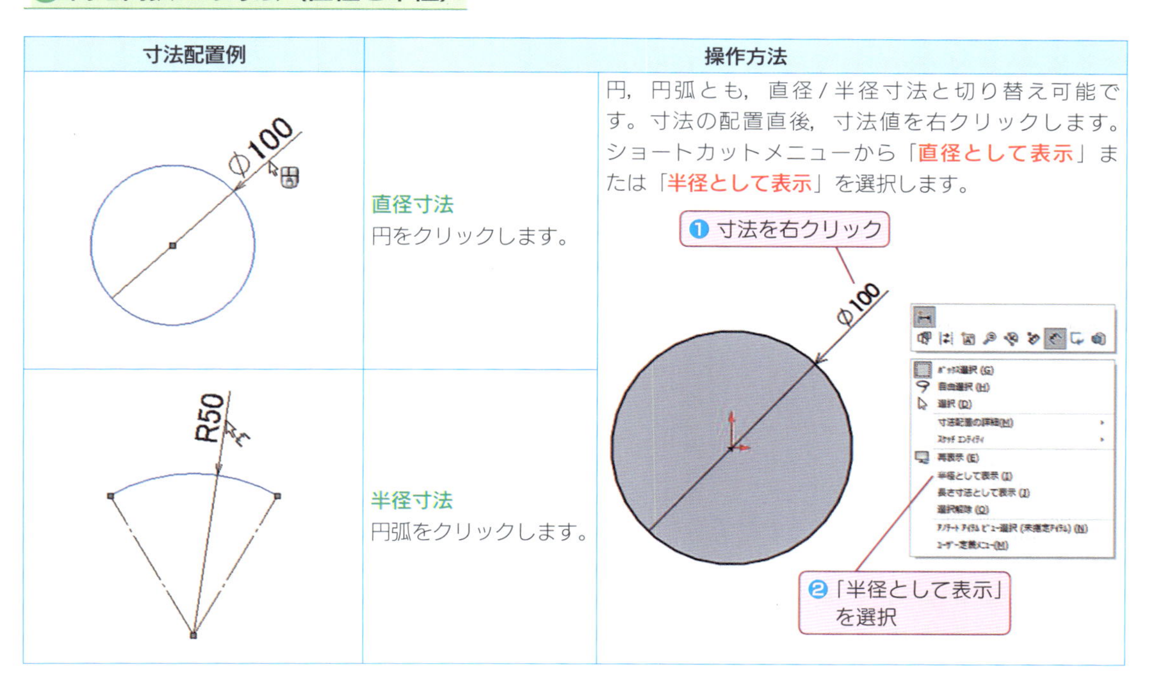
φ100
R50
❶ 寸法を右クリック
φ100
❷「半径として表示」を選択

寸法配置例	操作方法	
	直径寸法 円をクリックします。	円，円弧とも，直径／半径寸法と切り替え可能です。寸法の配置直後，寸法値を右クリックします。ショートカットメニューから「**直径として表示**」または「**半径として表示**」を選択します。
	半径寸法 円弧をクリックします。	

円弧の寸法

寸法配置例	操作方法
60°	**角度寸法** 角をなす 2 本の直線，または角をなす 3 点をクリックします。
100	**弦の寸法** 円弧の両端点をクリックします。
⌒100	**円弧の寸法** 円弧とその両端点をクリックします。

Point 17 累進寸法

スケッチで累進寸法を付けることも可能です。

① 「スケッチ」タブ内の「スマート寸法」をクリックします。

② グラフィックス領域で右クリックします。

③ ショートカットメニューから「寸法配置の詳細」→「累進寸法」を選択します。

④ 最初の基準とする要素（0 寸法値）をクリックし，0 寸法を配置します。

⑤ つぎの寸法付けをする要素をクリックし，寸法を配置します。

⑥ 以下必要なだけ繰り返します。

⑦ 終了したら，「Esc」キーを押します。

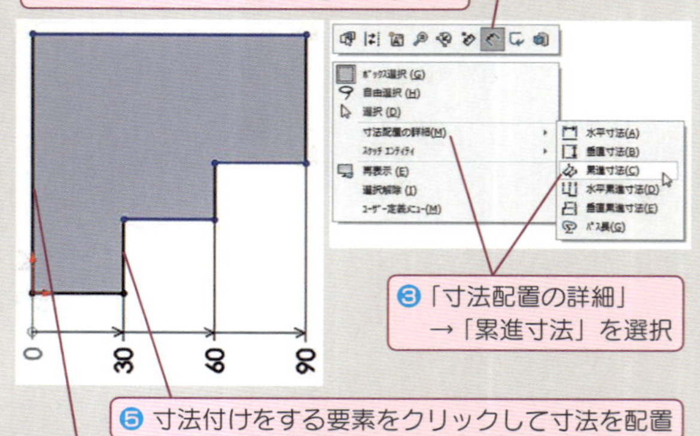
❶「スマート寸法」をクリック
❷ グラフィックス領域上で右クリック
❸「寸法配置の詳細」→「累進寸法」を選択
❹ 基準要素をクリックして 0 寸法を配置
❺ 寸法付けをする要素をクリックして寸法を配置
0
30
60
90

③で「水平累進寸法」「垂直累進寸法」のいずれかをクリックし，累進寸法の方向を指定することもできます。

円（円弧）間の寸法

寸法配置例	操作方法
100	**2円弧の中心点間の寸法** 2つの円弧をクリックします。
150	**2円弧の外側間の寸法** 2つの円弧をクリックして中心点間の寸法を付けてから，寸法数値をクリックします。PropertyManager が表示されるので，「引出線」タブ内にある「円弧の状態」を下図のように設定します。 第1円弧の状態: ○中心(C) ○最小(I) ◉最大(A) 第2円弧の状態: ○中心(C) ○最小(I) ◉最大(A) 「第１円弧」は，１番目にクリックした円弧を指します。
50	**2円弧の内側間の寸法** 「2円弧の外側間の寸法」の場合と同様にして，「円弧の状態」を下図のように設定します。 第1円弧の状態: ○中心(C) ◉最小(I) ○最大(A) 第2円弧の状態: ○中心(C) ◉最小(I) ○最大(A)
100	**2円弧の外側と内側の間の寸法** 「2円弧の外側間の寸法」の場合と同様にして，「円弧の状態」を下図のように設定します。 第1円弧の状態: ○中心(C) ○最小(I) ◉最大(A) 第2円弧の状態: ○中心(C) ◉最小(I) ○最大(A)

2.4 部品ドキュメント作成例

ここでは，右図のような部品ドキュメントを作成します。この部品ドキュメントは，いくつかのフィーチャーを組み合わせて作成していきます。この部品ドキュメントには何通りかの作成方法が考えられますが，ここでは，新しい機能や便利な機能の紹介に重点を置きながら作成方法を説明します。

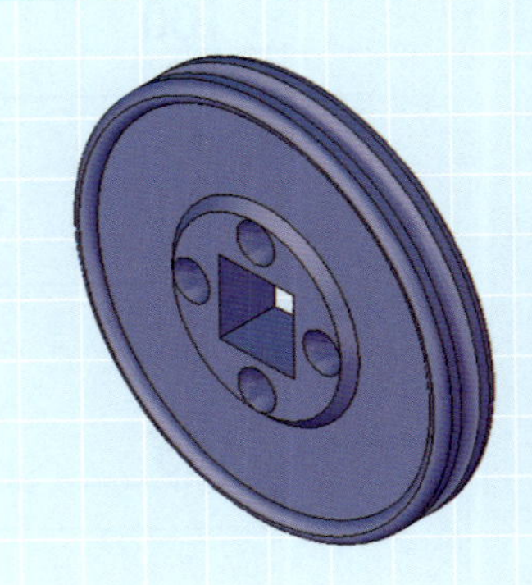

2.4.1 モデル作成の順番

モデルを作成するときには，どのようなフィーチャーを使い，どのような順番で作成していくかをあらかじめ考えておくとよいでしょう。今回のモデルでは，以下の順番でフィーチャーを使って作成していきます。

1 ベースフィーチャー（最初の形状）

「押し出しボス / ベース」で円柱形状を作成します。

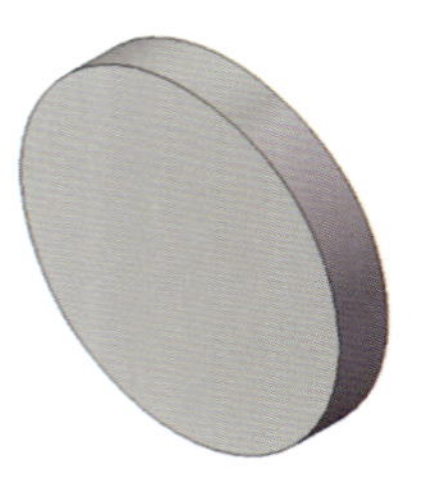

2 押し出しカット

「押し出しカット」で，中央の角穴を作成します。

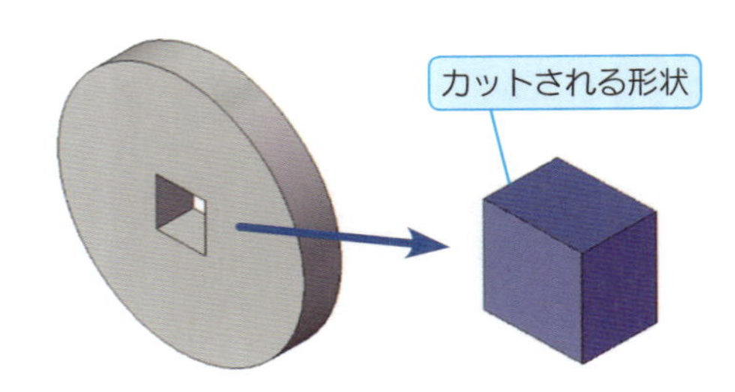
カットされる形状

3 回転カット

「回転カット」で，円盤上の凹形状を作成します。

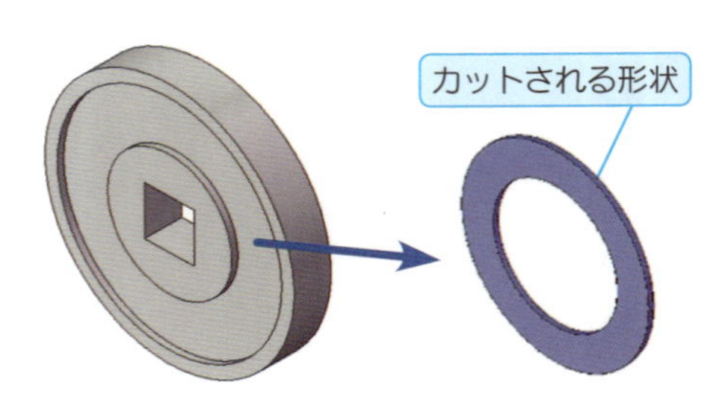
カットされる形状

4 回転カットのミラーコピー

「回転カット」を「ミラー」コピーし，裏面の同じカット形状を作成します。

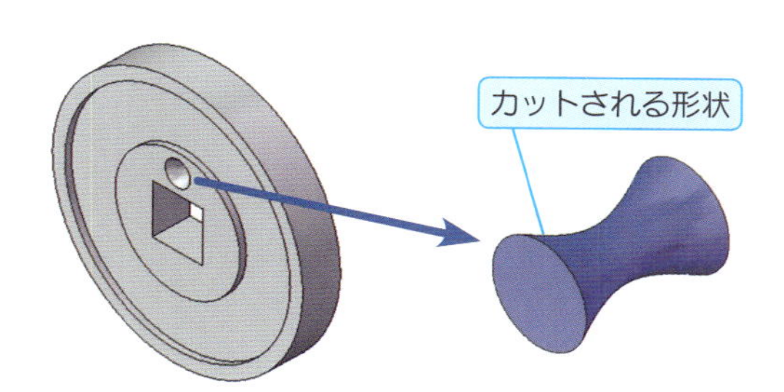
コピーされる形状
（断面表示）

5 ロフトカット

「ロフトカット」で円柱を鼓形の形状にカットします。

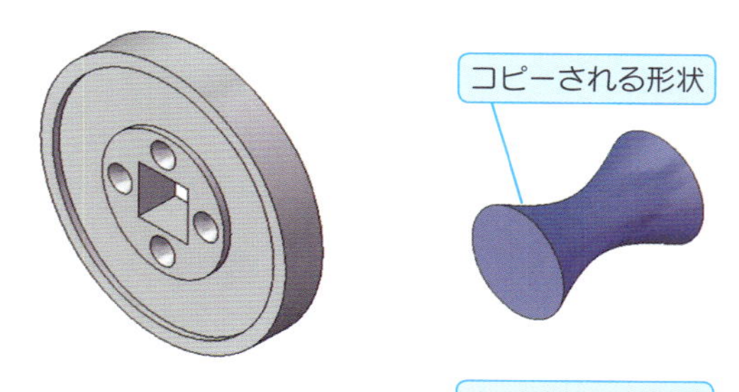
カットされる形状

6 ロフトカットのコピー

「円形パターン」を使い，鼓形のカット形状をコピーし，合計で４つの穴を開けます。

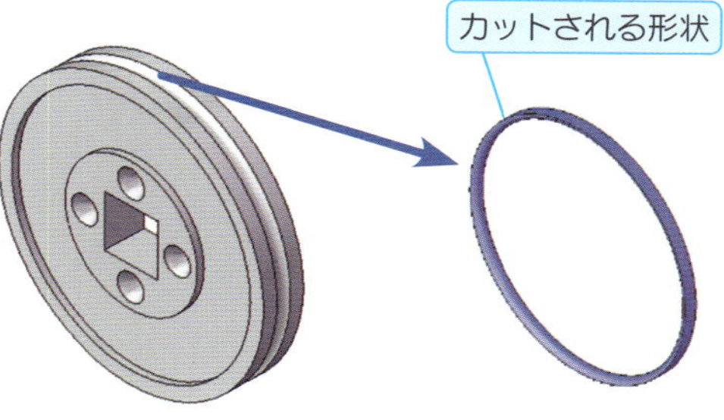
コピーされる形状

7 スイープカット

「スイープカット」を使い，円盤側面に，カット断面が半月形状の溝を作成します。

カットされる形状

8 面取り

「面取り」を使い，円盤中央の凸形状のエッジを面取りします。

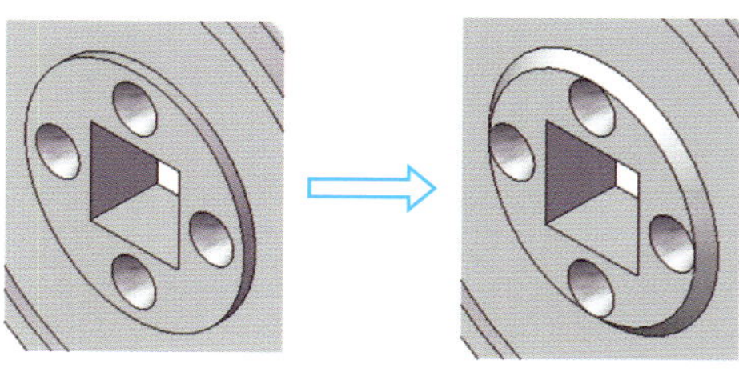

9 フィレット

「フィレット」を使い，円盤のエッジに角Rをつけます。

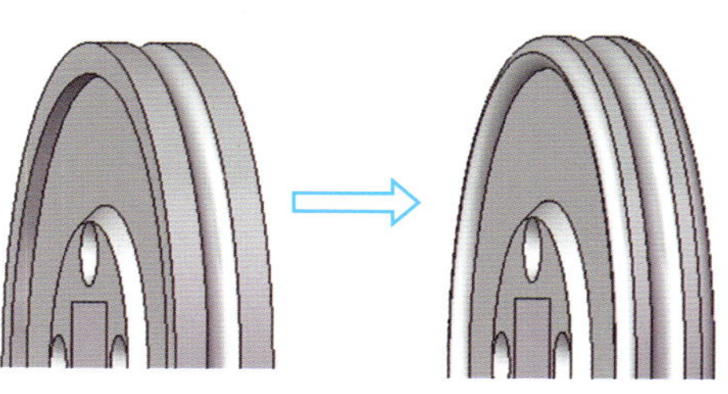

2.4.2 ベースフィーチャー

「押し出しボス / ベース」で円盤形状を作成しましょう。部品ドキュメントで一番はじめに作成するフィーチャーは，これから作成する部品ドキュメントの土台となる大事なフィーチャー（ベースフィーチャー）です。

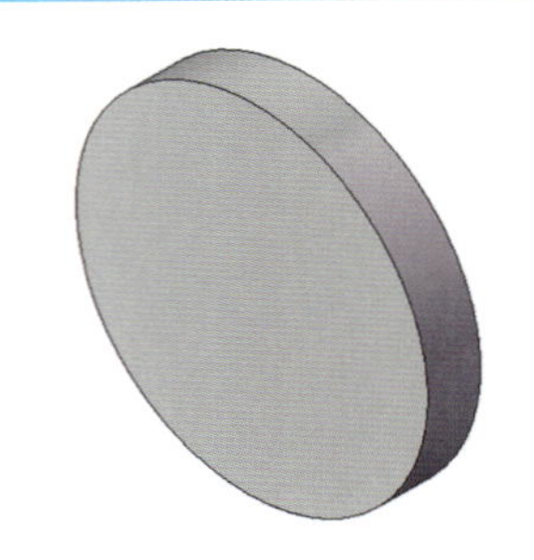

1 新規部品ドキュメント

新規部品ドキュメントの作成を開始します。（➡ P.11）

2 スケッチの作成

デフォルト平面の「正面」でスケッチを開始し，原点を中心とした直径「100 mm」の円をスケッチします。（➡ P.18）

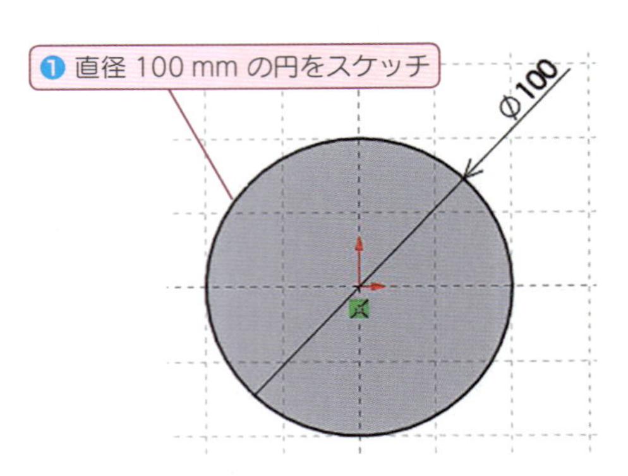

❶ 直径 100 mm の円をスケッチ
φ100

3 「押し出しボス / ベース」フィーチャー

「フィーチャー」タブ内の「押し出しボス / ベース」をクリックします。（➡ P.20）

押し出し状態を「中間平面」（スケッチ平面を中心に厚みをもたせる方法）に，「深さ / 厚み」に「15」を入力します。

「✓OK」をクリックし，「押し出しボス / ベース」を完了します。

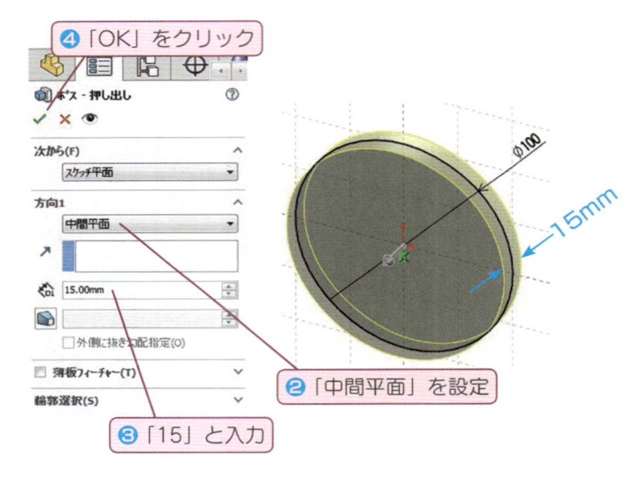

❹「OK」をクリック
ボス - 押し出し
次から(F)
スケッチ平面
方向1
中間平面
15.00mm
外側に抜き勾配指定(O)
薄板フィーチャー(T)
輪郭選択(S)
φ100
15mm
❷「中間平面」を設定
❸「15」と入力

Point 18 ヘルプ

フィーチャーや，コマンドの設定内容の意味や使い方を調べたい場合，「ヘルプ」機能が便利です。
フィーチャー作成時，PropertyManager の画面で，「? ヘルプ」をクリックします。「オンラインユーザーガイド」が開き，フィーチャーの設定内容や意味を確認できます。

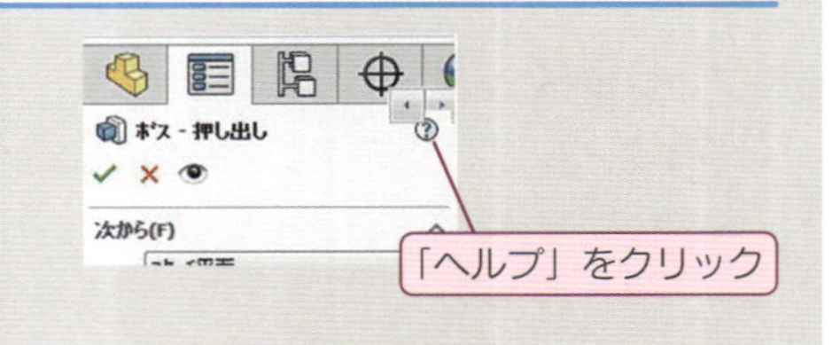

ボス - 押し出し
次から(F)
「ヘルプ」をクリック

2.4.3 押し出しカット

「押し出しカット」で，図のようにモデル中央に正方形の穴を作成しましょう。

ここでは，スケッチのポイントである幾何拘束の追加について，詳しく説明していきます。

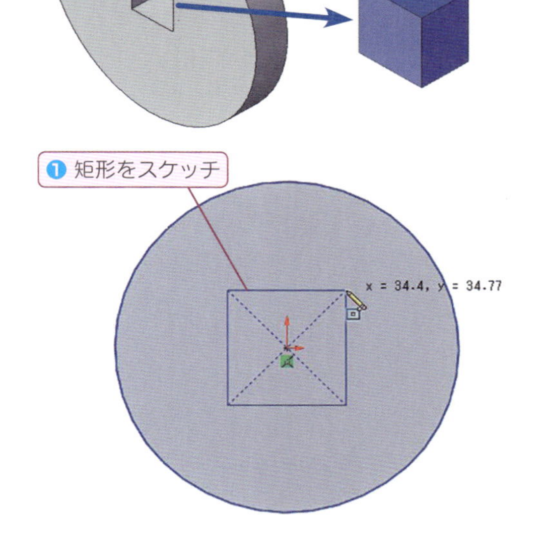
カットされる形状
❶ 矩形をスケッチ
x = 34.4, y = 34.77

1 スケッチの作成

デフォルト平面の「正面」でスケッチを開始します。

「矩形コーナー」横にある「▼」をクリックし，「**矩形中心**」を使って，図のように原点を中心位置に矩形をスケッチします。

この矩形に幾何拘束や寸法を追加して，完全定義にしていきます。

2 幾何拘束の確認

スケッチには，自動拘束によりすでにいくつかの幾何拘束が追加されています。

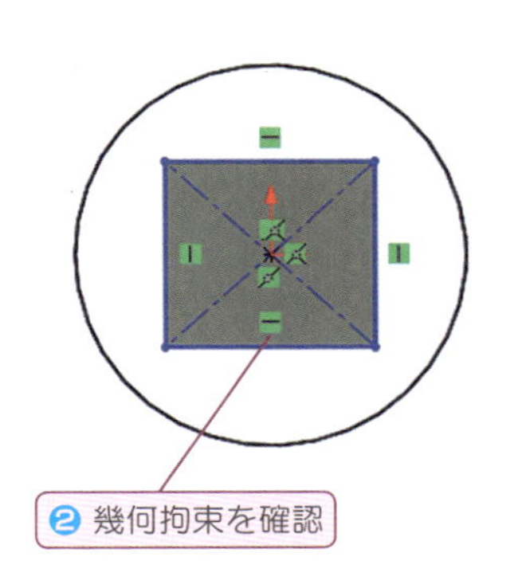
❷ 幾何拘束を確認

矩形の各辺の近くに表示されている幾何拘束のシンボルにマウスポインタを近づけると，幾何拘束の種類がポップアップ表示されます。図では，矩形の底辺に「水平」の幾何拘束がついていることがわかります。

幾何拘束のシンボルは，表示／非表示の切り替えができます。「ヘッズアップビューツールバー」→「**アイテムを表示／非表示**」内の「**スケッチ拘束関係の表示**」で切り替えることができます。または，メニューバーの「**表示**」→「**表示／非表示**」→「**スケッチ拘束**」をクリックすることで切り替えることもできます。

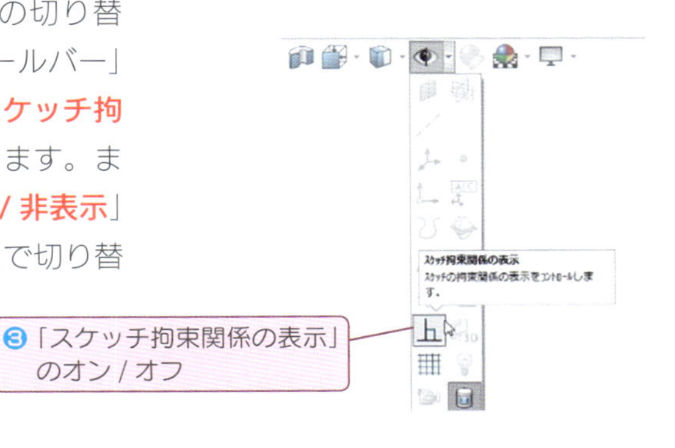
スケッチ拘束関係の表示
❸「スケッチ拘束関係の表示」のオン／オフ

3 寸法の追加

「スケッチ」タブ内の「スマート寸法」で図のように矩形の縦の辺に「20」を入力し，「スマート寸法」を終了します（「Esc」キーを押します）。

この矩形のスケッチを正方形にするために，横の辺にも 20 mm の寸法を追加することもできますが，ここでは，幾何拘束により正方形を定義します。

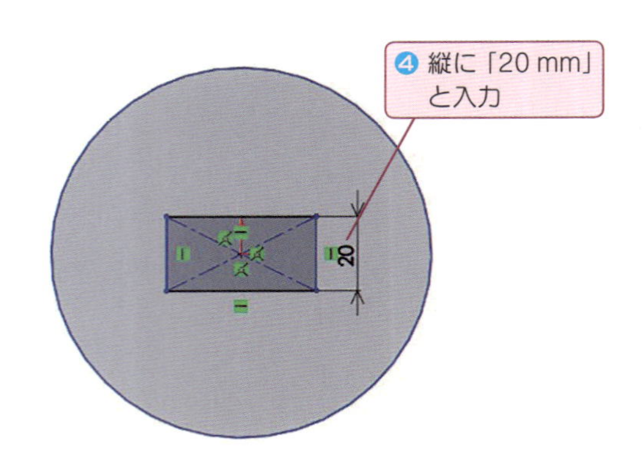

❹ 縦に「20 mm」と入力
20

4 幾何拘束の追加

矩形の縦の辺と横の辺を同じ長さにするための幾何拘束を追加します。

グラフィックス領域上で，「Ctrl」キーを押しながら，矩形の縦の辺と横の辺をクリックします。

PropertyManager に「拘束関係追加」が表示され，選択した 2 本の直線につけられる幾何拘束の一覧が表示されています。

「＝等しい値」をクリックし，「✓ OK」をクリックします。

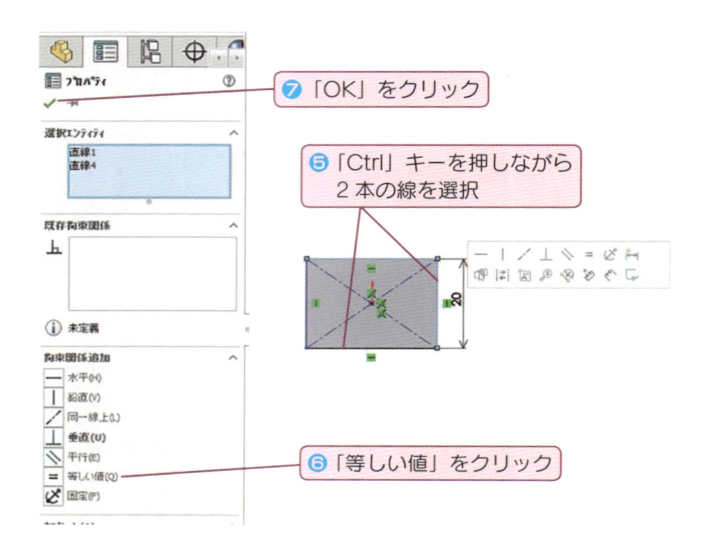

❼「OK」をクリック
❺「Ctrl」キーを押しながら 2 本の線を選択
❻「等しい値」をクリック
ﾌﾟﾛﾊﾟﾃｨ
選択ｴﾝﾃｨﾃｨ
直線1
直線4
既存拘束関係
未定義
拘束関係追加
水平(H)
鉛直(V)
同一線上(L)
垂直(U)
平行(E)
等しい値(Q)
固定(F)
20

5 追加された幾何拘束の確認

「＝等しい値」の幾何拘束が追加されると，矩形のスケッチが正方形に変わります。また，幾何拘束を追加した 2 本の辺の近くに「＝等しい値」のシンボルが表示されています。

「＝等しい値」の幾何拘束が設定された直線をクリックすると，PropertyManager にその直線に設定された幾何拘束の一覧が表示されます。

矩形の大きさが定義され，スケッチが「完全定義」となります。

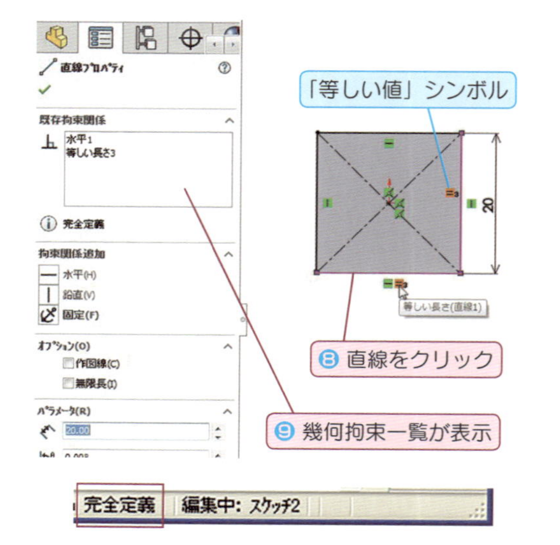

「等しい値」シンボル
❽ 直線をクリック
❾ 幾何拘束一覧が表示
直線ﾌﾟﾛﾊﾟﾃｨ
既存拘束関係
水平1
等しい長さ3
完全定義
拘束関係追加
水平(H)
鉛直(V)
固定(F)
ｵﾌﾟｼｮﾝ(O)
作図線(C)
無限長(I)
ﾊﾟﾗﾒｰﾀ(R)
20.00
等しい長さ(直線1)
20
完全定義
編集中: ｽｹｯﾁ2

6 押し出しカット

「フィーチャー」タブ内の「 **押し出しカット**」をクリックします。「押し出しカット」のPropertyManagerが開きます。

このとき，グラフィックス領域でモデルの向きは自動では変わりません。
最初に作成するフィーチャー（ベースフィーチャー）を作成するとき以外は自動で向きが変わらないので，形状を確認しやすいように自分で表示方向を変えてください。

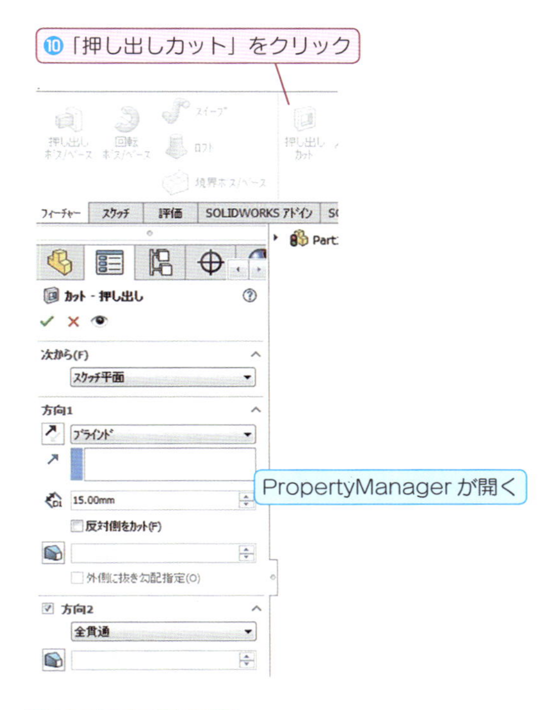
⑩「押し出しカット」をクリック
PropertyManagerが開く
カット - 押し出し
次から(F)
スケッチ平面
方向1
ブラインド
15.00mm
反対側をカット(F)
外側に抜き勾配指定(O)
方向2
全貫通

7 「押し出しカット」の設定

「方向 1」の「押し出し状態」を「**全貫通 - 両方**」に設定します。カットのプレビュー表示を確認すると，左右両方向の側面に向かってカットされていることがわかります。

「✓**OK**」をクリックし，「押し出しカット」を完了します。

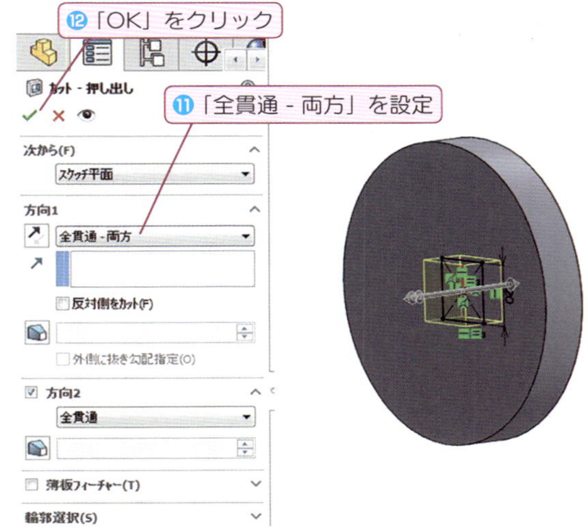
⑫「OK」をクリック
⑪「全貫通 - 両方」を設定
カット - 押し出し
次から(F)
スケッチ平面
方向1
全貫通 - 両方
反対側をカット(F)
外側に抜き勾配指定(O)
方向2
全貫通
薄板フィーチャー(T)
輪郭選択(S)

Point 19 押し出し状態「全貫通 - 両方」

正方形の貫通穴を開けるのに，「押し出し状態」を「**ブラインド**」とし，カットの深さ「7.5 mm」（ベースフィーチャーである円盤厚みの半分の値）以上を，「方向 1」「方向 2」で指定する方法もあります。

しかし，「全貫通 - 両方」を使うことで，どれくらいの深さのカットを開けるかを考える必要がないだけではなく，円柱の厚みが変更された場合にも，常に正方形の穴は「全貫通 - 両方」という設計意図により，貫通穴の状態が保たれます。

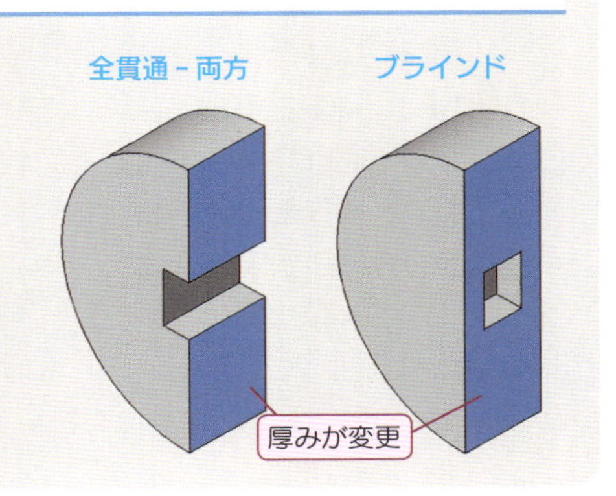
全貫通 - 両方
ブラインド
厚みが変更

2.4.4 回転カット

「回転カット」フィーチャーで，円盤の上面に，図のように凹状のカットを作成しましょう。

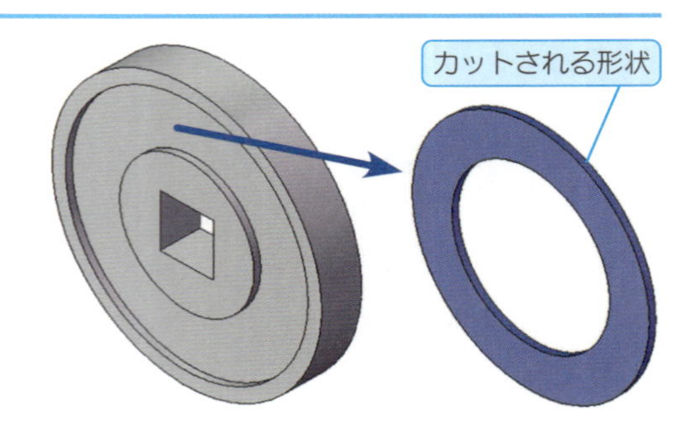
カットされる形状

1 スケッチの開始

デフォルト平面を「右側面」，表示方向を「選択アイテムに垂直」に設定し，スケッチを開始します。

2 スケッチの作成

図のように，原点上を通る「中心線」を描きます。（➡ P.40）

また，円盤の上面と左辺が一致する「矩形コーナー」をスケッチします。

スナップラインや自動拘束を利用して描くとよいでしょう。

寸法は，図のように付けてください。

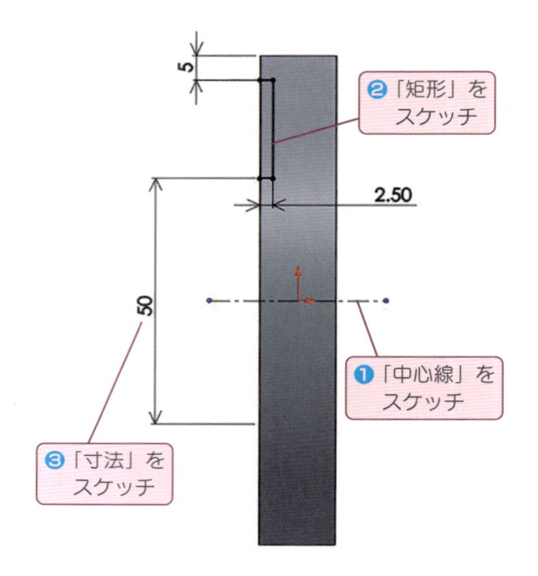
5
❷「矩形」をスケッチ
2.50
50
❶「中心線」をスケッチ
❸「寸法」をスケッチ

ヒント　幾何拘束は，スケッチどうしだけでなく，モデルの輪郭も対象にできます。

3 回転カット

「フィーチャー」タブ内の「回転カット」をクリックします。「回転カット」の Property Manager が開きます。

「回転軸」にスケッチで描いた中心線が選択されています。「回転のタイプ」が「ブラインド」，「角度」が「360°」となっていることを確認して「✓OK」をクリックしてください。

「回転カット」が完了します。

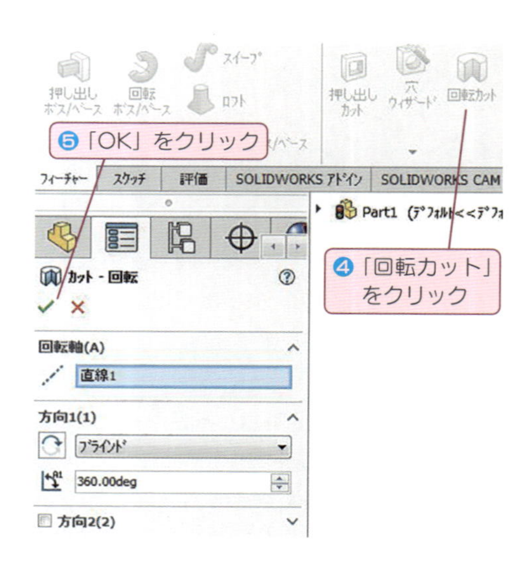
❺「OK」をクリック
❹「回転カット」をクリック
フィーチャー
スケッチ
評価
SOLIDWORKS アドイン
SOLIDWORKS CAM
カット - 回転
回転軸(A)
直線1
方向1(1)
ブラインド
360.00deg
方向2(2)

2.4.5 ミラー

2.4.4 で作成した「回転カット」フィーチャーを円盤の裏側にミラーコピーしましょう。円盤は，「中間平面」を使って厚み付けされているため，円盤中央にデフォルト平面「正面」が位置しています。この「正面」をミラーコピーのミラー面として利用します。

コピーされる形状

（断面表示）

1 ミラー

「フィーチャー」タブ内の「ミラー」をクリックします。「ミラー」の PropertyManager が開きます。

2 「ミラー」の設定

「ミラー平面」に FeatureManager デザインツリーから「正面」をクリックします。「ミラーコピーするフィーチャー」がアクティブ（水色）になります。

ミラーコピーするフィーチャーを選択します。直前に作成した回転カット（カット - 回転 1）がすでに設定されている場合（事前選択※）はそのまま，何も設定されていない場合は，FeatureManager デザインツリーから「カット - 回転 1」をクリックしてください。

「✓OK」をクリックするとミラーが完了します。

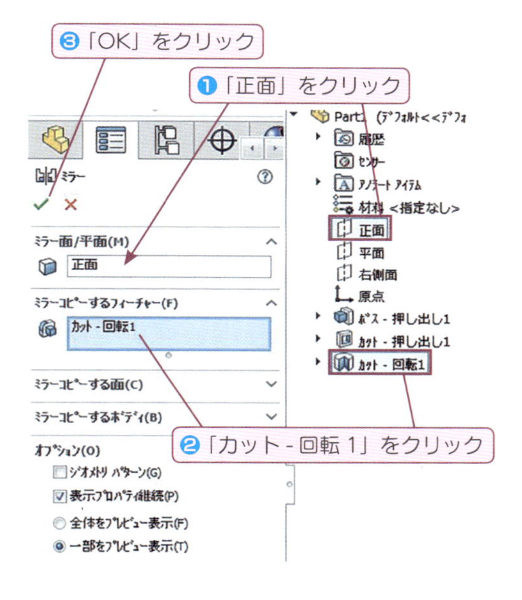
③「OK」をクリック
①「正面」をクリック
②「カット - 回転 1」をクリック
ミラー
ミラー面/平面(M)
正面
ミラーコピーするフィーチャー(F)
カット - 回転1
ミラーコピーする面(C)
ミラーコピーするボディ(B)
オプション(O)
ジオメトリ パターン(G)
表示プロパティ継続(P)
全体をプレビュー表示(F)
一部をプレビュー表示(T)
履歴
センサー
アノテート アイテム
材料 <指定なし>
正面
平面
右側面
原点
ボス - 押し出し1
カット - 押し出し1
カット - 回転1

Point 20 事前選択

「ミラーコピーするフィーチャー」に「カット - 回転 1」がすでに設定されているのは，直前に作成した「カット - 回転 1」が選択された状態で，「ミラー」をクリックしたためです。通常，フィーチャー作成完了直後は，そのフィーチャーは選択された状態となります。選択を解除したい場合は，グラフィックス領域上の何もない空間をクリックします。

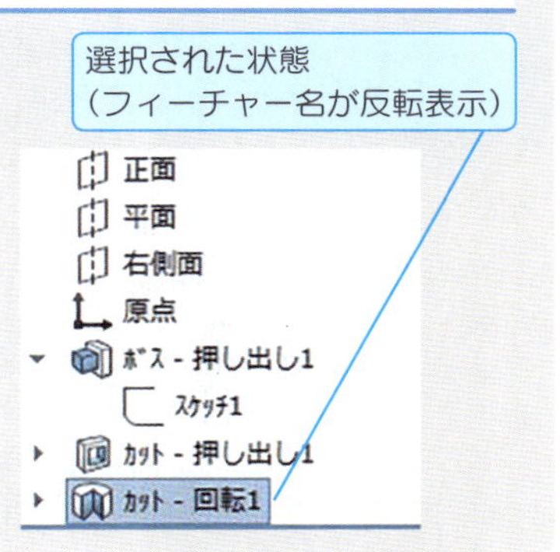
選択された状態
（フィーチャー名が反転表示）
正面
平面
右側面
原点
ボス - 押し出し1
スケッチ1
カット - 押し出し1
カット - 回転1

Point 21 モデルの表示操作 2

グラフィックス領域でモデルの表示状態などを変更するには「ヘッズアップビューツールバー」内の「表示スタイル」や「断面表示」,「表示設定」などのアイコンを使用し切り替えます。

	ワイヤーフレーム モデルの面の色を抜き，すべてのエッジを実線で表示します。 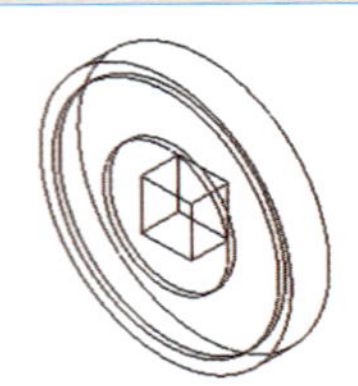		**エッジシェイディング表示** モデルの面の色を表示し，見えているエッジを実線表示します。 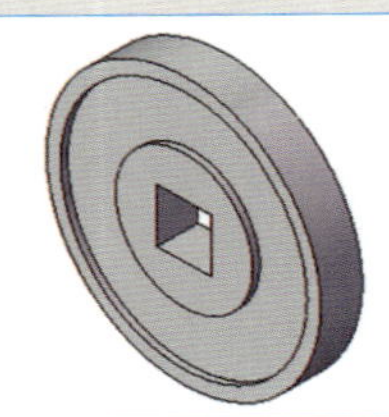
	隠線表示 モデルの面の色を抜き，すべてのエッジを実線で表示しますが，隠線は破線で表示します。 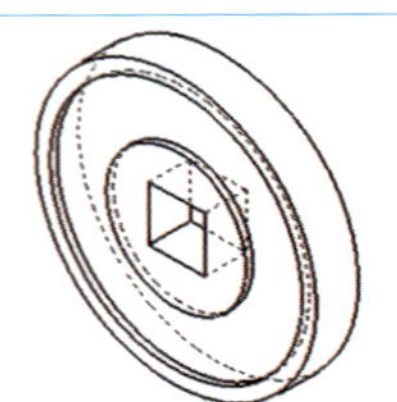		**シェイディング** モデルの面の色を表示し，エッジに色はつけません。リアリティーのある表示にします。 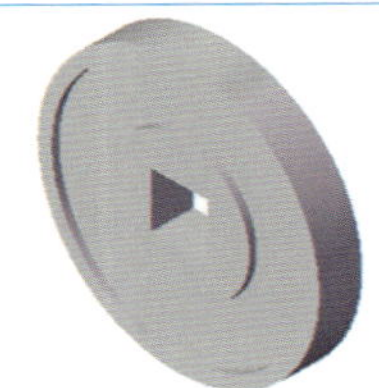
	隠線なし モデルの面の色を抜き，見えているエッジのみを実線で表示します。 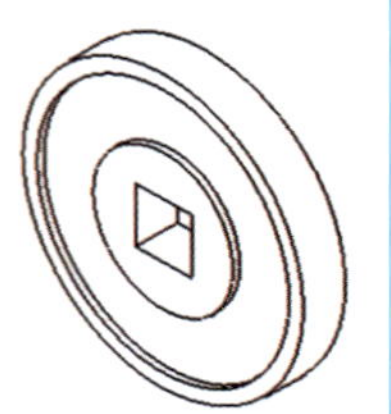		**影付シェイディング表示** シェイディング表示のときだけ有効になります。シェイディング表示のときにクリックすると，モデルに影が表示されます。 
	**断面表示** このボタンをクリックすると，断面表示の PropertyManager が開き，モデルが断面表示されます。ここから断面を切る方向も切り替えできます。PropertyManager の「✔ OK」をクリックすると，断面表示の状態でモデリング作業が可能です。 断面表示を解除する場合は，再度「断面表示」をクリックします。	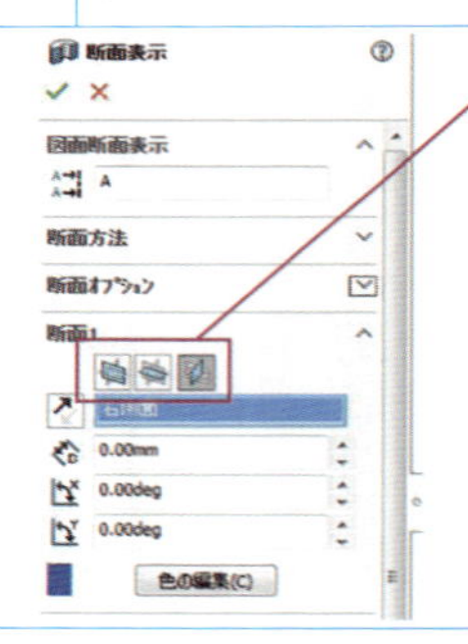断面表示 断面方法 断面オプション 0.00mm 0.00deg 0.00deg 色の編集(C) 断面方向の切り替え	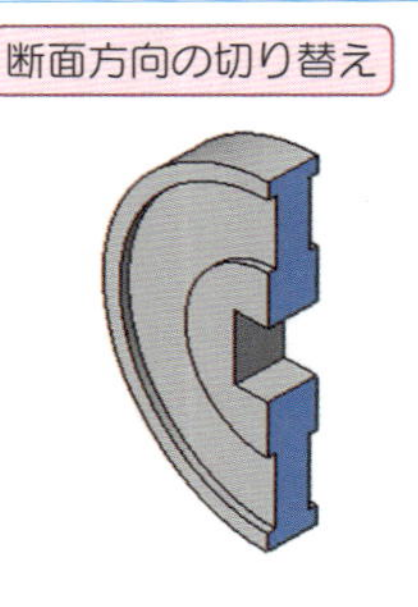
	 **RealView Graphics** モデルに木目や金属的な光沢を与えるなど，実物のようなリアルな色表現ができます。モデルに材料（➡ P.104，**Point 30**）を指定することにより有効になります。パソコンのグラフィック機能によっては，この機能が使えない場合もあります。		

2.4.6　ロフトカット

中央部にある４つの鼓形の穴の１つを,「ロフトカット」によって作成しましょう。「ロフトカット」は「ロフト」と同様の手順で作成します。ここでは３つのスケッチを描き，また，ロフトカットの側面の形状をコントロールするガイドカーブもスケッチします。

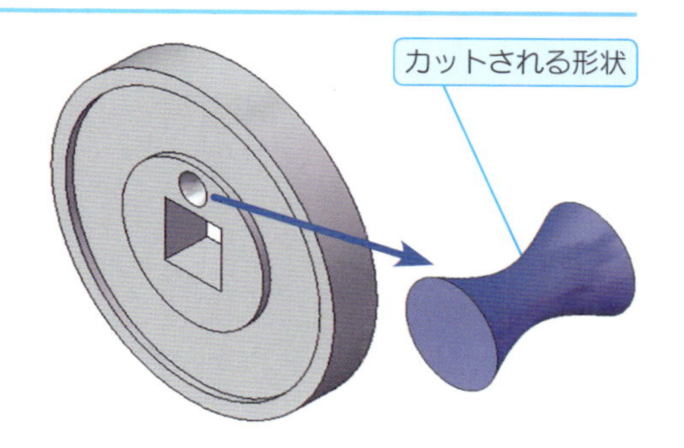

カットされる形状

1　1 つめのスケッチの開始

デフォルト平面の「正面」でスケッチを開始します。

2　自動拘束による作図線のスケッチ

「スケッチ」タブ内から「**中心線**」をクリックします。「中心線」の始点をクリックする前に，正方形穴のエッジ上にマウスを移動します。

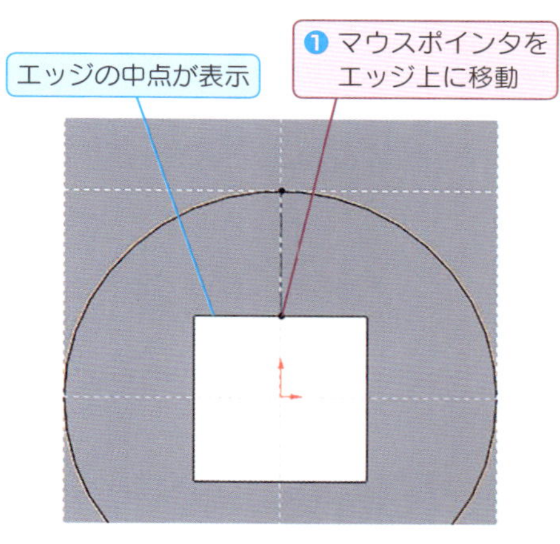

エッジの中点が表示
❶ マウスポインタをエッジ上に移動

正方形穴のエッジの「中点」が表示されますので, ここを始点として, クリックします。終点として, 円形のエッジ上まで鉛直につなぎます。これを作図線（スケッチの参照線）として利用します。

❸ 終点をクリック
❷ エッジの中点を始点としてクリック

3　1 つめのスケッチの完成

続けて「円」をスケッチします。円の中心位置も同様にして，作図線（中心線）上にマウスポインタを移動し，作図線の「中点」を表示させ，そこをクリックします。円の直径は「5 mm」とします。

図のようなスケッチが描けたら，スケッチを終了します。「スケッチ４」が作成されました。

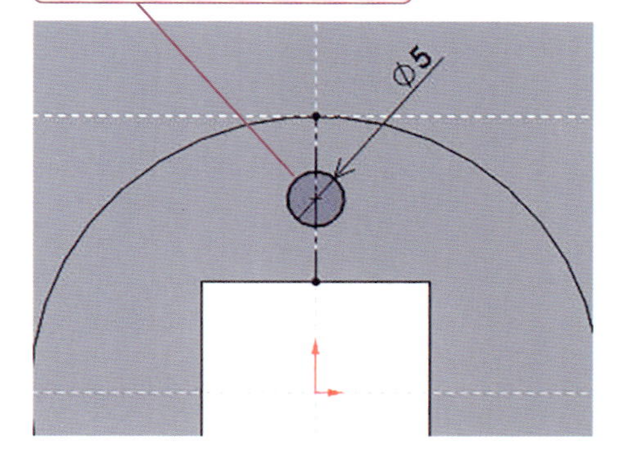

❹ 直径 5 mm の円をスケッチ
⌀5

4 2つめのスケッチの開始

図のモデル上の面をスケッチ平面としてクリックし，スケッチを開始します。

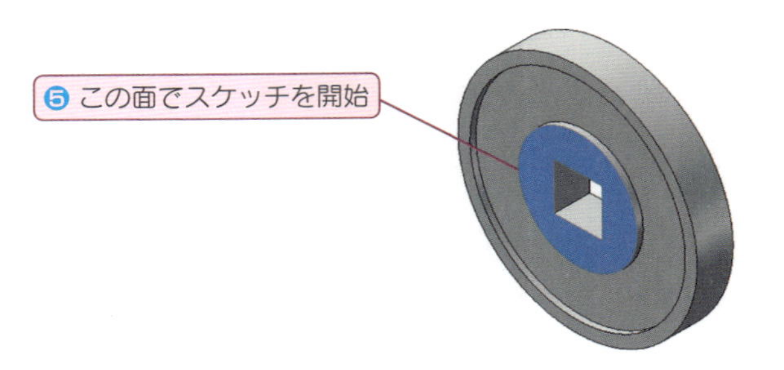
5 この面でスケッチを開始

「エンティティオフセット」を使い，「スケッチ 4」で描いた円よりも，半径が 2.5 mm 大きい円を描きます。

5 エンティティオフセット

「スケッチ 4」で描いた円をクリックします。「スケッチ」タブ内の「エンティティオフセット」をクリックします。

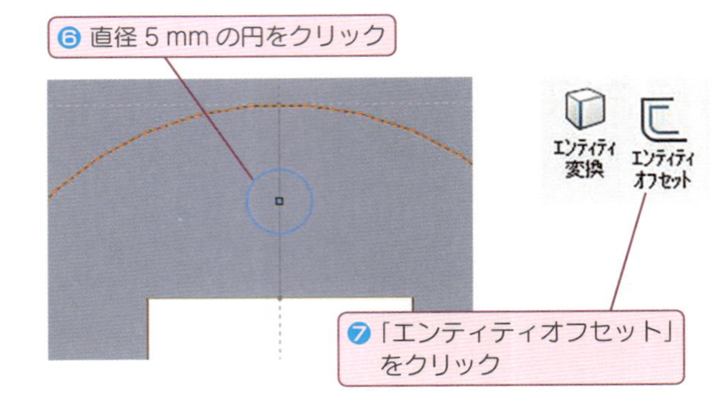
6 直径 5 mm の円をクリック
エンティティ変換
エンティティオフセット
7「エンティティオフセット」をクリック

6 エンティティオフセットの完成

「オフセット距離」に「2.5」を入力します。グラフィックス上に一時的に黄色の円が表示されます。黄色の円が「スケッチ 4」の円の外側に表示されるように設定します。
対象となる円の位置は「反対方向」のチェックボックス切り替えることができるので確認しましょう。

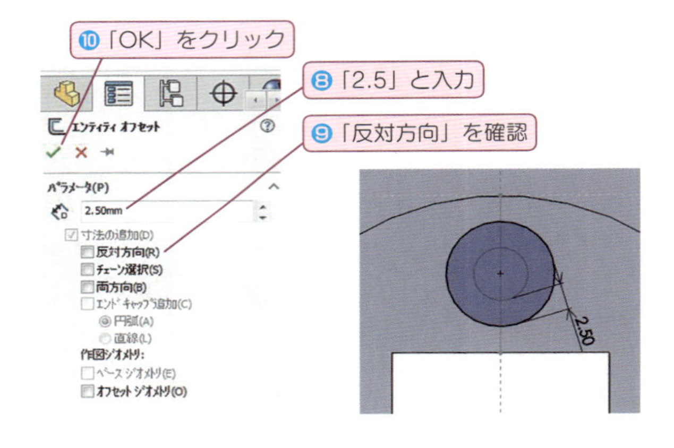
10「OK」をクリック
8「2.5」と入力
9「反対方向」を確認
エンティティ オフセット
パラメータ(P)
2.50mm
寸法の追加(D)
反対方向(R)
チェーン選択(S)
両方向(B)
エンド キャップ追加(C)
円弧(A)
直線(L)
作図ジオメトリ:
ベース ジオメトリ(E)
オフセット ジオメトリ(O)
2.50

「✓OK」をクリックし，「エンティティオフセット」を終了します。

右図のような表示になったのを確認し，スケッチを終了します。
「スケッチ 5」が作成されました。

7 3つめのスケッチの開始

図のように，反対側の面をスケッチ平面として選択してスケッチを開始します。

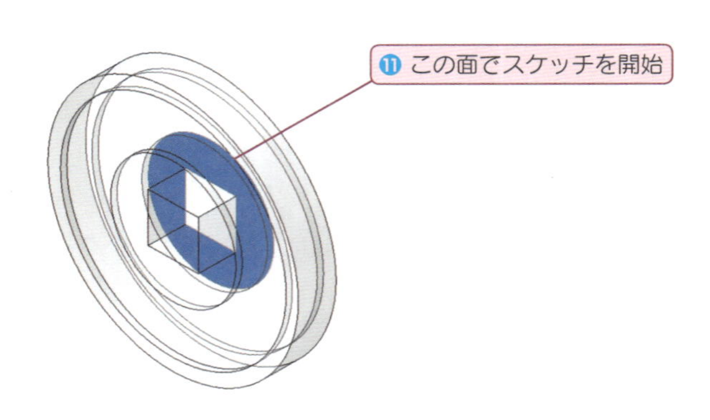
11 この面でスケッチを開始

「エンティティ変換」の機能を使い，「スケッチ 5」で描いた円と同じ直径の円を描きます。

8 エンティティ変換

「スケッチ 5」で描いた円をクリックし，「スケッチ」タブ内の「**エンティティ変換**」をクリックします。

「スケッチ 5」と同じ直径の円が描かれます。

スケッチを終了します。
「スケッチ 6」が作成されました。

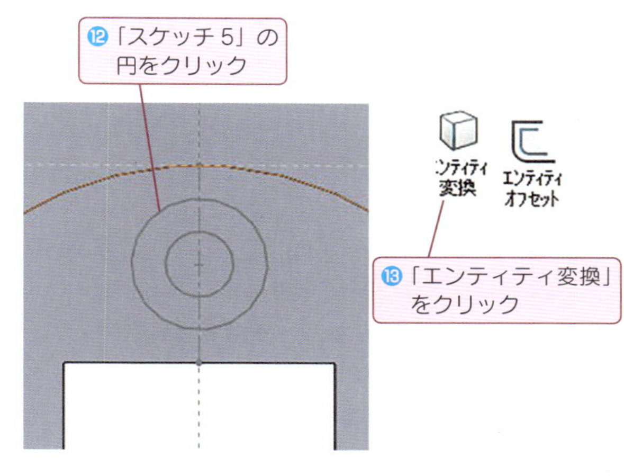

⑫「スケッチ 5」の円をクリック
エンティティ変換
エンティティオフセット
⑬「エンティティ変換」をクリック

9 スケッチの確認

図のように 3 つのスケッチが作成されていることを確認してください。

FeatureManager デザインツリー上では「スケッチ 4」「スケッチ 5」「スケッチ 6」が表示されています。

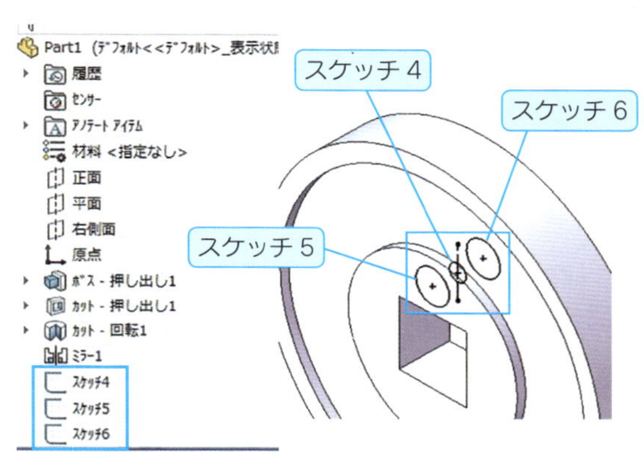

Part1
履歴
センサー
アノテートアイテム
材料 <指定なし>
正面
平面
右側面
原点
ボス - 押し出し1
カット - 押し出し1
カット - 回転1
ミラー1
スケッチ4
スケッチ5
スケッチ6
スケッチ 4
スケッチ 6
スケッチ 5

10 ガイドカーブのスケッチ開始

デフォルト平面の「**右側面**」でスケッチを開始します。

11 スプライン（自由曲線）

「スケッチ」タブ内の「**スプライン**」をクリックします。

「スプライン」は曲線を複数の通過点をクリックすることでスケッチできます。

図のように 3 点をクリックし，4 点めはクリックせずに，「**Esc**」キーを押して「スプライン」を終了します。

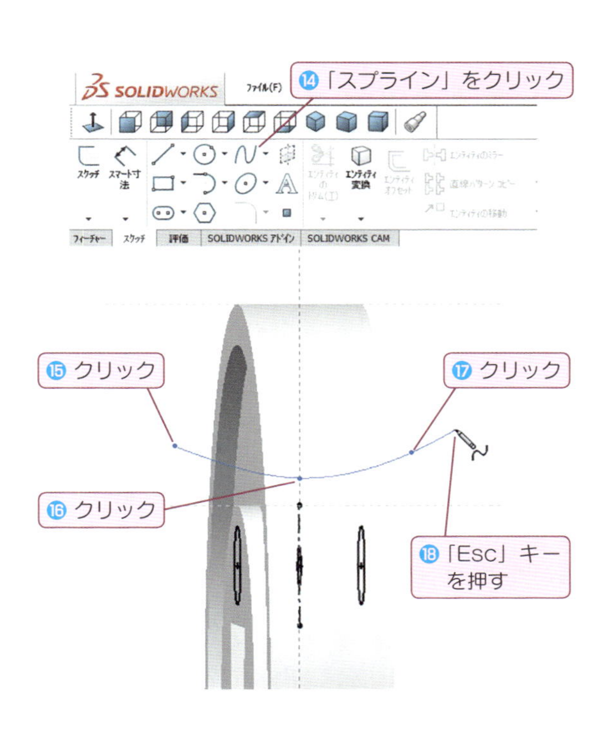

SOLIDWORKS
⑭「スプライン」をクリック
⑮ クリック
⑯ クリック
⑰ クリック
⑱「Esc」キーを押す

12 幾何拘束の追加

「スプライン」上の３つの点が，「スケッチ４～6」の3つの円上を通過するように幾何拘束「貫通」をつけます。

スプラインの左端の点と「スケッチ５」の円を，「Ctrl」キーを押しながらクリックします（複数選択）。

PropertyManager に「拘束関係追加」が表示され，選択した2つの要素につけられる幾何拘束の一覧が表示されます。

「貫通」をクリックすると，クリックしたスプライン上の点が円の上部に移動します。
「✓OK」をクリックします。

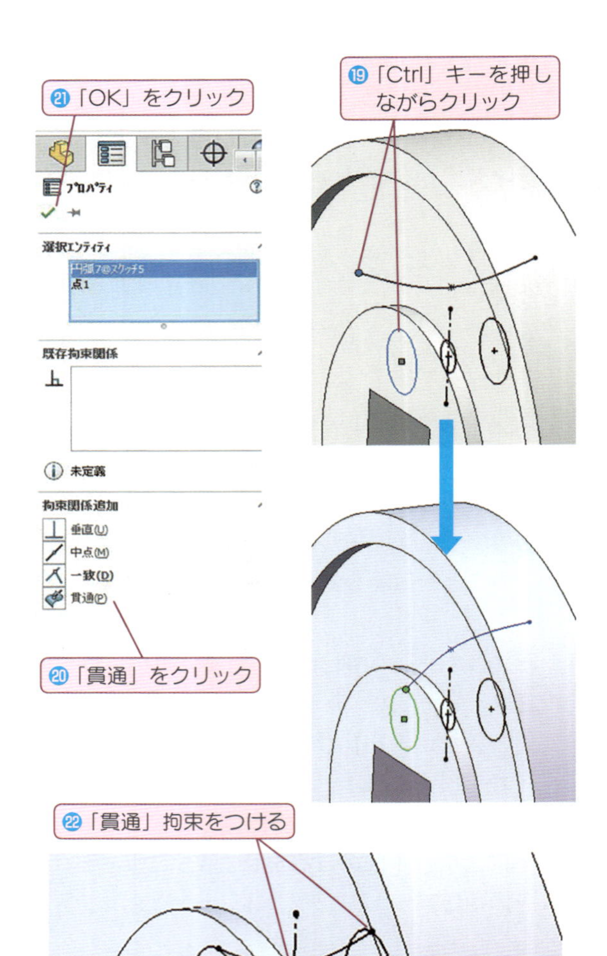

㉑「OK」をクリック
⑲「Ctrl」キーを押しながらクリック
ﾌﾟﾛﾊﾟﾃｨ
選択ｴﾝﾃｨﾃｨ
点1
既存拘束関係
未定義
拘束関係追加
垂直(U)
中点(M)
一致(D)
貫通(P)
⑳「貫通」をクリック
㉒「貫通」拘束をつける

スプライン上のほかの２点も同様に「スケッチ４」「スケッチ6」の円をそれぞれ選択して，幾何拘束「貫通」をつけます。

スケッチが完全定義となっていることを確認して,スケッチを終了します。「スケッチ７」が作成されました。

13 ロフトカット

「フィーチャー」タブ内から「ロフトカット」を選択します。

「ロフトカット」の PropertyManager が開きます。

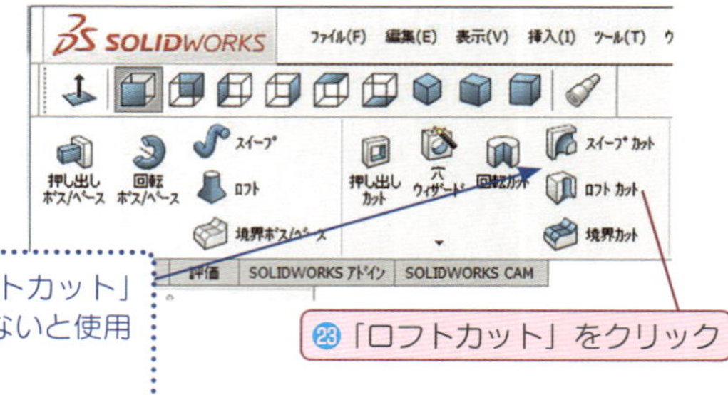

SOLIDWORKS
ﾌｧｲﾙ(F)
編集(E)
表示(V)
挿入(I)
ﾂｰﾙ(T)
ｽｲｰﾌﾟ
押し出し ﾎﾞｽ/ﾍﾞｰｽ
回転 ﾎﾞｽ/ﾍﾞｰｽ
ﾛﾌﾄ
押し出し ｶｯﾄ
ｽｲｰﾌﾟ ｶｯﾄ
ﾛﾌﾄ ｶｯﾄ
境界ｶｯﾄ
評価
SOLIDWORKS ｱﾄﾞｲﾝ
SOLIDWORKS CAM
㉓「ロフトカット」をクリック

「スイープカット」「ロフトカット」もスケッチを終了していないと使用できません。

⑭「ロフトカット」の設定

PropertyManager の「輪郭」を設定します。

「スケッチ 5」
「スケッチ 4」
「スケッチ 6」

の順に FeatureManager デザインツリーからクリックします。輪郭の選択は，グラフィックス領域から直接スケッチをクリックすることもできます。

「ガイドカーブ」を設定します。まず，ガイドカーブの選択欄をクリックしてアクティブにします。選択欄が水色になります。
FeatureManager デザインツリーから「スケッチ 7」をクリックします。
輪郭・ガイドカーブは，グラフィックス領域から直接スケッチをクリックすることもできます。

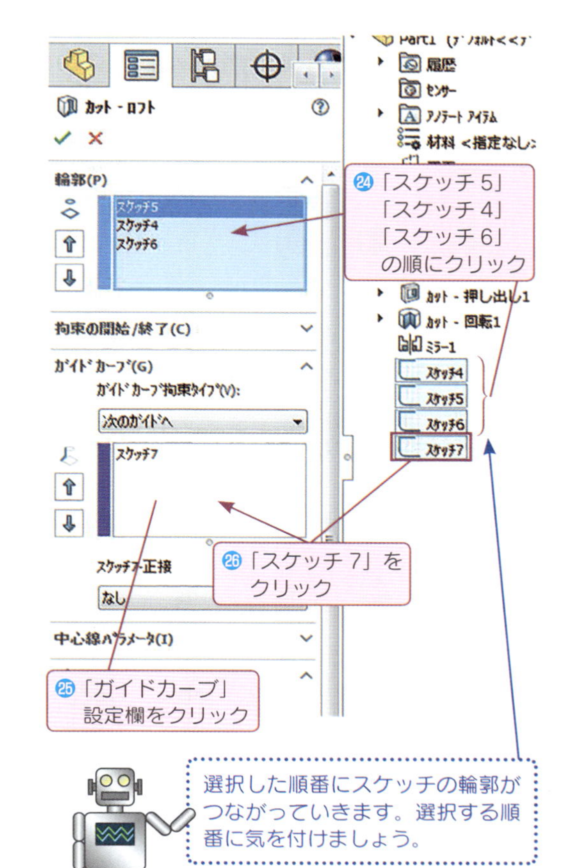
カット - ロフト
輪郭(P)
スケッチ5
スケッチ4
スケッチ6
拘束の開始/終了(C)
ガイドカーブ(G)
ガイドカーブ拘束タイプ(V):
次のガイドへ
スケッチ7
スケッチ7-正接
なし
中心線パラメータ(I)
履歴
センサー
アノテートアイテム
材料 <指定なし>
カット - 押し出し1
カット - 回転1
ミラー1
スケッチ4
スケッチ5
スケッチ6
スケッチ7
㉔「スケッチ 5」「スケッチ 4」「スケッチ 6」の順にクリック
㉖「スケッチ 7」をクリック
㉕「ガイドカーブ」設定欄をクリック
選択した順番にスケッチの輪郭がつながっていきます。選択する順番に気を付けましょう。

ヒント 「ガイドカーブ」は，輪郭間のつなぎ方を自分で設定するための機能です。

⑮「ロフトカット」の完成

「✓OK」をクリックすると「ロフトカット」が完了します。

FeatureManager デザインツリーには，「カット - ロフト 1」が作成されます。

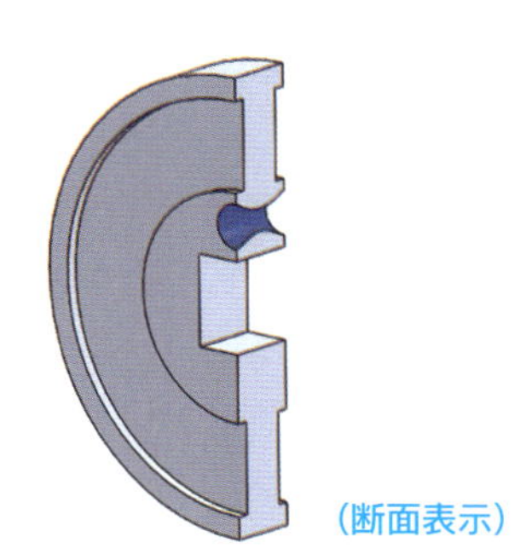

（断面表示）

Point 22 スケッチ名・フィーチャー名

スケッチ名，フィーチャー名は，「押し出し 1」「スケッチ 1」のように SOLIDWORKS で自動的に番号付けし，割り当てられます。これらの名前は，わかりやすいように変更することができます。
名前を変更したいスケッチ名またはフィーチャー名を 2 回クリックします。入力が可能になるので，新しい名前を入力します。

❶ 2 回クリック　❷ 名前を入力

2.4.7 円形パターン

「カット - ロフト 1」をコピーし，合計4つの鼓形の穴を開けましょう。中心軸を基準に回転させながらコピーする「円形パターン」を利用します。

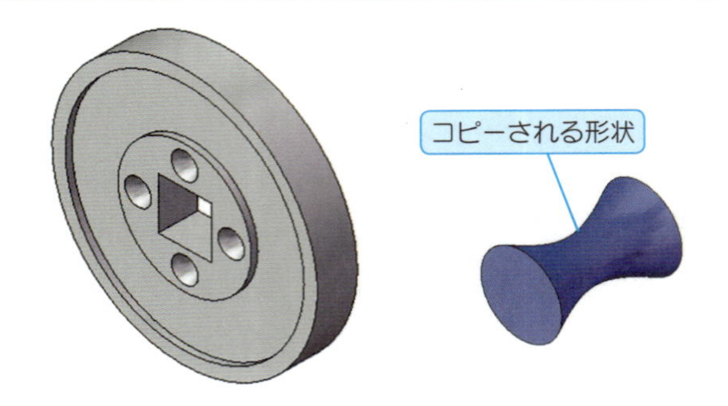
コピーされる形状

1 「一時的な軸」の表示

「円形パターン」では，コピーの中心となる軸が必要です。SOLIDWORKSでは，円柱形状が作成されると，自動的に中心軸（一時的な軸※）が作成されています。

メニューバーの「**表示**」→「**非表示 / 表示**」「**一時的な軸**」とメニューを選択すると，円盤の中心に軸が表示されます。

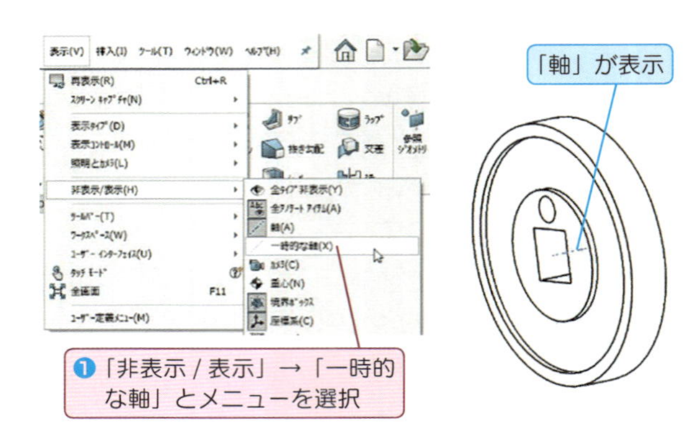
「軸」が表示
❶「非表示 / 表示」→「一時的な軸」とメニューを選択

2 円形パターン

「フィーチャー」タブ内の「**直線パターン**」を展開して，「**円形パターン**」をクリックします。

「円形パターン」のPropertyManagerが開きます。

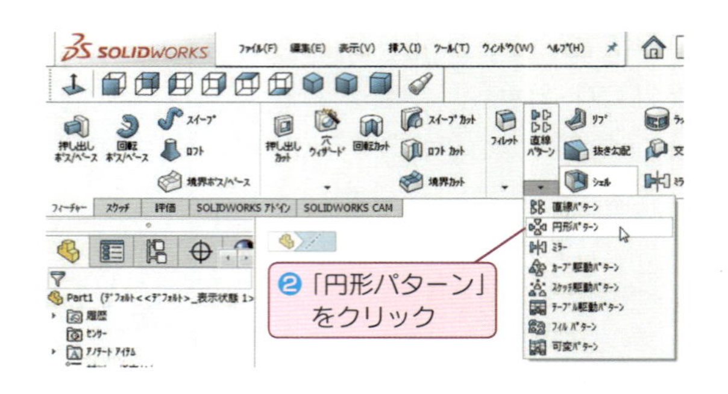
❷「円形パターン」をクリック

Point 23 一時的な軸

「一時的な軸」は，円柱や円柱穴などの形状，「回転ボス / ベース」「回転カット」などのフィーチャーで作成した形状に自動的に作成されます。
しかし，角柱形状に開けた穴に「円形パターン」を利用して穴をコピーしたい場合などでは，「一時的な軸」が存在しません。そのような場合は，「フィーチャー」タブ内の「**参照ジオメトリ**」→「**軸**」で新規に「軸」を作成します。

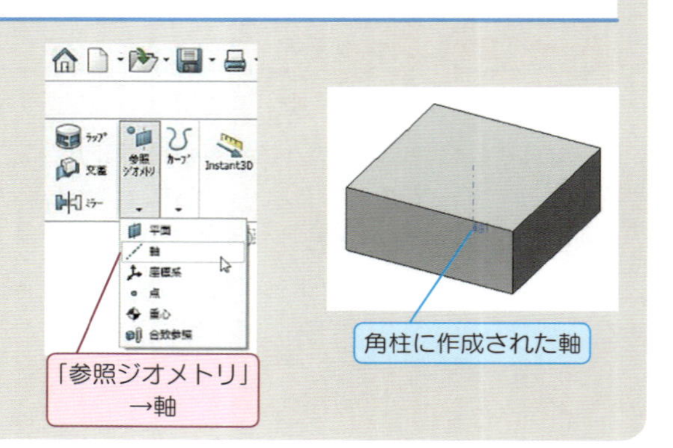
「参照ジオメトリ」→軸
角柱に作成された軸

3 「円形パターン」の設定

「パターン軸」として，グラフィックス領域上に表示されている「**一時的な軸**」をクリックします。

「**等間隔**」※（＝周等配分）にチェックを入れます。

「**角度**」(＝コピーする角度)に「**360**」を入力します。
「インスタンス数」(＝コピーする数)を「**4**」にします。

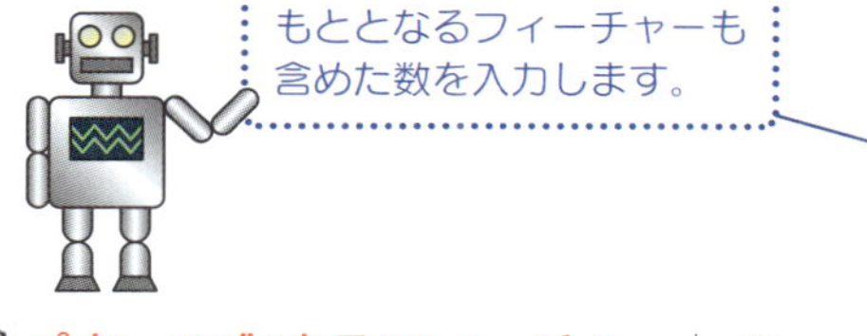
もととなるフィーチャーも含めた数を入力します。

「**パターン化するフィーチャー**」の欄をクリックしてアクティブにし，FeatureManager デザインツリーから「**カット - ロフト 1**」をクリックします。

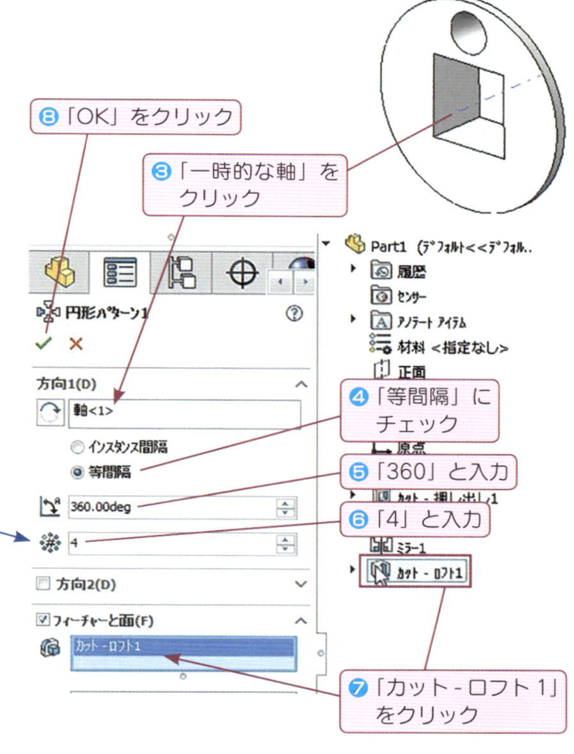
8「OK」をクリック
3「一時的な軸」をクリック
4「等間隔」にチェック
5「360」と入力
6「4」と入力
7「カット - ロフト 1」をクリック
円形ﾊﾟﾀｰﾝ1
方向1(D)
軸<1>
ｲﾝｽﾀﾝｽ間隔
等間隔
360.00deg
4
方向2(D)
ﾌｨｰﾁｬｰと面(F)
ｶｯﾄ - ﾛﾌﾄ1
Part1
履歴
ｾﾝｻｰ
ｱﾉﾃｰﾄ ｱｲﾃﾑ
材料 <指定なし>
正面
原点
ﾐﾗｰ1
ｶｯﾄ - ﾛﾌﾄ1

「✓OK」をクリックすると，「円形パターン」が完了します。

Point 24 円形パターンの「間隔」について

「円形パターン」の「間隔」にはつぎの 2 種類があります。

「等間隔」
指定した「角度」の間に等間隔で，指定したインスタンス数でコピーします。

「インスタンス間隔」
指定した角度間隔，インスタンス数でコピーします。

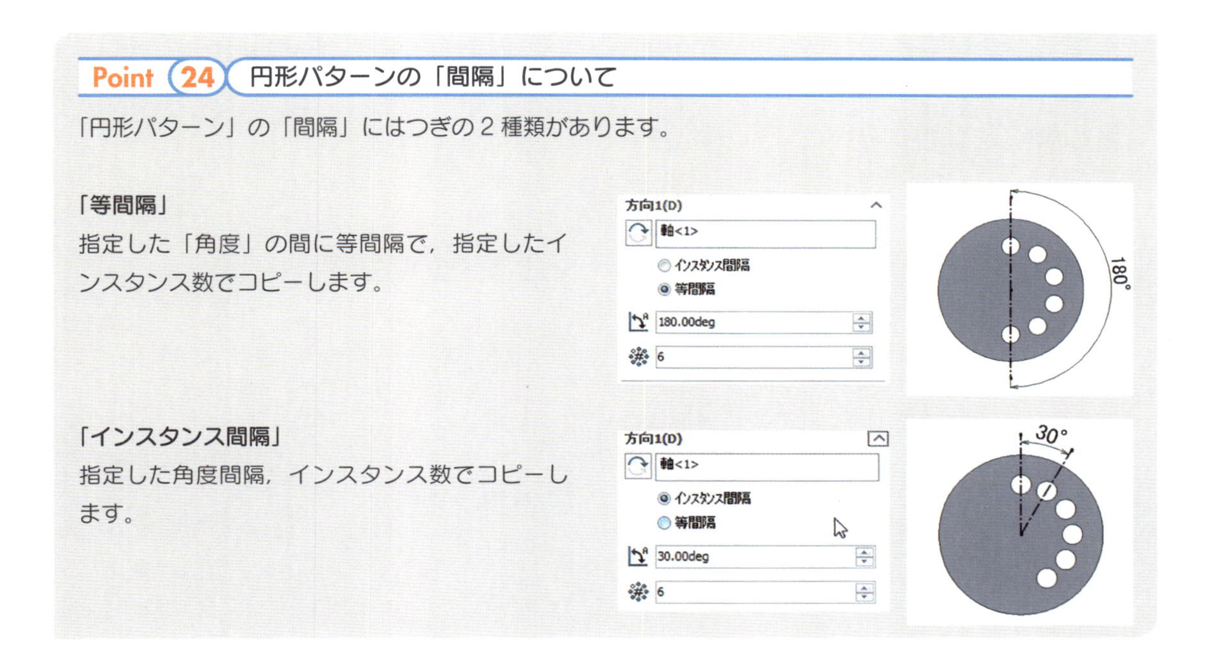
方向1(D)
軸<1>
ｲﾝｽﾀﾝｽ間隔
等間隔
180.00deg
6
180°
方向1(D)
軸<1>
ｲﾝｽﾀﾝｽ間隔
等間隔
30.00deg
6
30°

2.4.8 スイープカット

「スイープカット」フィーチャーにより，側面の溝を作成します。「スイープカット」は「スイープ」と同様の手順で作成しましょう。スケッチは「輪郭」のみ描き，パスはスケッチを描かず，モデルのエッジを利用します。

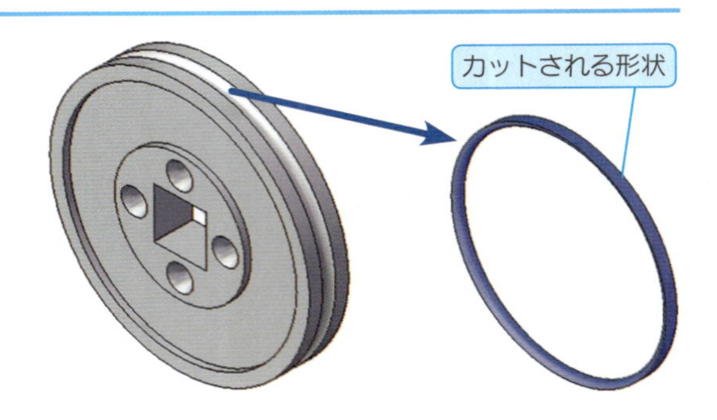
カットされる形状

1 輪郭のスケッチの開始

デフォルト平面の「右側面」でスケッチを開始します。

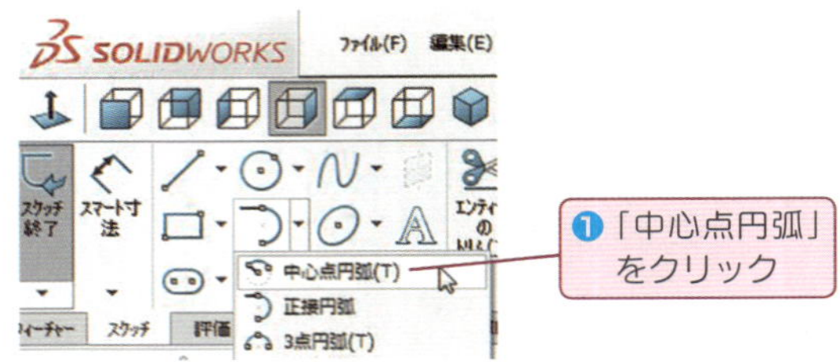
SOLIDWORKS
ファイル(F)
編集(E)
スケッチ終了
スマート寸法
中心点円弧(T)
正接円弧
3点円弧(T)
フィーチャー
スケッチ
評価
❶「中心点円弧」をクリック

2 円弧のスケッチ

半月形の輪郭形状をスケッチします。

「スケッチ」タブ内の「**中心点円弧**」をクリックします。「中心点円弧」は，

① 円弧の中心
② 円弧始点
③ 円弧の作成方向
④ 円弧終点

の順に作成します。

円弧の中心として，円盤のエッジの中点を表示させ，クリックします。

円弧の始点として，円盤のエッジの任意位置をクリックします。

円が破線で表示されるので，図のように，モデル側に円をなぞるようにして，反対側へマウスポインタを移動させて円弧を描いていきます。

円弧の終点となる点をクリックします。

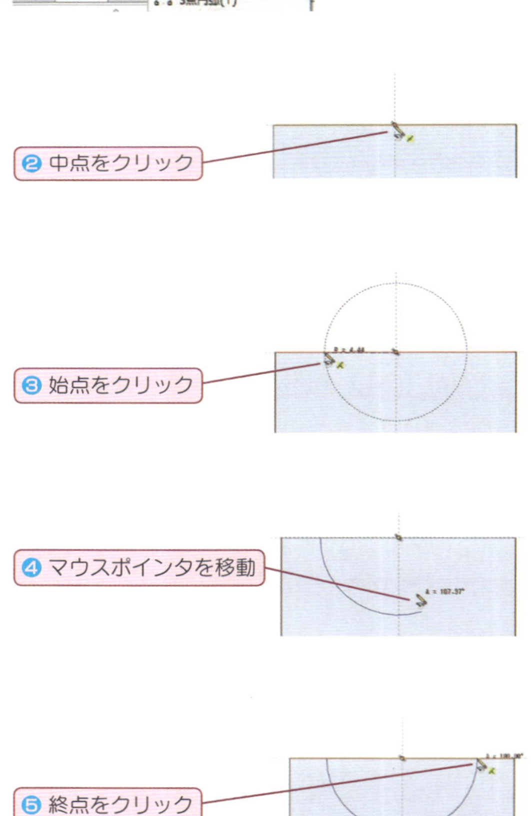
❷ 中点をクリック
❸ 始点をクリック
❹ マウスポインタを移動
❺ 終点をクリック

3 輪郭のスケッチの完成

「スケッチ」タブ内の「直線」をクリックし，円弧の始点と終点を直線でつなぎます。

円弧の半径に「2.5」を入力します。

完全定義になったことを確認し，スケッチを終了します。

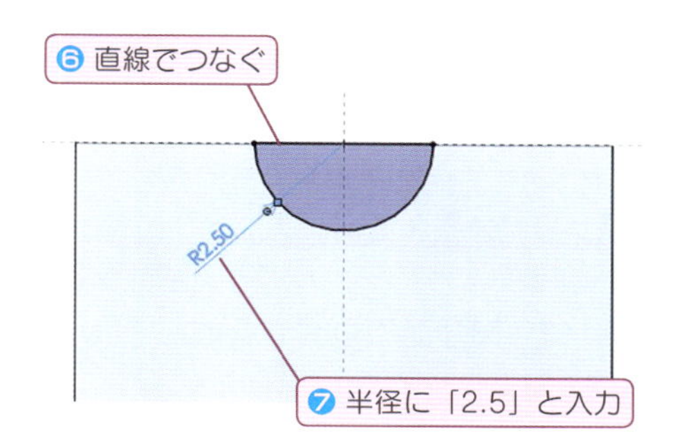

⑥ 直線でつなぐ
R2.50
⑦ 半径に「2.5」と入力

4 スイープカット

「フィーチャー」タブ内から「スイープカット」を選択します。

「スイープカット」の PropertyManager が開きます。

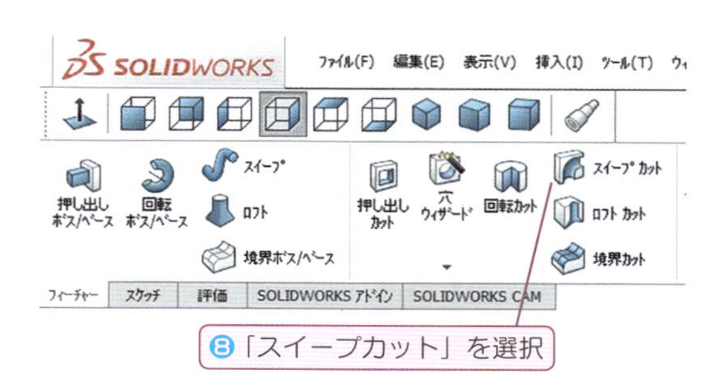

SOLIDWORKS
ﾌｧｲﾙ(F) 編集(E) 表示(V) 挿入(I) ﾂｰﾙ(T)
押し出し ﾎﾞｽ/ﾍﾞｰｽ
回転 ﾎﾞｽ/ﾍﾞｰｽ
ｽｲｰﾌﾟ
ﾛﾌﾄ
境界ﾎﾞｽ/ﾍﾞｰｽ
押し出し ｶｯﾄ
穴 ｳｨｻﾞｰﾄﾞ
回転ｶｯﾄ
ｽｲｰﾌﾟ ｶｯﾄ
ﾛﾌﾄ ｶｯﾄ
境界ｶｯﾄ
ﾌｨｰﾁｬｰ
ｽｹｯﾁ
評価
SOLIDWORKS ｱﾄﾞｲﾝ
SOLIDWORKS CAM
⑧「スイープカット」を選択

5 「スイープカット」の設定

PropertyManager の「輪郭」を設定します。FeatureManager デザインツリーから「スケッチ 8」をクリックします。

「パス」を設定します。グラフィックス領域上のモデルから図のエッジをクリックします。

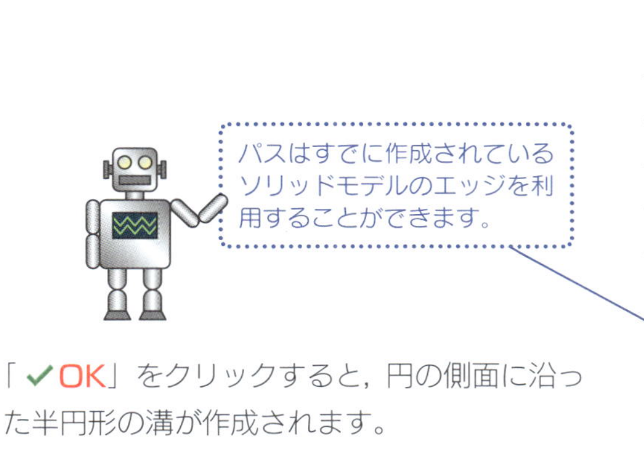

パスはすでに作成されているソリッドモデルのエッジを利用することができます。

「✓OK」をクリックすると，円の側面に沿った半円形の溝が作成されます。

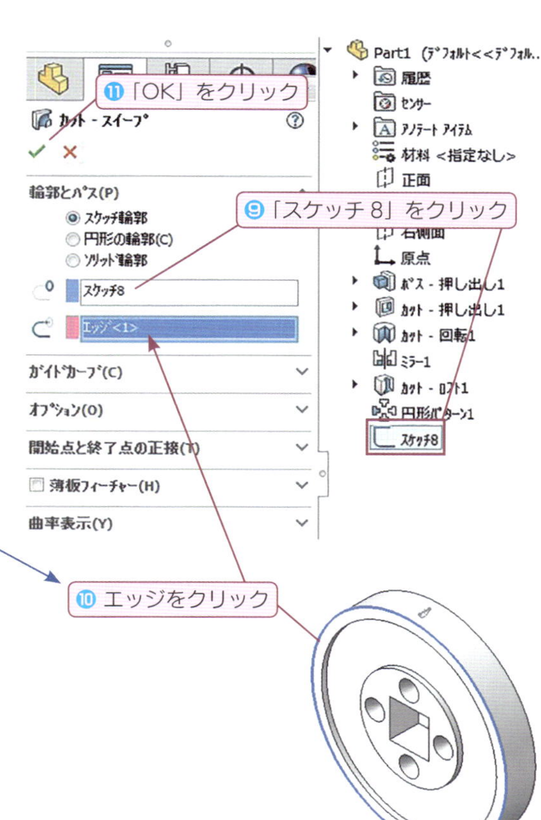

⑪「OK」をクリック
ｶｯﾄ - ｽｲｰﾌﾟ
輪郭とﾊﾟｽ(P)
ｽｹｯﾁ輪郭
円形の輪郭(C)
ｿﾘｯﾄﾞ輪郭
ｽｹｯﾁ8
ｴｯｼﾞ<1>
ｶﾞｲﾄﾞｶｰﾌﾞ(C)
ｵﾌﾟｼｮﾝ(O)
開始点と終了点の正接(T)
薄板ﾌｨｰﾁｬｰ(H)
曲率表示(Y)
Part1 (ﾃﾞﾌｫﾙﾄ<<ﾃﾞﾌｫﾙ..
履歴
ｾﾝｻｰ
ｱﾉﾃｰﾄ ｱｲﾃﾑ
材料 <指定なし>
正面
⑨「スケッチ 8」をクリック
右側面
原点
ﾎﾞｽ - 押し出し1
ｶｯﾄ - 押し出し1
ｶｯﾄ - 回転1
ﾐﾗｰ1
ｶｯﾄ - ﾛﾌﾄ1
円形ﾊﾟﾀｰﾝ1
ｽｹｯﾁ8
⑩ エッジをクリック

2.4.9 面取り

内側の凸部のエッジを面取りしましょう。

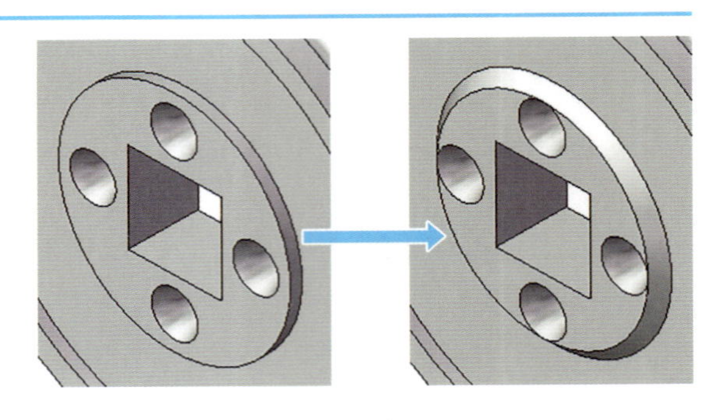

1 面取り

「フィーチャー」タブ内の「フィレット」を展開して「面取り」※の順にクリックします。

「面取り」のPropertyManagerが開きます。

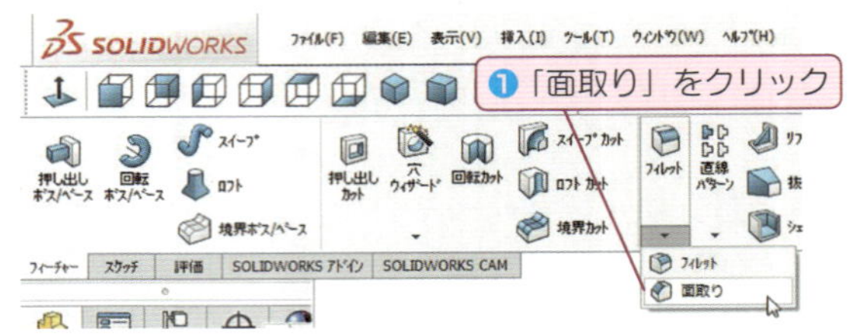
SOLIDWORKS
❶「面取り」をクリック
フィレット
面取り

2 「面取り」の設定

面取りタイプ※は「角度 距離」を選択します。

「エッジ，面，ループ」に面取りするエッジを設定します。凸部のエッジをクリックします。同様に，裏面の凸部のエッジもクリックします。

「距離」に「2.5」，「角度」に「45」を入力します。

「✓OK」をクリックすると，「面取り」が完了します。

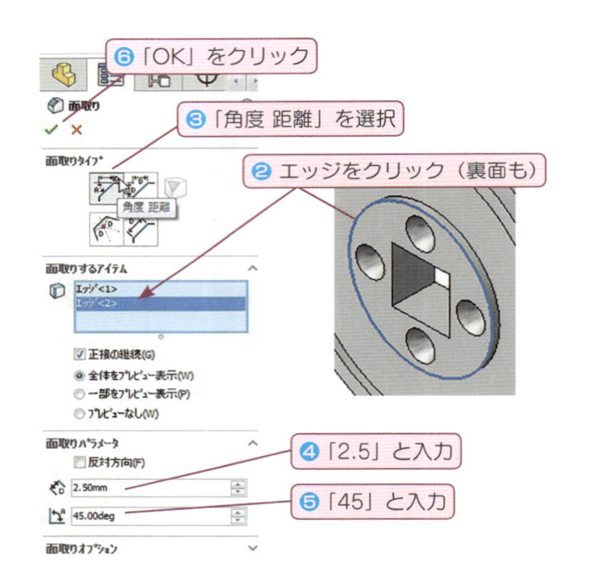
❻「OK」をクリック
❸「角度 距離」を選択
❷ エッジをクリック（裏面も）
❹「2.5」と入力
❺「45」と入力
面取り
面取りタイプ
角度 距離
面取りするアイテム
エッジ<1>
エッジ<2>
正接の継続(G)
全体をプレビュー表示(W)
一部をプレビュー表示(P)
プレビューなし(W)
面取りパラメータ
反対方向(F)
2.50mm
45.00deg
面取りオプション

Point 25 面取りタイプ

角度 距離
面取り寸法を，角度と距離で設定します。
距離 距離
面取り寸法を，2つの距離寸法で設定します。
頂点
頂点に面取りし，3つの距離寸法を設定します。

角度 距離　距離 距離　頂点

ほかにも，「オフセット面」や「面 - 面」の面取りタイプがあります。

2.4.10 フィレット

円盤の外周に角R（フィレット）を追加しましょう。

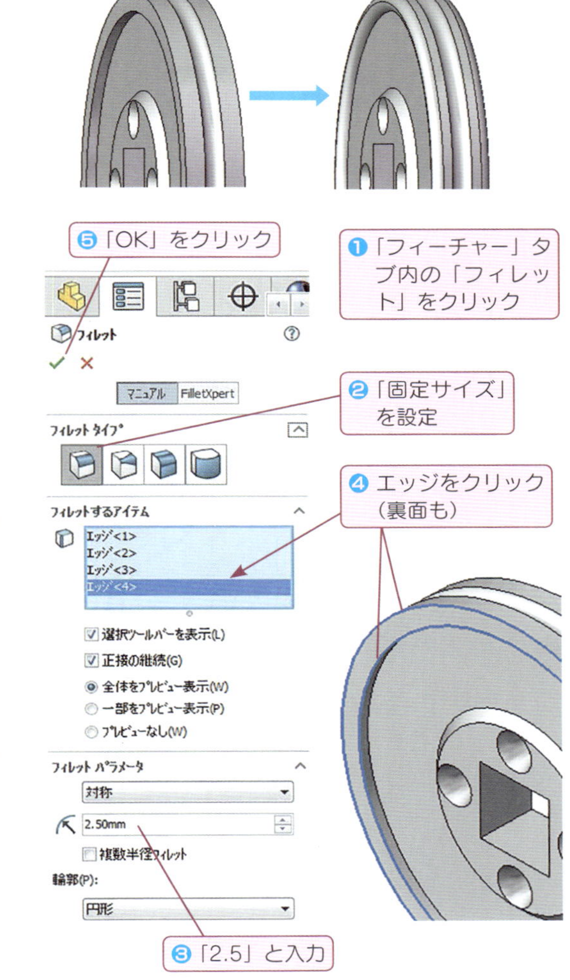
❺「OK」をクリック
❶「フィーチャー」タブ内の「フィレット」をクリック
❷「固定サイズ」を設定
❹ エッジをクリック（裏面も）
❸「2.5」と入力
フィレット
マニュアル
FilletXpert
フィレット タイプ
フィレットするアイテム
エッジ<1>
エッジ<2>
エッジ<3>
エッジ<4>
選択ツールバーを表示(L)
正接の継続(G)
全体をプレビュー表示(W)
一部をプレビュー表示(P)
プレビューなし(W)
フィレット パラメータ
対称
2.50mm
複数半径フィレット
輪郭(P):
円形

❶ フィレット

「フィーチャー」タブ内の「フィレット」をクリックします。

「フィレット」の PropertyManager が開きます。

❷「フィレット」の設定

「フィレットタイプ」を「**固定サイズ**」に設定します。

「フィレットパラメータ」の「半径」にフィレットの半径「**2.5**」を入力します。

フィレットを追加するエッジ（4 箇所）をクリックします。

「✓OK」をクリックすると，「フィレット」が完了します。

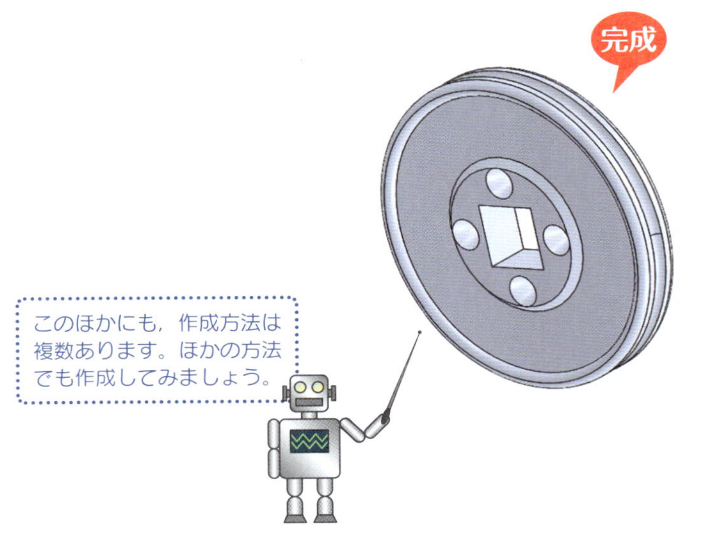
完成
このほかにも，作成方法は複数あります。ほかの方法でも作成してみましょう。

練習問題 7 手裏剣

解答は P.191

以下のルールに従ってモデルを作成してください。
「フィレット」「面取り」「円形パターン」を使って作成しましょう。厚みは3mmです。

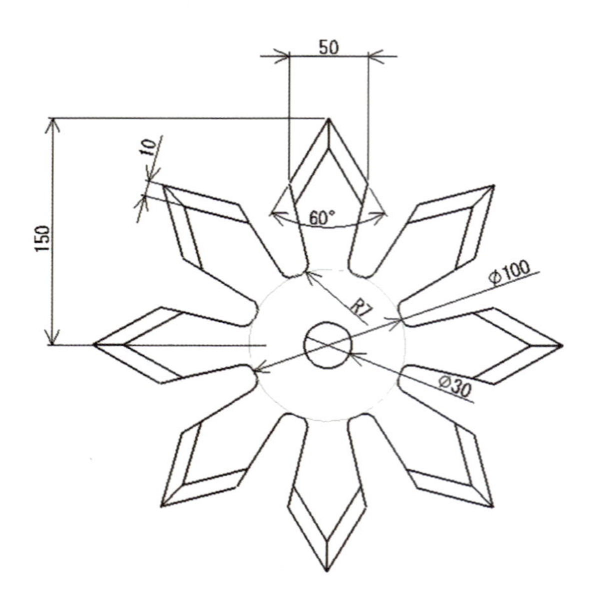

50
10
150
60°
Ø100
R7
Ø30

3

ヒント エンティティのミラー

スケッチで対称形状を描きたい場合，幾何拘束の「対称」による方法と，「エンティティのミラー」を利用してスケッチ要素を対称にコピーする方法があります。「エンティティのミラー」はつぎのように操作します。ミラーの中心となる「中心線」を描きます。描いた「中心線」とコピーしたいスケッチ要素（複数可）を，「Ctrl」キーを押しながらクリックします。「スケッチ」タブ内の「エンティティのミラー」をクリックすると，選択したスケッチ要素がミラーコピーされます。

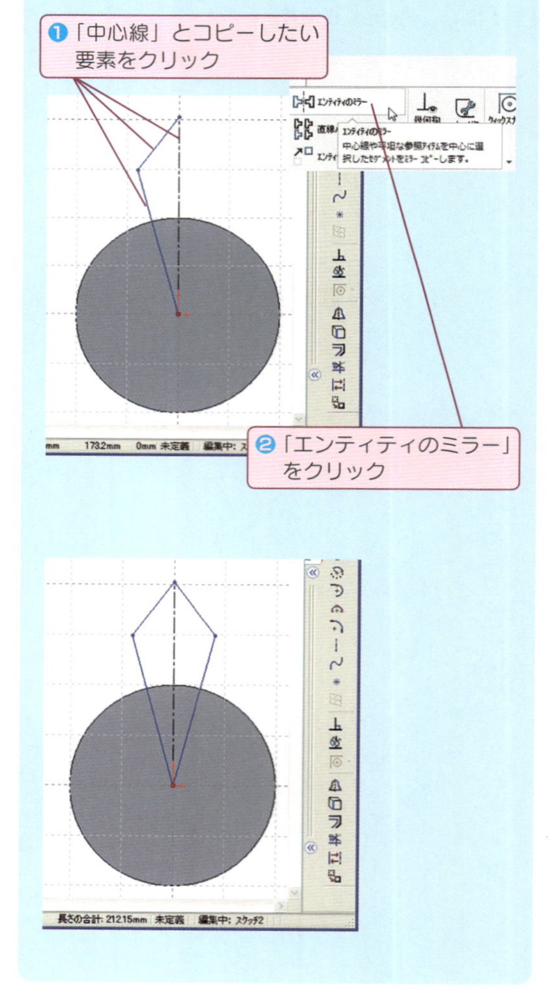

❶「中心線」とコピーしたい要素をクリック
❷「エンティティのミラー」をクリック

練習問題 8 水差し

解答は P.194

以下のルールに従ってモデルを作成してください。
肉厚は２mmとします。

ヒント 次ページに記載

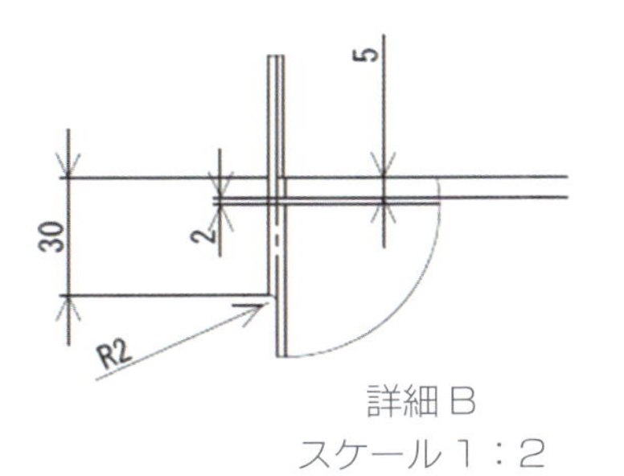
5
30
2
R2

詳細 B
スケール 1：2

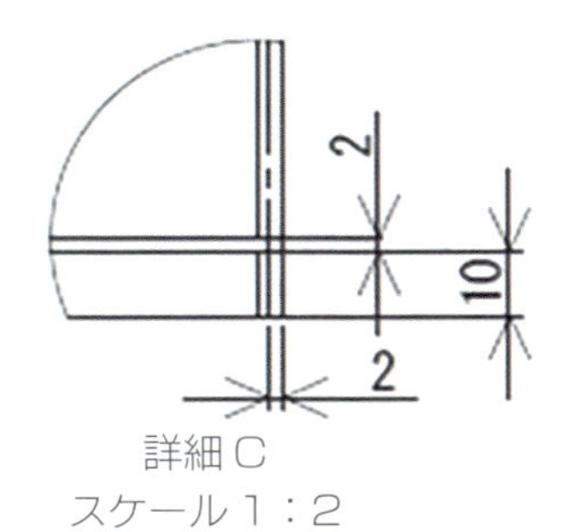
2
10
2

詳細 C
スケール 1：2

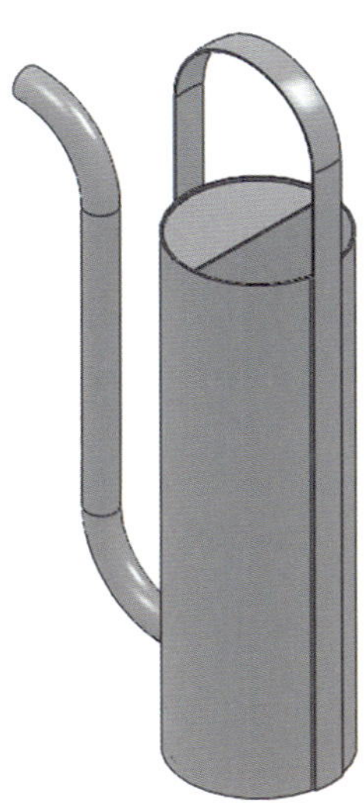

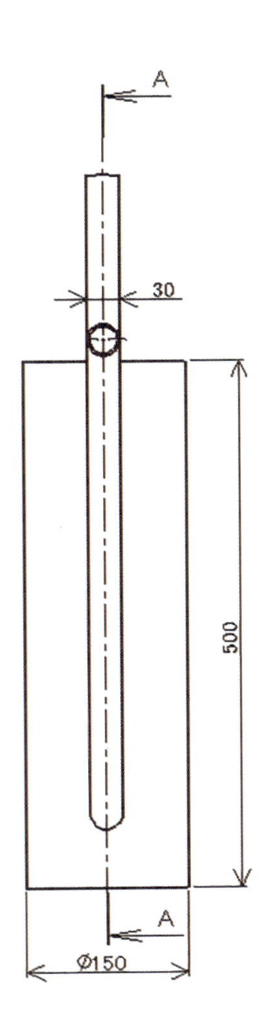
A
30
500
A
Ø150

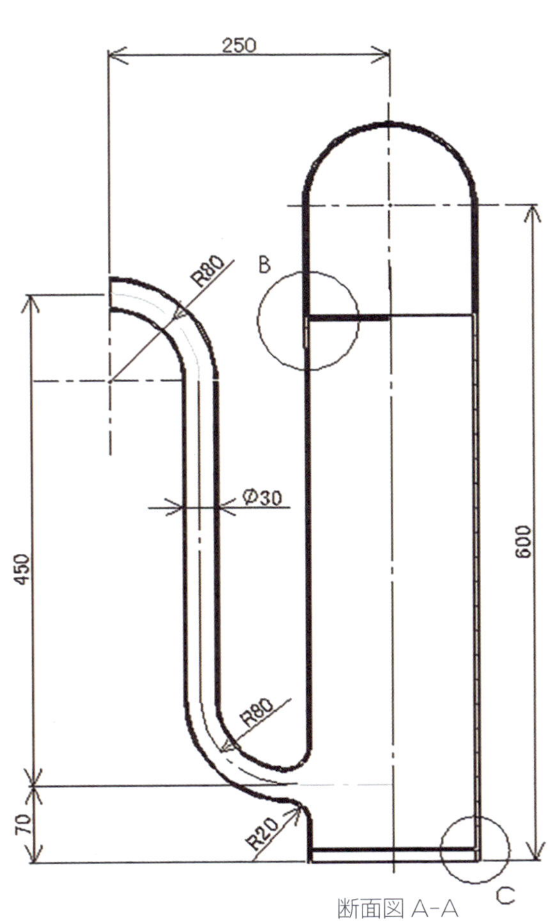
250
R80
B
450
Ø30
600
R80
R20
70
C

断面図 A-A

ヒント 1　モデル作成手順

1. 押し出し
2. スイープ
3. 押し出しカット
4. スイープカット
5. 押し出し
6. スイープ
7. フィレット

ヒント 2　「シェル」（薄肉化）フィーチャー

ヒント 1 の「3. 押し出しカット」「4. スイープカット」は，「シェル」を利用することで，短時間で作成することもできます。

「シェル」を利用する場合には，「シェル」の前に，「7. フィレット」を追加しておくとよいでしょう。

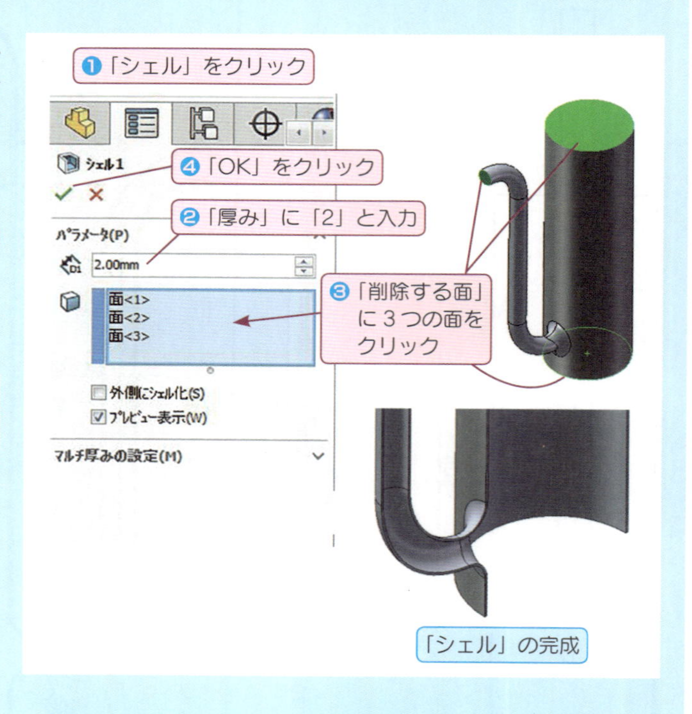
❶「シェル」をクリック
シェル1
❹「OK」をクリック
❷「厚み」に「2」と入力
パラメータ(P)
2.00mm
面<1>
面<2>
面<3>
❸「削除する面」に 3 つの面をクリック
外側にシェル化(S)
プレビュー表示(W)
マルチ厚みの設定(M)
「シェル」の完成

手順

1.「フィーチャー」タブ内から，「シェル」をクリックします。「シェル」の PropertyManager が開きます。
2.「厚み」に「2」を入力します。
3.「削除する面」に，円筒の上面，下面，注ぎ口の先端面の 3 箇所を選択します。
4.「✔OK」をクリックすると完了します。

第3章

モデル作成例

本章では，SOLIDWORKS を使って具体的な製品をモデリングしてみます。部品ドキュメントの作成，アセンブリドキュメントの作成，作成した3次元モデルを図面化するまでの一連の作業を練習します。また，途中に練習問題もはさんでいますので，いままで学んだ知識をフル動員してチャレンジしてみてください。

この章での学習内容

3.1 製品の Overview とモデル作成準備

つぎのようなモデルを作成してみましょう。これは，簡略化されたショベルカーです。このモデルは，９種類の部品によってつくられています。

ここでは，新しい機能の説明を加えながらモデルを作成していきます。
同じ形状でも，違う手順で作成する方法も考えられますので，ほかにどのような作り方があるのかを考えてみることも大切です。

また，手順の中では説明を省いているところもありますので，巻末の参考図（➡ P.207）を参考にしながら，実際に自分で考えて作成してみるとよいでしょう。

3.1.1 部品構成

作成する「Shovelcar」は，つぎの９種類の部品から成っています。部品およびアセンブリと，アセンブリに所属する部品の関係を表しています。

青字　アセンブリ
黒字　部品

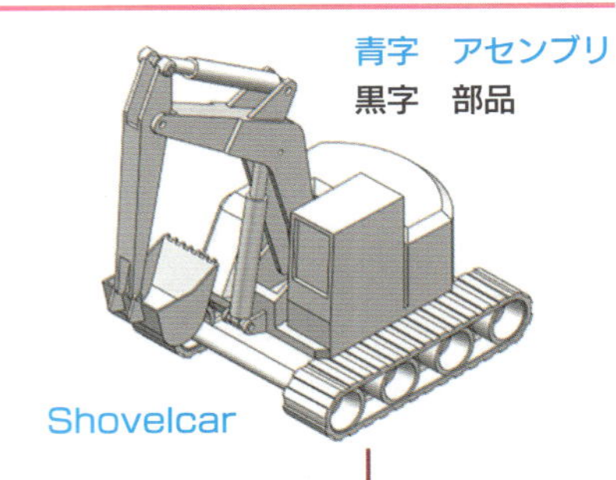
Shovelcar

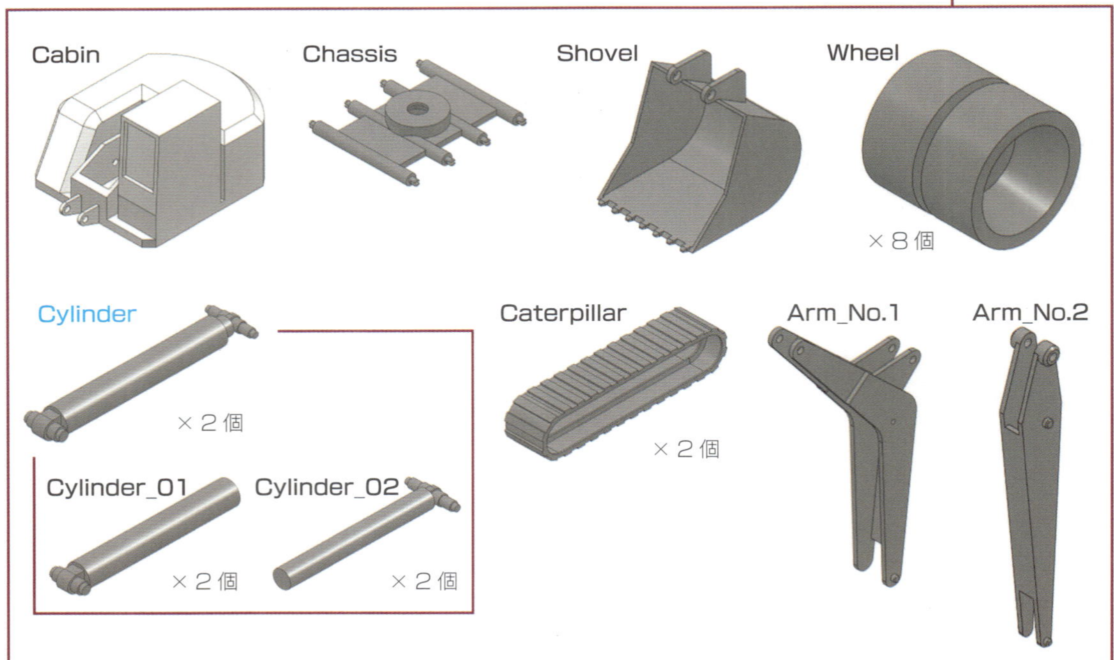
Cabin
Chassis
Shovel
Wheel
×８個
Cylinder
×２個
Cylinder_01
×２個
Cylinder_02
×２個
Caterpillar
×２個
Arm_No.1
Arm_No.2

3.1.2 アセンブリ構成とドキュメント保存場所

部品点数が多い製品をモデリングする場合には，どの部品ドキュメントをどのアセンブリドキュメントに所属させるかというアセンブリ構成を検討することは，ファイル管理や作業性のうえで大切です。

任意の場所に「Shovelcar」というフォルダをつくり，その中に「Cylinder_part」というフォルダを作成してください。これから作成するドキュメントは，下の【フォルダ構成と保存場所】に沿って，所定のフォルダに保存するようにしましょう。

【アセンブリ構成】
Shovelcar.SLDASM
Cabin.SLDPRT
Chassis.SLDPRT
Shovel.SLDPRT
Wheel.SLDPRT（×８個）
Arm_No.1.SLDPRT
Arm_No.2.SLDPRT
Caterpillar.SLDPRT（×２個）
Cylinder.SLDASM（×２個）
Cylinder_01.SLDPRT
Cylinder_02.SLDPRT
【フォルダ構成と保存場所】
Shovelcar
Shovelcar.SLDASM
Cabin.SLDPRT
Chassis.SLDPRT
Shovel.SLDPRT
Wheel.SLDPRT
Arm_No.1.SLDPRT
Arm_No.2.SLDPRT
Caterpillar.SLDPRT
Cylinder_part
Cylinder.SLDASM
Cylinder_01.SLDPRT
Cylinder_02.SLDPRT

Point 26 ドキュメントの保存場所

ここでは，「Cylinder」という１つのアセンブリを，１つのフォルダにまとめて保存しています。もし，このアセンブリをほかの製品に利用したい場合には，このアセンブリが保存されているフォルダごとコピーします。SOLIDWORKS Explorer を利用することで，あるアセンブリとその構成部品を，ほかのフォルダへ名前を変えてコピーすることも可能です。

3.2 構成部品の作成

まずはじめにCabin（キャビン）を作成します。

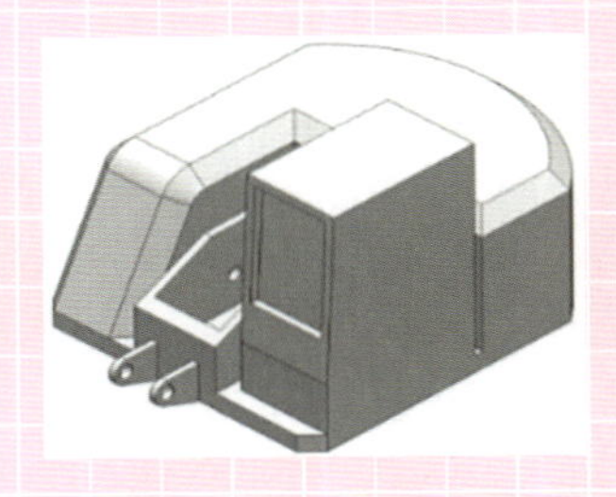

注意 作成するスケッチはすべて完全定義にしましょう。

3.2.1 部品「Cabin」の作成

1 ベースフィーチャーの作成

新規部品ドキュメントを作成します。デフォルト平面「正面」に，右図に記載されているスケッチを描きます。

ヒント1 スケッチは原点に「一致」拘束の付いた鉛直な中心線をもとに，左右が「対称」の幾何拘束を設定します。（➡ P.25，Point 11）

ヒント2 円弧の中心を原点と「一致」させます。

続いて，円弧の半径110 mm，鉛直線の対称幅175 mm，円弧の最大点から水平線まで210 mm の寸法を入力します。（➡ P.47）

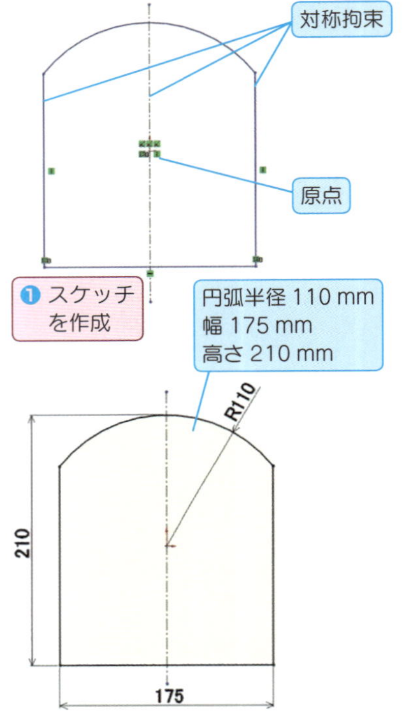
対称拘束
原点
❶ スケッチを作成
円弧半径 110 mm
幅 175 mm
高さ 210 mm
R110
210
175

ヒント3 寸法は値の小さいものから入力すると，スケッチ全体の形が崩れにくくなります。

スケッチが完全定義されたことを確認し，「フィーチャー」タブ内の「**押し出しボス／ベース**」でZ軸のプラス方向へ厚み90 mm のソリッドモデルを作成します。

ヒント4 モデル全体を回転させて角度をつけて見ることにより，押し出し方向を確認して，押し出す方向の設定ミスを防ぐことができます。

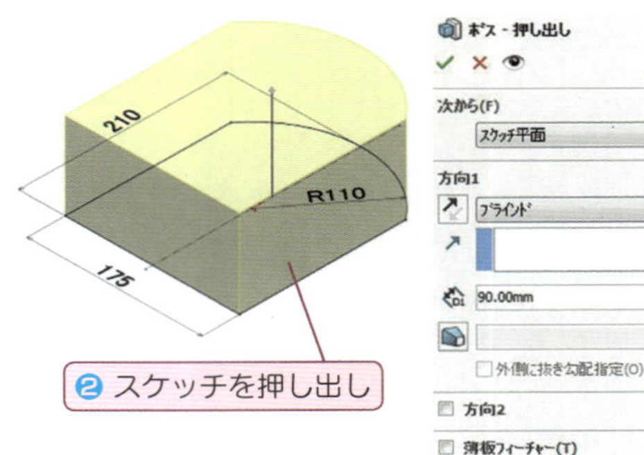
210
R110
175
❷ スケッチを押し出し
ボス - 押し出し
次から(F)
スケッチ平面
方向1
ブラインド
90.00mm
外側に抜き勾配指定(O)
方向2
薄板フィーチャー(T)

2 押し出しカット

ベースフィーチャーの上面を選択し，スケッチを開始します。

続いて，表示方向ツールバーの「選択アイテムに垂直」をクリックします。

右下のエッジ角に一致した矩形を描き，高さ「110」，幅「120」と寸法を入力します。

ヒント 1　スケッチを描くときは，「矩形コーナー」を使用します。

ヒント 2　スケッチ記入において「選択アイテムに垂直」にしてから描画することにより，幾何拘束や寸法入力の設定ミスを減らすことができます。（➡ P.15）

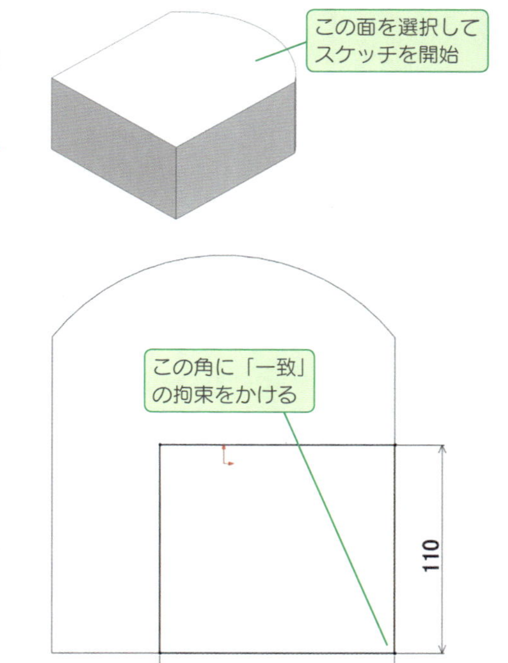

この面を選択して
スケッチを開始
この角に「一致」
の拘束をかける
110
120

スケッチが完全定義されたことを確認し，「フィーチャー」タブ内の「押し出しカット」で Z 軸のマイナス方向へ 80 mm カットします。

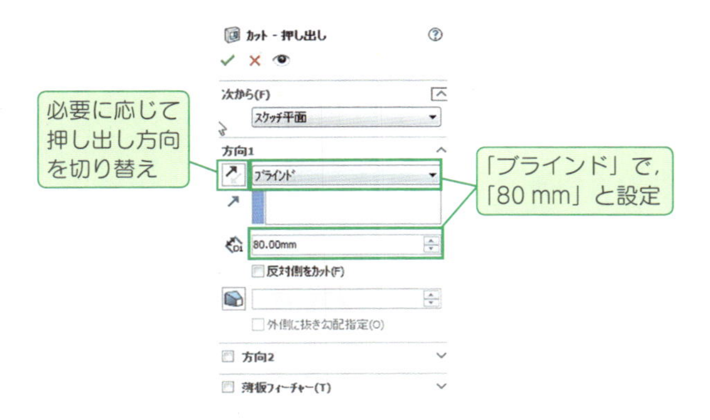

カット - 押し出し
次から(F)
スケッチ平面
方向1
ブラインド
80.00mm
反対側をカット(F)
外側に抜き勾配指定(O)
方向2
薄板フィーチャー(T)
必要に応じて
押し出し方向
を切り替え
「ブラインド」で，
「80 mm」と設定

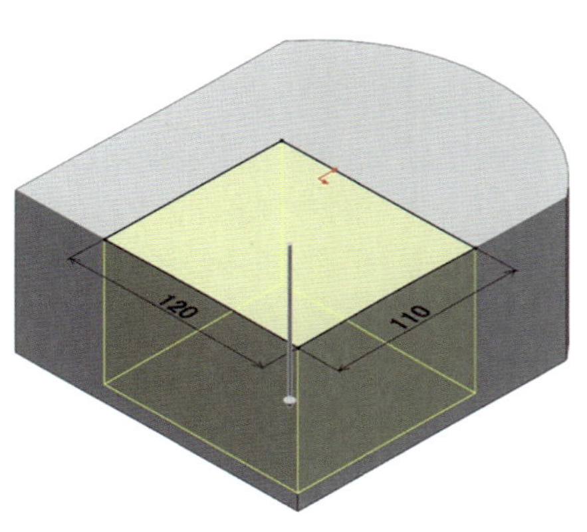

120
110

スケッチは必ずしも原点から寸法や幾何拘束を設定しなくても，すでに作成されたソリッドモデルのサーフェス面やエッジ，角などから寸法や幾何拘束を設定して，完全定義させることができます。

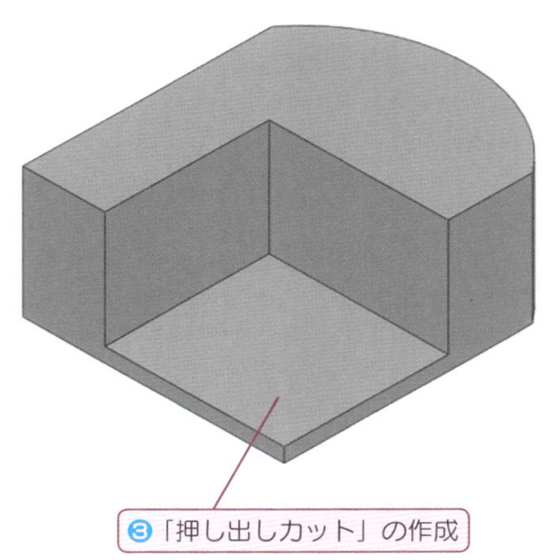

❸「押し出しカット」の作成

3 押し出しボス / ベース（中間平面）

デフォルト平面「右側面」を選択し，右下図に記載されたスケッチをおこないます。

ヒント 1　「直線」を使用し，3 箇所のエッジに一致させます。

ヒント 2　寸法入力は幾何拘束を設定した後に入力すると，スケッチの形が崩れにくくなります。

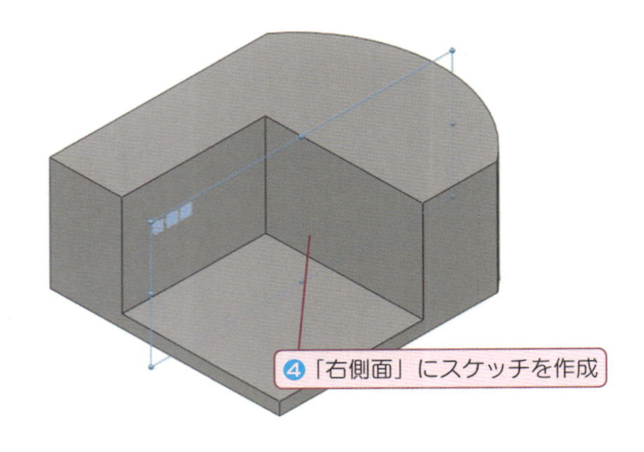
④「右側面」にスケッチを作成

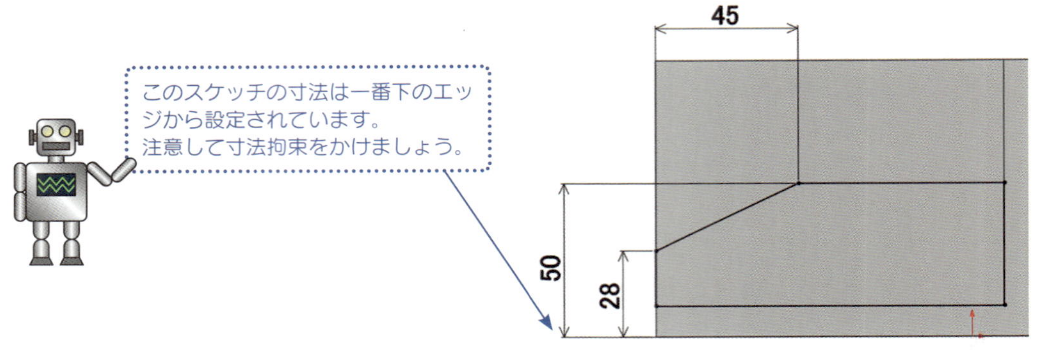
このスケッチの寸法は一番下のエッジから設定されています。
注意して寸法拘束をかけましょう。
45
50
28

完全定義したスケッチを使用して，「フィーチャー」タブ内の「押し出しボス / ベース」で押し出しタイプをブラインドから中間平面に切り替えて，スケッチ平面を中心に，X 軸の両方向へ合わせて 52 mm 押し出します。

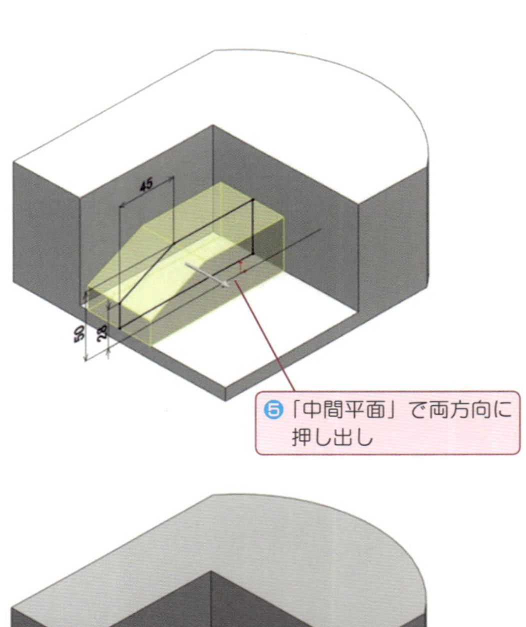
45
⑤「中間平面」で両方向に押し出し

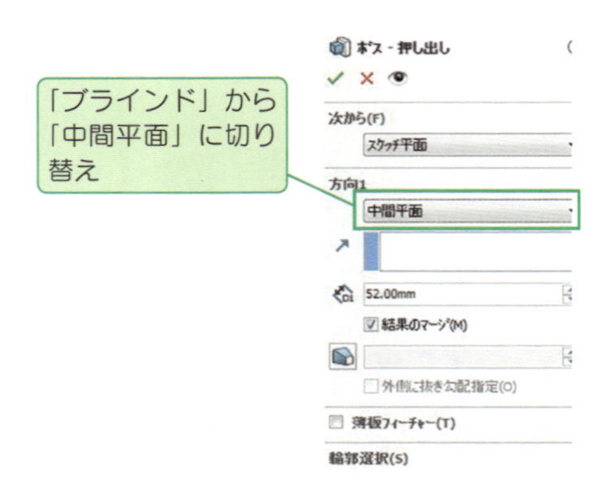
「ブラインド」から「中間平面」に切り替え
ボス - 押し出し
次から(F)
スケッチ平面
方向1
中間平面
52.00mm
結果のマージ(M)
外側に抜き勾配指定(O)
薄板フィーチャー(T)
輪郭選択(S)

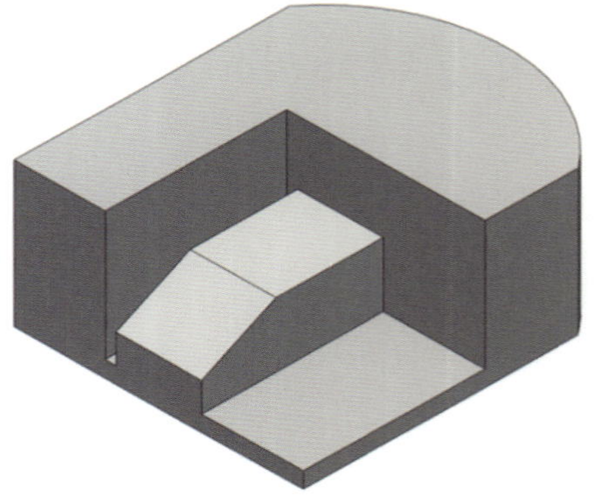

4 押し出しカット（オフセット開始サーフェス指定）

デフォルト平面「右側面」を選択し，右下図に記載されたスケッチをおこないます。

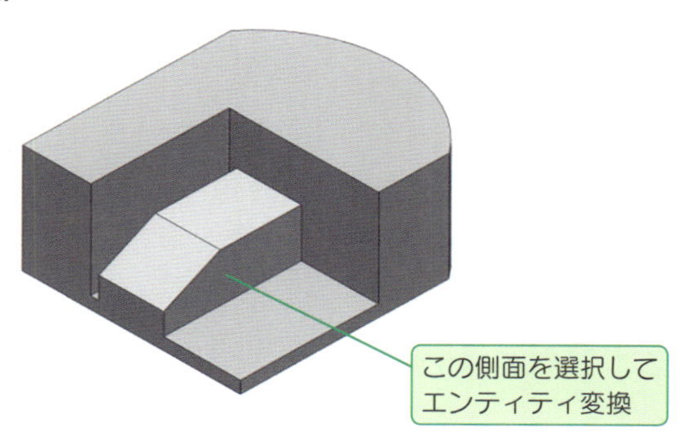
この側面を選択して
エンティティ変換

ヒント 1　スケッチ作成には「スケッチ」タブ内の「エンティティ変換」と「エンティティのトリム」を使用します。

スケッチ手順Ⅰでは，3で作成したフィーチャーの側面を選択し，「エンティティ変換」をおこないます。

スケッチ手順Ⅰ

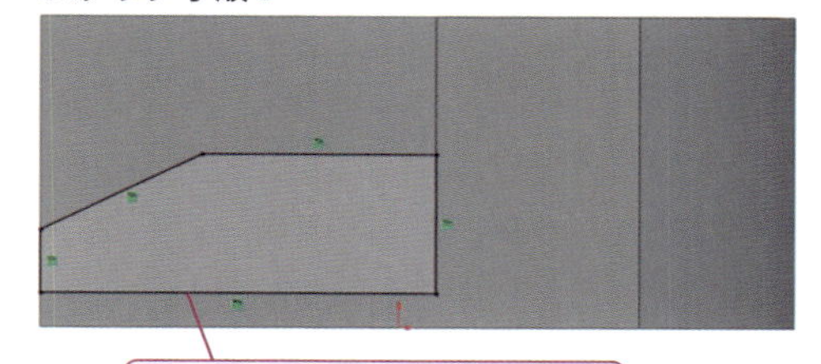
⑥「エンティティ変換」を設定

つぎに，スケッチ手順Ⅱでは，右図のような鉛直な直線を描き，「エンティティのトリム」で不要な線を削除します。その際，オプションで「一番近い交点までトリム」が選択されていることを確認します。最後に，8 mm の寸法を設定します。

スケッチ手順Ⅱ

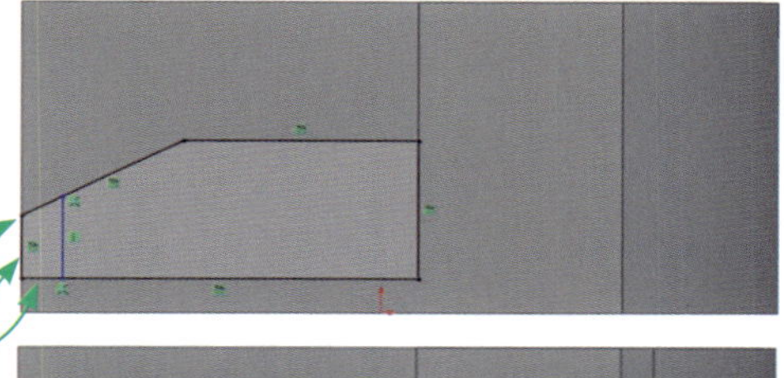
3 本の不要な線を
クリックして削除

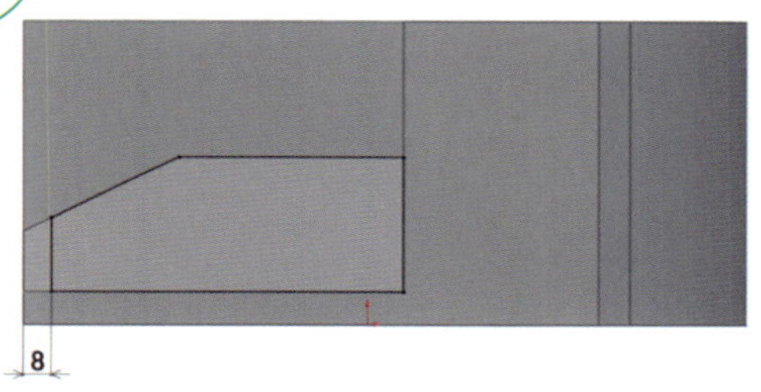
8

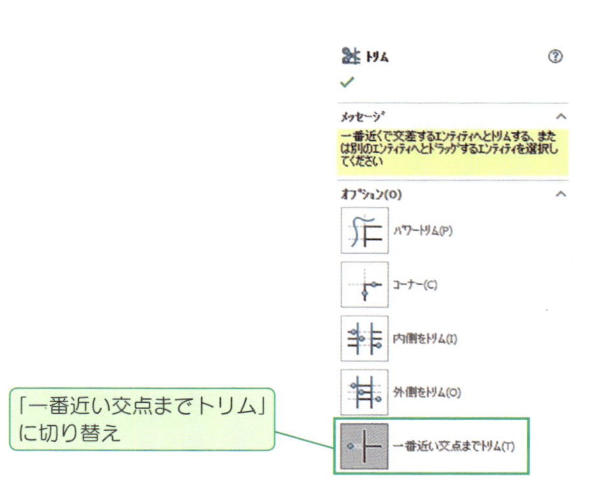
トリム
メッセージ
一番近くで交差するエンティティへとトリムする、または別のエンティティへとドラッグするエンティティを選択してください
オプション(O)
パワートリム(P)
コーナー(C)
内側をトリム(I)
外側をトリム(O)
一番近い交点までトリム(T)
「一番近い交点までトリム」
に切り替え

完全定義されたスケッチを「フィーチャー」タブ内の「**押し出しカット**」でカットします。その際, 設定を「ブラインド」から「**オフセット開始サーフェス指定**」に切り替えます。オフセット距離は方向 1, 方向 2 ともに 5 mm とします。

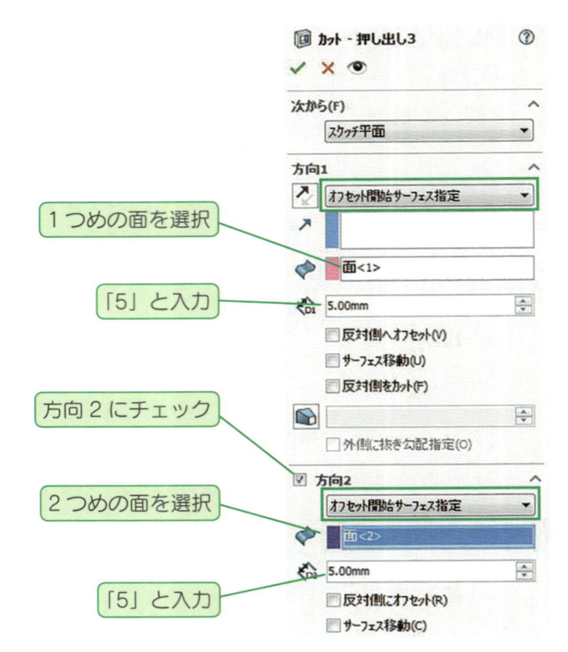
カット - 押し出し3
次から(F)
スケッチ平面
方向1
オフセット開始サーフェス指定
面<1>
5.00mm
反対側へオフセット(V)
サーフェス移動(U)
反対側をカット(F)
外側に抜き勾配指定(O)
方向2
オフセット開始サーフェス指定
面<2>
5.00mm
反対側にオフセット(R)
サーフェス移動(C)
1 つめの面を選択
「5」と入力
方向 2 にチェック
2 つめの面を選択
「5」と入力

ヒント 2　サーフェス面を選択すると, 選択された面が方向 1 はピンク, 方向 2 では紫に表示されます。

「オフセット開始サーフェス指定」では, 指定した平面やサーフェス面からオフセットした距離まで,「ボス」フィーチャーや「カット」フィーチャーが作成されます。

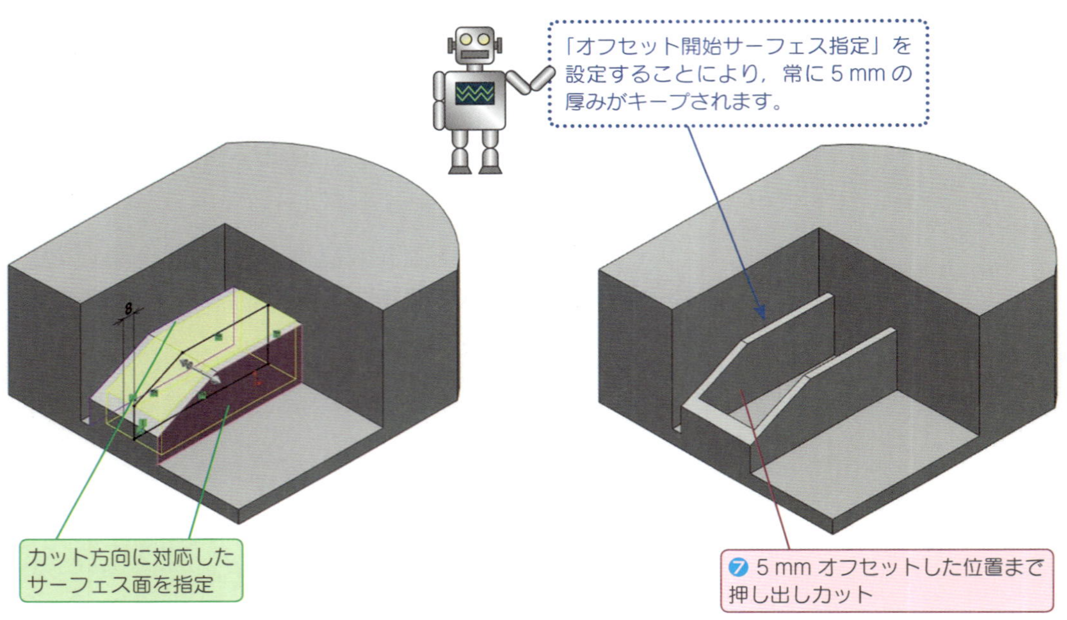
「オフセット開始サーフェス指定」を設定することにより, 常に 5 mm の厚みがキープされます。
8
カット方向に対応したサーフェス面を指定
❼ 5 mm オフセットした位置まで押し出しカット

5 押し出しカット（次サーフェスまで）

デフォルト平面「右側面」でスケッチを開始し，右図のようにスケッチします。

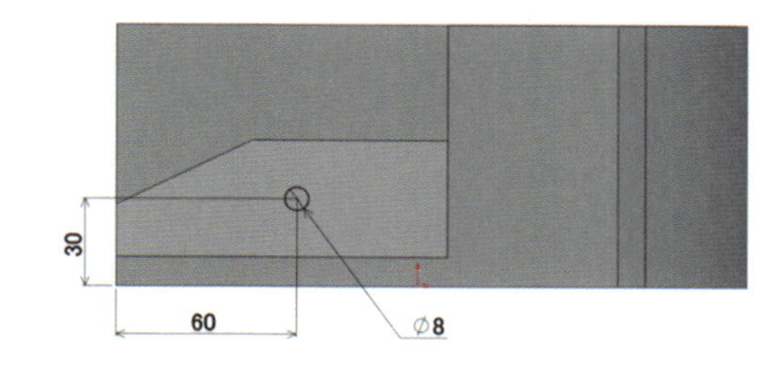
30
60
ϕ8

「フィーチャー」タブ内の「押し出しカット」で穴を作成します。方向1，方向2それぞれ「次サーフェスまで」の設定をおこない，押し出しカットします。

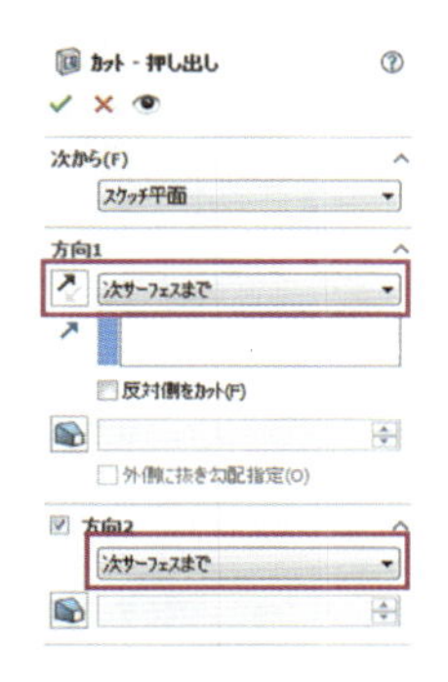
カット - 押し出し
次から(F)
スケッチ平面
方向1
次サーフェスまで
反対側をカット(F)
外側に抜き勾配指定(O)
方向2
次サーフェスまで

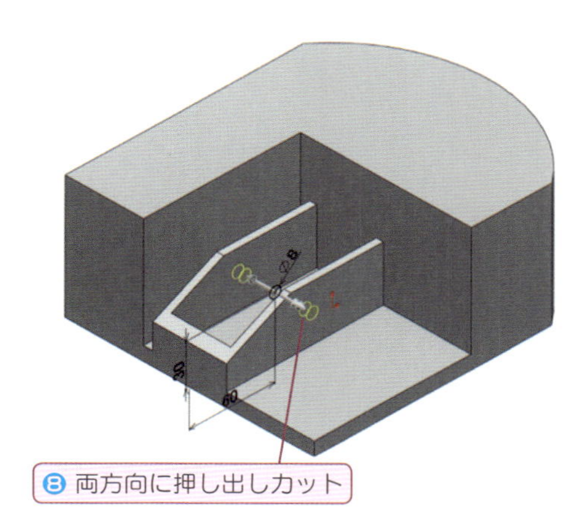
8 両方向に押し出しカット

6 押し出しボス / ベース（運転席の作成）

モデルの側面で，右下図のようにスケッチを描きます。

ヒント エッジに一致した線を描くと，「一致」の幾何拘束のアイコンが表示されます。

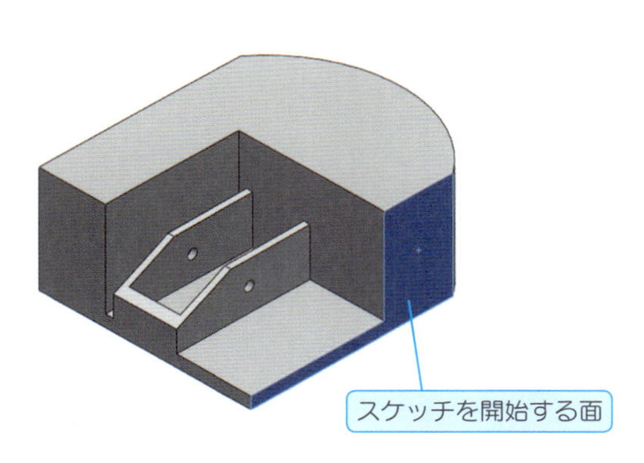
スケッチを開始する面

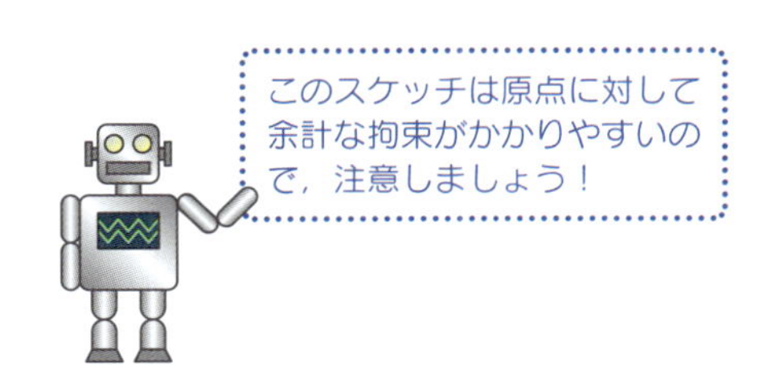
このスケッチは原点に対して余計な拘束がかかりやすいので，注意しましょう！

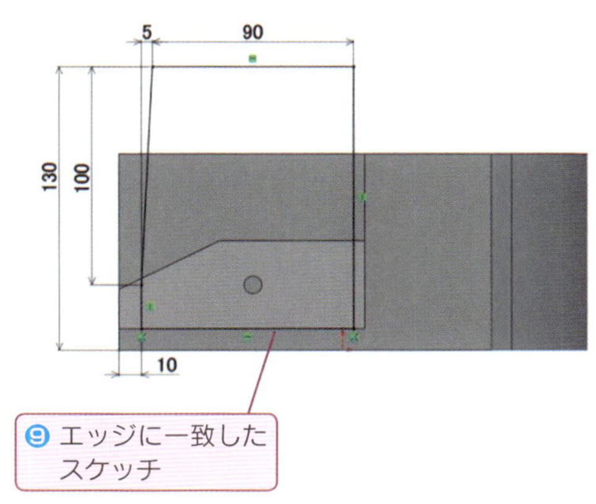
5
90
130
100
10
9 エッジに一致したスケッチ

完全定義されたスケッチで，「フィーチャー」タブ内の「押し出しボス / ベース」で，X 軸のマイナス方向へ 55 mm 押し出します。

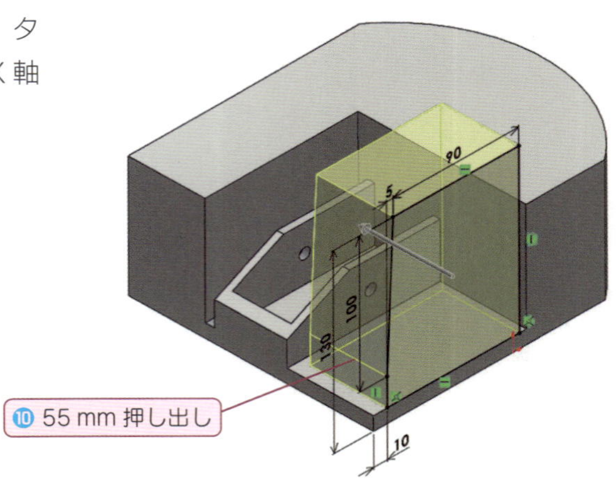
⑩ 55 mm 押し出し
90
5
100
130
10

7 押し出しカット（窓の作成）

右図の指定した面を選択してスケッチを開始します。

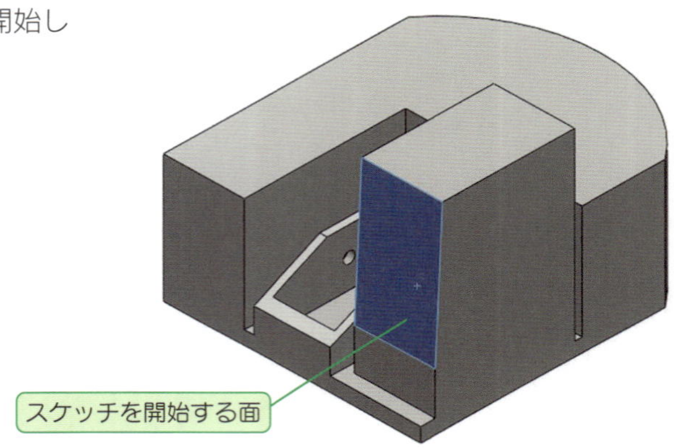
スケッチを開始する面

スケッチを開始した面に右図のスケッチを描きます。

ヒント 1　鉛直の中心線は，6で作成した運転席上部のエッジと「中点」拘束を設定します。

ヒント 2　「矩形中心」を使用してスケッチを描くときは，矩形の中心と鉛直な中心線に「一致」の拘束を設定します。

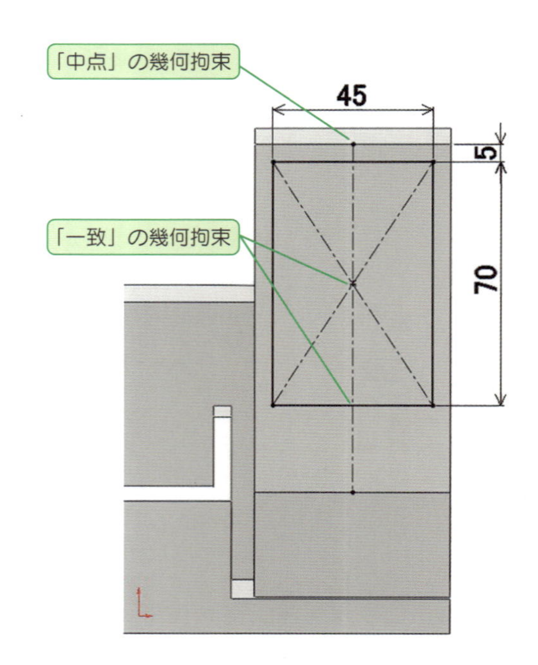
「中点」の幾何拘束
45
5
「一致」の幾何拘束
70

「フィーチャー」タブ内の「押し出しカット」で窓穴をつくります。Z 軸のマイナス方向へ 5 mm カットします。

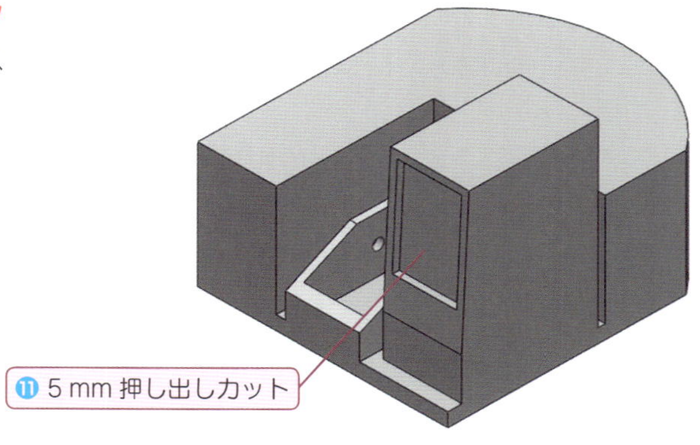

⑪ 5 mm 押し出しカット

8 押し出しボス / ベース（中間平面）

デフォルト平面「右側面」でスケッチを開始し，右図（枠内を拡大）のようにスケッチします。

ヒント 円弧と直線には「正接」拘束を設定しましょう。

（➡ P.25，**Point 11**）

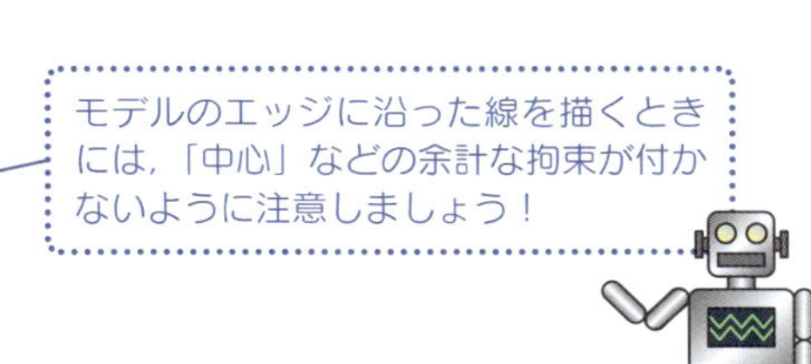
R7.50
15
20

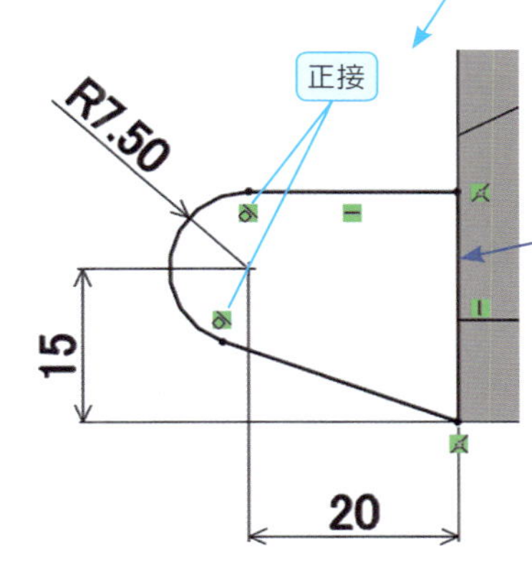
正接
R7.50
15
20

モデルのエッジに沿った線を描くときには，「中心」などの余計な拘束が付かないように注意しましょう！

このスケッチを，「フィーチャー」タブ内の「押し出しボス / ベース」の「中間平面」で X 軸の両方向に 30 mm 押し出します。

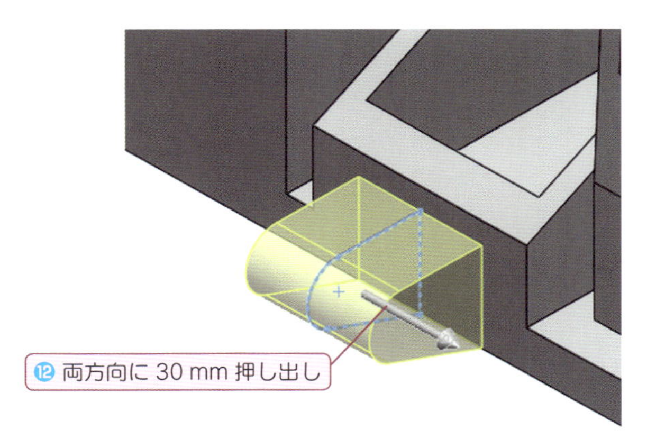

⑫ 両方向に 30 mm 押し出し

9 押し出しカット（オフセット開始サーフェス指定）

デフォルト平面の「右側面」でスケッチを描きます。
つぎに，8で作成したボスの側面を選択して，エンティティ変換をおこないます。

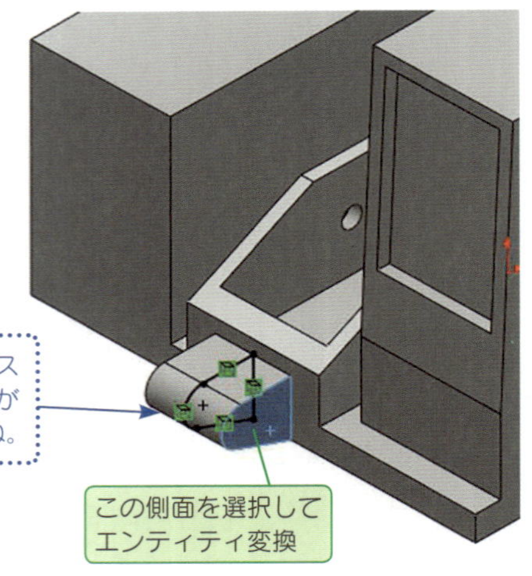
この側面を選択して
エンティティ変換

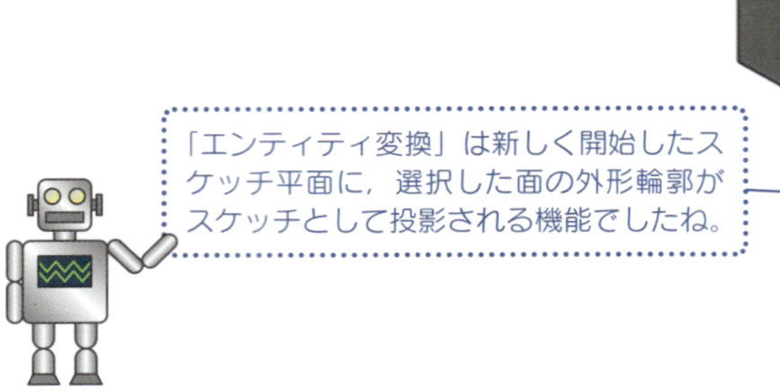
「エンティティ変換」は新しく開始したスケッチ平面に，選択した面の外形輪郭がスケッチとして投影される機能でしたね。

このスケッチで，「フィーチャー」タブ内の「**押し出しカット**」の「**オフセット開始サーフェス指定**」を使ってカットします。オフセット距離は方向1，方向2ともに4 mmとします。

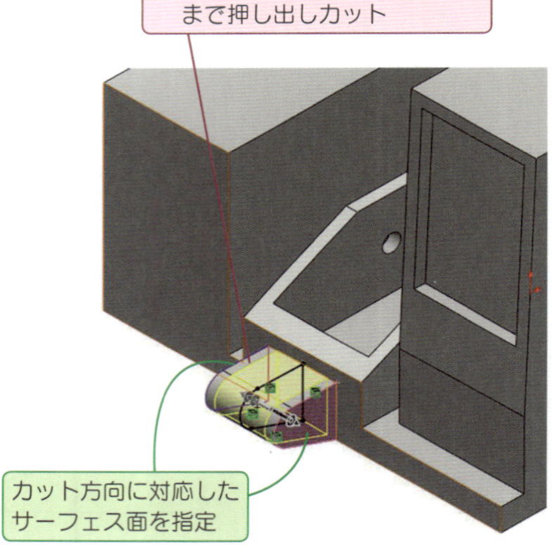
⑬「4mm」オフセットした位置まで押し出しカット
カット方向に対応したサーフェス面を指定

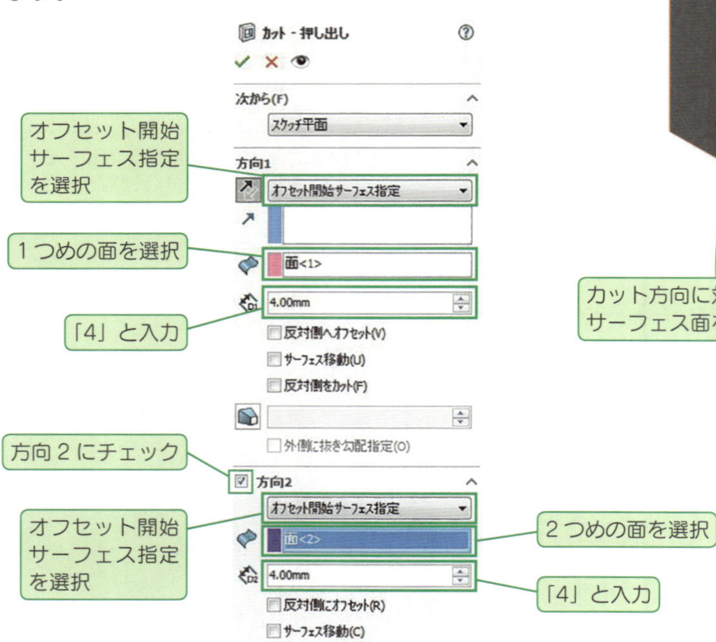
カット - 押し出し
次から(F)
スケッチ平面
方向1
オフセット開始サーフェス指定
面<1>
4.00mm
反対側へオフセット(V)
サーフェス移動(U)
反対側をカット(F)
外側に抜き勾配指定(O)
方向2
オフセット開始サーフェス指定
面<2>
4.00mm
反対側にオフセット(R)
サーフェス移動(C)
オフセット開始サーフェス指定を選択
1つめの面を選択
「4」と入力
方向2にチェック
オフセット開始サーフェス指定を選択
2つめの面を選択
「4」と入力

10 押し出しカット（全貫通）

デフォルト平面の「右側面」でスケッチを開始し，右図のスケッチを描き，9で作成したフィーチャーに穴を作成します。

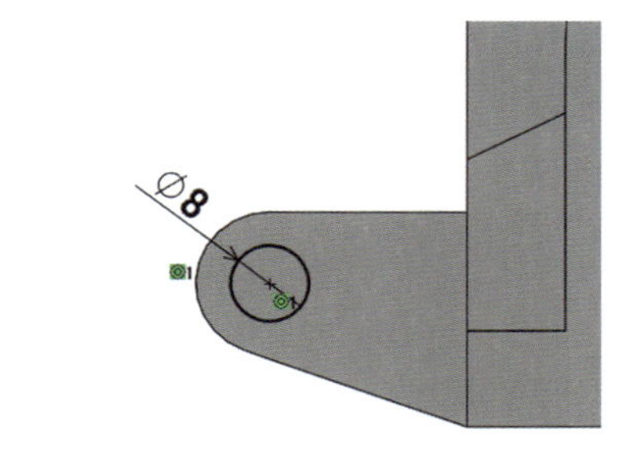

⌀8

ヒント 円には外側の円弧と「同心円」または「一致」の拘束を付けます。

「フィーチャー」タブ内の「**押し出しカット**」の方向 1 を「ブラインド」から「**全貫通 - 両方**」に切り替えて押し出しカットします。

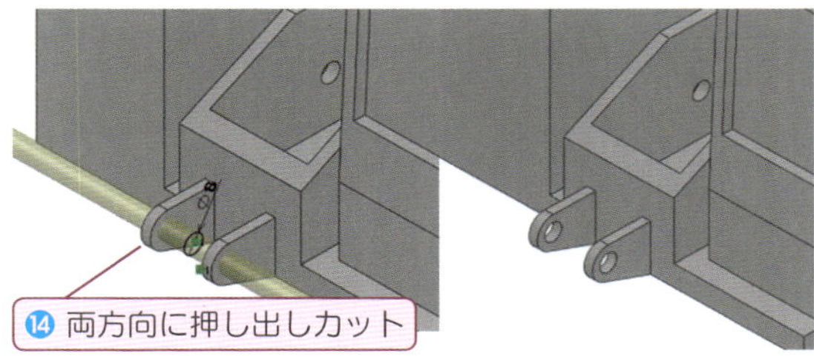

14 両方向に押し出しカット

Point 27 円と円弧の一致拘束

「一致」の拘束を付けて 2 つの円，または円弧の中心を合わせるには，作成済みの 1 つ目の円（円弧）のエッジにマウスポインタを合わせると表示される十字の中心マークをクリックして 2 つ目の円（円弧）を描くと自動的に「一致」の拘束が付きます。

1 エッジにマウスポインタを当てる
2 十字の中心マークをクリック
3「一致」の拘束が付く

Point 28 イメージ品質

SOLIDWORKS では，グラフィック上のパフォーマンスを上げるため，あらかじめイメージ品質が中程度に設定されています。
これにより，円形のエッジが角をもった形状に見えることがあります。また，グラフィックス領域上で見えているエッジと，マウスポインタで選択するエッジの位置がずれてしまうこともあります。

イメージ品質の設定は変更することができます。メニューバーから「**ツール**」→「**オプション**」を選択します。「**ドキュメントプロパティ**」タブをクリックし，「**イメージ品質**」のカテゴリを選択します。「シェイディングとドラフト制度の隠線なし / 隠線表示の解像度」「ワイヤーフレームと高解像度の隠線なし / 隠線表示の解像度」のスライダーを右に移動します。

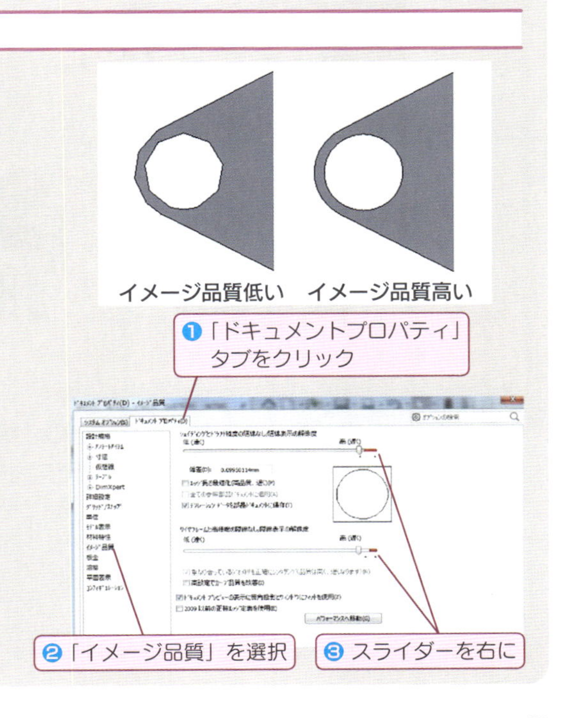

イメージ品質低い
イメージ品質高い
1「ドキュメントプロパティ」タブをクリック
2「イメージ品質」を選択
3 スライダーを右に

11 押し出しボス / ベース

モデル底面（ベースフィーチャー底面）でスケッチを開始し，下図の原点と一致した直径 90 mm の円を描きます。

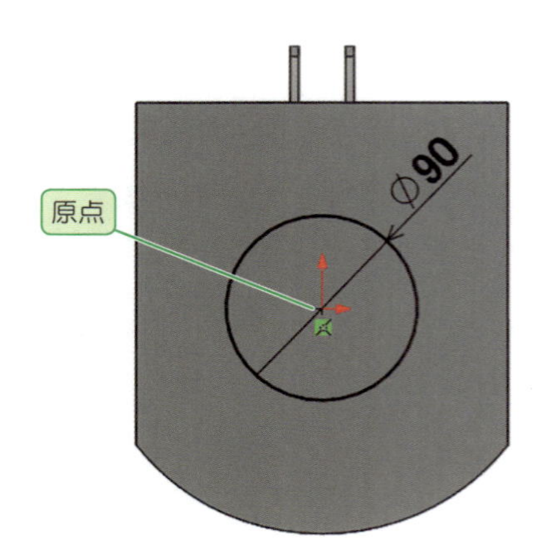
原点
φ90

作成したスケッチを「フィーチャー」タブ内の「**押し出しボス / ベース**」で Y 軸のマイナス方向へ 12 mm 押し出します。

再度モデル底面でスケッチを開始し，下図の原点と一致した直径 30 mm の円を描きます。

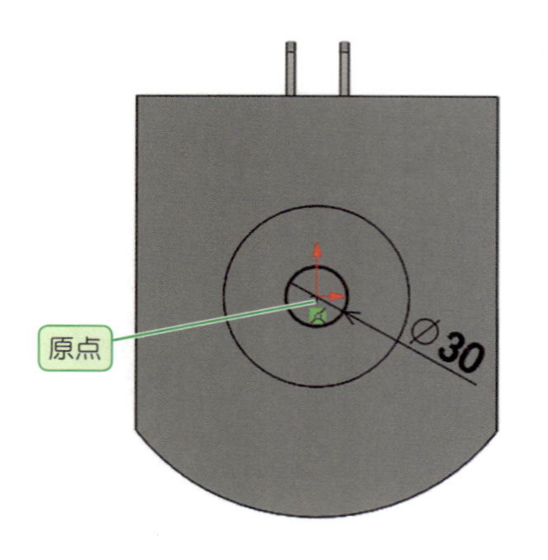
原点
φ30

そのスケッチを「フィーチャー」タブ内の「**押し出しボス / ベース**」で Y 軸のマイナス方向へ 22 mm 押し出します。

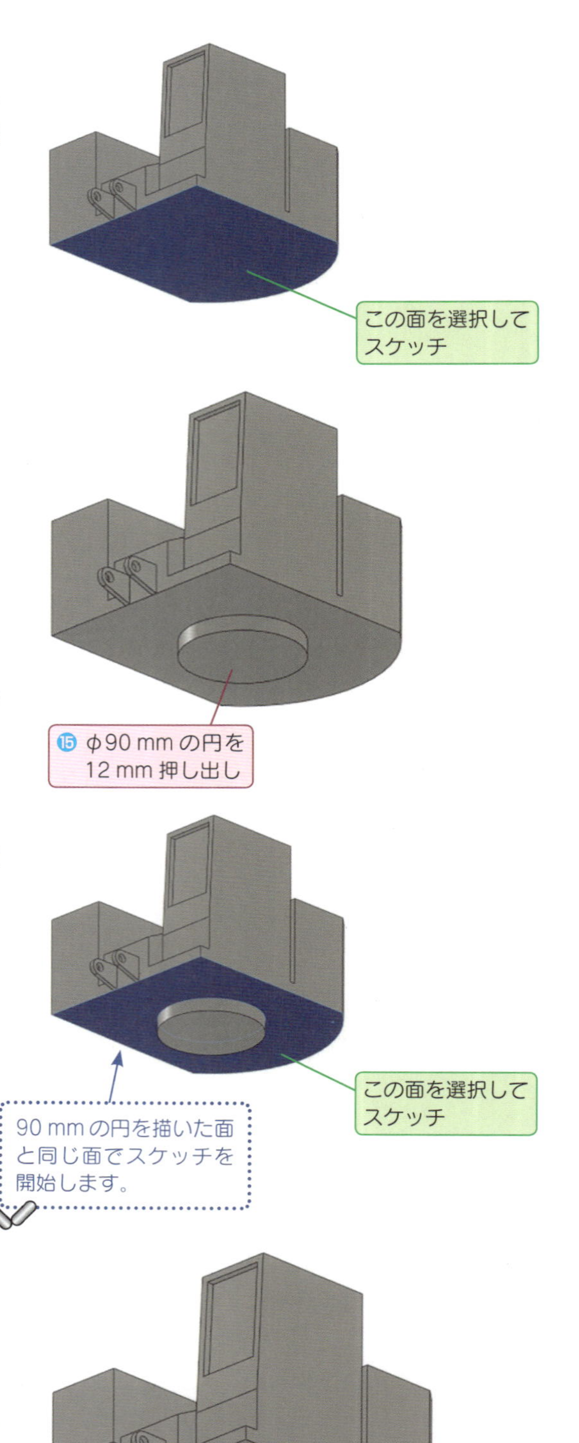
この面を選択してスケッチ
⑮ φ90 mm の円を 12 mm 押し出し
この面を選択してスケッチ
90 mm の円を描いた面と同じ面でスケッチを開始します。
⑯ φ30 mm の円を 22 mm 押し出し

⑫ スイープ

デフォルト平面の「正面」でスケッチを開始し，右図の部分を拡大して，半径 1 mm の閉じた輪郭の半円を描きます。

この辺りを拡大してスケッチ

ヒント 1 半円の中心には，エッジと「中点」拘束をかけましょう。

ヒント 2 半円の円弧の両端点はエッジと一致させましょう。つぎに，その両端点を結ぶ弦を直線で描き，スケッチの輪郭を閉じます。

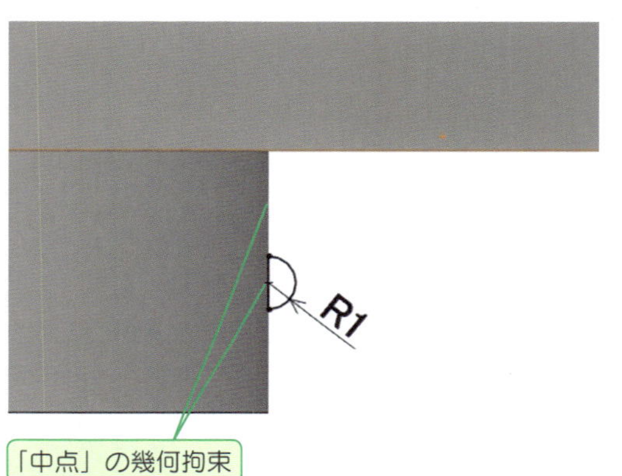
R1
「中点」の幾何拘束

スケッチを終了し，「フィーチャー」タブ内の「スイープ」をクリックし，輪郭に「スケッチ 13」，パスに図の円柱部分のエッジを選択します。

輪郭に「スケッチ 13」を指定

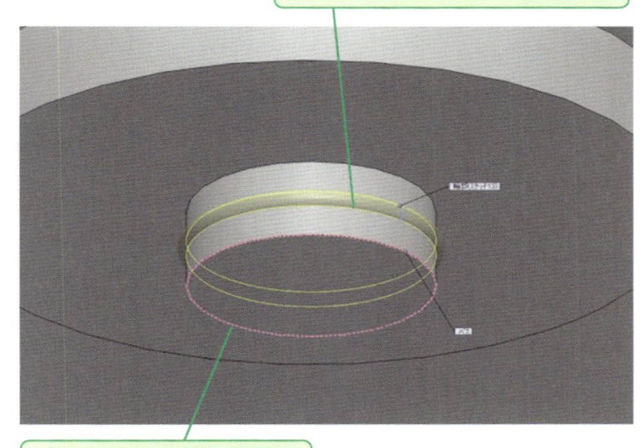
パスに「エッジ」を設定

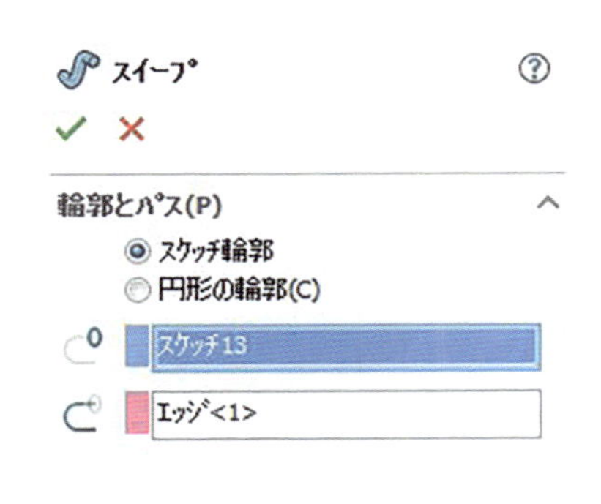
スイープ
輪郭とパス(P)
スケッチ輪郭
円形の輪郭(C)
スケッチ13
エッジ<1>

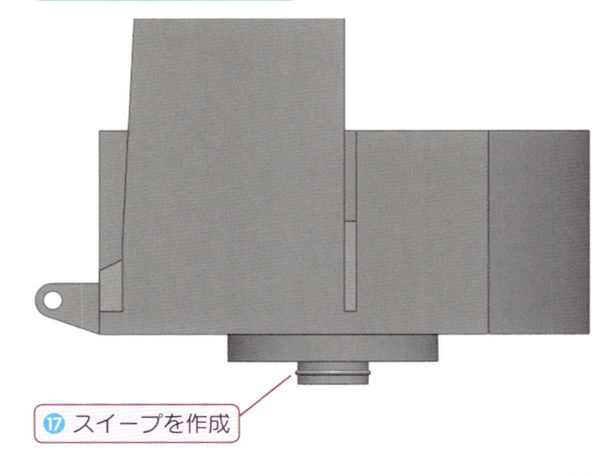
⑰ スイープを作成

13 押し出しカット（次サーフェス）

モデル側面でスケッチを開始し，下図のスケッチをおこないます。

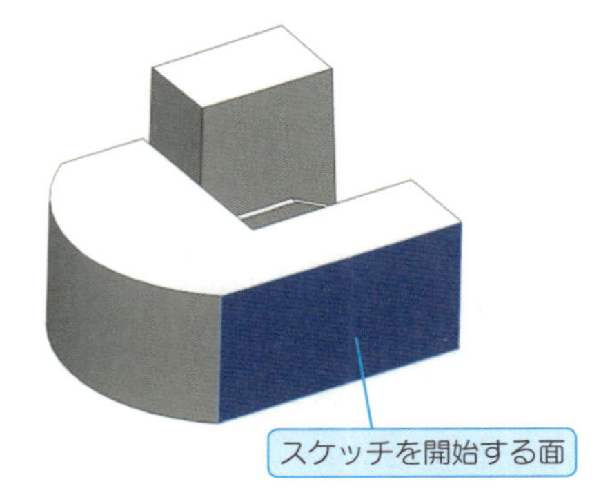
スケッチを開始する面

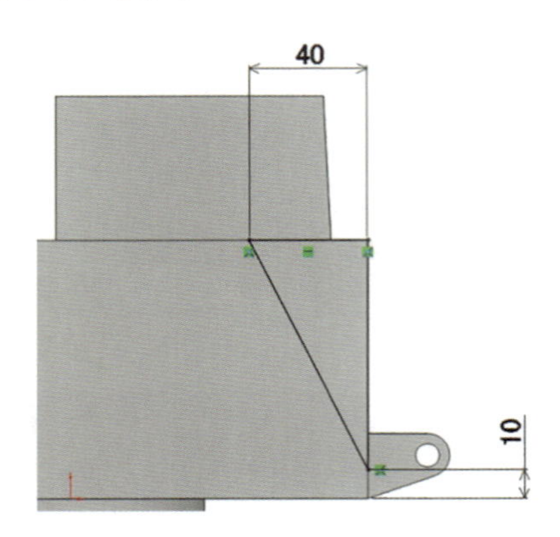
40
10

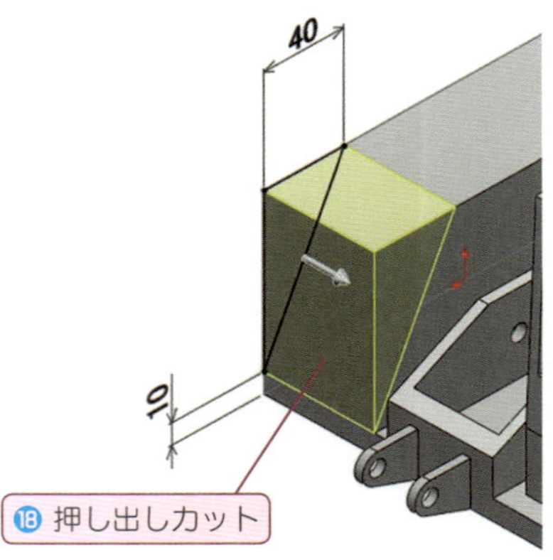
40
10
⑱ 押し出しカット

作成したスケッチで，「フィーチャー」タブ内の「**押し出しカット**」をおこないます。設定を「**次サーフェスまで**」に切り替え，X 軸のプラス方向に押し出しカットします。

14 フィレット

「フィーチャー」タブ内の「**フィレット**」を使用して，下図のシルエットエッジを選択し，半径 20 mm の丸みをつけます。

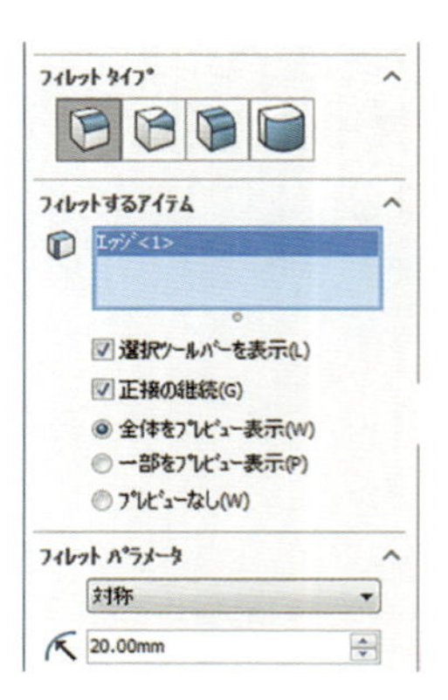
フィレット タイプ
フィレットするアイテム
エッジ<1>
選択ツールバーを表示(L)
正接の継続(G)
全体をプレビュー表示(W)
一部をプレビュー表示(P)
プレビューなし(W)
フィレット パラメータ
対称
20.00mm

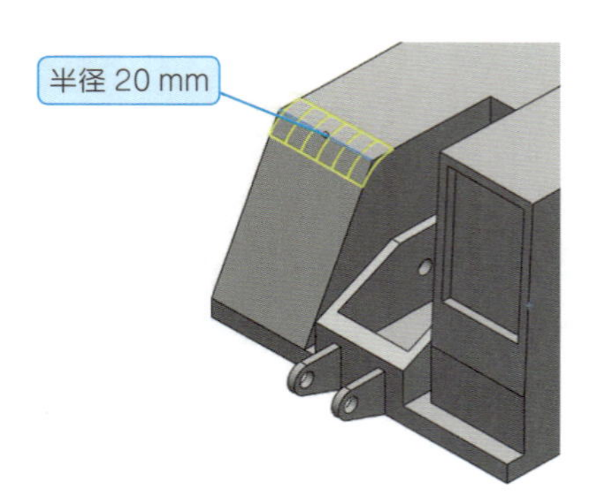
半径 20 mm

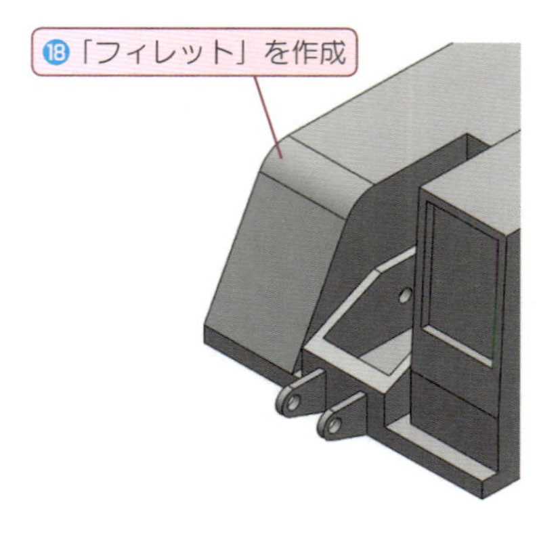
⑱「フィレット」を作成

フィレットは一般的に，半径の大きいものから作成していきます。フィレットの作成順序によっては，形状が変わることもありますので注意してください。また，同じ半径のフィレットは 1 回のコマンドで作成するとよいでしょう。

15 面取り

フィーチャーの「面取り」を使用して，右図のエッジとモデル上面を選択して面取りをおこないます。
設定を「角度 距離」とし，長さに「10」，角度に「45」を入力します。

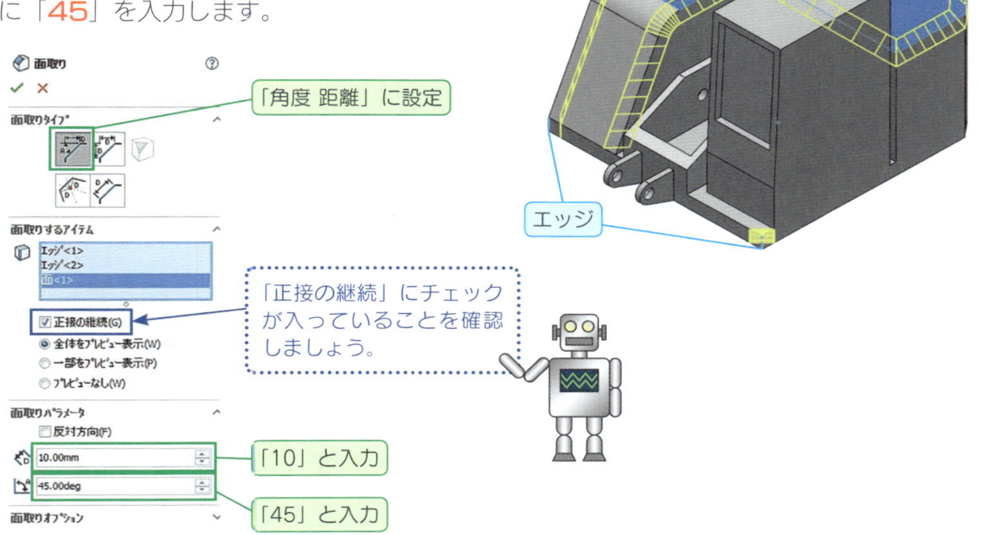
面
距離 10 mm
角度 45°
エッジ
面取り
面取りタイプ
「角度 距離」に設定
面取りするアイテム
エッジ<1>
エッジ<2>
面<1>
正接の継続(G)
全体をプレビュー表示(W)
一部をプレビュー表示(P)
プレビューなし(W)
「正接の継続」にチェックが入っていることを確認しましょう。
面取りパラメータ
反対方向(F)
10.00mm
45.00deg
「10」と入力
「45」と入力
面取りオプション

注意
1. フィレットや面取りの設定において，数値などが異なる場合には，そのつどフィレットや面取りの機能を使用する必要があります。
2. フィレットや面取りの設定において，エッジではなく面を選択すると，指定された面に隣接するエッジすべてにフィレットや面取りが設定されます。

ヒント フィレットと同様に，複数の等しい値の面取りは，1 回のコマンドで作成することができます。

16 完成

完成した「Cabin」を，フォルダ「Shovelcar」の直下に保存してください。（➡ P.73）

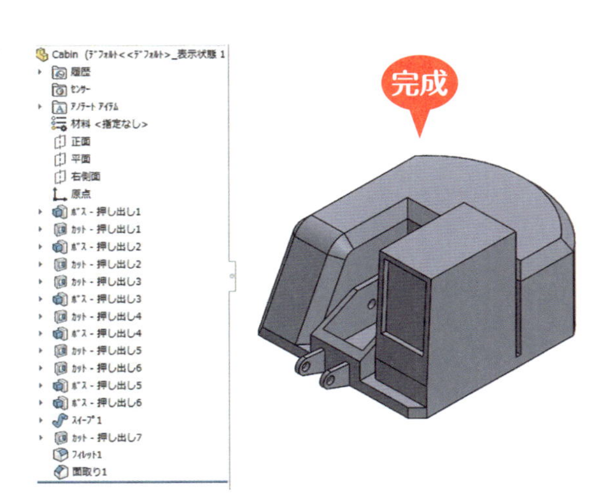
完成

3.2.2　部品「Chassis」の作成

つぎは「Chassis（シャーシ）」を作成します。

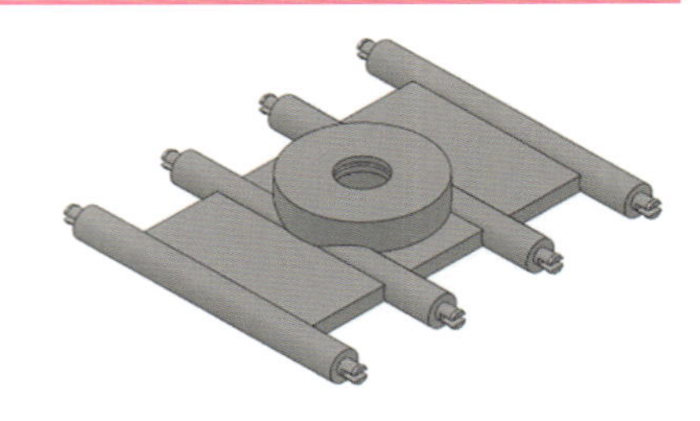

1 押し出しボス / ベース 1

新規部品ドキュメントを作成します。
デフォルト平面「正面」で，下図のようにスケッチを作成します。

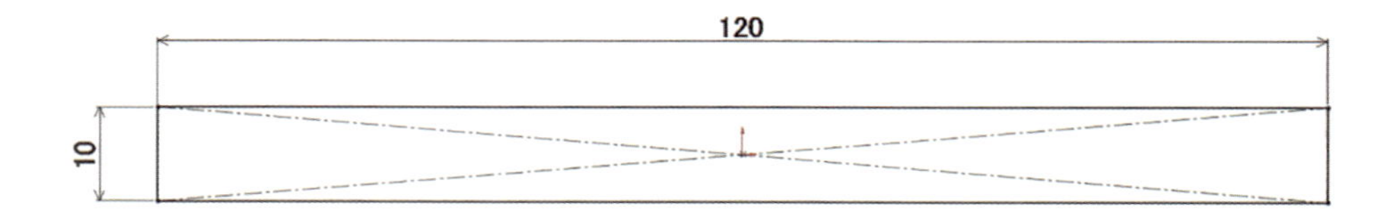
120
10

ヒント　スケッチ「矩形中心」を使用し，矩形の中心と原点に「一致」の幾何拘束が付くようにスケッチしましょう。

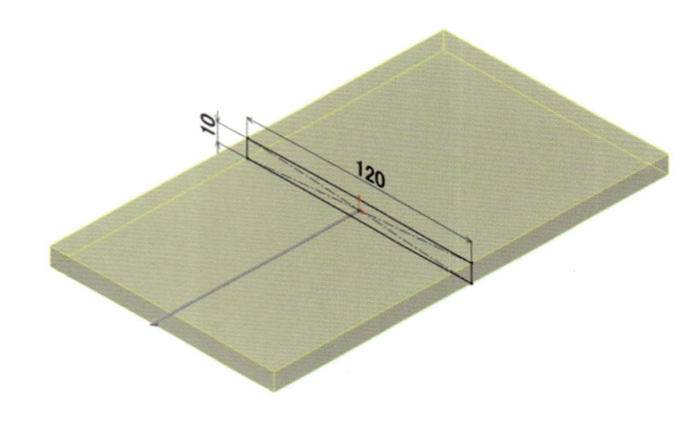
10
120

「フィーチャー」タブ内の「**押し出しボス / ベース**」の「**中間平面**」で Z 軸の両方向に 210 mm 押し出し，ベースフィーチャーを作成してください。

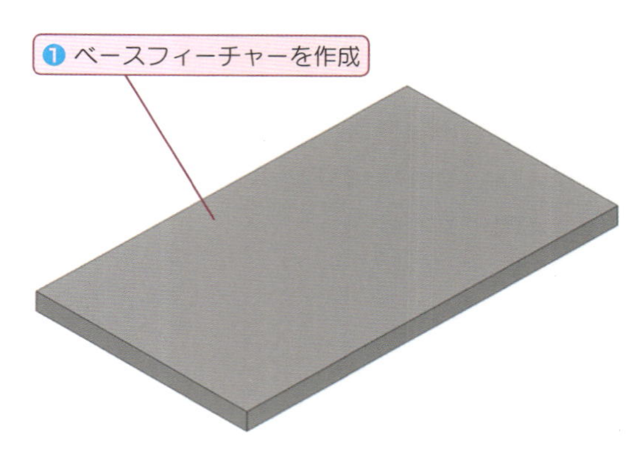
❶ ベースフィーチャーを作成

2 押し出しボス / ベース 2

デフォルト平面「右側面」で下図のようなスケッチを作成します。まず，直径 20 mm の円をスケッチします。

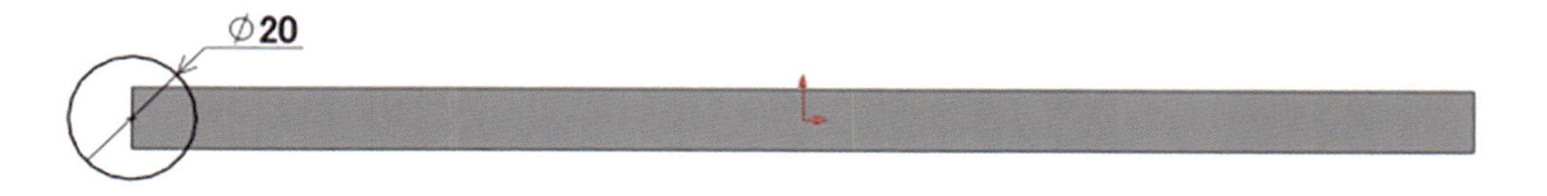
ϕ20

ヒント 円の中心はエッジと「中点」の拘束を設定します。

「フィーチャー」タブ内の「**押し出しボス / ベース**」の「**中間平面**」で，X 軸の両方向に 184 mm 押し出します。

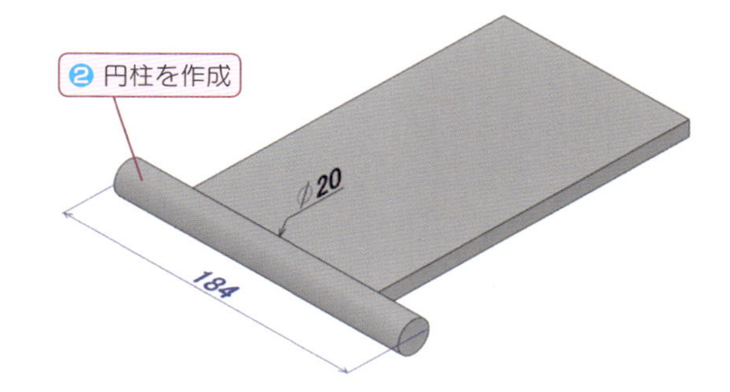
❷ 円柱を作成
ϕ20
184

3 押し出しボス / ベース 3

2で作成した円柱の端面でスケッチを開始し，右図の位置に直径 ϕ 10 mm のスケッチを描きます。

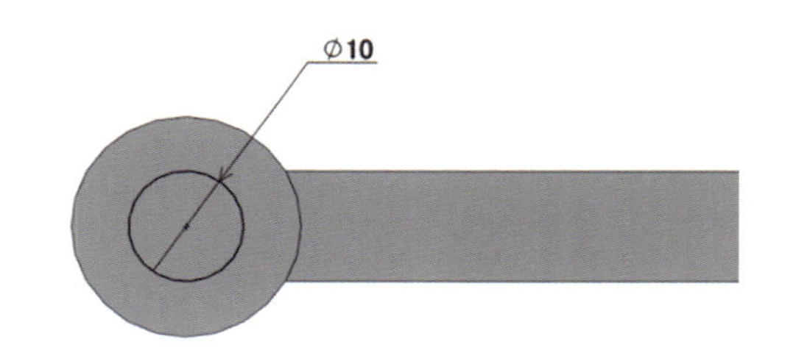
ϕ10

ヒント スケッチ円の中心は円柱の中心と「一致」または「同心円」の幾何拘束を付けます。

「フィーチャー」タブ内の「**押し出しボス / ベース**」で，X 軸のプラス方向へ 12 mm 押し出します。

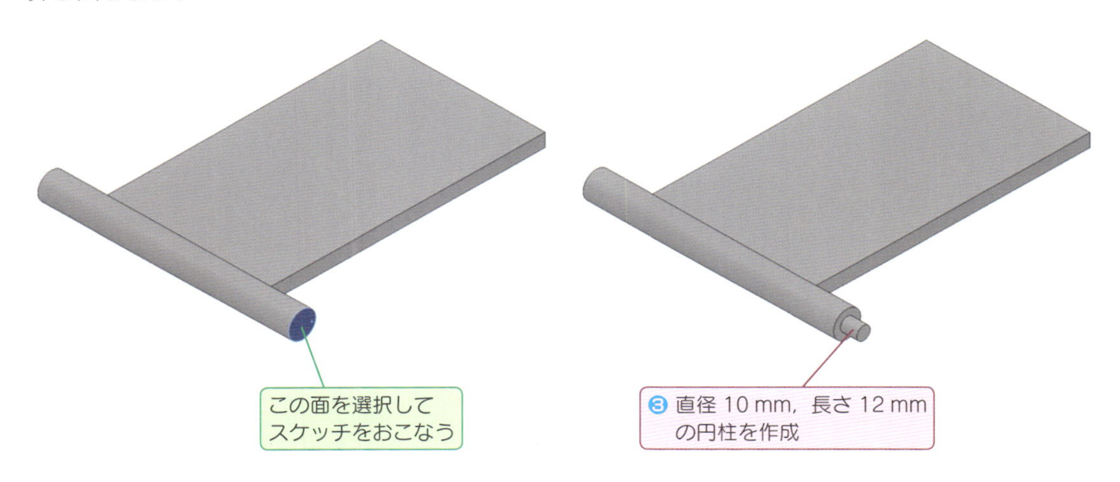
この面を選択して
スケッチをおこなう
❸ 直径 10 mm，長さ 12 mm
の円柱を作成

4 参照ジオメトリ（平面1作成）

スケッチを描く面は，常に都合のよい場所にあるわけではありません。
そのため，必要なスケッチを描くためには自分でスケッチ面を作成する必要があります。
スケッチ面を作成する際には，さまざまな要素を選択してつくり出すことができます。
（➡ P.35，36）

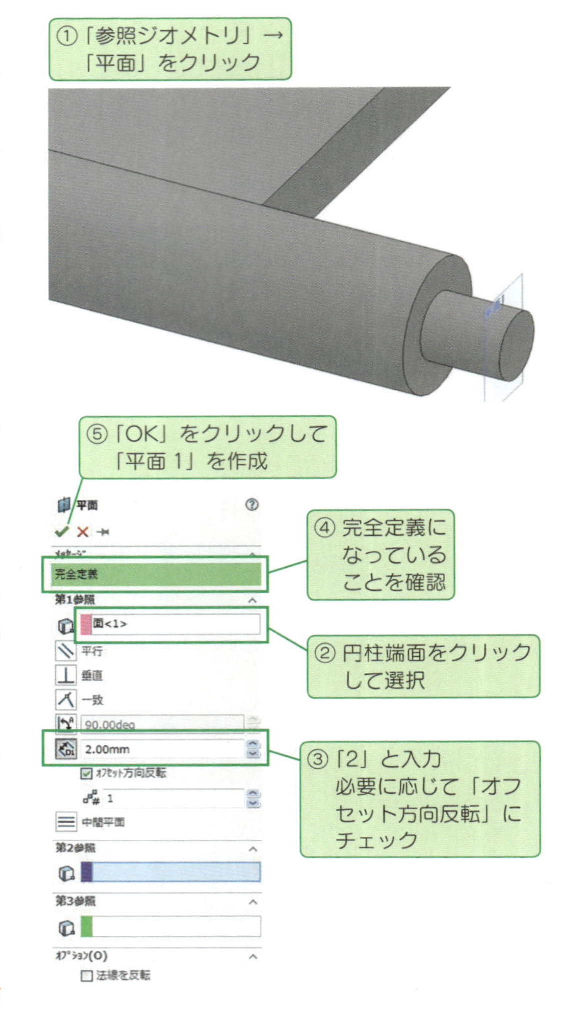

①「参照ジオメトリ」→「平面」をクリック
⑤「OK」をクリックして「平面 1」を作成
平面
メッセージ
完全定義
④ 完全定義になっていることを確認
第1参照
面<1>
平行
垂直
一致
② 円柱端面をクリックして選択
90.00deg
2.00mm
オフセット方向反転
1
中間平面
③「2」と入力 必要に応じて「オフセット方向反転」にチェック
第2参照
第3参照
オプション(O)
法線を反転

今回のスケッチ面作成の目的は，つぎの工程でおこなう「ロフト」を作成するときに使用するスケッチを描く面を作成することです。

① どこも選択していない状態で，「フィーチャー」タブ内の「参照ジオメトリ」の「平面」をクリックします。

「平面 1」の PropertyManager が開きます。

② 第1参照に，3で作成した円柱端面をクリックして選択します。

③ 距離に「2」を入力します。必要に応じて，「オフセット方向反転」にチェックを入れます。

④ 青色の半透明な平面がプレビューされます。このとき，PropertyManager 上部のメッセージが完全定義になっていることを確認します。

⑤「✓OK」をクリックします。「平面 1」が作成されました。

5 ロフト

4で作成した「平面 1」を選択し，スケッチ平面として，直径 11 mm の円のスケッチを描きます。

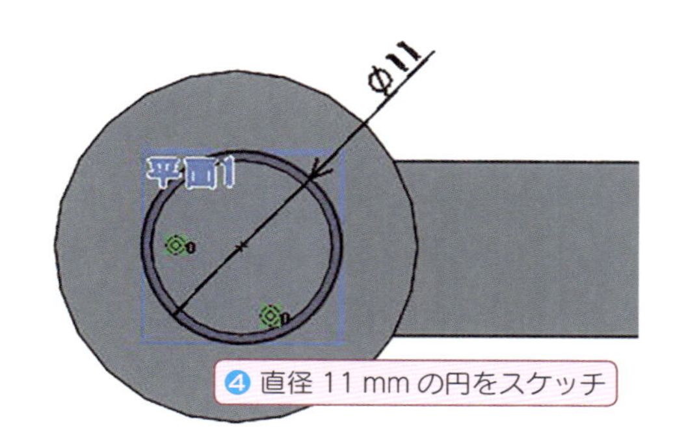

φ11
平面1
④ 直径 11 mm の円をスケッチ

ヒント スケッチ円の中心は円柱の中心と「一致」または「同心円」の幾何拘束を設定します。

スケッチが完全定義になったら，スケッチは終了します。円柱の端面を選択して，新たにスケッチを開始します。

⑤ この面を選択し，スケッチを開始 そのままエンティティ変換

スケッチを開始した直後は，面が選択された状態になっています。この状態で「エンティティ変換」をおこないます。すると，選択面の円の外形がスケッチに変換されます。エンティティ変換された円は完全定義になっています。

注意 「ロフト」はスケッチを終了しなければ使用することができません。

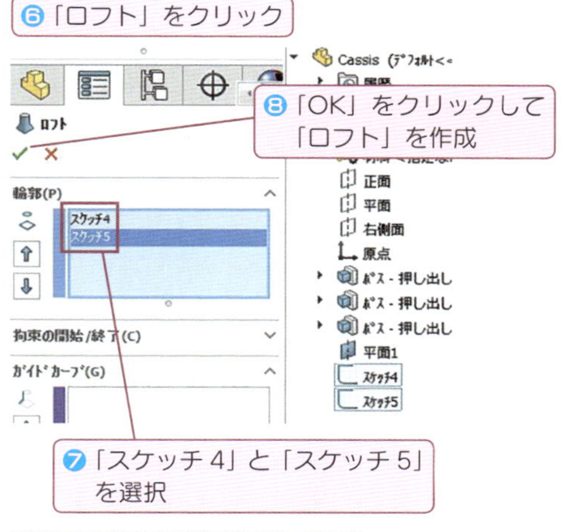

⑥「ロフト」をクリック
Cassis
ロフト
⑧「OK」をクリックして「ロフト」を作成
輪郭(P)
スケッチ4
スケッチ5
正面
平面
右側面
原点
ボス - 押し出し
ボス - 押し出し
ボス - 押し出し
平面1
スケッチ4
スケッチ5
拘束の開始/終了(C)
ガイドカーブ(G)
⑦「スケッチ 4」と「スケッチ 5」を選択

スケッチを終了し，「フィーチャー」タブ内の「ロフト」を選択します。FeatureManager デザインツリーより「スケッチ 4」と「スケッチ 5」を選択して，「ロフト」の PropatyManager の輪郭に入力します。
輪郭どうしをつなぐ黄色いプレビューが表示されますので，「✓OK」をクリックしてフィーチャーを作成します。

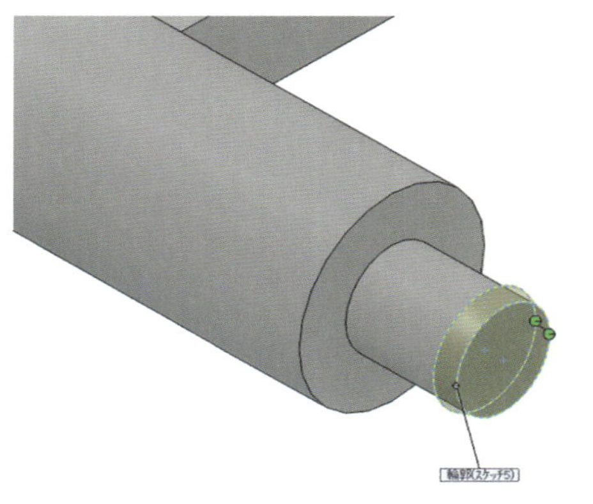

輪郭(スケッチ5)

注意 「ロフト」設定するときに FeatureManager デザインツリーから輪郭を選択する場合と，グラフィックス領域から直接選択する場合では，結果に差異が発生するので注意しましょう。(➡ P.38, Point 16)

6 参照ジオメトリ（平面２作成）

右図のように，円柱の中心を通る位置に平面を作成します。

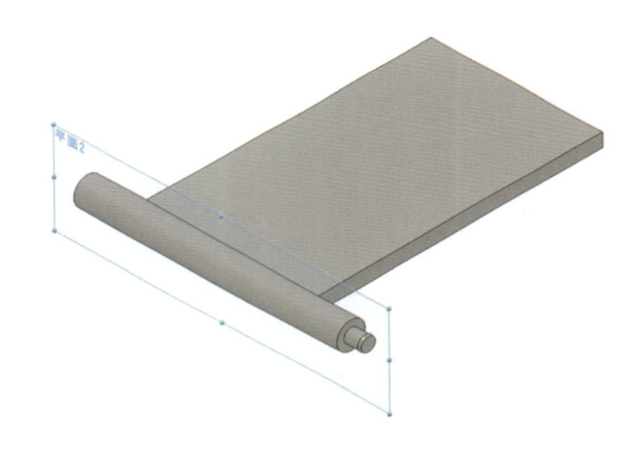
平面2

どこも選択していない状態で，「フィーチャー」タブ内の「参照ジオメトリ」の「平面」をクリックします。

第１参照にデフォルト平面「正面」を選択し，設定は「平行」にします。

ウィンドウ上部にあるメニューバーから「表示」→「非表示／表示」→「一時的な軸」の順にクリックすると，モデルすべての円柱形状のフィーチャーの中心に，青色の一点鎖線が表示されます。（➡ P.62，**Point 23**）

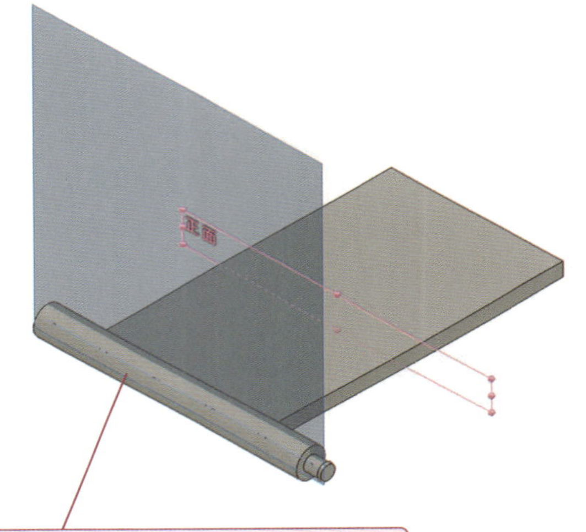

第２参照に一時的な軸を選択し，メッセージに完全定義と表示されていることを確認して「✓OK」をクリックし，「平面２」を作成します。

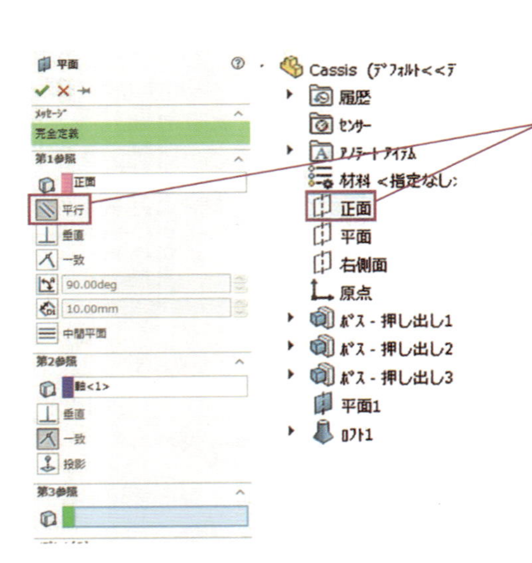
平面
メッセージ
完全定義
第1参照
正面
平行
垂直
一致
90.00deg
10.00mm
中間平面
第2参照
軸<1>
垂直
一致
投影
第3参照
Cassis (デフォルト<<デ
履歴
センサー
アノテートアイテム
材料 <指定なし>
正面
平面
右側面
原点
ボス - 押し出し1
ボス - 押し出し2
ボス - 押し出し3
平面1
ロフト1

9 第１参照：デフォルト平面の「正面」，設定を「平行」
第２参照：「ボス押し出し２」で作成したフィーチャーの「一時的な軸」を選択

参照要素を選択したとき，一時的にエラーが表示される場合があります。正しい拘束を設定すると消えます。

7 押し出しカット 1

6で作成した「平面 2」を選択してスケッチを開始します。

先ほど使用した一時的な軸を再び利用して，スケッチ「矩形中心」で，右図のような矩形のスケッチを描き，寸法を入力して完全定義にします。

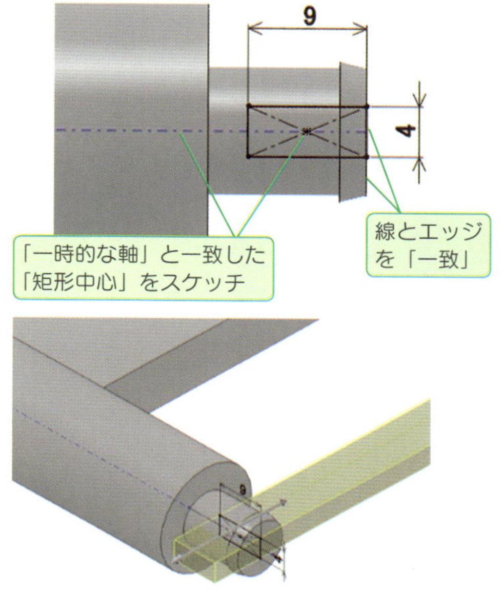
9
4
「一時的な軸」と一致した「矩形中心」をスケッチ
線とエッジを「一致」

ヒント 「矩形中心」の中心点は一時的な軸と一致，右の鉛直線は端面のエッジと一致させましょう。

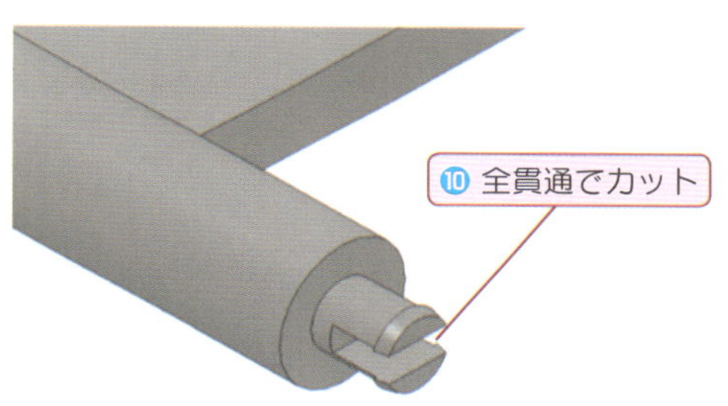

完全定義になったスケッチを使用して，方向 1 で「全貫通 - 両方」で「押し出しカット」します。

「一時的な軸」および「平面」は役目を終了しましたので，非表示にしましょう。「一時的な軸」の非表示手順は，表示したときと同じです。
（➡ P.62）

⑩ 全貫通でカット

8 ミラー

何も選択していない状態で「フィーチャー」タブ内の「ミラー」をクリックします。

つぎに，ミラーの基準になる平面にデフォルト平面「右側面」を指定します。

続いて，「ミラーコピーするフィーチャー」に右図の 3 つのフィーチャー（「ボス - 押し出し 3」「ロフト 1」「カット - 押し出し 1」）を入力します。「✓OK」をクリックして，ミラーコピーされたモデルを作成します。

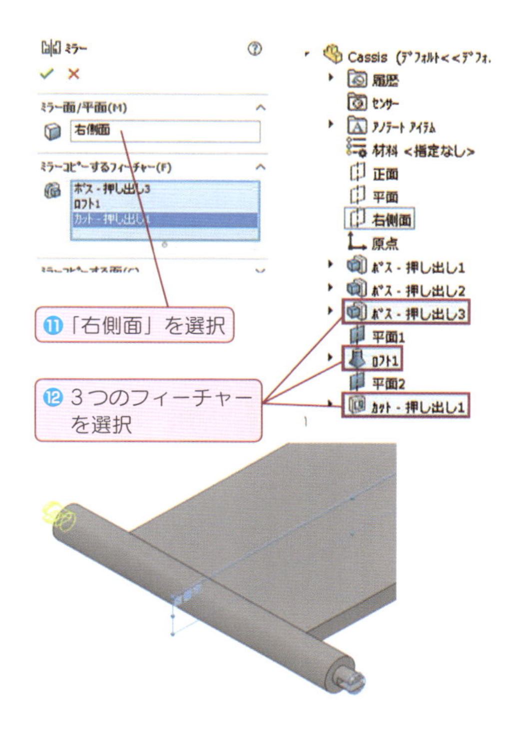
ミラー
ミラー面/平面(M)
右側面
ミラーコピーするフィーチャー(F)
ボス - 押し出し3
ロフト1
カット - 押し出し1
Cassis (デフォルト<<デフォ.
履歴
センサー
アノテート アイテム
材料 <指定なし>
正面
平面
右側面
原点
ボス - 押し出し1
ボス - 押し出し2
ボス - 押し出し3
平面1
ロフト1
平面2
カット - 押し出し1
⑪「右側面」を選択
⑫ 3 つのフィーチャーを選択

ヒント このとき，FeatureManager デザインツリーまたはグラフィックス領域からモデルを直接選択することもできます。

9 直線パターン

「フィーチャー」タブ内の「直線パターン」をクリックします。

続いて，「パターン方向」にベースフィーチャーの長手方向のエッジを選択し，「間隔」に「70」，「インスタンス数」に「4」を入力します。

「パターン化するフィーチャー」にベースフィーチャー以外のフィーチャーを指定します（「平面1」「平面2」を除く）。

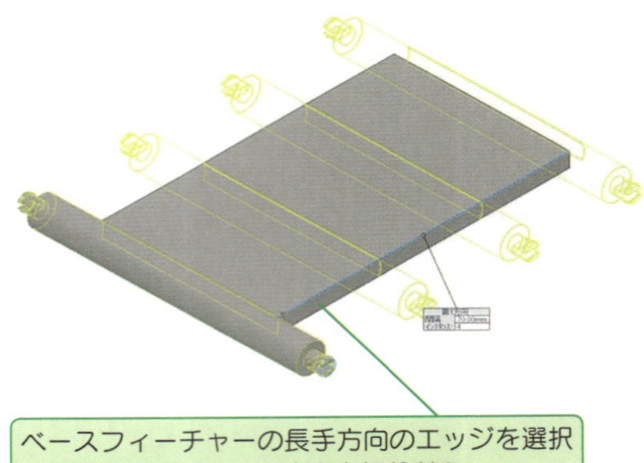
ベースフィーチャーの長手方向のエッジを選択
必要があればパターン方向を切り替え

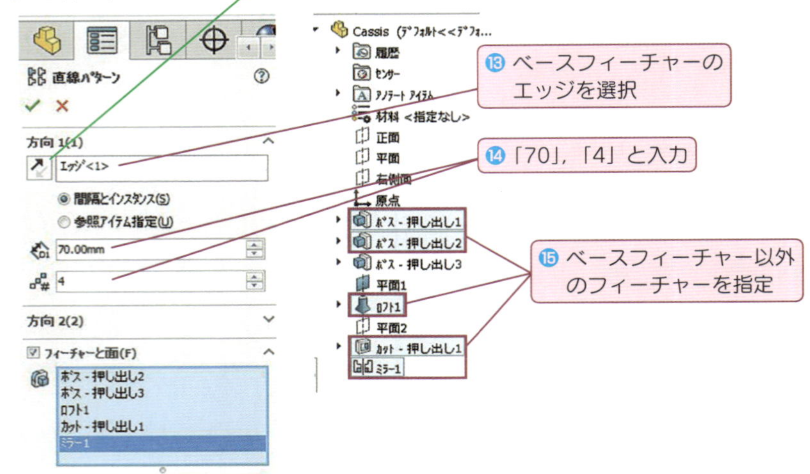
直線パターン
方向 1(1)
エッジ<1>
間隔とインスタンス(S)
参照アイテム指定(U)
70.00mm
4
方向 2(2)
フィーチャーと面(F)
ボス - 押し出し2
ボス - 押し出し3
ロフト1
カット - 押し出し1
ミラー1
Cassis
履歴
センサー
アノテート アイテム
材料 <指定なし>
正面
平面
右側面
原点
ボス - 押し出し1
ボス - 押し出し2
ボス - 押し出し3
平面1
ロフト1
平面2
カット - 押し出し1
ミラー1
⑬ ベースフィーチャーの エッジを選択
⑭「70」，「4」と入力
⑮ ベースフィーチャー以外 のフィーチャーを指定

10 押し出しボス / ベース 4

モデル底面でスケッチを開始し，下図の原点と一致した直径 90 mm のスケッチを描きます。

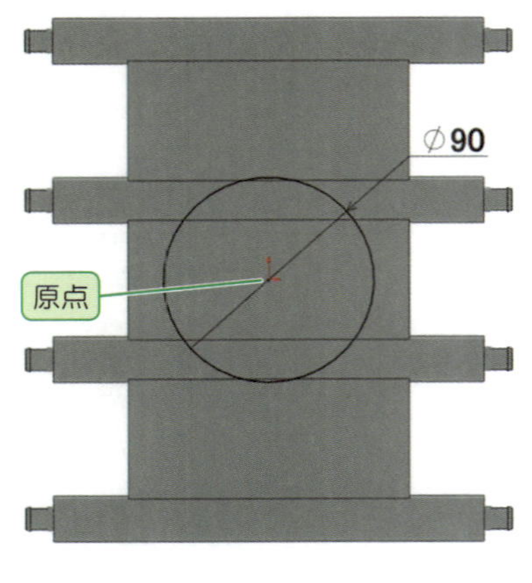
∅90
原点

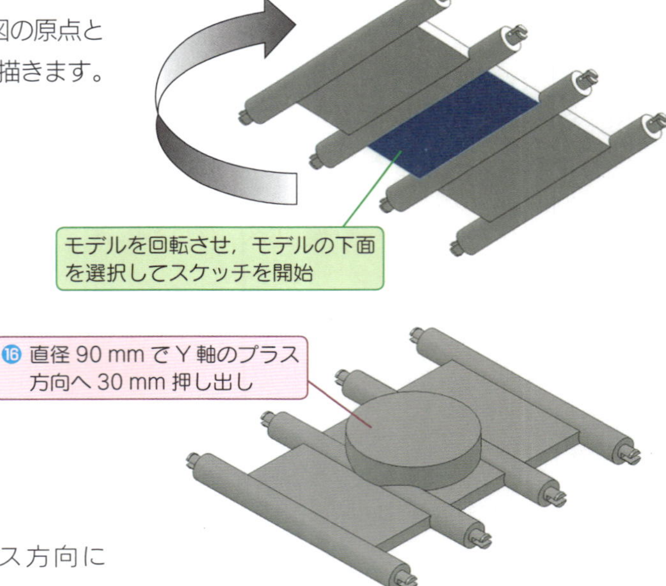
モデルを回転させ，モデルの下面を選択してスケッチを開始
⑯ 直径 90 mm で Y 軸のプラス方向へ 30 mm 押し出し

作成したスケッチを Y 軸のプラス方向に 30 mm 押し出します。

11 押し出しカット 2

モデル底面でスケッチを開始し，下図のように直径 30 mm のスケッチを描きます。

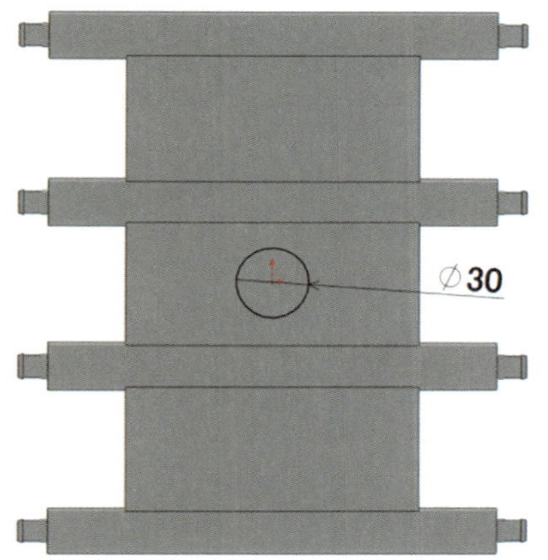
∅30

10で指定した面を再度選択してスケッチを開始

17 φ30 mm の円を全貫通でカット

スケッチを Y 軸のプラス方向に全貫通でカットします。

再度モデル底面でスケッチを開始し，下図のように直径 40 mm のスケッチを描きます。

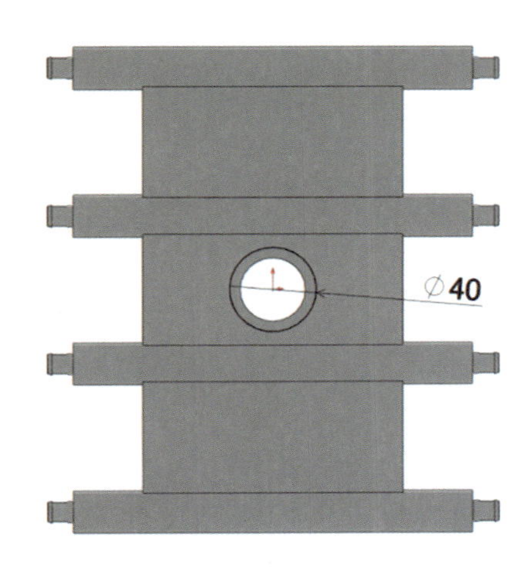
∅40

カット - 押し出し
次から(F)
スケッチ平面
方向1
オフセット開始サーフェス指定
面<1>
10.00mm
反対側へオフセット(V)
サーフェス移動(U)
反対側をカット(F)
外側に抜き勾配指定(O)

18「オフセット開始サーフェス指定」でカット

作成したスケッチを「**オフセット開始サーフェス指定**」で円柱上面より Y 軸のマイナス 10 mm の位置まで押し出しカットします。

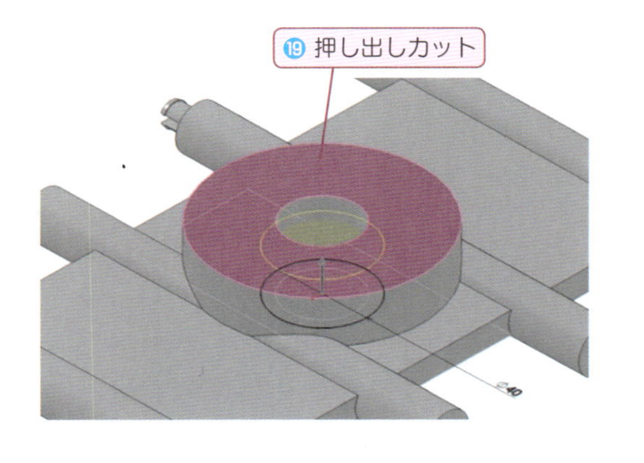

19 押し出しカット

ヒント スケッチの円の中心は原点と一致させましょう。

12 回転カット

デフォルト平面の「正面」で右図のようにスケッチを作成します。
（囲まれた部分を拡大しています）

原点と「一致」した鉛直な中心線

R1

5

円筒面のエッジに「一致」した半円

ヒント 1 ほかのフィーチャーで隠れた場所にスケッチを記入する際には，表示スタイルを「隠線表示」（デフォルトはエッジシェイディング表示）に設定すると，隠れた部分のエッジとスケッチに幾何拘束を設定することができるようになります。
（➡ P.14，**Point 5** & P.56，**Point 21**）

ヒント 2 鉛直な中心線は，原点と「一致」の拘束を付けます。

ヒント 3 円弧を記入するとき，円弧の中心点がエッジに対して「中点」の拘束が付かないように注意しましょう。

最後に，「フィーチャー」タブ内の「**回転カット**」で，中心線を基準に 360° カットします。

⑳ 半円のスケッチを回転カット

13 完成

完成した「Chassis」をフォルダ「Shovelcar」の直下に保存してください。（➡ P.73）

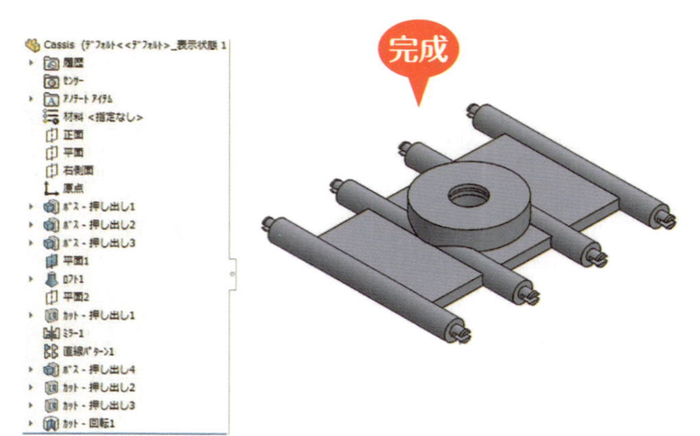
Cassis (ﾃﾞﾌｫﾙﾄ<<ﾃﾞﾌｫﾙﾄ>_表示状態 1
履歴
ｾﾝｻｰ
ｱﾉﾃｰﾄ ｱｲﾃﾑ
材料 <指定なし>
正面
平面
右側面
原点
ﾎﾞｽ - 押し出し1
ﾎﾞｽ - 押し出し2
ﾎﾞｽ - 押し出し3
平面1
ﾛﾌﾄ1
平面2
ｶｯﾄ - 押し出し1
ﾐﾗｰ1
直線ﾊﾟﾀｰﾝ1
ﾎﾞｽ - 押し出し4
ｶｯﾄ - 押し出し2
ｶｯﾄ - 押し出し3
ｶｯﾄ - 回転1
完成

Point 29 直線パターン

「直線パターン」は，パターン方向として，「方向 1」「方向 2」の指定が可能です。「方向 2」を指定することで，図のようなフィーチャーのコピーが可能です。

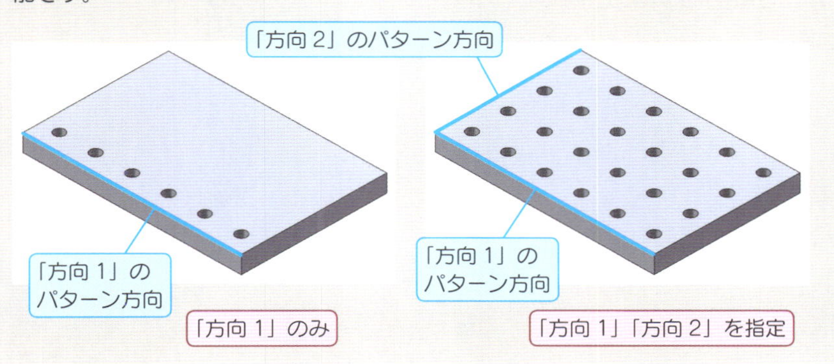
「方向 2」のパターン方向
「方向 1」の
パターン方向
「方向 1」の
パターン方向
「方向 1」のみ
「方向 1」「方向 2」を指定

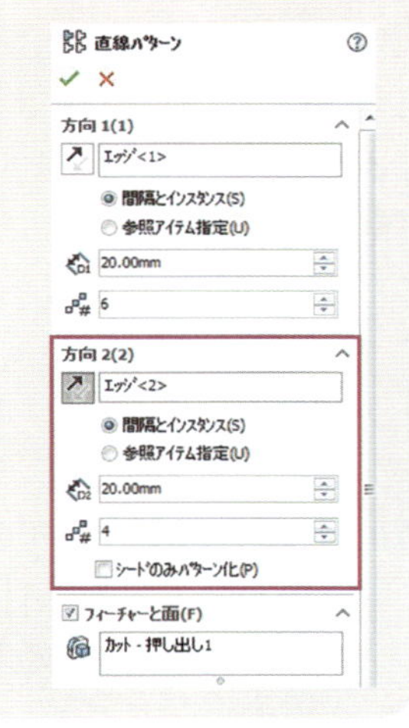
直線パターン
方向 1(1)
エッジ<1>
間隔とインスタンス(S)
参照アイテム指定(U)
20.00mm
6
方向 2(2)
エッジ<2>
間隔とインスタンス(S)
参照アイテム指定(U)
20.00mm
4
シードのみパターン化(P)
フィーチャーと面(F)
カット - 押し出し1

練習問題 9 部品「Wheel」の作成

解答は P.198

参考図（➡ P.210）をもとに，「Wheel」をモデリングしてください。

作成した部品ドキュメントは，「Wheel」という名前で，フォルダ「Shovelcar」の直下に保存してください。（➡ P.73）

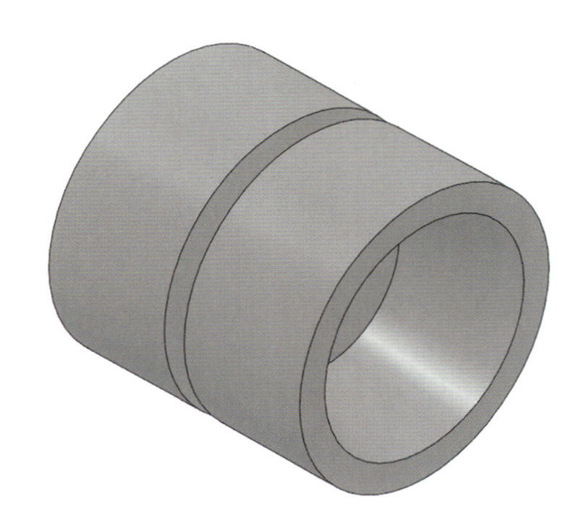

3.2.3 部品「Arm_No.2」の作成

つぎは「Arm_No.2」を作成します。
「Shovelcar」には「Arm_No.1」と「Arm_No.2」がありますが，比較的に手順の少ない「Arm_No.2」から作成します。

1 レイアウトスケッチの作成

デフォルト平面「正面」で「スケッチ」タブ内の「点」を使用して，右図のようにスケッチを作成します。

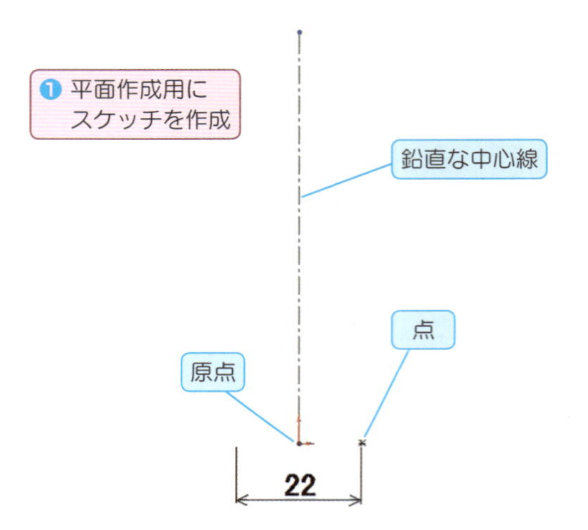

❶ 平面作成用にスケッチを作成
鉛直な中心線
点
原点
22

ヒント 22 mm の寸法を入れる際に，点と鉛直な中心線を選択します。（➡ P.41）

このスケッチは，次項で平面を作成するためのスケッチです。このままスケッチを終了します。

2 参照ジオメトリ（平面作成）

何も選択していない状態で，「フィーチャー」タブ内の「参照ジオメトリ」の「平面」をクリックします。

第 1 参照にデフォルト平面「右側面」を選択し，設定を平行にします。

スケッチ 1 の点を第 2 参照に指定します。PropertyManager は右図のようになります。

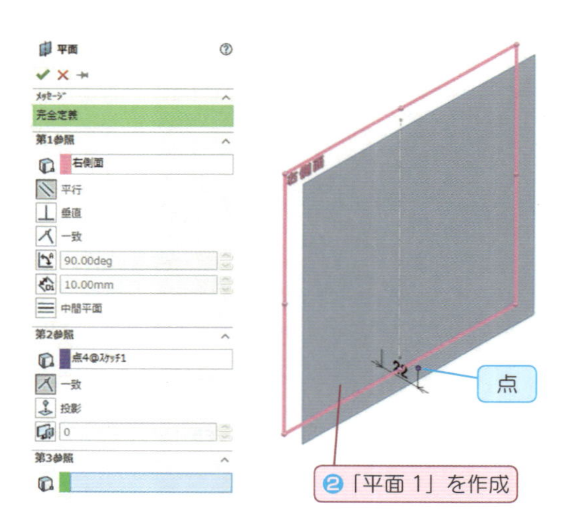

平面
完全定義
第1参照
右側面
平行
垂直
一致
90.00deg
10.00mm
中間平面
第2参照
点4@ｽｹｯﾁ1
一致
投影
0
第3参照
点
❷「平面 1」を作成

メッセージに完全定義と表示されたら「✓ OK」をクリックして，「平面 1」を作成します。

3 押し出しボス / ベース 1

「平面 1」を選択してスケッチを開始し，右図のスケッチを描きます。

24　15　R8　263　200　R5

① この位置に記入した寸法値を選択

ヒント 1　「平面 1」を作成するときに使用したスケッチ 1 を非表示にしておくと，要素選択ミスによる余計な幾何拘束の追加を防ぐことができます。

ヒント 2　はじめに十字の中心線を引くと描きやすくなります（鉛直の中心線下側端点は原点と一致）。スケッチの上下にある円弧の中心は，鉛直な中心線の上下の端点にそれぞれ一致させます。

ヒント 3　円弧どうしの距離「263」は，PropertyManager で円弧の状態をすべて「**最大**」に設定することで配置できます。デフォルトでは「円弧の状態」は「中心」に設定されています。（➡ P.47）

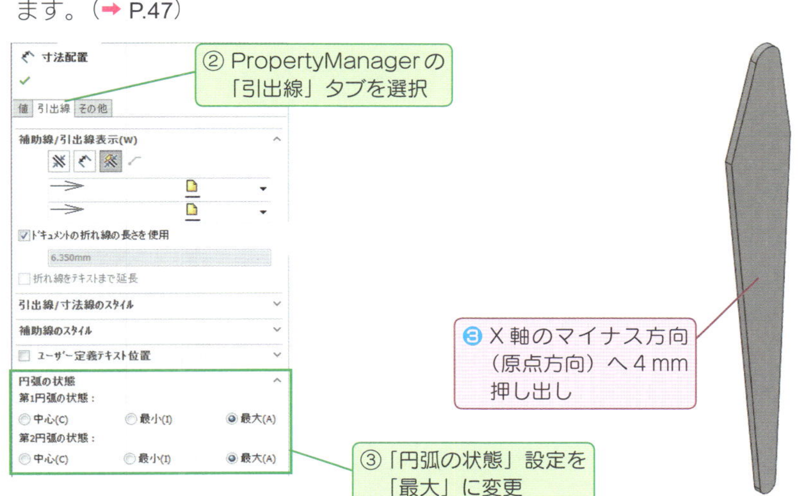
寸法配置
② PropertyManager の「引出線」タブを選択
値
引出線
その他
補助線/引出線表示(W)
ドキュメントの折れ線の長さを使用
6.350mm
折れ線をテキストまで延長
引出線/寸法線のスタイル
補助線のスタイル
ユーザー定義テキスト位置
円弧の状態
第1円弧の状態：
中心(C)
最小(I)
最大(A)
第2円弧の状態：
中心(C)
最小(I)
最大(A)
③「円弧の状態」設定を「最大」に変更
❸ X 軸のマイナス方向（原点方向）へ 4 mm 押し出し

注意
「円弧の状態」を変更すると寸法値が変化しますので，正しい寸法を入力しなおしましょう。

完全定義されたスケッチを X 軸のマイナス方向（原点方向）へ 4 mm 押し出します。

注意
押し出す方向に注意しましょう。

4 押し出しボス / ベース 2

デフォルト平面「右側面」で右図のようにスケッチを作成します。

ヒント 1 「3点矩形コーナー」を使用すると，簡単にスケッチを描くことができます。

ヒント 2 矩形の角（2箇所）はエッジと一致させます。

ヒント 3 寸法は直線の長さに対して配置します。（➡ P.44，45）

完全定義されたスケッチをX軸のプラス方向（モデル方向）へ「次サーフェスまで」押し出しします。

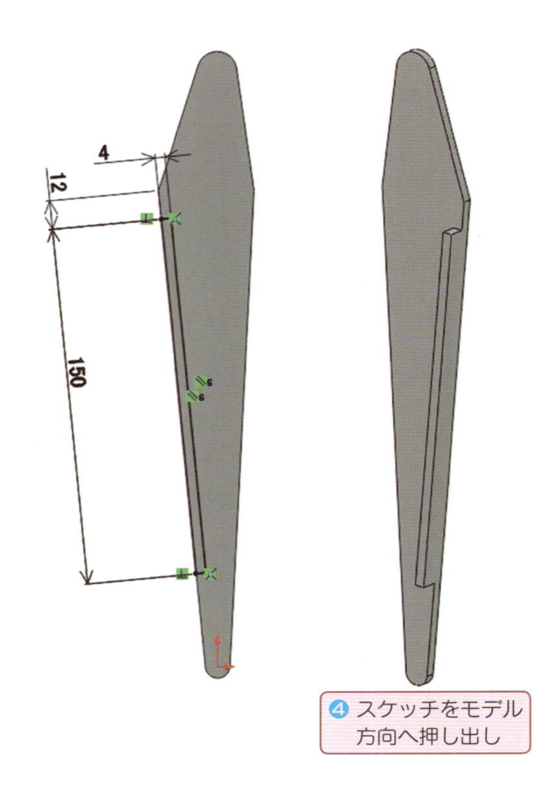
4
12
150
4 スケッチをモデル方向へ押し出し

5 ミラー

「フィーチャー」タブ内の「ミラー」をクリックします。

つぎに，ミラーの PropertyManager に，基準になる平面にデフォルト平面「右側面」を指定します。

続いて「ミラーコピーするボディ」に，グラフィックス領域のボディをクリックして選択します。

注意 ボディとは，ひとかたまりになったフィーチャーの集合体を指す言葉です。
選択したボディの名前は一番最後に作成したフィーチャー名が表示されます。

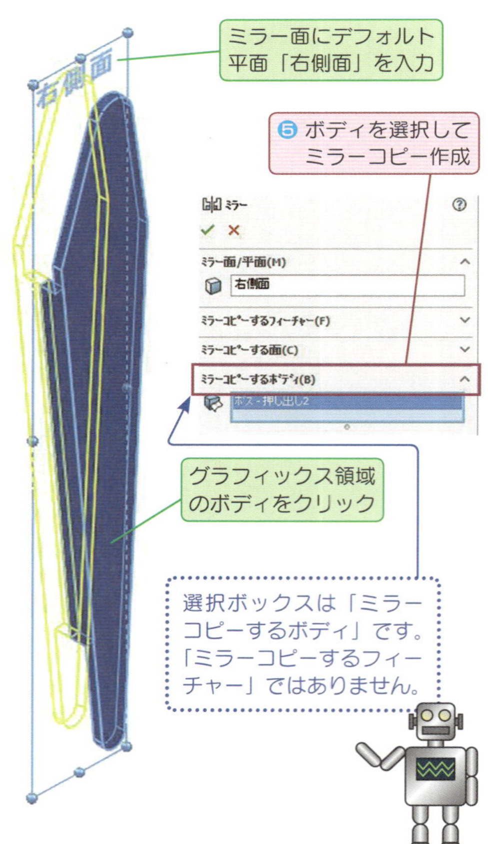
右側面
ミラー面にデフォルト平面「右側面」を入力
5 ボディを選択してミラーコピー作成
ミラー
ミラー面/平面(M)
右側面
ミラーコピーするフィーチャー(F)
ミラーコピーする面(C)
ミラーコピーするボディ(B)
ボス - 押し出し2
グラフィックス領域のボディをクリック
選択ボックスは「ミラーコピーするボディ」です。「ミラーコピーするフィーチャー」ではありません。

6 押し出しボス / ベース 3

デフォルト平面「右側面」で右図のようにスケッチを作成します。

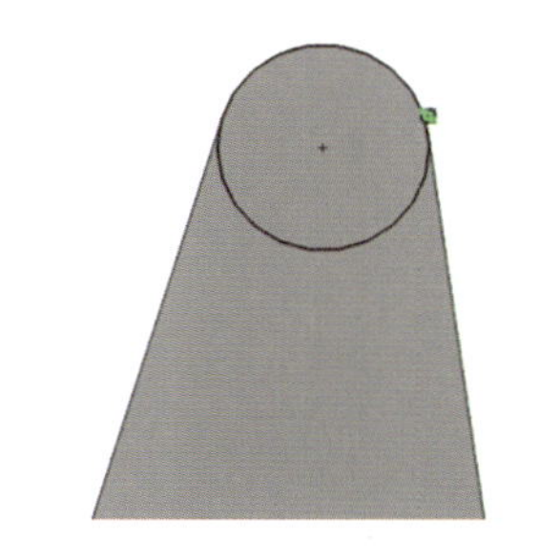

ヒント 適当な大きさと位置で円を描き，モデルの円弧のエッジと「同一円弧」の拘束を付けます。（➡ P.26）

スケッチが完全定義の状態になったら，「**中間平面**」で両方向へ等しく 36 mm 押し出します。

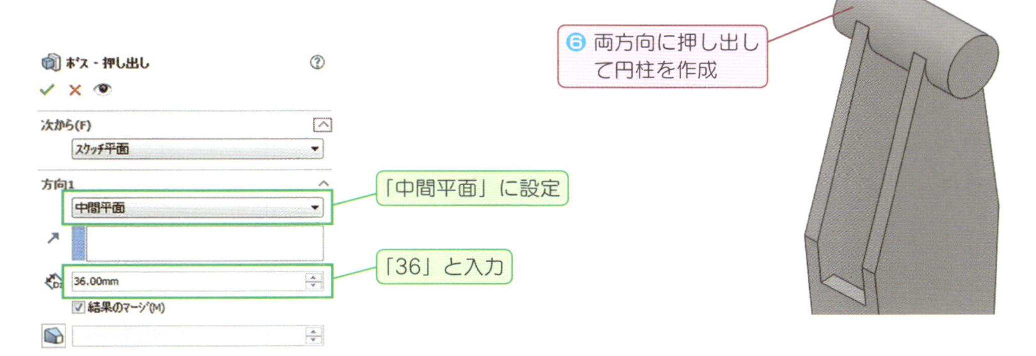

ボス - 押し出し
次から(F)
スケッチ平面
方向1
中間平面
36.00mm
結果のマージ(M)
「中間平面」に設定
「36」と入力
6 両方向に押し出して円柱を作成

7 押し出しカット 1

デフォルト平面「右側面」で，右図のように直径 7.5 mm のスケッチを作成します。

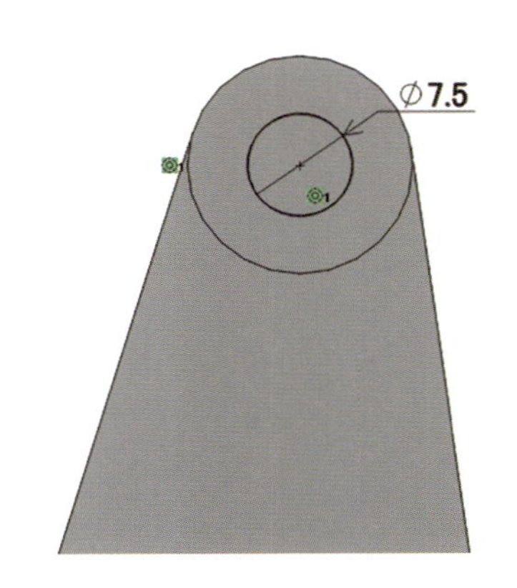

∅7.5

ヒント スケッチ円の中心とモデルの円形エッジに「同心円」または「一致」の拘束を付けましょう。

「**全貫通 - 両方**」で「押し出しカット」します。

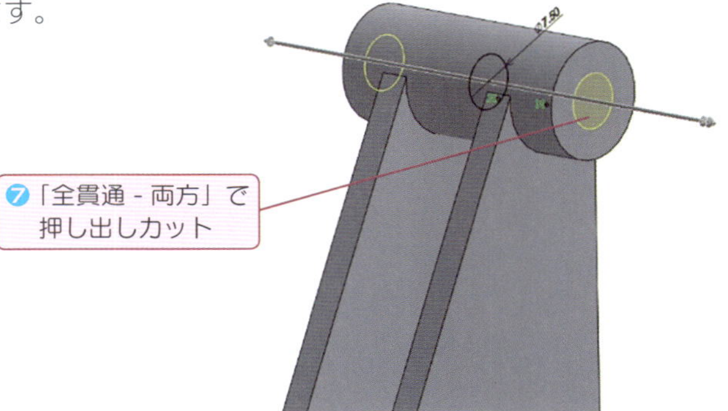

7「全貫通 - 両方」で押し出しカット

8 押し出しボス / ベース４

デフォルト平面「右側面」で，右図のように直径 5.5 mm と直径 7.5 mm のスケッチを作成します。

ヒント　２つの円の中心には「鉛直」の拘束を付けます。つぎに，下側の円の中心を原点と一致させます。

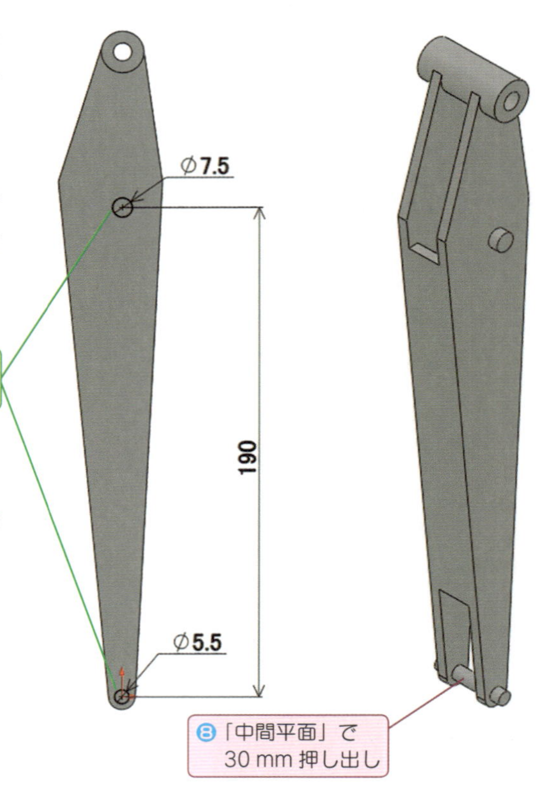

φ7.5
190
φ5.5
円の中心どうしに鉛直の幾何拘束を設定
8「中間平面」で 30 mm 押し出し

完全定義されたスケッチを「**中間平面**」で，両方向へ等しく 30 mm 押し出します。

9 押し出しカット２

デフォルト平面「右側面」でスケッチを開始し，右図の３箇所の円柱のエッジを選択して，「エンティティ変換」します。

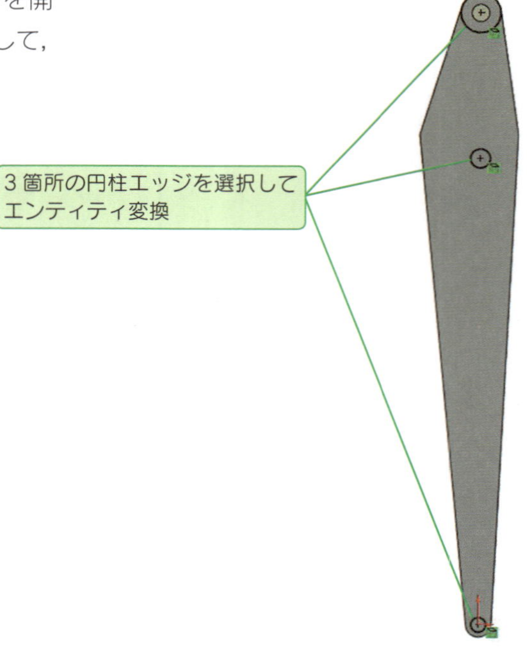

3 箇所の円柱エッジを選択してエンティティ変換

「フィーチャー」タブ内の「押し出しカット」の「端サーフェス指定」で右図の面を指定して，押し出しカットします。
端サーフェス指定は方向 1，方向 2 ともそれぞれ指定します。

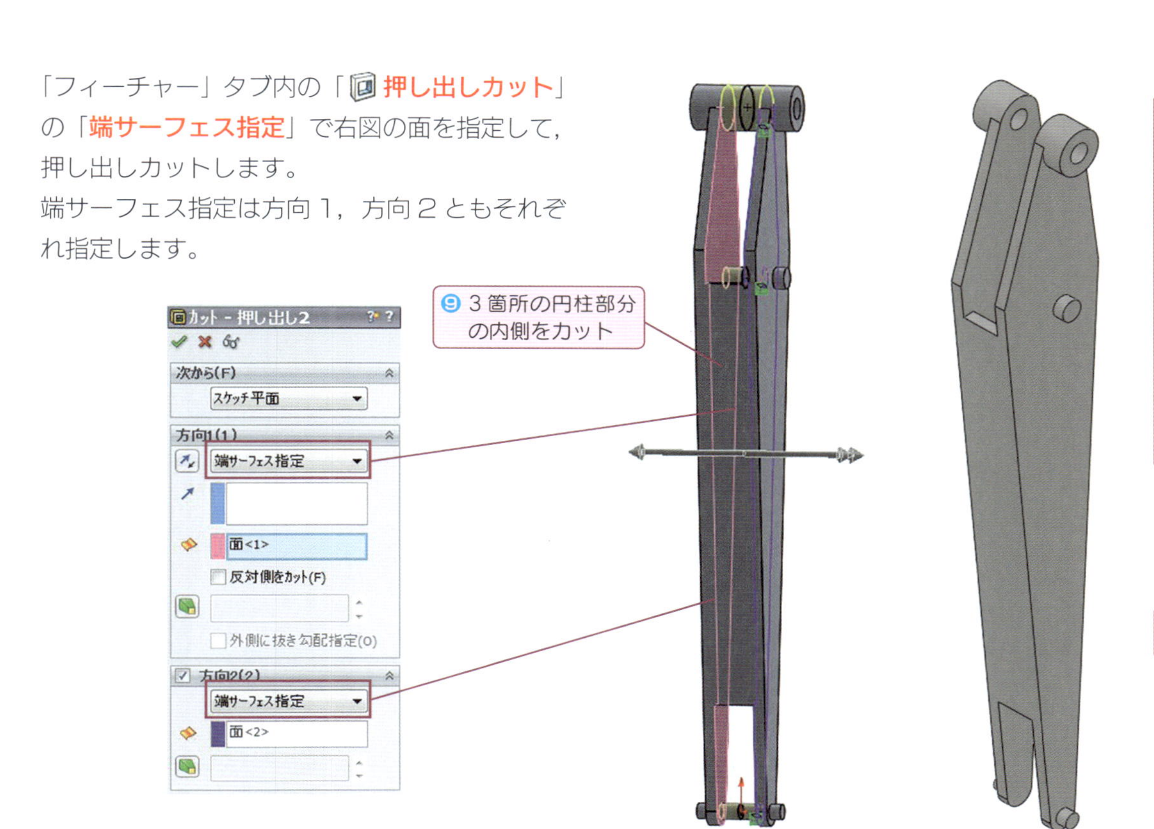
カット－押し出し2
次から(F)
スケッチ平面
方向1(1)
端サーフェス指定
面<1>
反対側をカット(F)
外側に抜き勾配指定(O)
方向2(2)
端サーフェス指定
面<2>
⑨ 3 箇所の円柱部分の内側をカット

⑩ 面取り

「フィーチャー」タブ内の「面取り」を使用して，右図のエッジに C1（1 mm × 45°）と C2（2 mm × 45°）の面取りをそれぞれ設定します。

反対側にも，同じように面取りを設定しましょう（合計 6 箇所）。

注意 反対側にも，同じように面取りを設定しましょう（合計 6 箇所）。

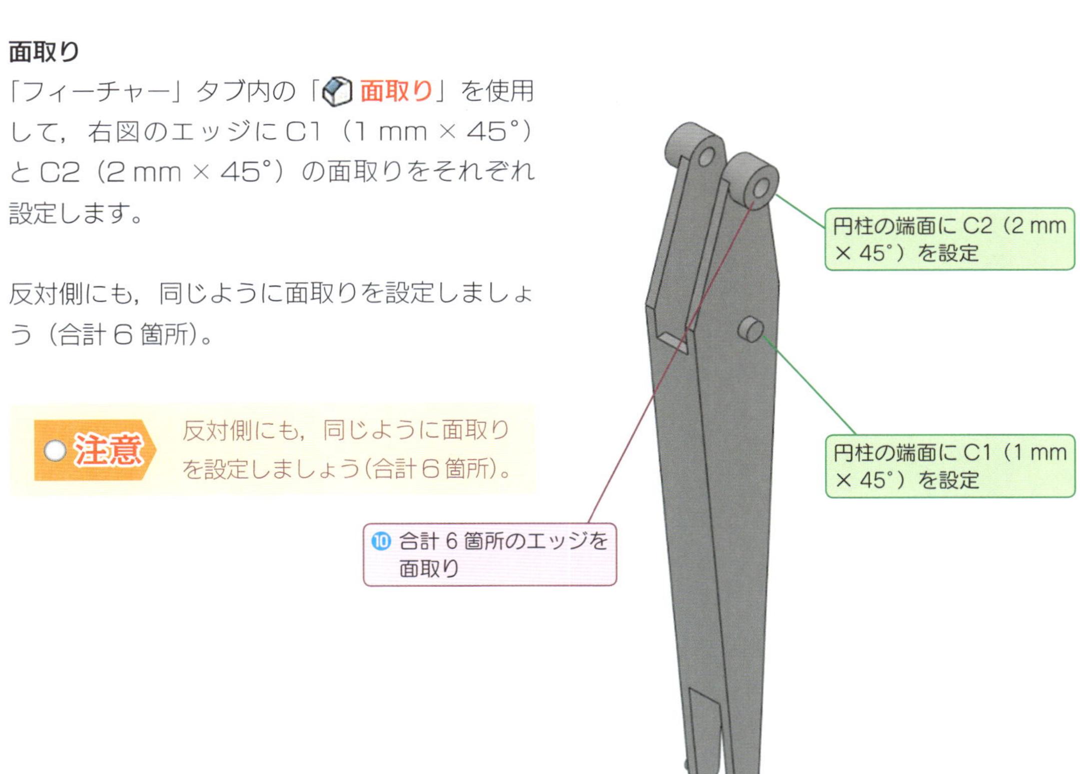
円柱の端面に C2（2 mm × 45°）を設定
円柱の端面に C1（1 mm × 45°）を設定
⑩ 合計 6 箇所のエッジを面取り

11 完成

「Arm_No.2」が完成しました。
完成した部品ドキュメントをフォルダ「Shovelcar」の直下に保存してください。（➡ P.73）

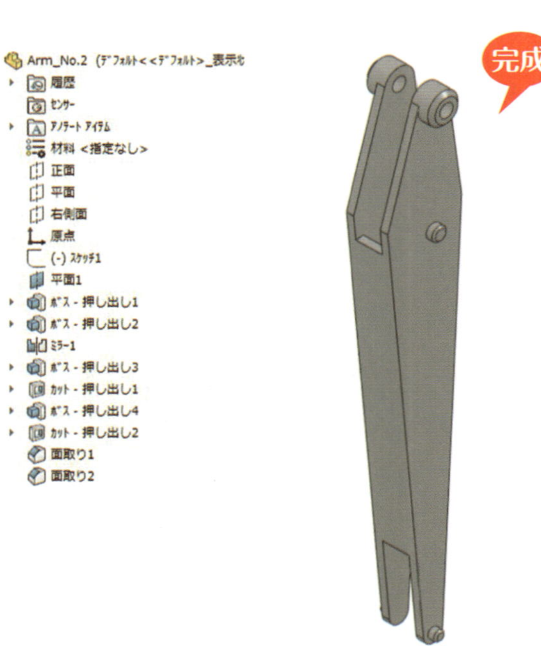

Arm_No.2 (ﾃﾞﾌｫﾙﾄ<<ﾃﾞﾌｫﾙﾄ>_表示状
履歴
ｾﾝｻｰ
ｱﾉﾃｰﾄ ｱｲﾃﾑ
材料 <指定なし>
正面
平面
右側面
原点
(-) ｽｹｯﾁ1
平面1
ﾎﾞｽ - 押し出し1
ﾎﾞｽ - 押し出し2
ﾐﾗｰ1
ﾎﾞｽ - 押し出し3
ｶｯﾄ - 押し出し1
ﾎﾞｽ - 押し出し4
ｶｯﾄ - 押し出し2
面取り1
面取り2
完成

Point 30 材料

作成したモデルに，材料を指定できます。材料を指定すると，モデルにその材料色が指定され，さらに材料特性（質量密度，弾性係数など）が割り当てられます。材料特性を割り当てることで，SOLIDWORKSの「質量特性」の機能により，重さや重心位置などの測定が可能になります。

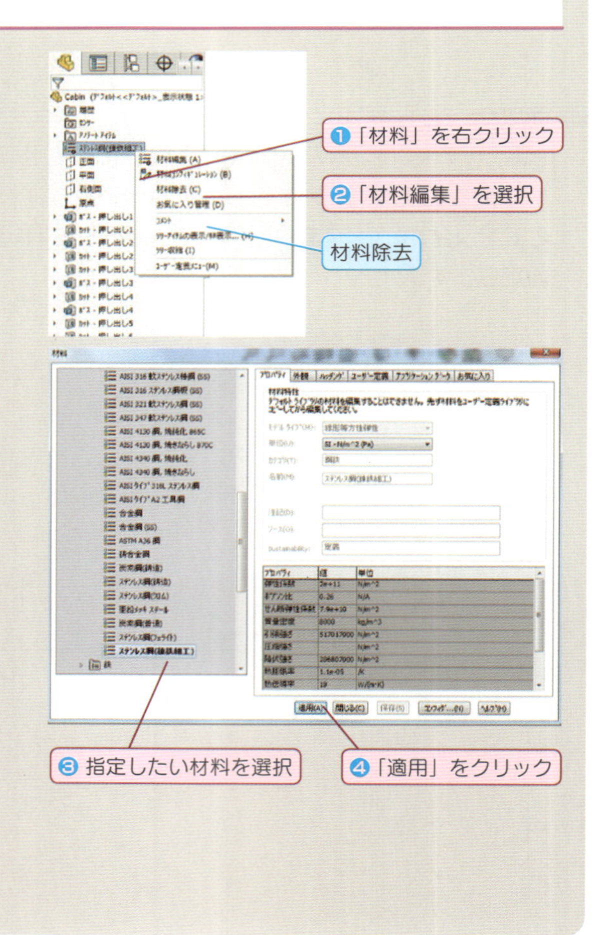

❶「材料」を右クリック
❷「材料編集」を選択
材料除去
❸ 指定したい材料を選択
❹「適用」をクリック

材料の設定方法

1. FeatureManagerデザインツリー上で，「材料」を右クリックし，メニューから「材料編集」を選択します。材料がまだ選択されていない場合は『材料＜未指定＞』と表示されています。
2. 材料編集のウィンドウが表示されます。材料がカテゴリ別に格納されています。カテゴリを開いて，任意の材料をクリックします。
3. 「適用」をクリックすると，材料が部品に割り当てられます。RealView Graphicsが有効な場合は，部品にリアルな材料色が適用されます。

材料の指定を解除したい場合は，サブメニューから「材料除去」をクリックします。

3.2.4 部品「Arm_No.1」の作成

「Arm_No.1」を作成します。
作成の手順は，「Arm_No.2」がおおいに参考になります。
また新たに，複数輪郭を使用した押し出しなどを学びます。

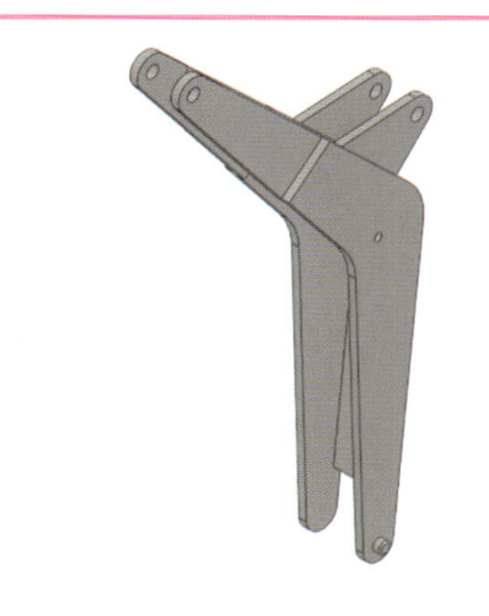

1 レイアウトスケッチの作成

デフォルト平面の「正面」で「スケッチ」タブ内の「点」を使用して，右図のようにスケッチを作成します。

ヒント 寸法を入れる際には，点と鉛直な中心線を選択します。
（➡ P.41，42）

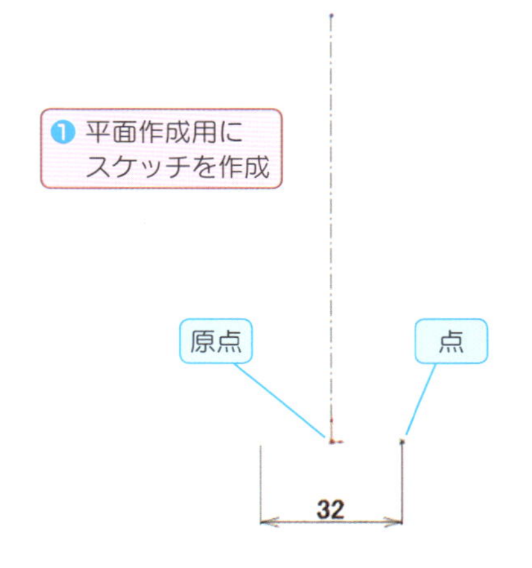

❶ 平面作成用にスケッチを作成
原点
点
32

2 参照ジオメトリ（平面 1 作成）

何も選択していない状態で，「フィーチャー」タブ内の「参照ジオメトリ」の「平面」をクリックします。
第 1 参照にデフォルト平面「右側面」を選択し，設定を平行にします。
つぎに，スケッチ 1 に描いた点を第 2 参照に指定します。PropertyManager は右図のようになります。
メッセージに完全定義と表示されたら「✓ OK」をクリックして，「平面 1」を作成します。

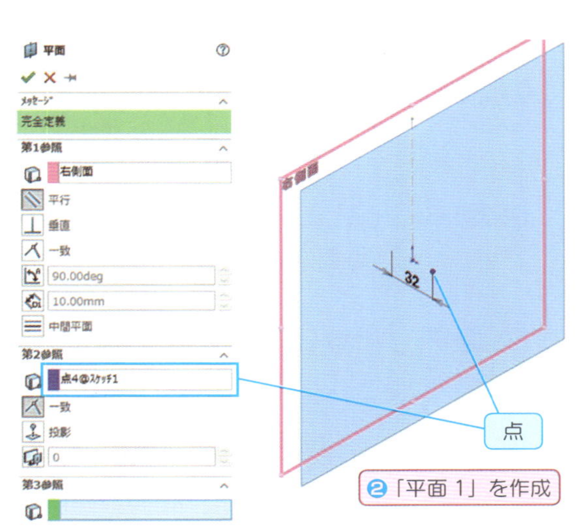

平面
完全定義
第1参照
右側面
平行
垂直
一致
90.00deg
10.00mm
中間平面
第2参照
点4@スケッチ1
一致
投影
0
第3参照
32
点
❷「平面 1」を作成

3 押し出しボス / ベース 1

「平面 1」をスケッチ面として，まず，右図のように中心線を描きましょう。

ヒント 1　一番下の中心線には「鉛直」の幾何拘束を設定しましょう。

ヒント 2　今回のスケッチは中心線が重要となります。先に幾何拘束および寸法を入力しましょう。

ヒント 3　「平面 1」を作成するときに使用したスケッチ 1 を非表示にしておくと，要素選択ミスによる余計な幾何拘束の追加を防ぐことができます。

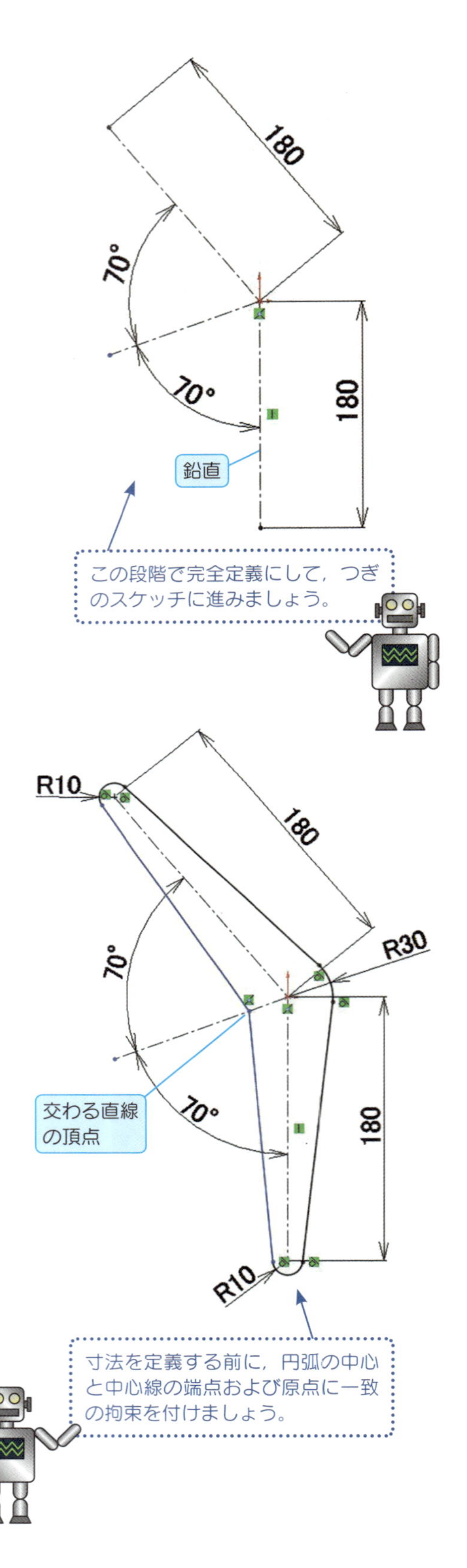
180
70°
70°
180
鉛直
この段階で完全定義にして，つぎのスケッチに進みましょう。
R10
180
70°
R30
交わる直線の頂点
70°
180
R10
寸法を定義する前に，円弧の中心と中心線の端点および原点に一致の拘束を付けましょう。

続いて，中心線を利用して右図のようなスケッチを描きます。

ヒント 4　2 つの R10 の円弧の中心点には，中心線の端点と「一致（マージ）」の幾何拘束を付けます。

ヒント 5　R30 の円弧の中心点には，原点と「一致」の幾何拘束を設定します。

ヒント 6　円弧と直線には「正接」の幾何拘束（合計 6 箇所）を設定します。

ヒント 7　交わる 2 つの直線の頂点には，中心線上で「一致」の幾何拘束を設定します。

原点付近を拡大して，つぎの操作をおこないます。
「スケッチ」タブ内の「 スケッチフィレット」をクリックして右図の２つの線を選択し，フィレットパラメータに「35」を入力します。

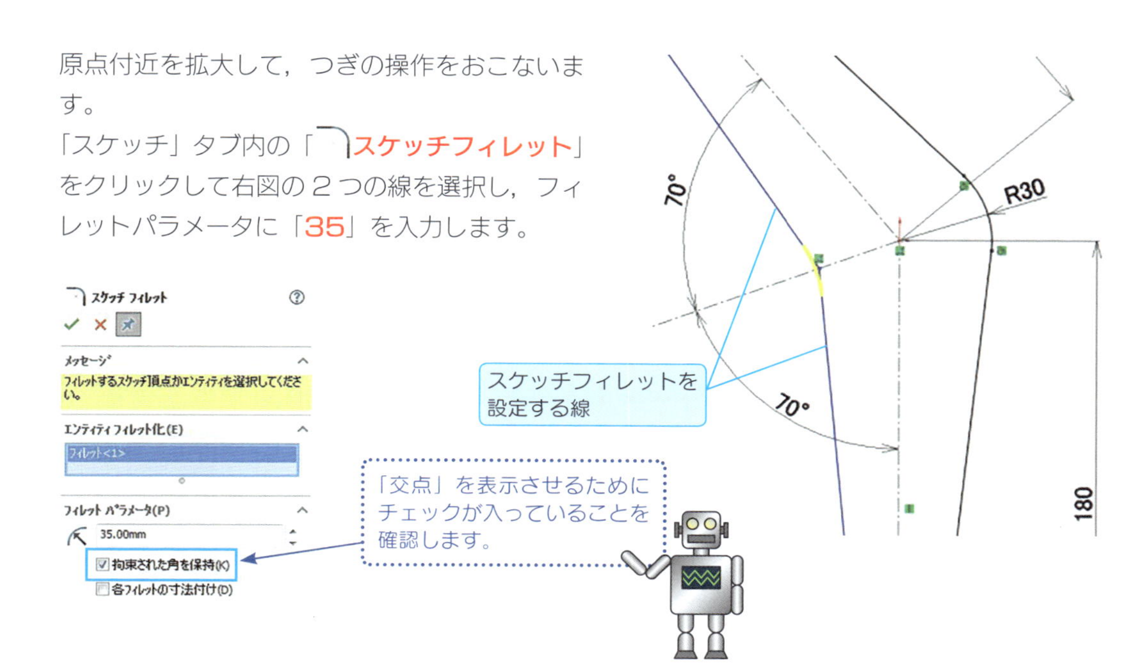
スケッチ フィレット
メッセージ
フィレットするスケッチ頂点かエンティティを選択してください。
エンティティ フィレット化(E)
フィレット<1>
フィレット パラメータ(P)
35.00mm
拘束された角を保持(K)
各フィレットの寸法付け(D)
「交点」を表示させるためにチェックが入っていることを確認します。
スケッチフィレットを設定する線
70°
70°
R30
180

スケッチフィレットが設定された中心線上に交点が作成されますので，その交点と原点に16 mm の寸法を設定します。

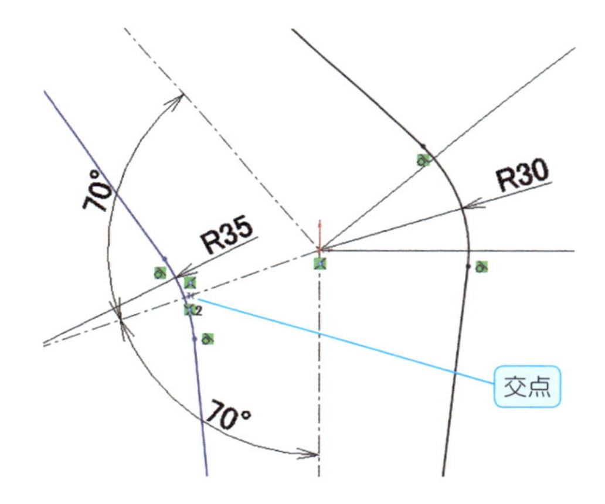
70°
R35
R30
70°
交点

ヒント 8　今回のスケッチの描き方は一例です。ほかにもさまざまな方法で，このスケッチを描くことができます。自分でいろいろ試してみましょう。

この時点でスケッチが未定義の場合は，幾何拘束などをもう一度よく確認する必要があります。

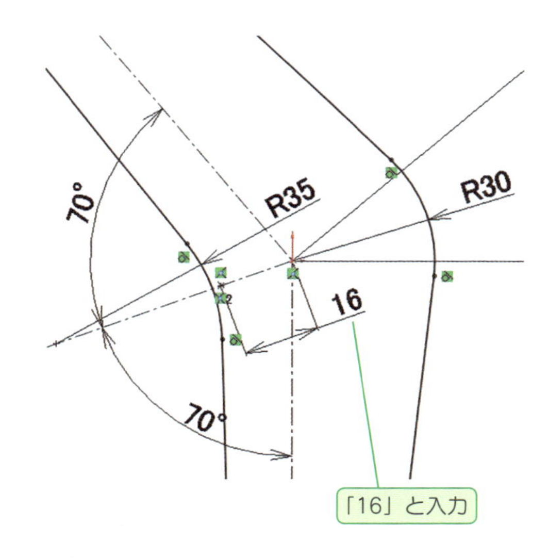
70°
R35
R30
16
70°
「16」と入力

最後に，２本の直線を描いてスケッチを完成させます。

ヒント９　矢印で指示した２つの線には，それぞれを中心線と「垂直」の幾何拘束を設定しましょう。

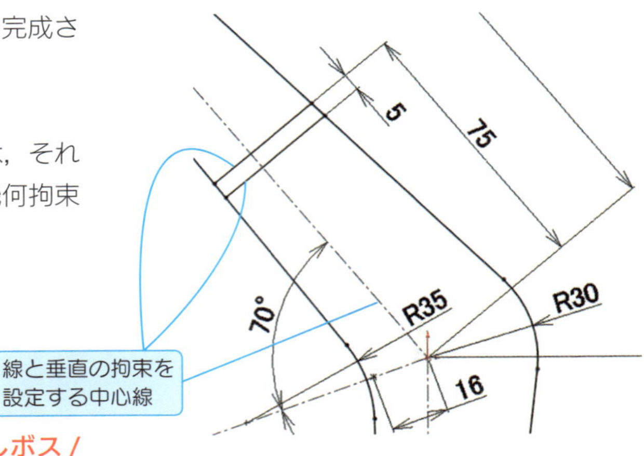

5
75
70°
R35
R30
16
線と垂直の拘束を設定する中心線

「フィーチャー」タブ内の「**押し出しボス／ベース**」をクリックして，「**ブラインド**」でZ軸のプラス方向へ５mm押し出しの設定をおこないます。しかし，同じスケッチ内に複数の輪郭がある場合には，このままでは押し出すことができません。

注意　このとき，「スケッチ」のアイコンが「　」に変化しています。これは，複数輪郭を使用してフィーチャーを作成していることを表すアイコンです。

PropertyManagerの「**輪郭選択**」の枠をクリックしてアクティブ状態にした後，グラフィックス領域で右図の輪郭領域を２つ選択して，「✓OK」をクリックします。

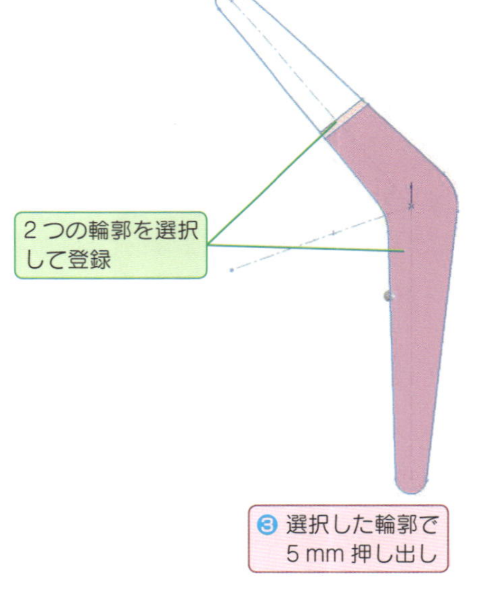

２つの輪郭を選択して登録
❸ 選択した輪郭で５mm押し出し

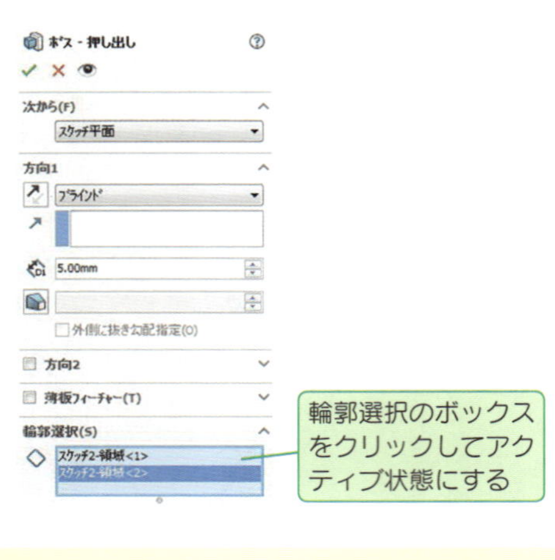

ﾎﾞｽ - 押し出し
次から(F)
ｽｹｯﾁ平面
方向1
ﾌﾞﾗｲﾝﾄﾞ
5.00mm
外側に抜き勾配指定(O)
方向2
薄板ﾌｨｰﾁｬｰ(T)
輪郭選択(S)
ｽｹｯﾁ2-領域<1>
ｽｹｯﾁ2-領域<2>
輪郭選択のボックスをクリックしてアクティブ状態にする

注意　同じスケッチに複数の隣接する輪郭がある場合は，輪郭をそれぞれ選択しなければ，「押し出しボス／ベース」でモデリングできません。今回のスケッチには隣接した輪郭が３つあります。

4 押し出しボス / ベース 2

今回は，3で使用したスケッチを流用して，新たにモデルを作成します。

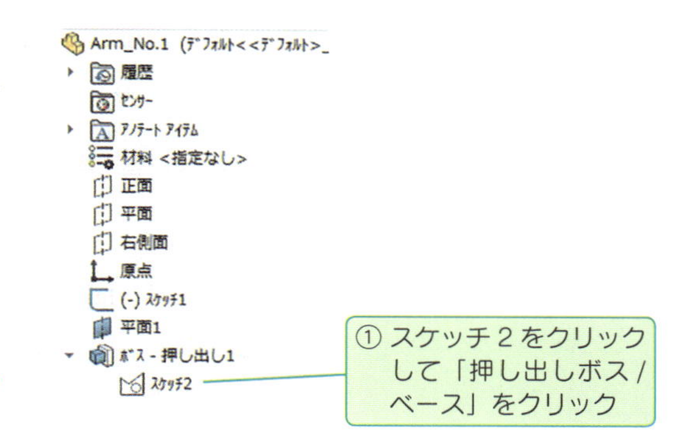

Arm_No.1
履歴
センサー
アノテート アイテム
材料 <指定なし>
正面
平面
右側面
原点
(-) スケッチ1
平面1
ボス - 押し出し1
スケッチ2
① スケッチ 2 をクリックして「押し出しボス / ベース」をクリック

FeatureManager デザインツリーの「ボス - 押し出し 1」の横にある「▸」を押して展開し，「**スケッチ 2**」を事前選択（➡ P.55, **Point 20**）して，「フィーチャー」タブ内の「**押し出しボス / ベース**」をクリックします。

X 軸のマイナス方向へ「ブラインド」で 5 mm 押し出し，モデル作成します。

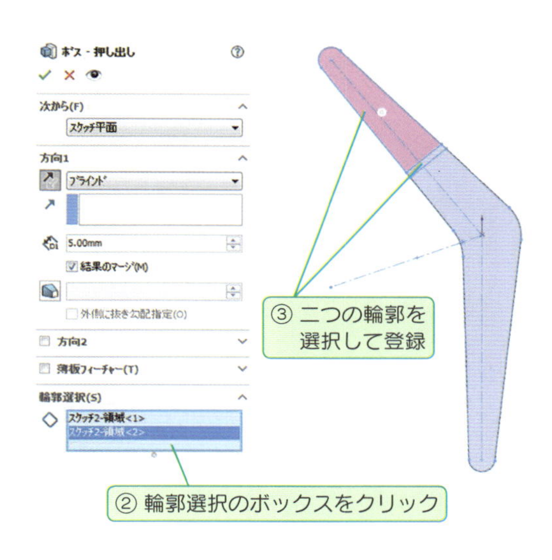

ボス - 押し出し
次から(F)
スケッチ平面
方向1
ブラインド
5.00mm
結果のマージ(M)
方向2
薄板フィーチャー(T)
輪郭選択(S)
スケッチ2-領域<1>
スケッチ2-領域<2>
③ 二つの輪郭を選択して登録
② 輪郭選択のボックスをクリック

つぎに，PropertyManager 内の輪郭選択の枠をクリックしてアクティブ状態にした後，グラフィックス領域で右図の 2 つの輪郭領域を選択して，「✔**OK**」をクリックします。

> **注意** 1つのスケッチを複数のフィーチャーで流用すると，Feature Managerデザインツリー上のアイコンが「」のように変化します。

すでに描いたスケッチを流用することにより，新たにスケッチを描く手間が省けます。さらに，寸法変更のとき，輪郭選択で作成した 2 つの押し出しモデルの変更を追従させることができ，作業の効率化をはかることができます。

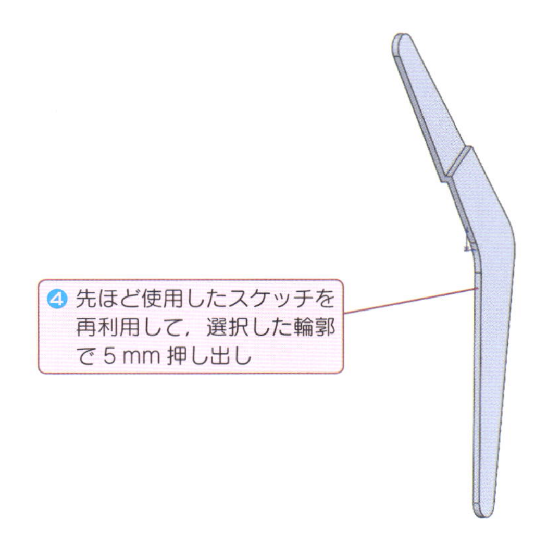

4 先ほど使用したスケッチを再利用して，選択した輪郭で 5 mm 押し出し

5 押し出しボス / ベース 3

デフォルト平面「右側面」で，右図のようにスケッチを作成します。

右図のような 3 箇所のエッジを複数選択し，「スケッチ」タブ内の「エンティティ変換」をクリックします。

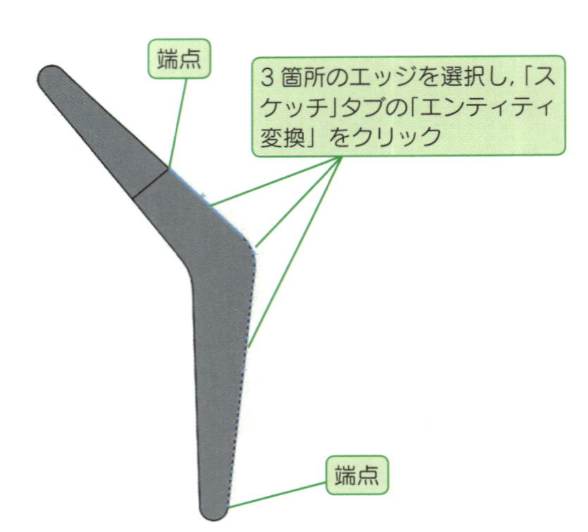

端点
3 箇所のエッジを選択し,「スケッチ」タブの「エンティティ変換」をクリック
端点

注意 エンティティ変換した線は完全定義されているように見えますが，端点はドラッグすることにより移動します。同時に，スケッチは未定義に変化します。エンティティ変換した線に幾何拘束や寸法を入力する際には，先にドラッグした後，未定義にしてから入力します。

ヒント 170 mm の寸法を入れるときに使用する交点は，右図のように，外側の 2 本の線を複数選択してから，「スケッチ」タブ内の「点」をクリックすることにより追加することができます。

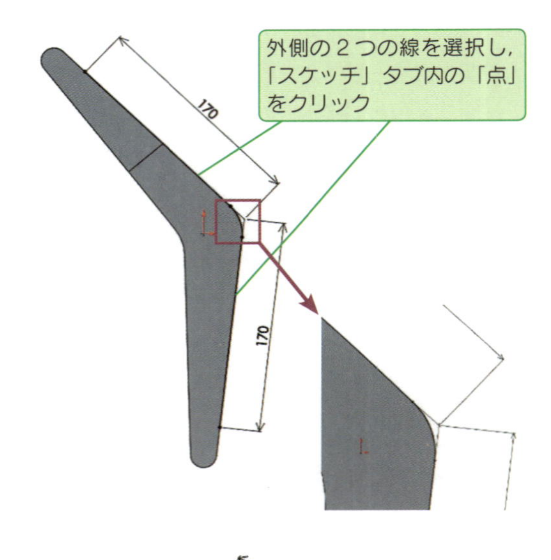

外側の 2 つの線を選択し,「スケッチ」タブ内の「点」をクリック
170
170

「フィーチャー」タブ内の「押し出しボス / ベース」をクリックし，薄板フィーチャーのタイプを「片側に押し出し」，厚みに「5」を入力し，ベースフィーチャー方向（X軸のプラス方向）へ「次サーフェスまで」で押し出します。

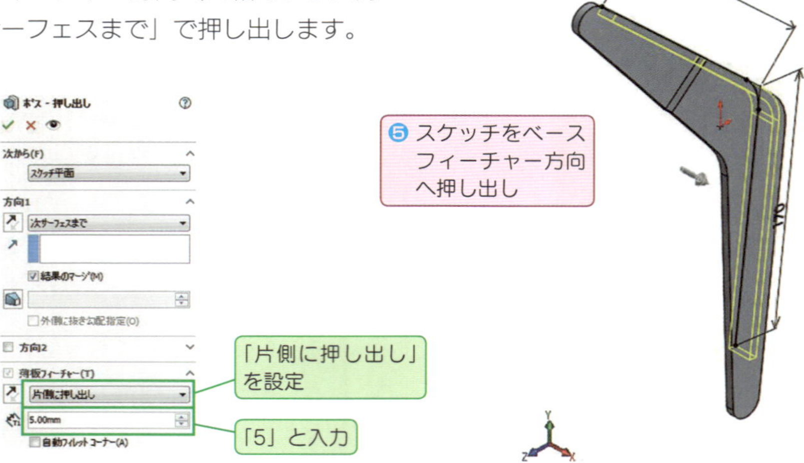

ボス - 押し出し
次から(F)
スケッチ平面
方向1
次サーフェスまで
結果のマージ(M)
外側に抜き勾配指定(O)
方向2
薄板フィーチャー(T)
片側に押し出し
5.00mm
自動フィレットコーナー(A)
「片側に押し出し」を設定
「5」と入力
6 スケッチをベースフィーチャー方向へ押し出し
170
170

6 ミラー

「フィーチャー」タブ内の「ミラー」をクリックします。

つぎに，PropertyManager の「ミラー面/平面」に，基準になるデフォルト平面「右側面」を指定します。

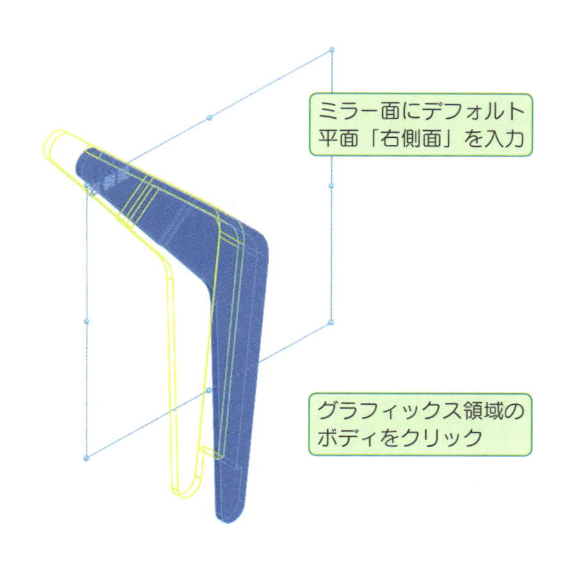

ミラー面にデフォルト平面「右側面」を入力
グラフィックス領域のボディをクリック

続いて，「ミラーコピーするボディ」にグラフィックス領域のボディをクリックして入力します。

「Arm_No.2」と同様，以下の点に注意しましょう。

注意

1. 選択したボディの名前は，一番最後に作成したフィーチャー名が表示されます。
2. PropertyManagerの選択ボックス入力時には，「ミラーコピーするフィーチャー」ではなく「ミラーコピーするボディ」に入力します。

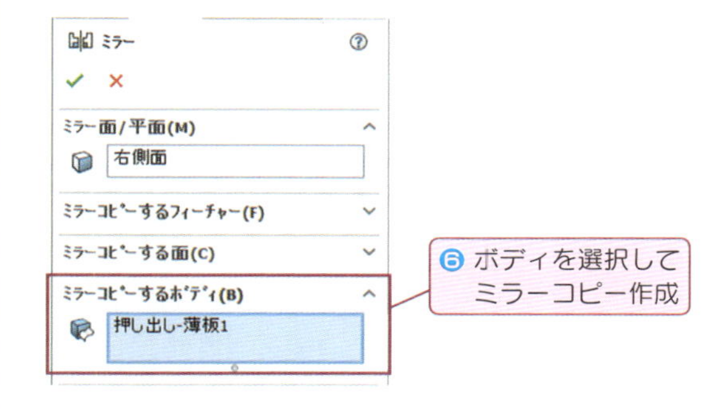

ミラー
ミラー面/平面(M)
右側面
ミラーコピーするフィーチャー(F)
ミラーコピーする面(C)
ミラーコピーするボディ(B)
押し出し-薄板1
6 ボディを選択してミラーコピー作成

7 押し出しボス / ベース 4

デフォルト平面「右側面」で右図のようにスケッチを作成します。

ヒント 2つの直線に「垂直」，円弧と直線にはそれぞれ「正接」の幾何拘束を設定します。

スケッチが完全定義の状態になったら，スケッチを「中間平面」で両方向へ等しく 32 mm 押し出します。

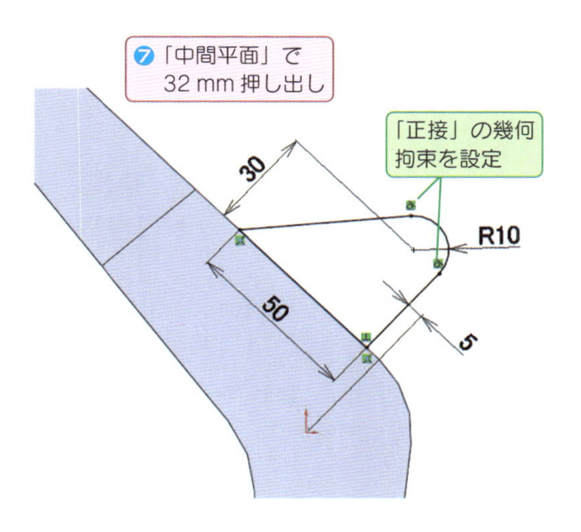

7 「中間平面」で 32 mm 押し出し
「正接」の幾何拘束を設定
30
R10
50
5

8 押し出しカット 1

デフォルト平面の「右側面」でスケッチを作成します。

つぎに，7で作成したフィーチャーの側面を選択して，エンティティ変換をおこないます。

「押し出しカット」の「**オフセット開始サーフェス指定**」を使用してカットします。オフセット距離に方向 1，方向 2 それぞれ「**5**」を入力します。

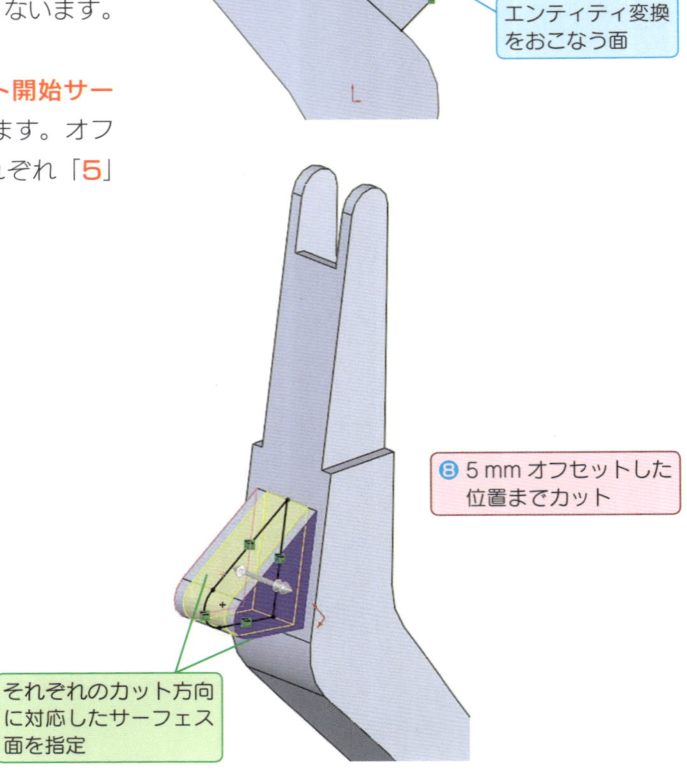
エンティティ変換
をおこなう面
8 5 mm オフセットした
位置までカット
それぞれのカット方向
に対応したサーフェス
面を指定

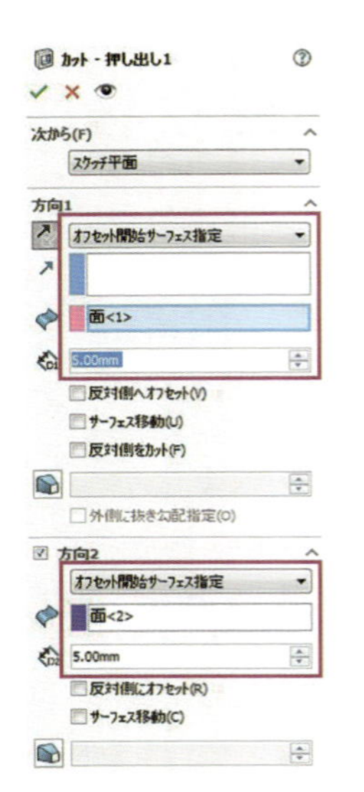
カット - 押し出し1
次から(F)
スケッチ平面
方向1
オフセット開始サーフェス指定
面<1>
5.00mm
反対側へオフセット(V)
サーフェス移動(U)
反対側をカット(F)
外側に抜き勾配指定(O)
方向2
オフセット開始サーフェス指定
面<2>
5.00mm
反対側にオフセット(R)
サーフェス移動(C)

9 押し出しカット 2

デフォルト平面「右側面」で，右図のようにスケッチを描きます。

「押し出しカット」の「**全貫通 - 両方**」を使用して，両方向に押し出しカットします。

ヒント 2 つの直径 8 mm の円はエッジ（円弧）の中心と「一致」の幾何拘束を付けます。5 mm の円は原点と「一致」させます。

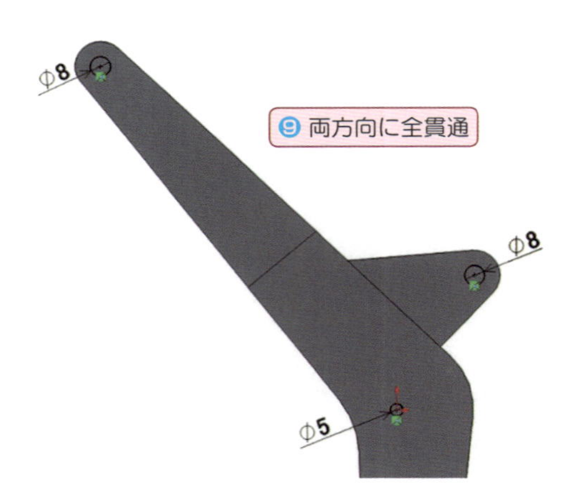
φ8
9 両方向に全貫通
φ8
φ5

⑩ 押し出しボス / ベース5

デフォルト平面「右側面」で，右図のようにスケッチを描きます。

「フィーチャー」タブ内の「押し出しボス / ベース」の設定「**中間平面**」で，両方向へ等しく 52 mm 押し出します。

ヒント 直径 7.5 mm の円には，エッジ（円弧）の中心点と「**一致**」の幾何拘束を付けましょう。

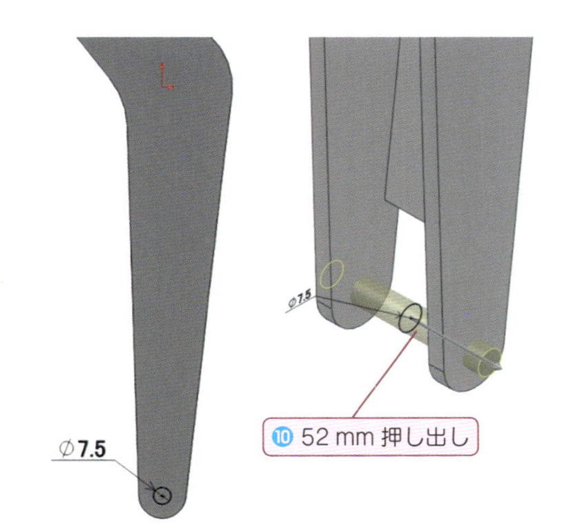

∅7.5
∅7.5
⑩ 52 mm 押し出し

⑪ 押し出しカット 3

デフォルト平面「右側面」で右図に示す面を選択して，「エンティティ変換」します。つぎに，「フィーチャー」タブ内の「**押し出しカット**」を選択し，方向 1，方向 2 それぞれ「**端サーフェス指定**」の設定で図の面を指定して，押し出しカットします。

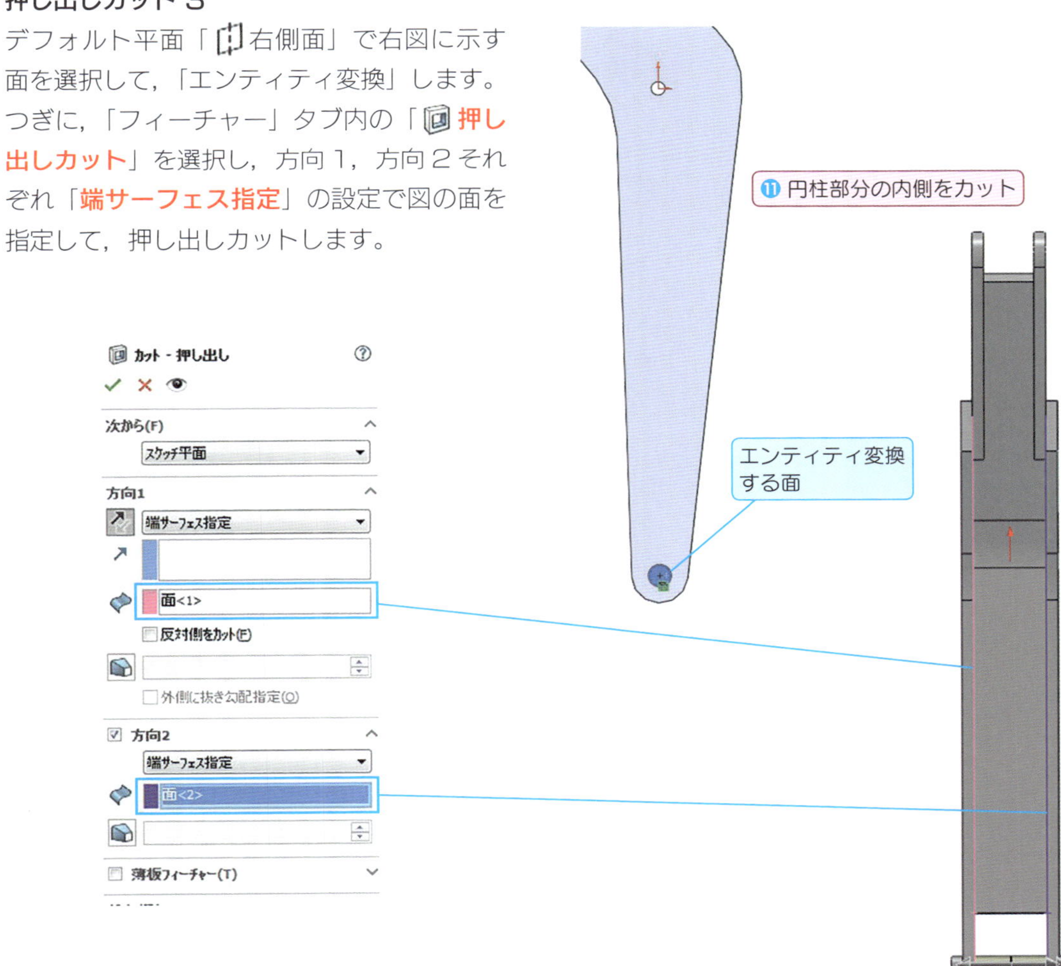

⑪ 円柱部分の内側をカット
エンティティ変換する面
カット - 押し出し
次から(F)
スケッチ平面
方向1
端サーフェス指定
面<1>
反対側をカット(F)
外側に抜き勾配指定(O)
方向2
端サーフェス指定
面<2>
薄板フィーチャー(T)

⑫ 面取り

下図の設定で，右図の円柱端面のエッジ２箇所を選択して，「C1」の「面取り」を作成します。

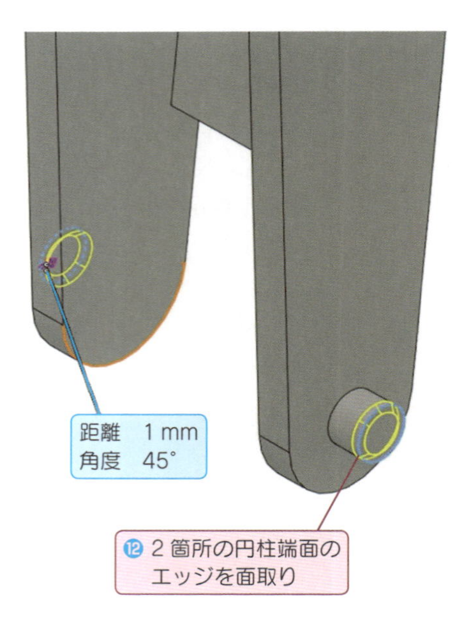
距離　1 mm
角度　45°
⑫ 2 箇所の円柱端面のエッジを面取り

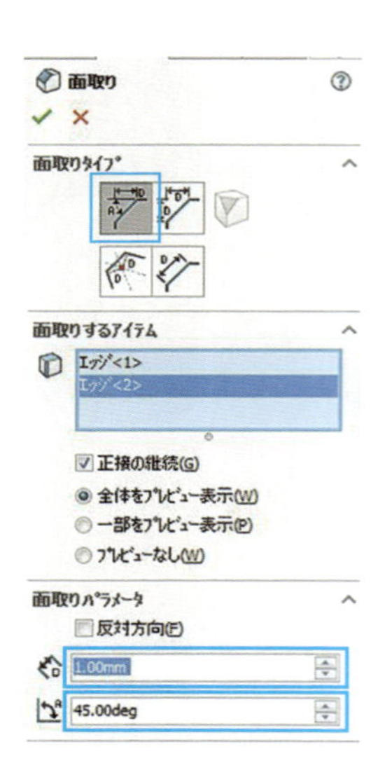
面取り
面取りタイプ
面取りするアイテム
エッジ<1>
エッジ<2>
正接の継続(G)
全体をプレビュー表示(W)
一部をプレビュー表示(P)
プレビューなし(W)
面取りパラメータ
反対方向(F)
1.00mm
45.00deg

⑬ 完成

「Arm_No.1」が完成しました。完成した部品ドキュメントをフォルダ「Shovelcar」の直下に保存してください。（➡ P.73）

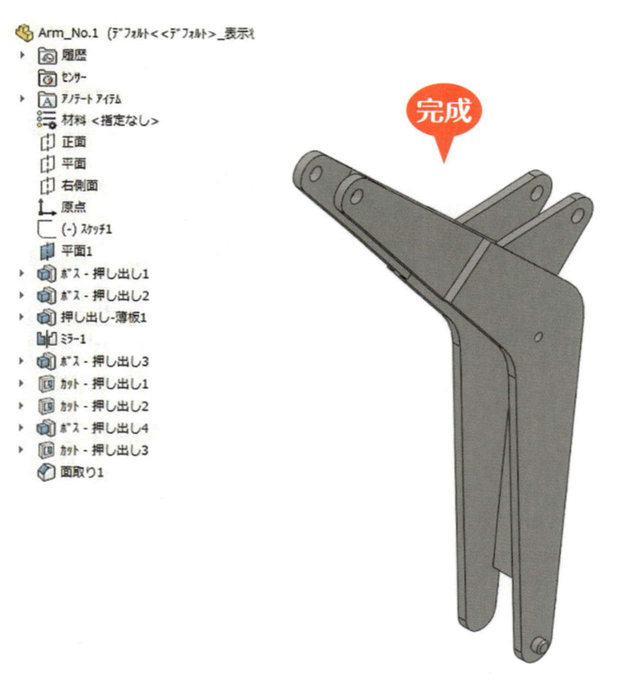
Arm_No.1
履歴
センサー
アノテートアイテム
材料 <指定なし>
正面
平面
右側面
原点
(-) スケッチ1
平面1
ボス - 押し出し1
ボス - 押し出し2
押し出し-薄板1
ミラー1
ボス - 押し出し3
カット - 押し出し1
カット - 押し出し2
ボス - 押し出し4
カット - 押し出し3
面取り1
完成

3.2.5 部品「Shovel」の作成

「Shovel」を作成します。

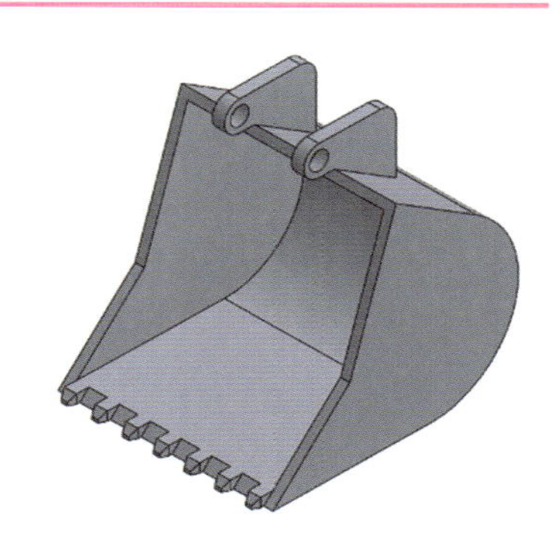

ここでは，新しい機能として「シェル」と「フルラウンドフィレット」の設定方法を学びます。

1 押し出しボス / ベース 1

デフォルト平面「右側面」で，右図のようにスケッチを描きます。

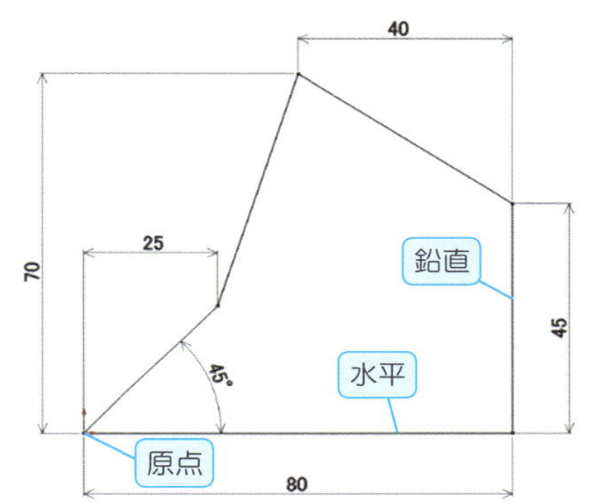

40
70
25
鉛直
45
45°
水平
原点
80

「フィーチャー」タブ内の「**押し出しボス / ベース**」をクリックし，「**中間平面**」で両方向へ等しく 70 mm 押し出します。

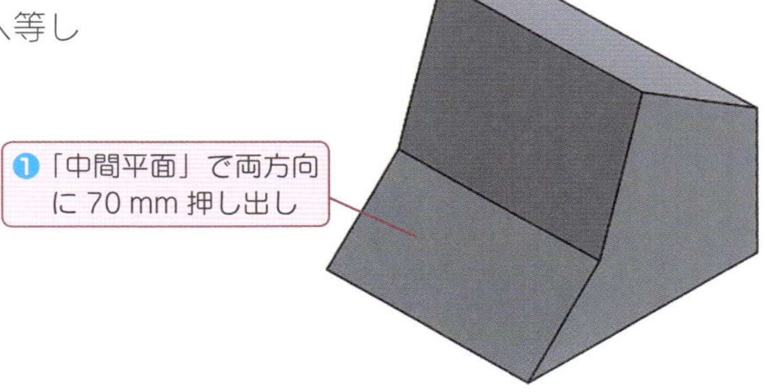

❶「中間平面」で両方向に 70 mm 押し出し

2 フィレット（フルラウンドフィレット）

「フィーチャー」タブ内の「フィレット」のフィレットタイプを「**フルラウンドフィレット**」に設定して，右図で指定した面をそれぞれ選択してフィレットを作成します。

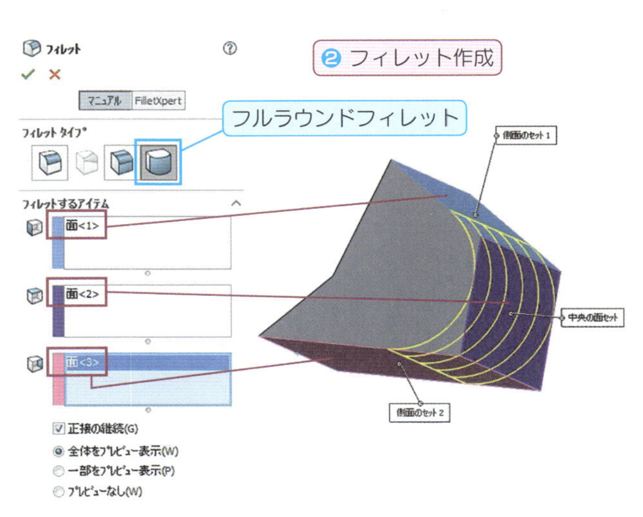

フィレット
マニュアル
FilletXpert
フィレット タイプ
フィレットするアイテム
面<1>
面<2>
面<3>
正接の継続(G)
全体をプレビュー表示(W)
一部をプレビュー表示(P)
プレビューなし(W)
❷ フィレット作成
フルラウンドフィレット
側面のセット 1
中央の面セット
側面のセット 2

3 シェル

「フィーチャー」タブ内の「シェル」をクリックし，PropertyManager 内の厚みに「3」を入力して，右図の面２箇所を選択します。

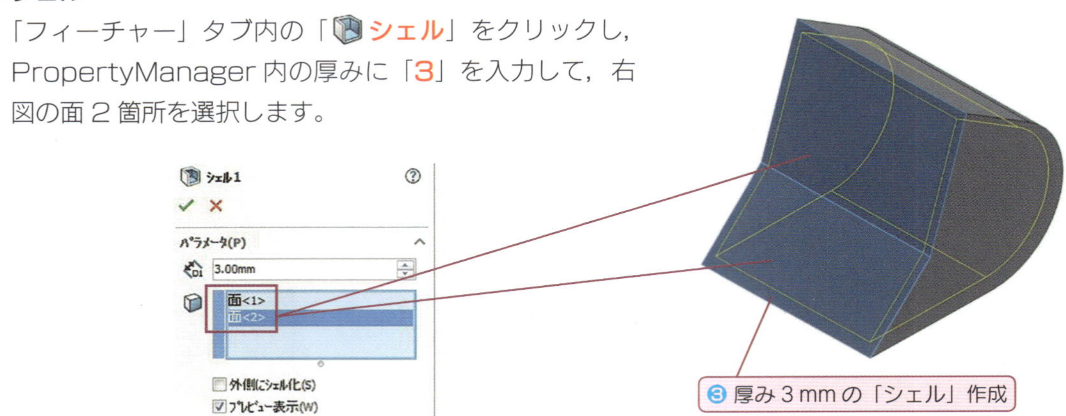
シェル1
パラメータ(P)
3.00mm
面<1>
面<2>
外側にシェル化(S)
プレビュー表示(W)
❸ 厚み３mm の「シェル」作成

4 参照ジオメトリ（平面作成）

デフォルト平面「正面」で右図のようにスケッチを描きます。
FeatureManager デザインツリー上で「スケッチ２」と表示されます。

ヒント 1 中心線として，原点を通る「鉛直」な線を描きます。

ヒント 2 点にはモデルのエッジと「一致」の幾何拘束を付けましょう。

22
点
原点
❹ 平面を作成するためのスケッチ

「フィーチャー」タブ内の「参照ジオメトリ」の「平面」をクリックし，第１参照にデフォルト平面「右側面」を選択して，設定を「平行」にします。

つぎに，先ほど作成した「スケッチ２」に描いた点を第２参照に指定して，下図の PropertyManager のように設定し，「平面１」を作成します。

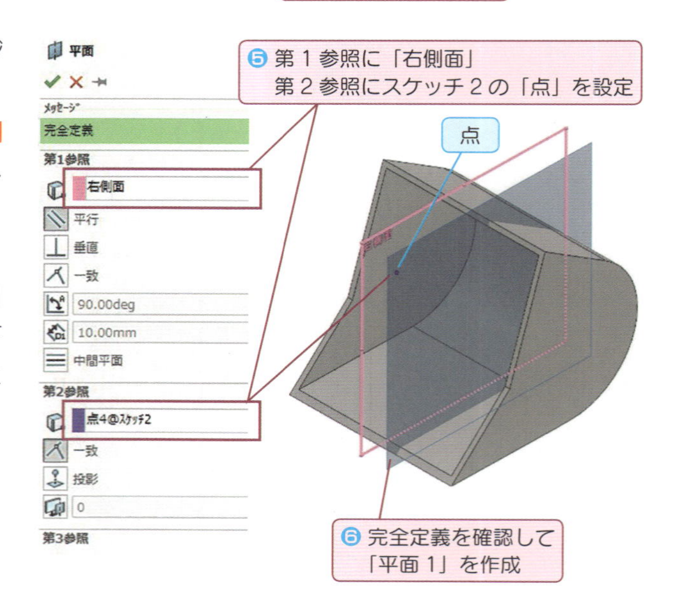
平面
メッセージ
完全定義
第1参照
右側面
平行
垂直
一致
90.00deg
10.00mm
中間平面
第2参照
点4@スケッチ2
一致
投影
0
第3参照
❺ 第１参照に「右側面」
第２参照にスケッチ２の「点」を設定
点
❻ 完全定義を確認して
「平面１」を作成

5 押し出しボス / ベース 2

4で作成した「平面 1」で右図のスケッチを描きます。

完全定義したスケッチを X 軸のプラス方向へ 4 mm 押し出します。

ヒント 20 mm の寸法を設定できるように，FeatureManager デザインツリー上で「スケッチ 1」を右クリック →「表示」をクリックして，スケッチ 1 を表示状態にしましょう。

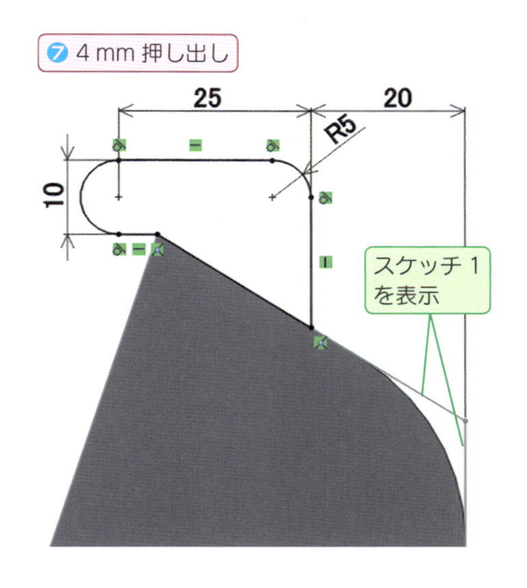
7 4 mm 押し出し
25
20
R5
10
スケッチ 1
を表示

6 ミラー

「フィーチャー」タブ内の「ミラー」をクリックします。

つぎに，PropertyManager の「ミラー面 / 平面」にデフォルト平面「右側面」を指定します。

続いて,「ミラーコピーするフィーチャー」に「ボスー押し出し 2」を選択します。

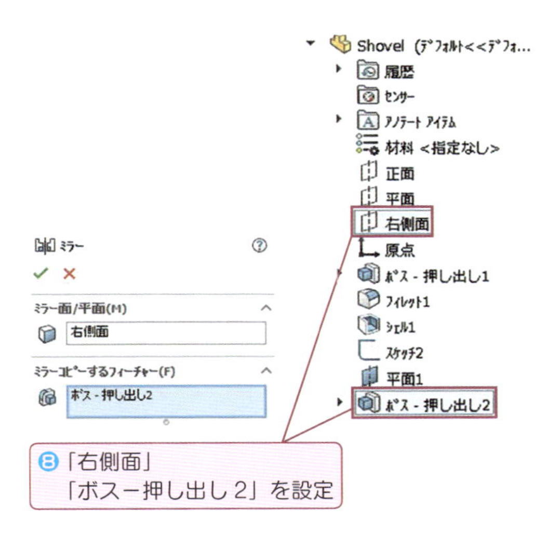
Shovel (デフォルト<<デフォ...
履歴
センサー
アノテート アイテム
材料 <指定なし>
正面
平面
右側面
原点
ボス - 押し出し1
フィレット1
シェル1
スケッチ2
平面1
ボス - 押し出し2
ミラー
ミラー面/平面(M)
右側面
ミラーコピーするフィーチャー(F)
ボス - 押し出し2
8「右側面」
「ボスー押し出し 2」を設定

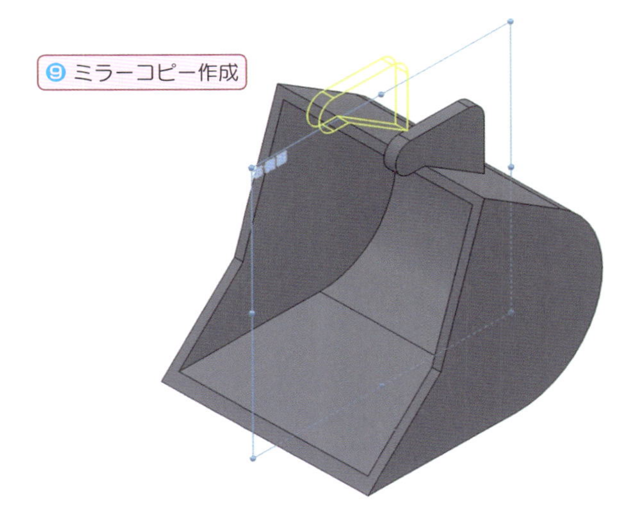
9 ミラーコピー作成

7 押し出しカット 1

デフォルト平面「右側面」で右図のようにスケッチを描きます。

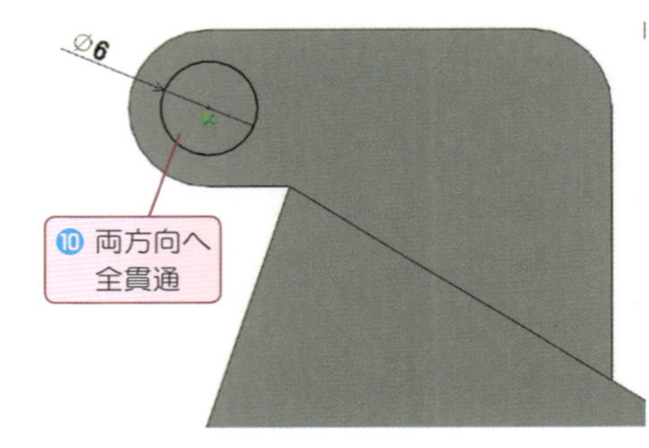
⌀6
⑩ 両方向へ全貫通

「フィーチャー」タブ内の「**押し出しカット**」をクリックし,「**全貫通 - 両方**」を使用して,両方向に押し出しカットします。

ヒント 直径6 mmの円はエッジ(円弧)の中心点と「**一致**」または「**同心円**」の幾何拘束を付けます。

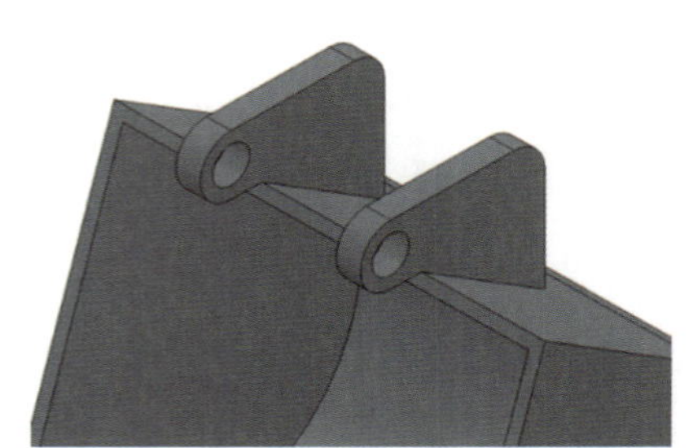

8 押し出しボス/ベース 3

デフォルト平面「平面」で,右図のようにスケッチを描きます(囲んだ部分を拡大しています)。

ヒント 原点を通る鉛直な中心線を基準に,左右が「対称」になるようにスケッチを描きます。

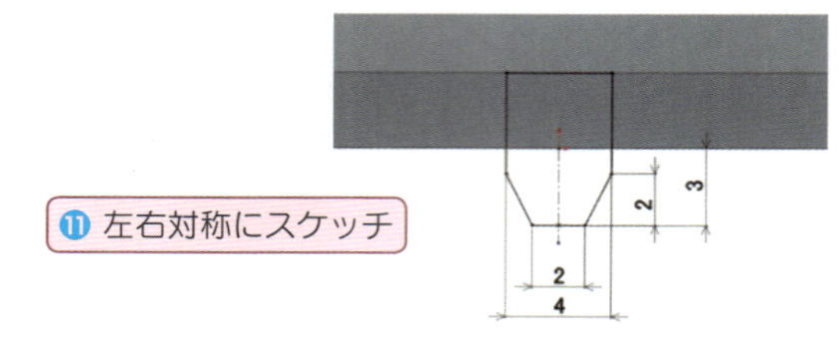
⑪ 左右対称にスケッチ
2
3
2
4

つぎに,「フィーチャー」タブ内の「**押し出しボス/ベース**」をクリックし,「**端サーフェス指定**」で右図の面を指定して押し出します。

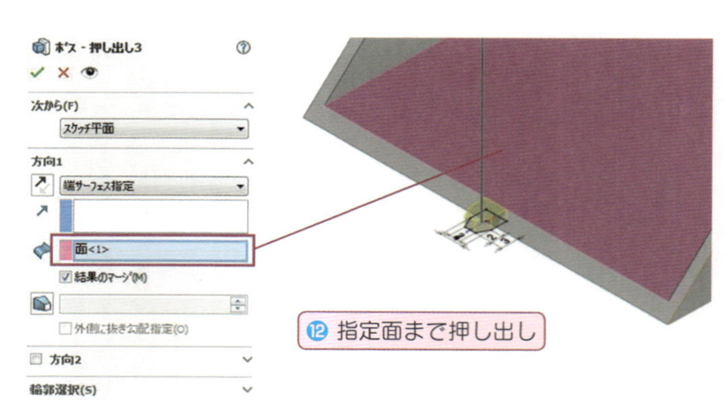
ボス - 押し出し3
次から(F)
スケッチ平面
方向1
端サーフェス指定
面<1>
結果のマージ(M)
外側に抜き勾配指定(O)
方向2
輪郭選択(S)
⑫ 指定面まで押し出し

9 押し出しカット２

デフォルト平面「右側面」で右図のようにスケッチを描きます（囲んだ部分を拡大しています）。

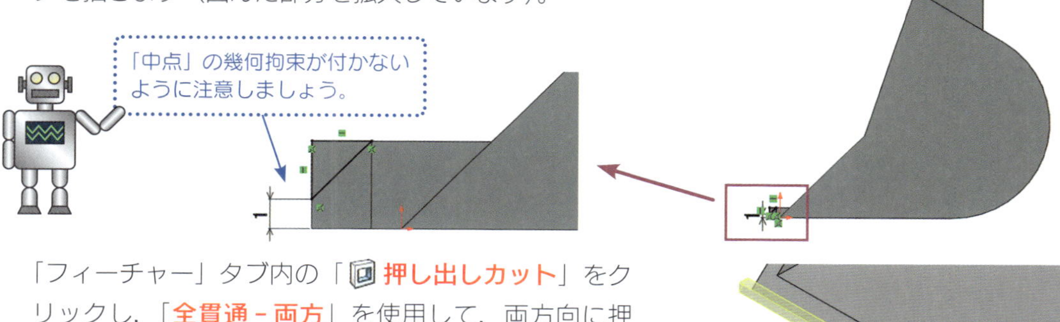
「中点」の幾何拘束が付かないように注意しましょう。

「フィーチャー」タブ内の「**押し出しカット**」をクリックし，「**全貫通－両方**」を使用して，両方向に押し出しカットします。

⑬ 両方向に全貫通

10 直線パターン

「フィーチャー」タブ内の「**直線パターン**」をクリックします。

続いて，PropertyManagerの「方向１」に右図のエッジを選択し，「間隔」に「**10**」，「インスタンス数」に「**4**」を入力します。「方向２」も同様に設定します。

「パターン化するフィーチャー」に「**ボス－押し出し３**」「**カット－押し出し２**」を指定して，「✓**OK**」をクリックします。

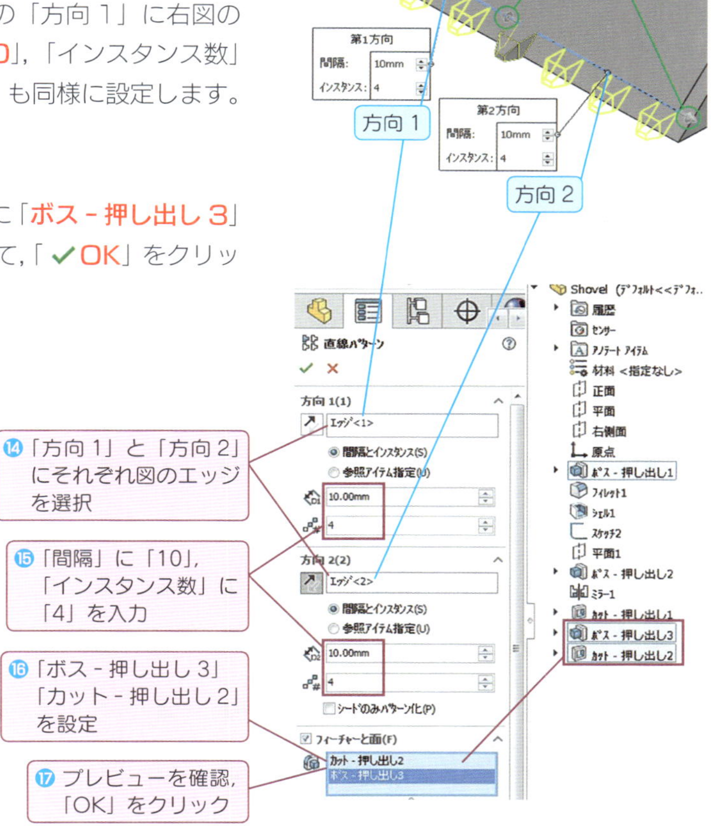
矢印の方向に注意
第1方向
間隔: 10mm
インスタンス: 4
第2方向
間隔: 10mm
インスタンス: 4
方向１
方向２
⑭「方向１」と「方向２」にそれぞれ図のエッジを選択
⑮「間隔」に「10」，「インスタンス数」に「4」を入力
⑯「ボス－押し出し３」「カット－押し出し２」を設定
⑰ プレビューを確認，「OK」をクリック
直線パターン
方向 1(1)
エッジ<1>
間隔とインスタンス(S)
参照アイテム指定(U)
10.00mm
4
方向 2(2)
エッジ<2>
10.00mm
4
シードのみパターン化(P)
フィーチャーと面(F)
カット－押し出し2
ボス－押し出し3
Shovel
履歴
センサー
アノテート アイテム
材料 <指定なし>
正面
平面
右側面
原点
ボス－押し出し1
フィレット1
シェル1
スケッチ2
平面1
ボス－押し出し2
ミラー1
カット－押し出し1
ボス－押し出し3
カット－押し出し2

> **注意** 直線パターンの基準になるエッジを選択した際，端点に矢印が表示されます。パターン化する方向は矢印で確認できます。

11 完成

「Shovel」が完成しました。
完成した部品ドキュメントをフォルダ「Shovelcar」の直下に保存してください。（➡ P.73）

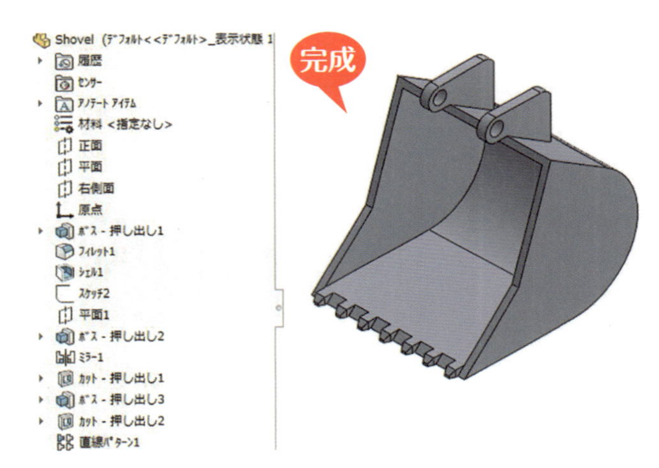
Shovel (デフォルト<<デフォルト>_表示状態 1
履歴
センサー
アノテート アイテム
材料 <指定なし>
正面
平面
右側面
原点
ボス - 押し出し1
フィレット1
シェル1
スケッチ2
平面1
ボス - 押し出し2
ミラー1
カット - 押し出し1
ボス - 押し出し3
カット - 押し出し2
直線パターン1
完成

練習問題 10 部品「Cylinder_01」の作成

解答は P.199

参考図（➡ P.210）をもとに，「Cylinder_01」をモデリングしてください。

作成した部品ドキュメントは，「Cylinder_01」という名前で，フォルダ「Cylinder_part」に保存してください。

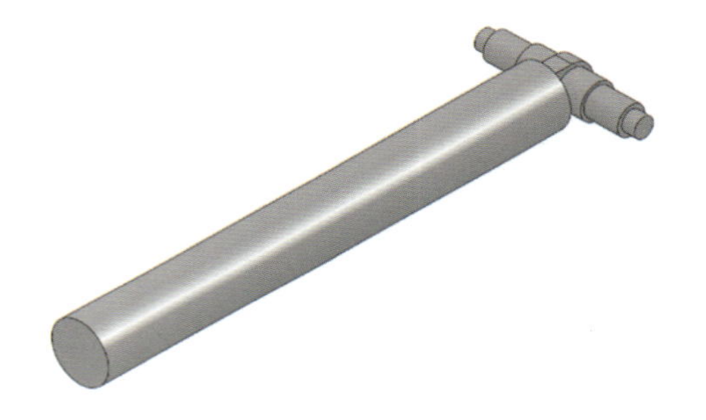

練習問題 11 部品「Cylinder_02」の作成

解答は P.201

参考図（➡ P.210）をもとに，「Cylinder_02」をモデリングしてください。

作成した部品ドキュメントは，「Cylinder_02」という名前で，フォルダ「Cylinder_part」に保存してください。

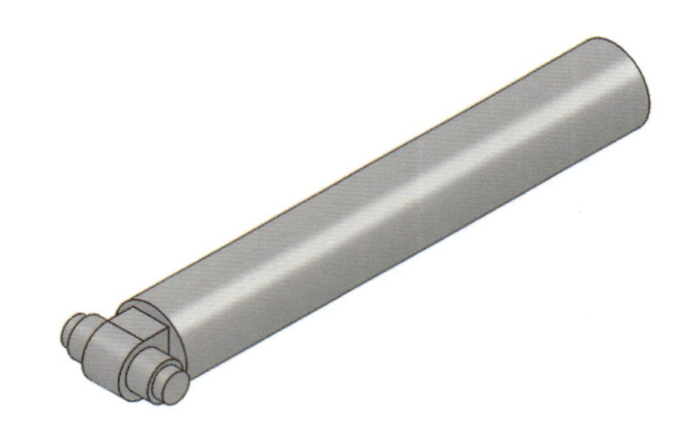

3.3 アセンブリドキュメントの作成

3.2 で作成した部品を使用して，「Shovelcar」を作成します。

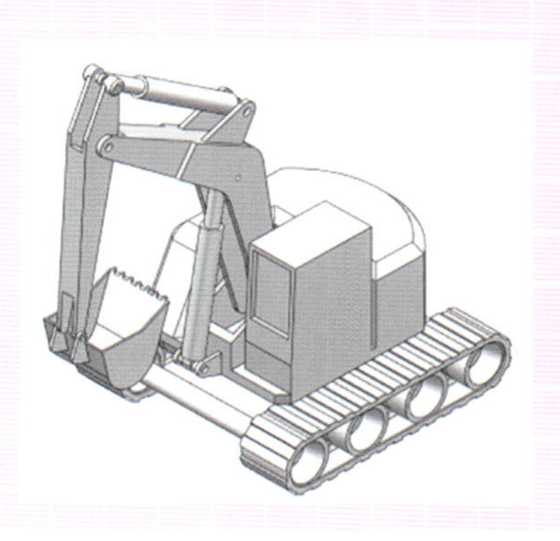

アセンブリドキュメントは，複数の部品ドキュメントやほかのアセンブリドキュメントを組み合わせて作成します。

アセンブリドキュメント内では，構成する部品ドキュメントの位置関係を「合致」※によって決定します。合致には，部品のデフォルト平面や参照平面，部品の面，エッジ，点，スケッチ，軸などのエンティティを使用することができます。

1 新規アセンブリドキュメントの作成

新規アセンブリドキュメントの作成を開始します。標準ツールバーから「新規」をクリックします。「新規 SOLIDWORKS ドキュメント」ダイアログボックスが開きます。

「アセンブリ」を選択して，「OK」をクリックします。

新規アセンブリドキュメントが開きます。

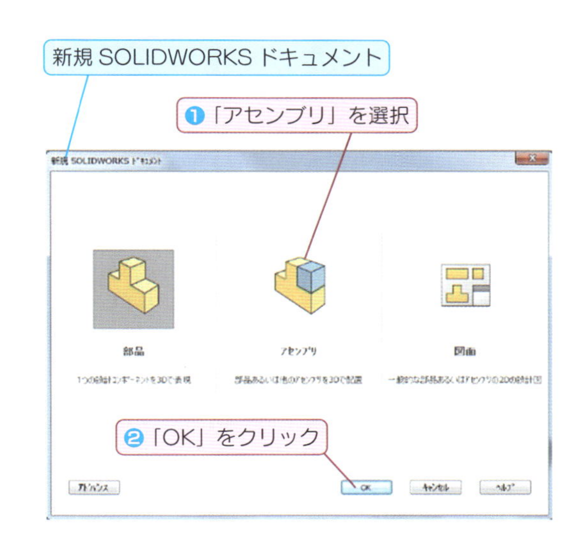
新規 SOLIDWORKS ドキュメント
❶「アセンブリ」を選択
❷「OK」をクリック

Point 31 合致

スケッチ編集中の「幾何拘束の追加」に対して，アセンブリの編集中に部品を拘束するための機能を「合致」といいます。部品どうし，あるいは平面によって部品の位置を固定します。

固定の仕方はさまざまで，リンク機構や回転運動，ギアの連動などをアセンブリ上で再現することもできます。

2 部品「Chassis」の挿入

構成部品の挿入 PropertyManager と同時にファイル選択ダイアログが開くので，「Chassis」を選択して開いてください。

ファイル選択ダイアログが開かなかった場合や閉じてしまった場合は，「挿入する部品／アセンブリ」の「参照」をクリックします。

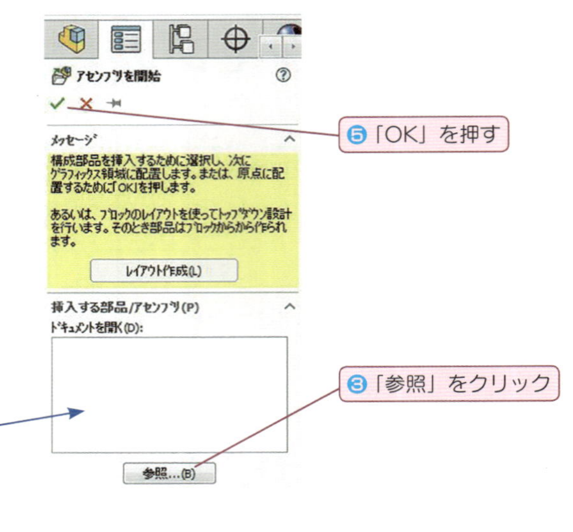
アセンブリを開始
メッセージ
構成部品を挿入するために選択し、次にグラフィックス領域に配置します。または、原点に配置するために「OK」を押します。
あるいは、ブロックのレイアウトを使ってトップダウン設計を行います。そのとき部品はブロックからから作られます。
レイアウト作成(L)
挿入する部品/アセンブリ(P)
ドキュメントを開く(D):
参照...(B)
❺「OK」を押す
❸「参照」をクリック
部品ドキュメントが開かれているとき，この項目に部品がリストアップされている場合があります。

グラフィックス領域に部品が挿入され，部品ドキュメントが「ドキュメントを開く」に追加されたら，「✓OK」をクリックし，部品を配置しましょう。

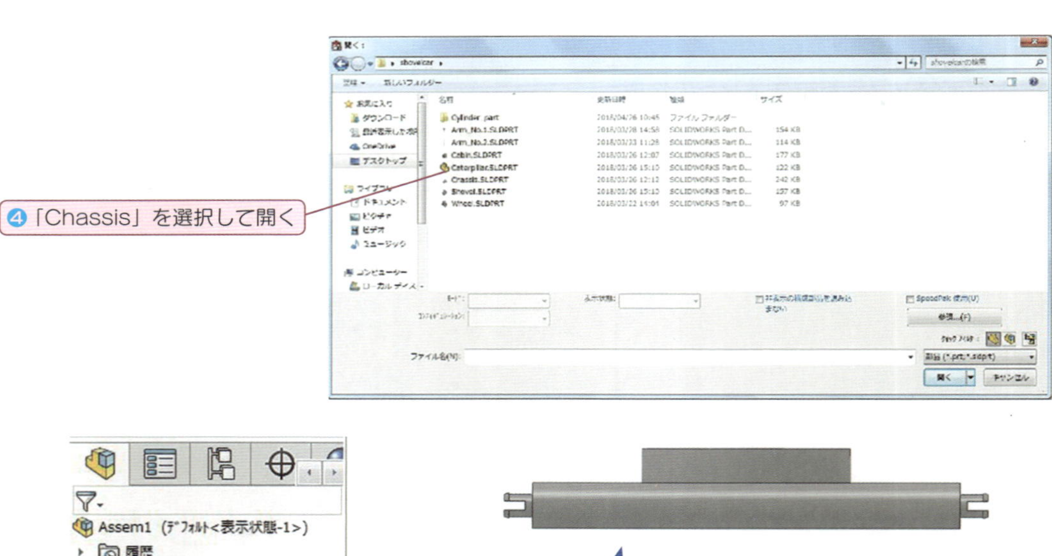
❹「Chassis」を選択して開く
Cylinder_part
Arm_No.1.SLDPRT
Arm_No.2.SLDPRT
Cabin.SLDPRT
Caterpillar.SLDPRT
Chassis.SLDPRT
Shovel.SLDPRT
Wheel.SLDPRT

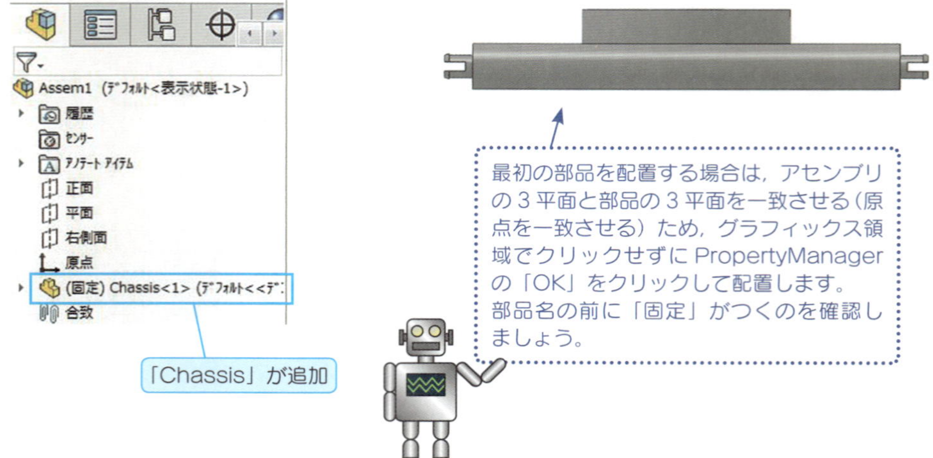
Assem1 (デフォルト<表示状態-1>)
履歴
センサー
アノテート アイテム
正面
平面
右側面
原点
(固定) Chassis<1> (デフォルト<<デ
合致
「Chassis」が追加
最初の部品を配置する場合は，アセンブリの3平面と部品の3平面を一致させる（原点を一致させる）ため，グラフィックス領域でクリックせずに PropertyManager の「OK」をクリックして配置します。
部品名の前に「固定」がつくのを確認しましょう。

Point 32 アセンブリドキュメントウィンドウ

アセンブリのドキュメントウィンドウは，部品のドキュメントウィンドウと似ていますが多少異なります。

1. タブメニューに，「アセンブリ」が表示されます。
2. FeatureManager デザインツリーにアセンブリドキュメント名が表示されます。
3. FeatureManager デザインツリーには，部品ドキュメント名が表示されます。部品名左の「▸」をクリックすると，部品ドキュメントの FeatureManager デザインツリーが展開されます。
4. FeatureManager デザインツリーに，「合致」の項目が表示されます。

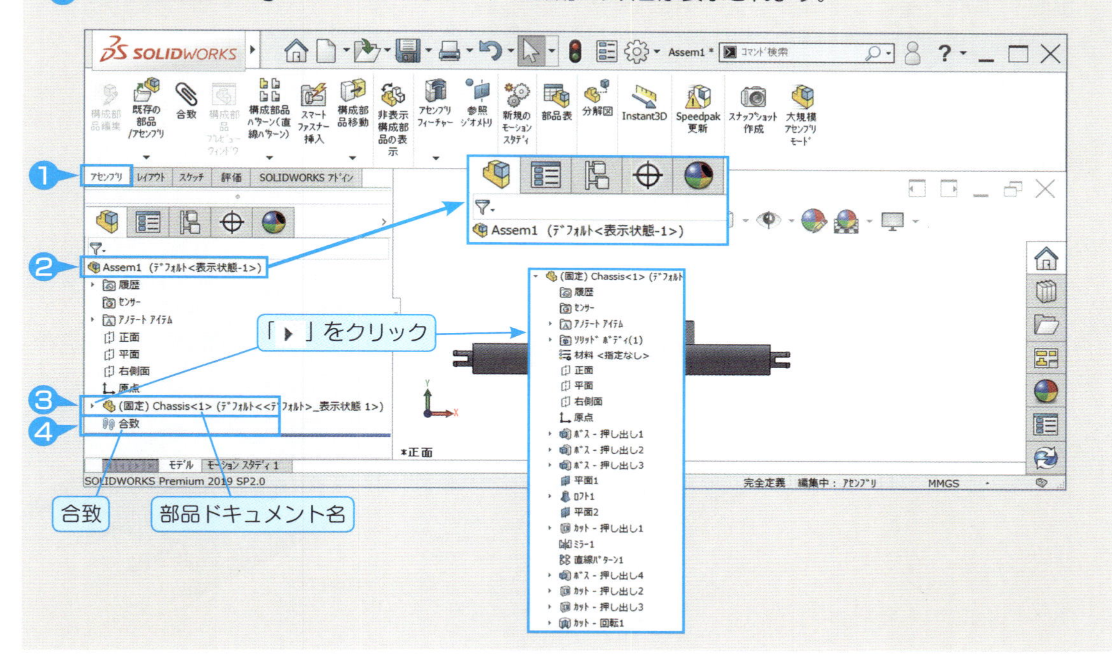
SOLIDWORKS
Assem1
既存の部品/アセンブリ
合致
構成部品パターン(直線パターン)
スマートファスナー挿入
構成部品移動
非表示構成部品の表示
アセンブリフィーチャー
参照ジオメトリ
新規のモーションスタディ
部品表
分解図
Instant3D
Speedpak更新
スナップショット作成
大規模アセンブリモード
アセンブリ
レイアウト
スケッチ
評価
SOLIDWORKS アドイン
Assem1 (デフォルト<表示状態-1>)
履歴
センサー
アノテート アイテム
正面
平面
右側面
原点
(固定) Chassis<1> (デフォルト<<デフォルト>_表示状態 1>)
合致
「▸」をクリック
(固定) Chassis<1> (デフォルト
ソリッド ボディ(1)
材料 <指定なし>
ボス - 押し出し1
ボス - 押し出し2
ボス - 押し出し3
平面1
ロフト1
平面2
カット - 押し出し1
ミラー1
直線パターン1
ボス - 押し出し4
カット - 押し出し2
カット - 押し出し3
カット - 回転1
*正面
モデル
モーション スタディ 1
SOLIDWORKS Premium 2019 SP2.0
完全定義
編集中：アセンブリ
MMGS
合致
部品ドキュメント名

Point 33 固定と非固定

FeatureManager デザインツリーの部品名の前に（固定）と表示されている部品は，その場で固定されており，動かすことはできません。

一方で，部品名の前に（－）と表示されている部品は非固定で，ドラッグ操作で自由に動かすことができます。

固定されている部品は，FeatureManager デザインツリーのアイコンを右クリック→「**非固定**」で固定を解除することができます。また，非固定の部品はアイコン上で右クリック→「**固定**」とすることで固定状態にできます。

Assem1 (デフォルト<表示状態-1>)
履歴
センサー
アノテート アイテム
正面
平面
右側面
原点
(固定) Chassis<1> (デフォルト<<デ
合致
固定

3 部品「Cabin」の挿入

このアセンブリドキュメントに，「Cabin」を挿入します。

「アセンブリ」タブ内の「**既存の部品 / アセンブリ**」をクリックします。構成部品の挿入 PropertyManager が開きます。

「参照」より，保存フォルダからドキュメントを選択します。

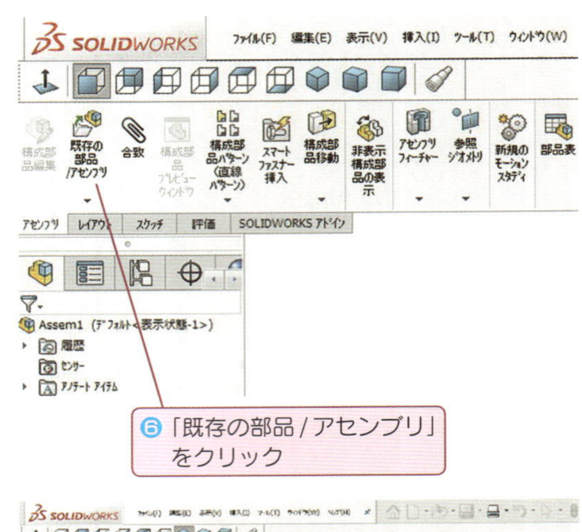
SOLIDWORKS
ﾌｧｲﾙ(F) 編集(E) 表示(V) 挿入(I) ﾂｰﾙ(T) ｳｨﾝﾄﾞｳ(W)
既存の部品/ｱｾﾝﾌﾞﾘ
合致
構成部品ﾊﾟﾀｰﾝ(直線ﾊﾟﾀｰﾝ)
ｽﾏｰﾄﾌｧｽﾅｰ挿入
構成部品移動
非表示構成部品の表示
ｱｾﾝﾌﾞﾘﾌｨｰﾁｬｰ
参照ｼﾞｵﾒﾄﾘ
新規のﾓｰｼｮﾝｽﾀﾃﾞｨ
部品表
ｱｾﾝﾌﾞﾘ ﾚｲｱｳﾄ ｽｹｯﾁ 評価 SOLIDWORKS ｱﾄﾞｲﾝ
Assem1 (ﾃﾞﾌｫﾙﾄ<表示状態-1>)
履歴
ｾﾝｻｰ
ｱﾉﾃｰﾄ ｱｲﾃﾑ
⑥「既存の部品 / アセンブリ」をクリック

マウスポインタに挿入したい部品がついてきますので，グラフィックス領域内の任意の場所でクリックして部品を配置します。

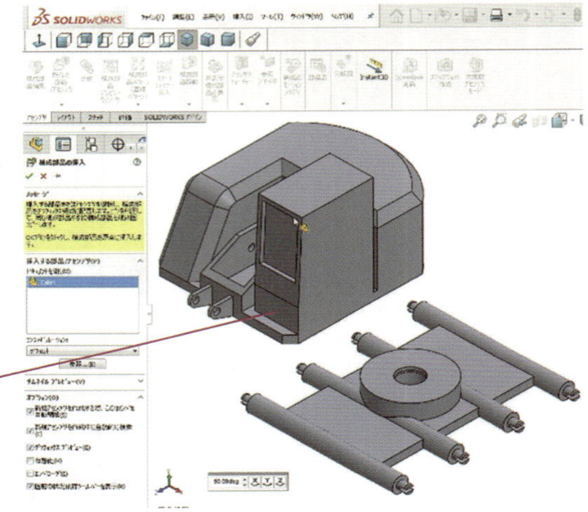
SOLIDWORKS
構成部品の挿入

⑦ 任意の場所でクリック

FeatureManager デザインツリー内に「Cabin」が追加されていることを確認してください。

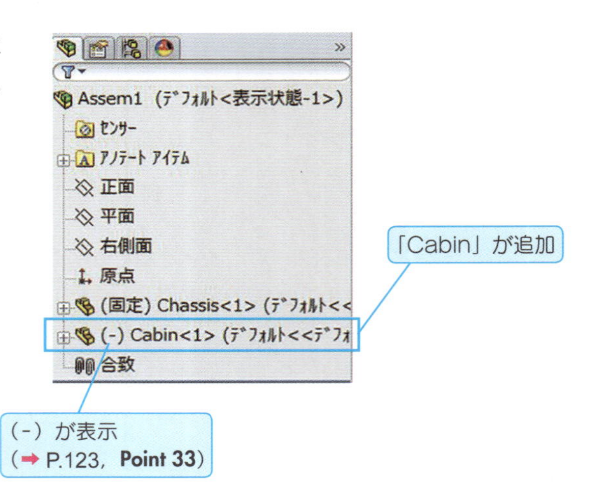
Assem1 (ﾃﾞﾌｫﾙﾄ<表示状態-1>)
ｾﾝｻｰ
ｱﾉﾃｰﾄ ｱｲﾃﾑ
正面
平面
右側面
原点
(固定) Chassis<1> (ﾃﾞﾌｫﾙﾄ<<
(-) Cabin<1> (ﾃﾞﾌｫﾙﾄ<<ﾃﾞﾌｫ
合致
「Cabin」が追加
(-) が表示
(➡ P.123, Point 33)

4 構成部品の移動

FeatureManager デザインツリー上に挿入された「Cabin」は非固定です。
（➡ P.123，**Point 33**）

「Cabin」の面上にマウスポインタを移動し，マウスの左ボタンを押してドラッグします。部品が平行移動します。

「Cabin」の面上にマウスポインタを移動し，マウスの右ボタンを押してドラッグすると，部品が回転します。

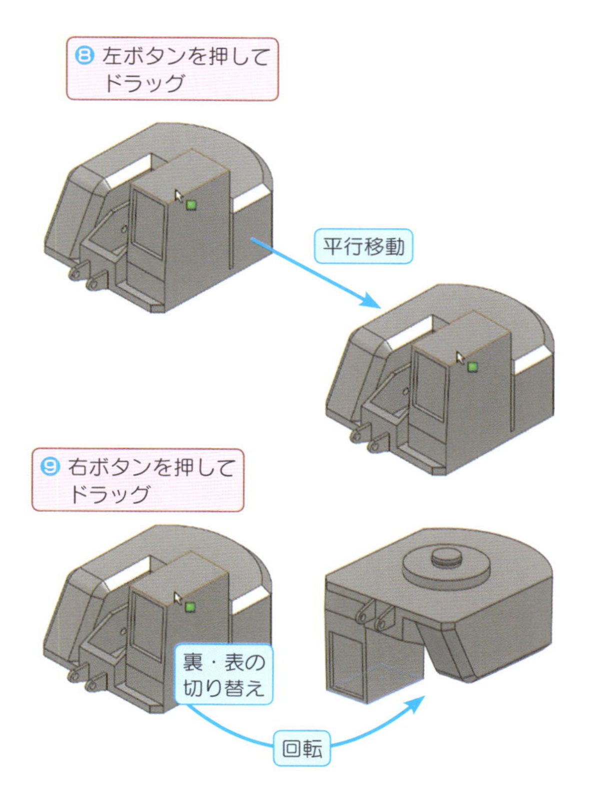

⑧ 左ボタンを押して ドラッグ
平行移動
⑨ 右ボタンを押して ドラッグ
裏・表の 切り替え
回転

5 部品「Chassis」と「Cabin」の合致「一致」

「Cabin」の位置を決めていきます。
「アセンブリ」タブ内の「合致」をクリックします。合致の PropertyManager が開きます。

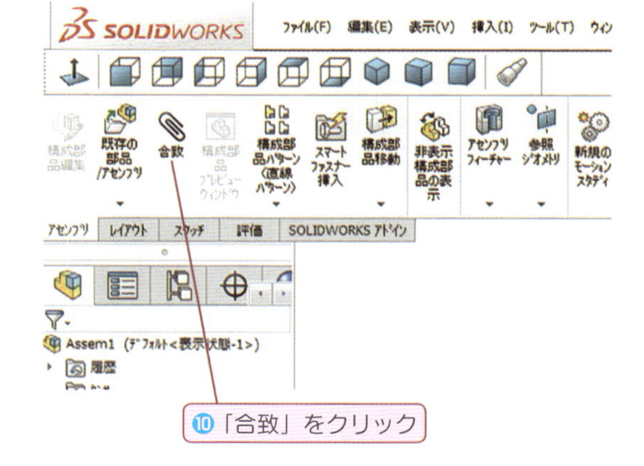

SOLIDWORKS
⑩「合致」をクリック

「合致設定」に何も表示されていないことを確認します。表示されている場合は,「**合致設定**」の欄を右クリックして「**選択解除**」をクリックしてください。

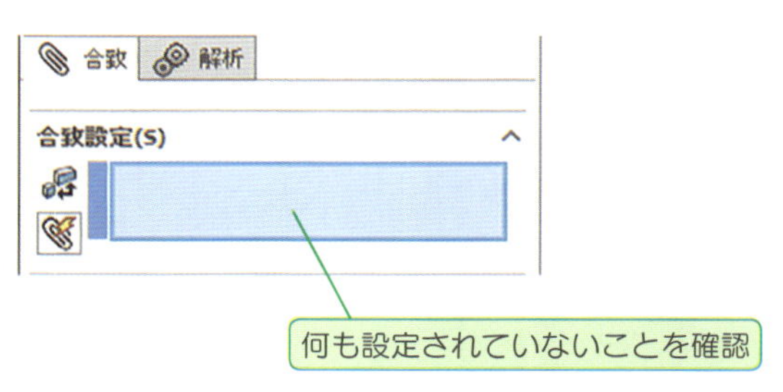

合致
解析
合致設定(S)
何も設定されていないことを確認

モデルの回転，拡大・縮小などの操作をおこない，「Chassis」と「Cabin」の右図のエッジを2箇所クリックします。エッジどうしが「一致」するように「Chassis」が移動します。

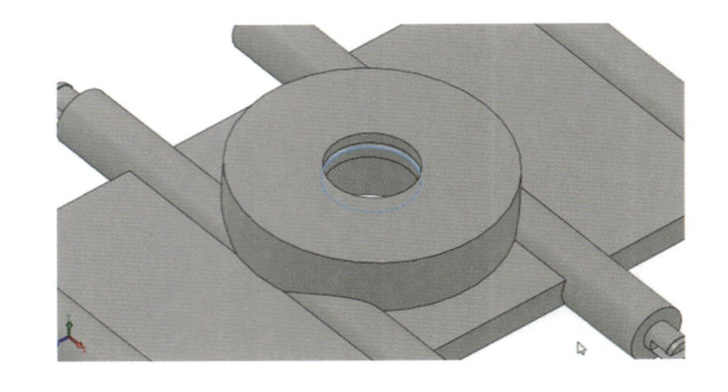

2つの平面やエッジが選択された場合，SOLIDWORKSは自動的に「一致」の合致設定を選択します。必要に応じて，ほかの合致に切り替えることができます。

PropertyManagerの「標準合致」にある「一致」が選択されていることを確認し，「✓OK」をクリックします。

「標準合致」で選択できる内容は，選択される要素に応じて変わります。

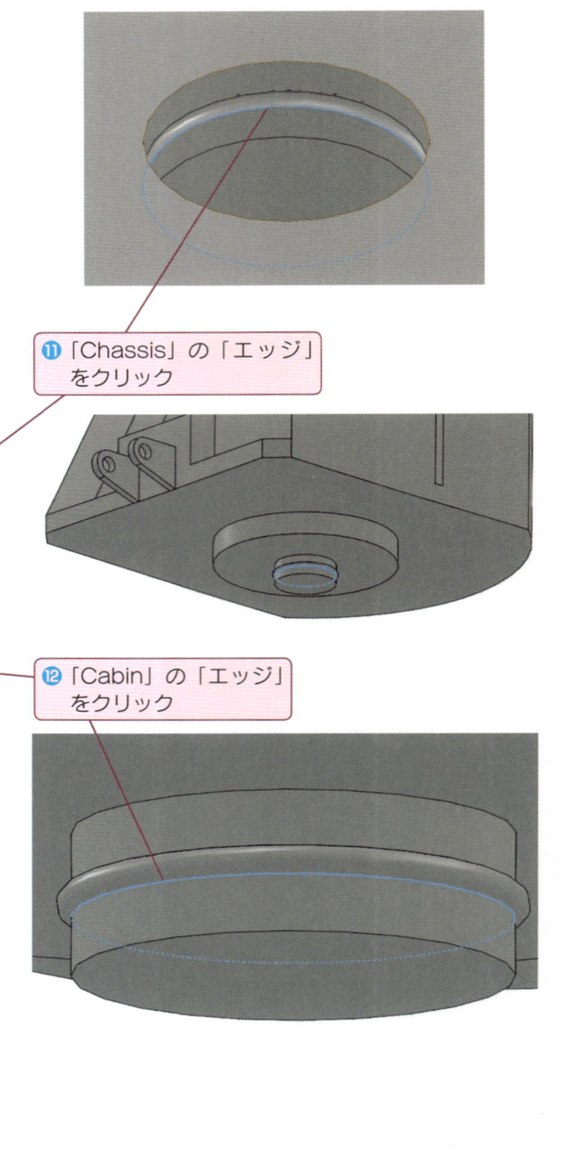
⓫「Chassis」の「エッジ」をクリック
⓬「Cabin」の「エッジ」をクリック
一致1
合致
解析
合致設定(S)
ｴｯｼﾞ<1>@Chassis-1
ｴｯｼﾞ<2>@Cabin-1
標準合致(A)
一致(C)
平行(R)
垂直(P)
正接(T)
同心円(N)
ﾛｯｸ(O)
1.00mm
30.00deg
合致の整列状態:
「一致」の確認
裏・表を切り替え
※次ページ参照

プレビューを確認し，Cabinの向きが裏表逆になっていた場合には，PropertyManagerの「合致の整列状態」のアイコン をクリックして正しい向きになおし，「✓OK」をクリックします。

上記の操作は，面をクリックしたときに表示される合致ポップアップツールバーからも可能です。

「Cabin」をクリックして左右にドラッグし，モデルが正しく合致されているか確認します。

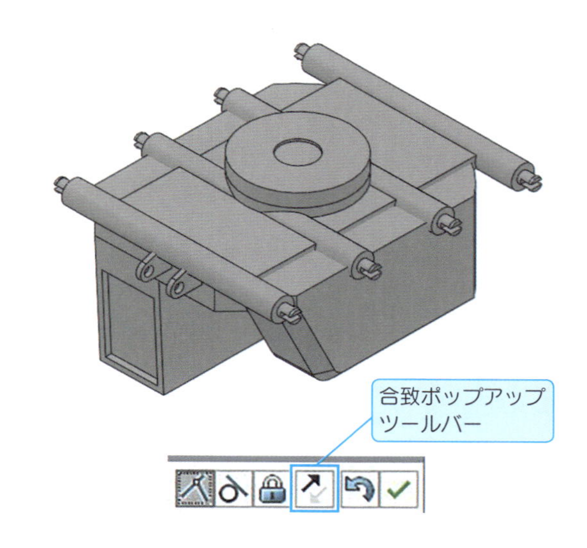
合致ポップアップツールバー

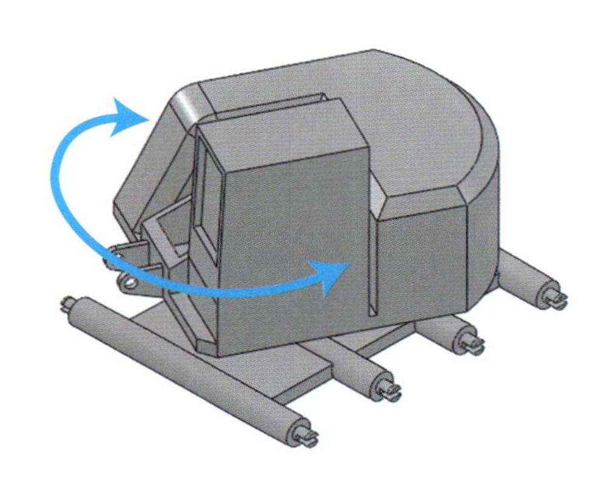

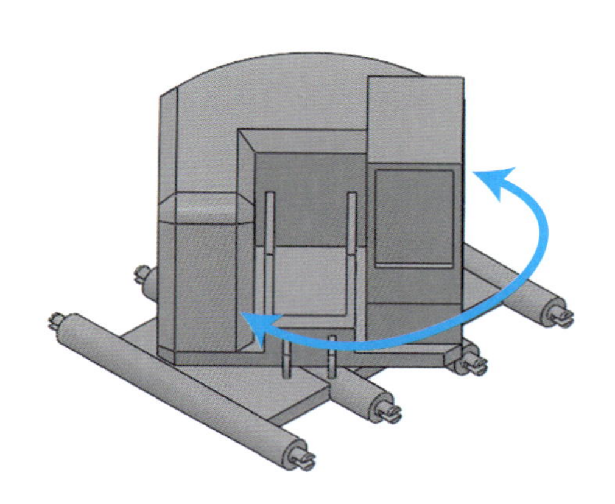

Point 34 合致の修正と削除

一度追加した合致は修正・削除可能です。

合致を修正したいときには，FeatureManagerデザインツリー上で該当する合致を選択し，右クリック→「フィーチャー編集」を選択します。設定した合致のPropertyManagerが開き，修正可能になります。

また，該当する合致を右クリック→「削除」を選択するか，該当する合致をクリックして「Delete」キーを押すことで削除できます。

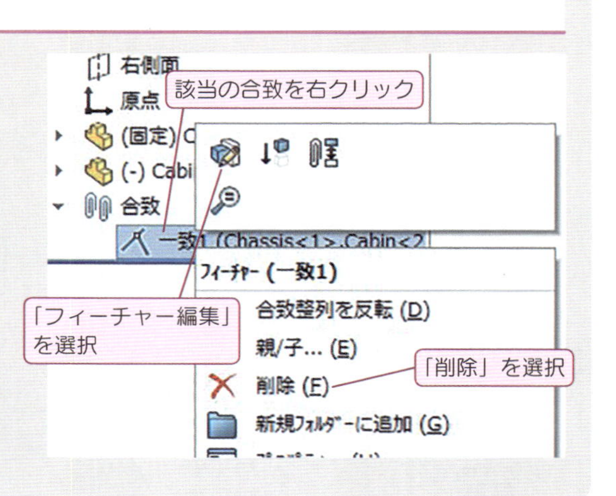
右側面
原点
該当の合致を右クリック
(固定) C
(-) Cabi
合致
一致1 (Chassis<1>,Cabin<2
フィーチャー (一致1)
合致整列を反転 (D)
親/子... (E)
削除 (F)
新規フォルダーに追加 (G)
「フィーチャー編集」を選択
「削除」を選択

6 部品「Cabin」と「Arm_No.1」の合致「同心円」

3と同様，「アセンブリ」タブ内の「既存の部品 / アセンブリ」をクリックし，「Arm_No.1」の部品ドキュメントを開き，グラフィックス領域に追加します。

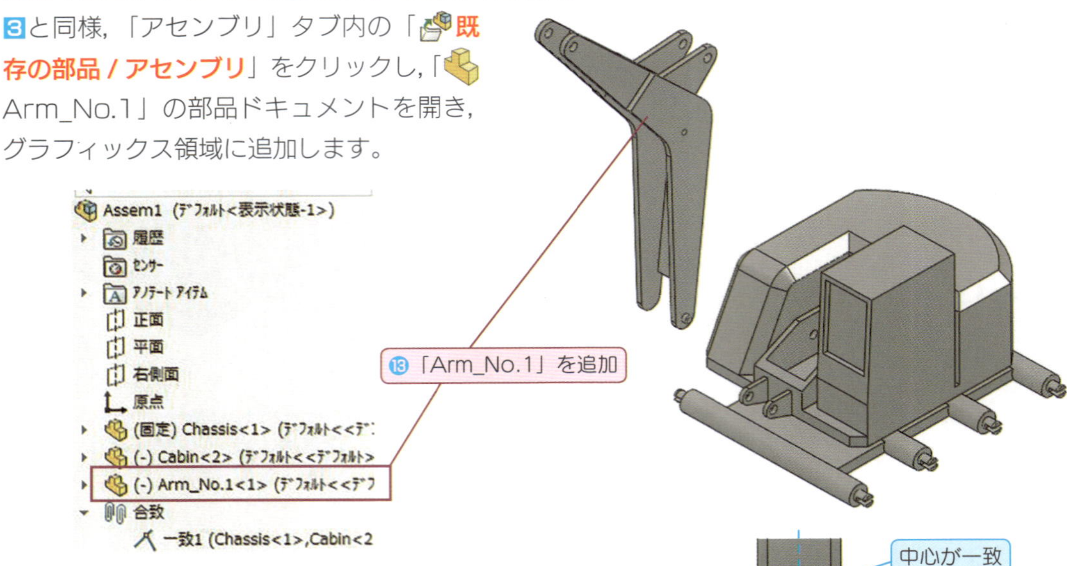
Assem1 (ﾃﾞﾌｫﾙﾄ<表示状態-1>)
履歴
ｾﾝｻｰ
ｱﾉﾃｰﾄ ｱｲﾃﾑ
正面
平面
右側面
原点
(固定) Chassis<1> (ﾃﾞﾌｫﾙﾄ<<ﾃﾞ
(-) Cabin<2> (ﾃﾞﾌｫﾙﾄ<<ﾃﾞﾌｫﾙﾄ>
(-) Arm_No.1<1> (ﾃﾞﾌｫﾙﾄ<<ﾃﾞﾌ
合致
一致1 (Chassis<1>,Cabin<2
⑬「Arm_No.1」を追加
中心が一致
円柱と穴のはめあい

つぎに，「Arm_No.1」の機能を検証して，合致関係を考えてみます。

1つは，正面から見たときに2つの構成部品の中心が「一致」すること。もう1つは，「Arm_No.1」下部の円柱ボスと「Cabin」の穴ではめあいになることです。

最初に「アセンブリ」タブ内の「合致」をクリックします。FeatureManager デザインツリーを展開し，「Cabin」と「Arm_No.1」の「**右側面**」を合致エンティティとして選択し，「**一致**」の合致関係を追加します。

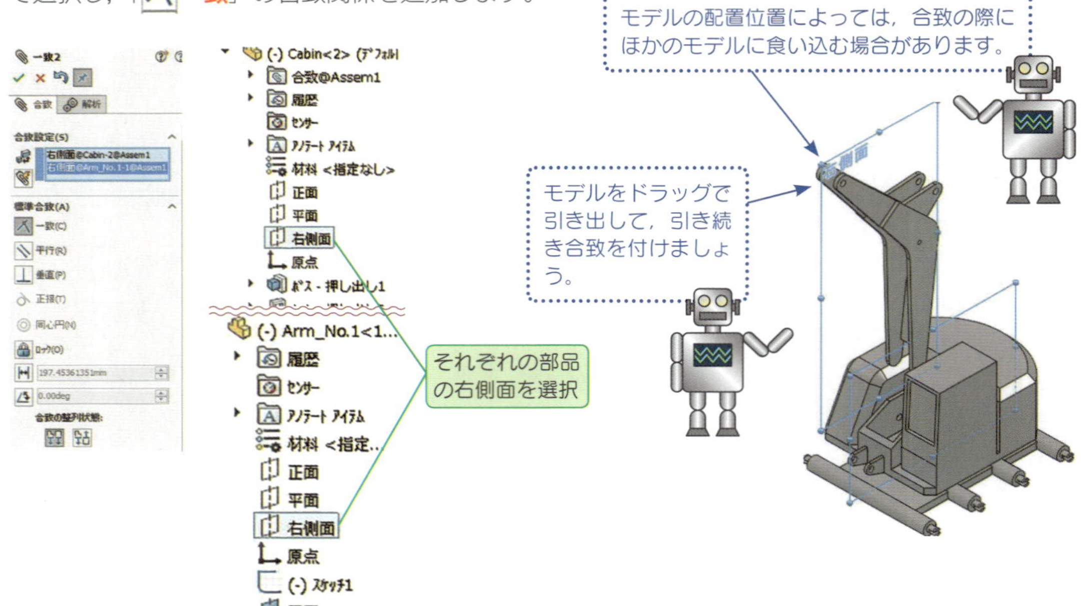
一致2
合致
解析
合致設定(S)
右側面@Cabin-2@Assem1
右側面@Arm_No.1-1@Assem1
標準合致(A)
一致(C)
平行(R)
垂直(P)
正接(T)
同心円(N)
ﾛｯｸ(O)
197.45361351mm
0.00deg
合致の整列状態:
(-) Cabin<2> (ﾃﾞﾌｫﾙﾄ
合致@Assem1
履歴
ｾﾝｻｰ
ｱﾉﾃｰﾄ ｱｲﾃﾑ
材料 <指定なし>
正面
平面
右側面
原点
ﾎﾞｽ - 押し出し1
(-) Arm_No.1<1...
履歴
ｾﾝｻｰ
ｱﾉﾃｰﾄ ｱｲﾃﾑ
材料 <指定...
正面
平面
右側面
原点
(-) ｽｹｯﾁ1
それぞれの部品の右側面を選択
モデルの配置位置によっては，合致の際にほかのモデルに食い込む場合があります。
モデルをドラッグで引き出して，引き続き合致を付けましょう。

「アセンブリ」タブ内の「**合致**」をクリックします。グラフィックス領域から「Cabin」と「Arm_No.1」の右図の2つの円筒面を合致エンティティとして選択し，「**同心円**」の合致関係を追加します。

注意

アセンブリファイルの「右側面」ではありません。

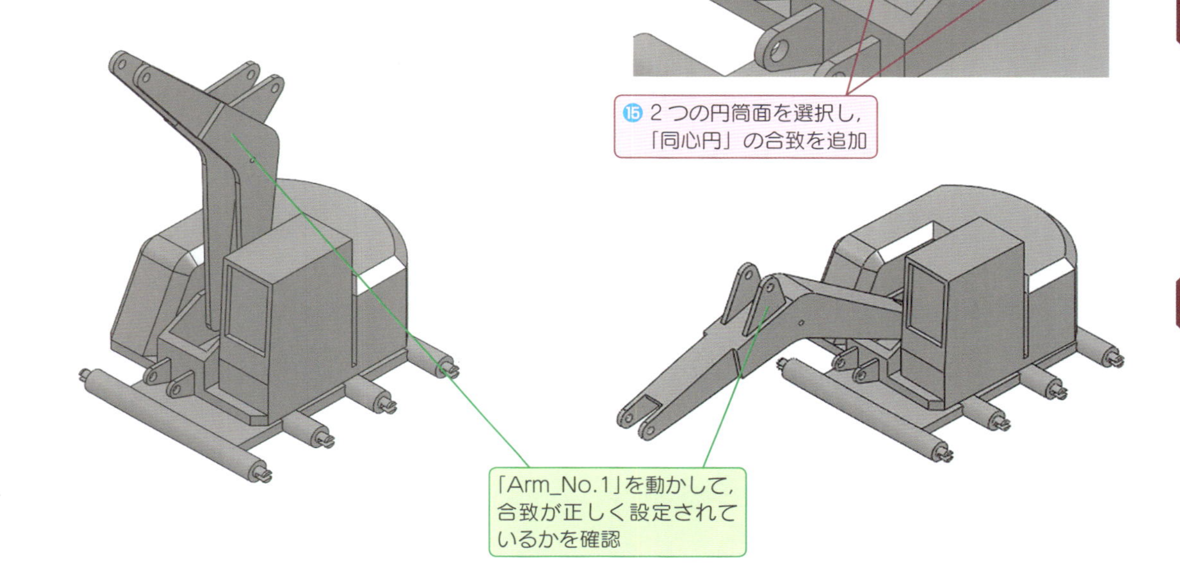
⑮ 2つの円筒面を選択し，「同心円」の合致を追加
「Arm_No.1」を動かして，合致が正しく設定されているかを確認

7 部品「Chassis」と「Wheel」の合致

3と同様に，「アセンブリ」タブ内の「**既存の部品／アセンブリ**」をクリックし，「Wheel」の部品ドキュメントを開き，グラフィックス領域に追加します。

Assem1 (ﾃﾞﾌｫﾙﾄ<表示状態-1>)
- 履歴
- ｾﾝｻｰ
- ｱﾉﾃｰﾄ ｱｲﾃﾑ
- 正面
- 平面
- 右側面
- 原点
- (固定) Chassis<1> (ﾃﾞﾌｫﾙﾄ<<ﾃﾞ
- (-) Cabin<2> (ﾃﾞﾌｫﾙﾄ<<ﾃﾞﾌｫﾙﾄ
- (-) Arm_No.1<1> (ﾃﾞﾌｫﾙﾄ<<ﾃﾞ
- (-) Wheel<1> (ﾃﾞﾌｫﾙﾄ<<ﾃﾞﾌｫﾙﾄ
- 合致

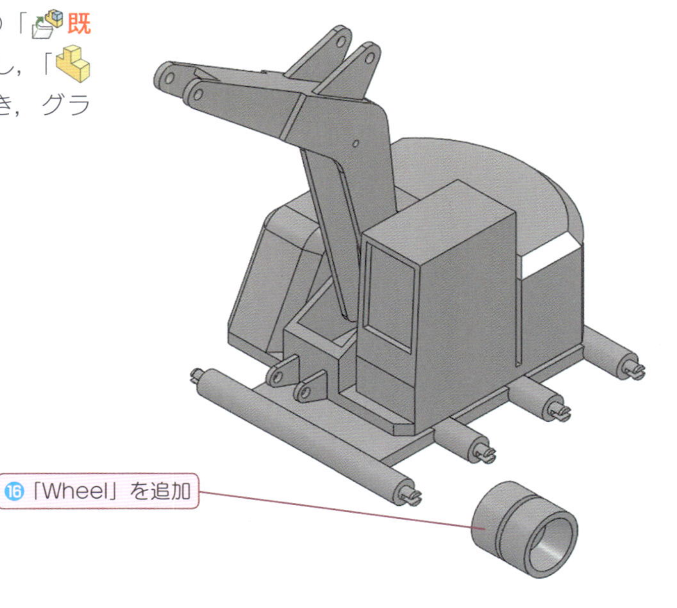
⑯「Wheel」を追加

「アセンブリ」タブ内の「合致」をクリックします。つぎに，グラフィックス領域の右図の「Chassis」と「Wheel」の面を合致エンティティとして選択して，「一致」の合致関係を設定します。
（合致面に注意しましょう）

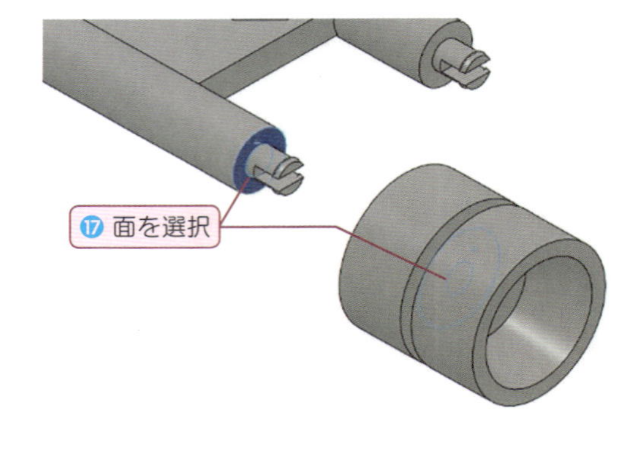
⑰ 面を選択

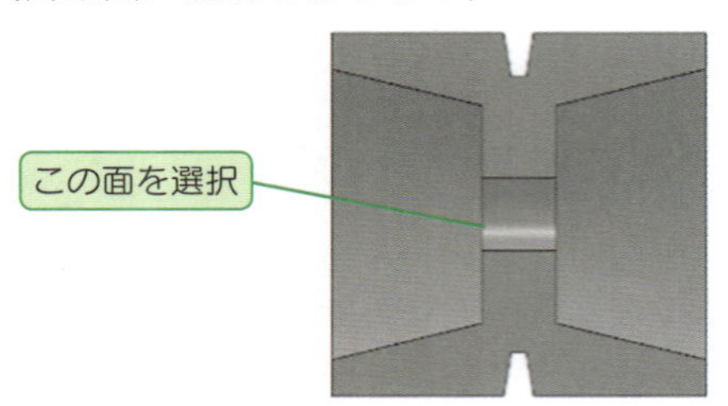
この面を選択

続いて，「Chassis」と「Wheel」の円筒面を選択して，「同心円」の合致関係を設定します。

⑱ 2つの円筒面を選択して，「同心円」の合致

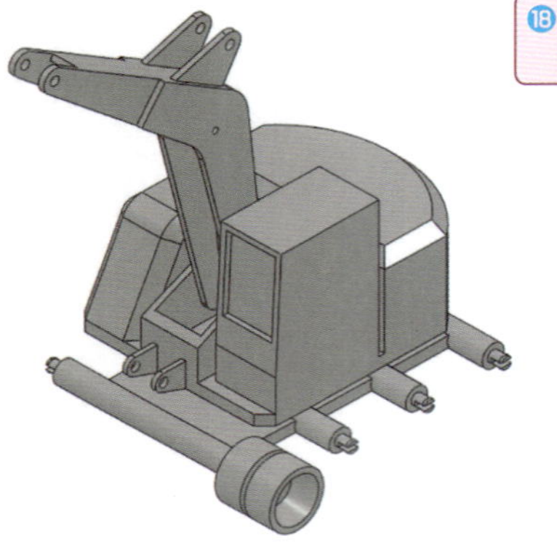

8 同一構成部品の挿入

FeatureManager デザインツリー上で,「Ctrl」キーを押した状態で,「Wheel」をグラフィックス領域内の任意の位置にドラッグ＆ドロップします。

最初に挿入した「Wheel」と同様に，「Chassis」に合致拘束を追加します。

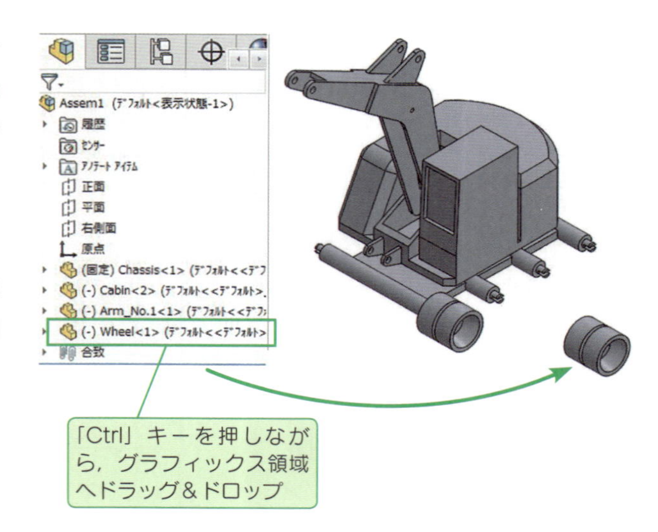
Assem1 (ﾃﾞﾌｫﾙﾄ<表示状態-1>)
履歴
ｾﾝｻｰ
ｱﾉﾃｰﾄ ｱｲﾃﾑ
正面
平面
右側面
原点
(固定) Chassis<1> (ﾃﾞﾌｫﾙﾄ<<ﾃﾞﾌ
(-) Cabin<2> (ﾃﾞﾌｫﾙﾄ<<ﾃﾞﾌｫﾙﾄ>
(-) Arm_No.1<1> (ﾃﾞﾌｫﾙﾄ<<ﾃﾞﾌ
(-) Wheel<1> (ﾃﾞﾌｫﾙﾄ<<ﾃﾞﾌｫﾙﾄ>
合致
「Ctrl」キーを押しながら，グラフィックス領域へドラッグ＆ドロップ

1つめの「Wheel」とは反対側の位置に，「一致」と「同心円」合致を使用して取り付けましょう。

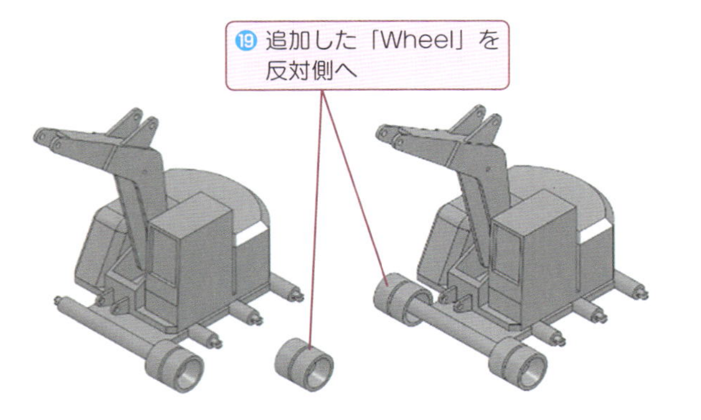
⑲ 追加した「Wheel」を反対側へ

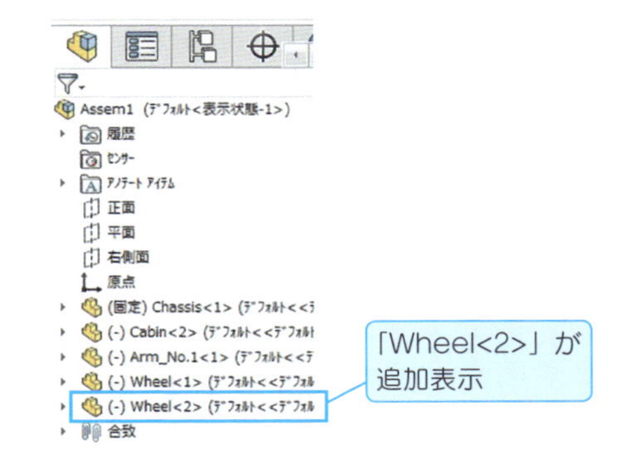
「Wheel<2>」が追加表示

9 構成部品パターン

残りの「Wheel」を「構成部品パターン」でコピーして追加します。

ここでは，「Chassis」作成時に利用した「直線パターン1」を利用して，構成部品をコピーします。

メニューバーから「挿入」→「構成部品パターン」→「パターン駆動」とメニュー選択します。

「パターン駆動」の PropertyManager が開きます。

「パターン化する構成部品」に，グラフィックス領域上で2つの「Wheel」をクリックして，設定します。

「駆動フィーチャーや構成部品」の欄をクリックしてアクティブにし，FeatureManager デザインツリーから「Chassis」の「直線パターン1」をクリックして設定します。

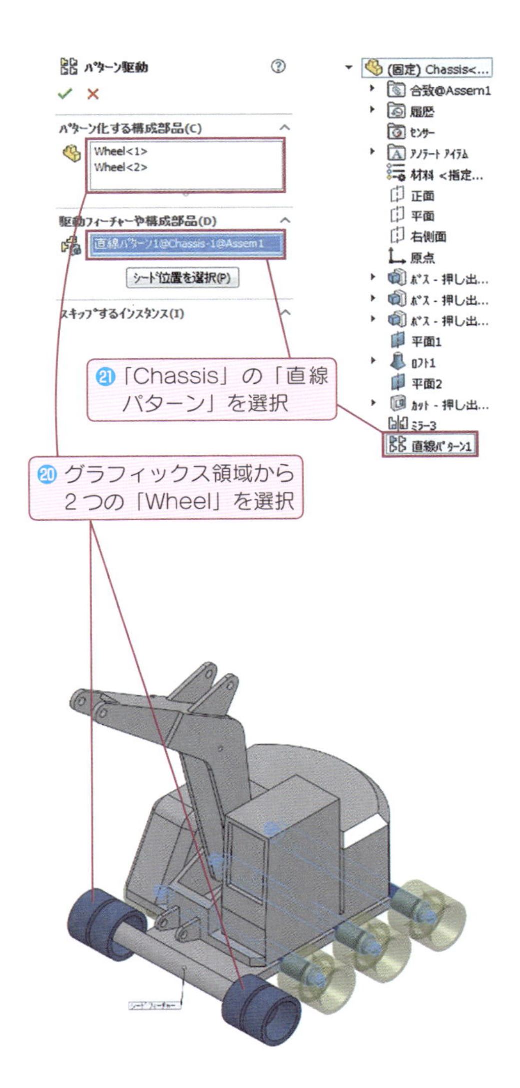
㉑「Chassis」の「直線パターン」を選択
⑳ グラフィックス領域から2つの「Wheel」を選択

「✓OK」をクリックすると，「パターン駆動」が完了します。

FeatureManager デザインツリーを見ると，「合致」の下に「参照直線パターン 1」が追加され，「Wheel」が 6 つ挿入されています。

FeatureManager デザインツリーに「参照直線パターン 1」が追加
参照直線ﾊﾟﾀｰﾝ1
(-) Wheel<3>
(-) Wheel<4>
(-) Wheel<5>
(-) Wheel<6>
(-) Wheel<7>
(-) Wheel<8>

10 保存

ここでいったん，このアセンブリドキュメントに「Shovelcar」と名前を付けて，フォルダ「Shovelcar」の直下に保存してください。（➡ P.73）

保存ができたら，ドキュメントを閉じてください。

練習問題 12 アセンブリ「Cylinder」の作成 解答は P.204

新規アセンブリドキュメントの作成を開始します。
作成した「Cylinder_01」と「Cylinder_02」をアセンブリしてください。

作成したアセンブリドキュメントは，「Cylinder」という名前で，フォルダ「Cylinder_part」の直下に保存してください。（➡ P.73）

ヒント アセンブリ方法

先に「Cylinder_02」を配置しましょう。
「◎同心円」合致を追加します。合致の方向に注意しましょう。

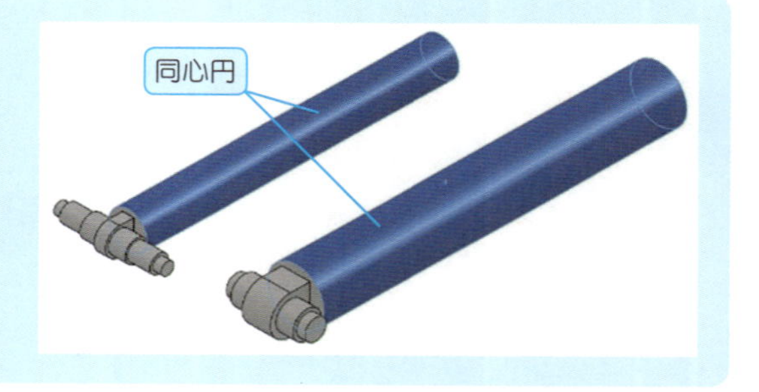
同心円

3.4 「サブアセンブリ」の合致と設定

練習問題 12 で作成した「Cylinder」を，「Shovelcar」に追加・合致させます。

1 アセンブリドキュメントを開く

メニューバーの「開く」から，保存した「Shovelcar」を開きます。（➡ P.73）

❶「Shovelcar」を開く

2 アセンブリ「Cylinder」の挿入と合致

「アセンブリ」タブ内の「**既存の部品 / アセンブリ**」をクリックし，「Cylinder」を挿入します。（挿入するファイルの種類に注意しましょう）

つぎの 2 つの合致を追加します。

① 「Cabin」の「右側面」とサブアセンブリ「Cylinder」の「右側面」に「**一致**」合致を追加します。このとき，右図のように「Cylinder」を右クリックしながらドラッグして，回転させてから合致させます。

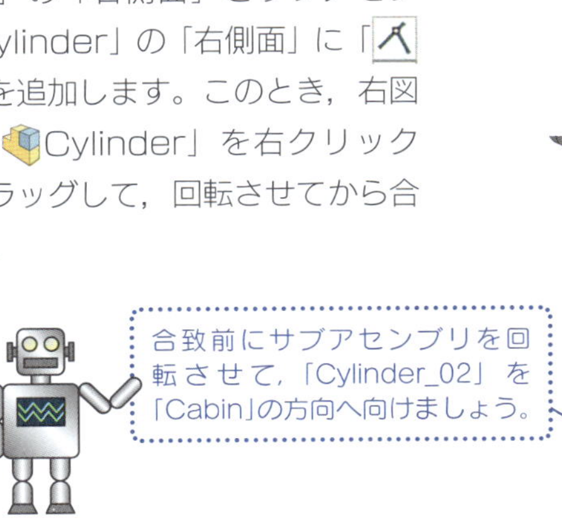
合致前にサブアセンブリを回転させて，「Cylinder_02」を「Cabin」の方向へ向けましょう。

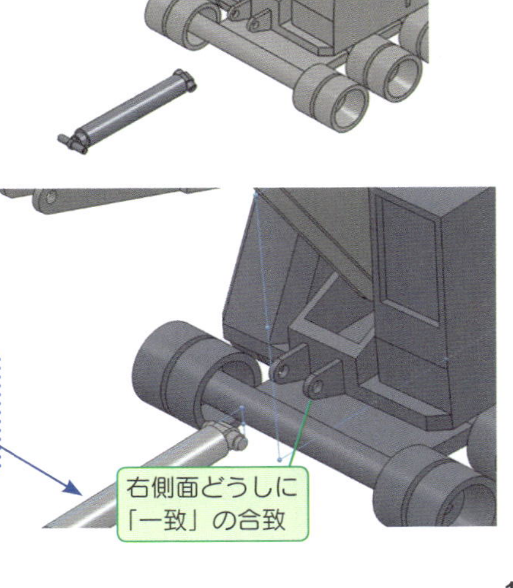
❷「Cylinder」を挿入
右側面どうしに「一致」の合致

② 「Cabin」の穴の円筒面と，「Cylinder_02」の円筒面の間に「◎同心円」合致を追加します。

❸「Cabin」と「Cylinder_02」に「合致」設定

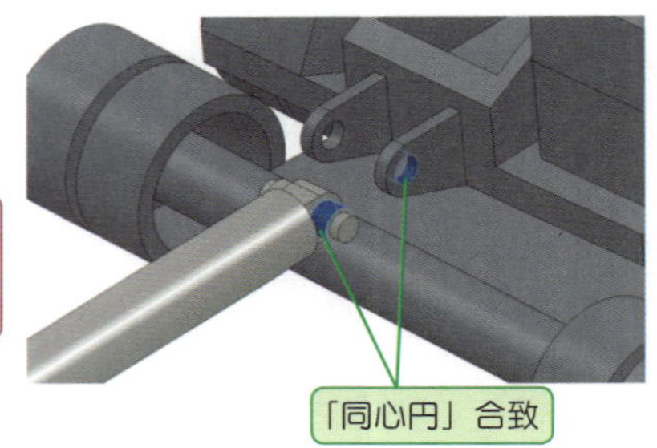
「同心円」合致

Point 35 アセンブリ「Cylinder」をピストン運動させる―「フレキシブル」

「Cylindar_01」をドラッグして，動かしてみましょう。上下にスライドしますが，ピストン運動はしません。これは，本来なら稼働するはずの「Cylinder」が，サブアセンブリとしてほかのアセンブリに読み込まれると，1つの塊としてSOLIDWORKSで認識されてしまうからです。「Cylinder」をドラッグしてピストン運動させるためには，つぎのように設定します。

FeatureManagerデザインツリー上で「Cylinder」を右クリック→「構成部品プロパティ」のショートカットアイコンを選択します。構成部品プロパティダイアログボックスが表示されるので，「次のように解決」の「フレキシブル」を選択して「OK」をクリックします。

構成部品ﾌﾟﾛﾊﾟﾃｨ

一般ﾌﾟﾛﾊﾟﾃｨ
構成部品名(N): Cylinder　ｲﾝｽﾀﾝｽ ID(I): 1　名前全体(E): Cylinder<1>
構成部品参照(F):
ｽﾌﾟｰﾙ参照(F):
構成部品の注記(D): Cylinder
ﾓﾃﾞﾙ ﾄﾞｷｭﾒﾝﾄ ﾊﾟｽ(D): C:¥Users¥PLANER 1079¥Desktop¥WS画像フォルダ¥Shovelcar¥Cylinder_p
(構成部品(複数可)のﾓﾃﾞﾙを置き換えるには、ﾌｧｲﾙ/置き換え ｺﾏﾝﾄﾞを使用してください)
表示状態特有のﾌﾟﾛﾊﾟﾃｨ
構成部品の非表示(M)
参照された表示状態
表示状態-1
次の表示ﾌﾟﾛﾊﾟﾃｨを変更:
ｺﾝﾌｨｷﾞｭﾚｰｼｮﾝ特有のﾌﾟﾛﾊﾟﾃｨ
参照されたｺﾝﾌｨｷﾞｭﾚｰｼｮﾝ
ﾃﾞﾌｫﾙﾄ
抑制状態
抑制(S)
解除(R)
ﾗｲﾄ ｳｪｲﾄ
次のように解決
ﾘｼﾞｯﾄﾞ(R)
ﾌﾚｷｼﾌﾞﾙ(F)
ｴﾝﾍﾞﾛｰﾌﾟ
部品表から除外
次のﾌﾟﾛﾊﾟﾃｨを変更:
OK(K)　ｷｬﾝｾﾙ(C)　ﾍﾙﾌﾟ(H)

「フレキシブル」にチェック

FeatureManagerデザインツリー上の「Cylinder」のアセンブリアイコンがから へ変化し，「Cylinder」がピストン運動できるようになります。

「Cylinder」を「リジッド」から「フレキシブル」に変更します。（➡ P.134）

つぎに，右図で指示されている「Arm_No.1」と「Cylinder_01」の円筒面に「同心円」合致を追加します。

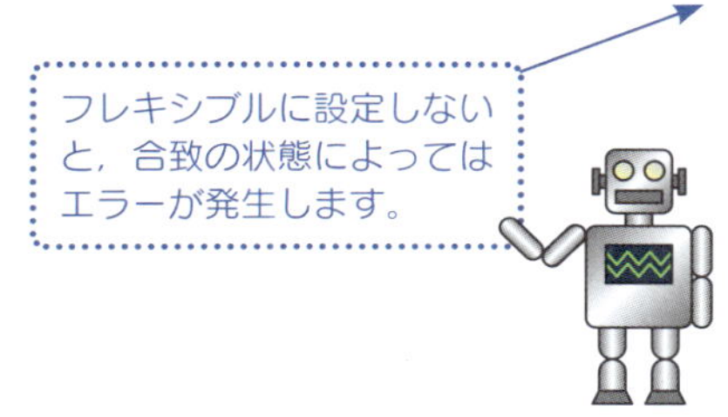

フレキシブルに設定しないと，合致の状態によってはエラーが発生します。

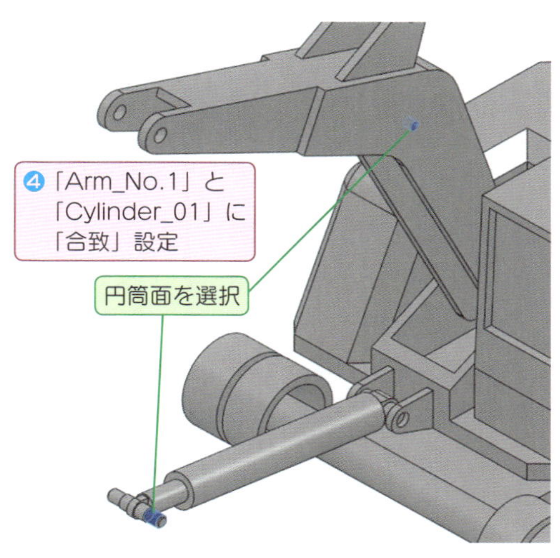

❹「Arm_No.1」と「Cylinder_01」に「合致」設定
円筒面を選択

「Cylinder」と「Arm_No.1」に合致の関係が設定され，右図のような状態になります。

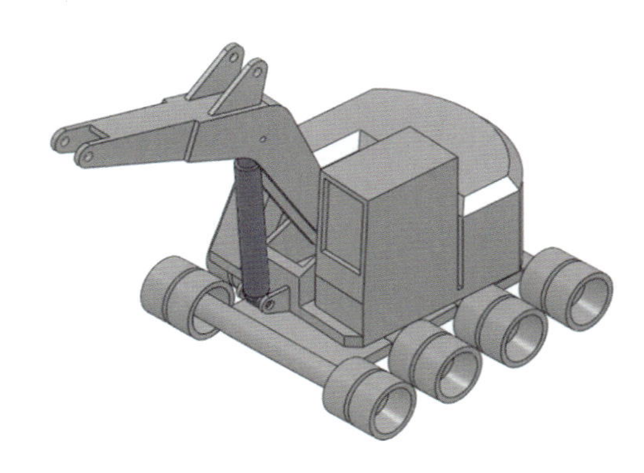

「Arm_No.1」をドラッグすると，それに合わせて「Cylinder」も動きます。

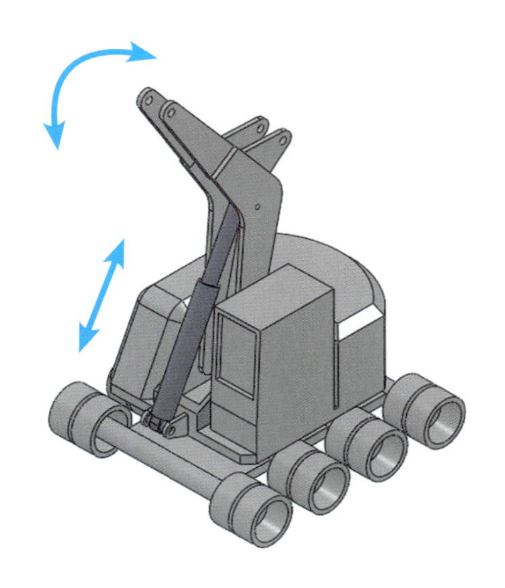

3.5 アセンブリ内での新規部品作成

部品ドキュメントは，アセンブリドキュメント内で，ほかの部品形状などを参照しながら，新規に作成していくことができます。
新規部品ドキュメント「Caterpillar」を，４つの「Wheel」に巻きつけるように作成します。

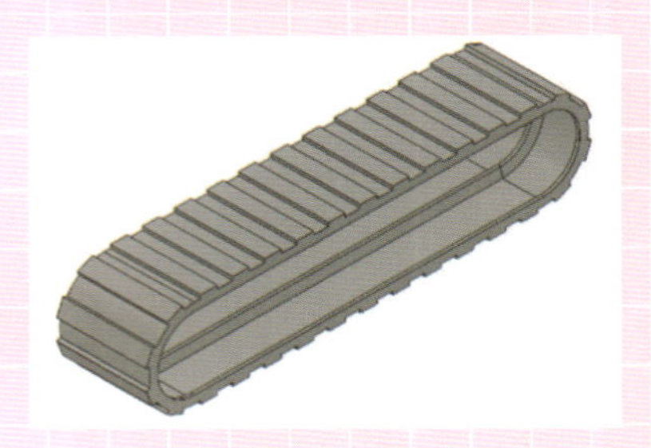

1 アセンブリしたほかの部品を参照して新規部品作成

「Shovelcar」のアセンブリドキュメントが開かれている状態で，メニューの「**挿入**」→「**構成部品**」→「**新規部品**」の順に選びます。

注意　「新規 SOLIDWORKS ドキュメント」のダイアログが表示された場合は，部品ドキュメントを選択してください。

画面下のステータスバーに以下のメッセージが表示されます。

新しい部品を配置する面または平面を選択して下さい。

それと同時に，アイコンが「」の形状に変化します。

新しい部品を挿入する「**面**」をクリックします。今回は，FeatureManager デザインツリーのアセンブリ「Shovelcar」のデフォルト面「**正面**」をクリックします。

すると，ほかの構成部品が半透明化して，FeatureManager デザインツリーに青文字で「Part1^Shovelcar」が追加されます。

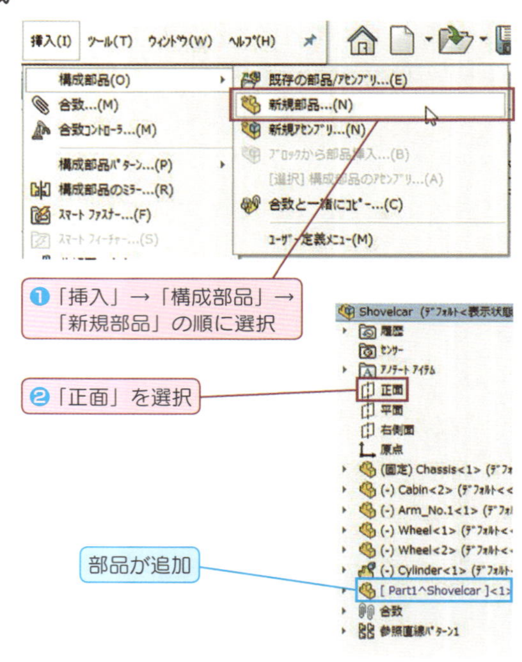

挿入(I)　ツール(T)　ウィンドウ(W)　ヘルプ(H)
構成部品(O)
合致...(M)
合致コントローラ...(M)
構成部品パターン...(P)
構成部品のミラー...(R)
スマート ファスナー...(F)
スマート フィーチャー...(S)
既存の部品/アセンブリ...(E)
新規部品...(N)
新規アセンブリ...(N)
合数と一緒にコピー...(C)
ユーザー定義メニュー(M)
❶「挿入」→「構成部品」→「新規部品」の順に選択
❷「正面」を選択
部品が追加
Shovelcar
センサー
正面
平面
右側面
原点
(固定) Chassis<1>
(-) Cabin<2>
(-) Arm_No.1<1>
(-) Wheel<1>
(-) Wheel<2>
(-) Cylinder<1>
[Part1^Shovelcar]<1>
合数

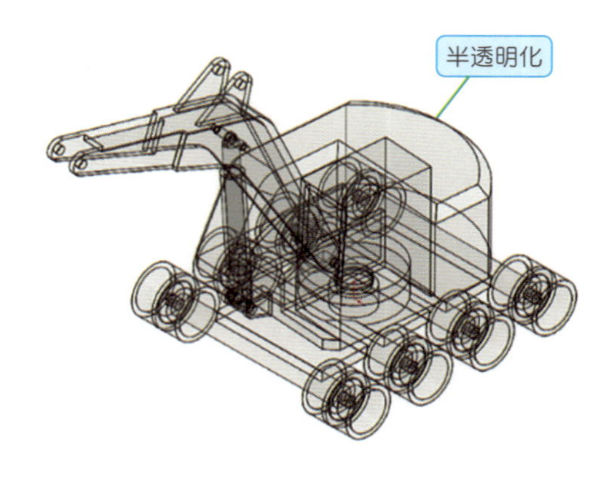

半透明化

ここで，部品作成前にファイルに名前を付けて保存する作業をおこないます。

メニューから「**指定保存**」を選択すると，右図のような指定保存のダイアログボックスが表示されます。

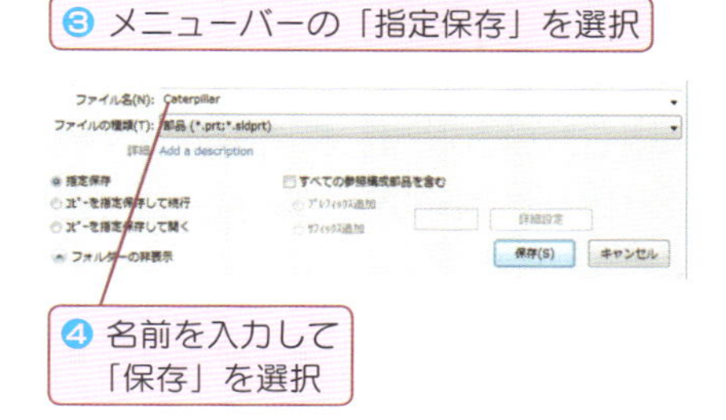
❸ メニューバーの「指定保存」を選択
ファイル名(N): Caterpillar
ファイルの種類(T): 部品 (*.prt;*.sldprt)
保存(S)
キャンセル
❹ 名前を入力して「保存」を選択

これから挿入する新規部品の名前を付けて保存します。
今回は「**Caterpillar**」と入力して，「**保存**」をクリックします。

新規部品の挿入※をすると，先ほど追加したFeatureManager デザインツリーの「Part1^Shovelcar」の名前が青文字のまま「Caterpillar」に変化します。

表示されているのはアセンブリドキュメントですが，現在「Caterpillar」の部品ドキュメントに対して編集をおこなう状態になっています。
この状態で作成したスケッチおよびフィーチャーはすべて「Caterpillar」の要素として作成されます。

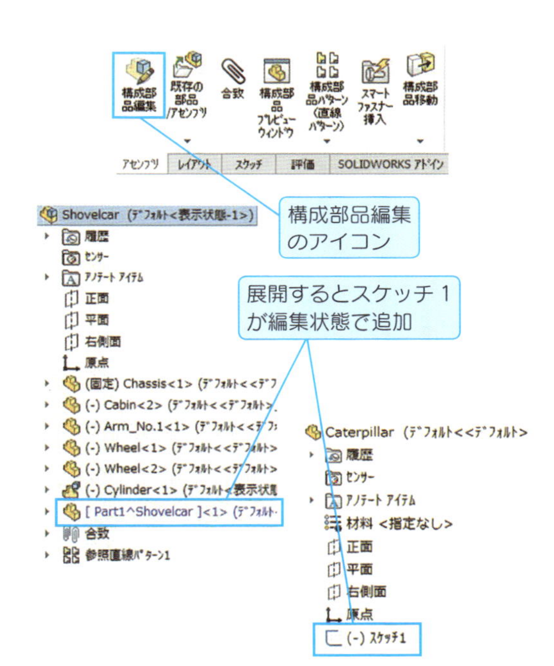
構成部品編集
既存の部品/アセンブリ
合致
スマートファスナー挿入
構成部品移動
アセンブリ
レイアウト
スケッチ
評価
SOLIDWORKS アドイン
構成部品編集のアイコン
展開するとスケッチ1が編集状態で追加
Shovelcar
履歴
センサー
アノテートアイテム
正面
平面
右側面
原点
(固定) Chassis<1>
(-) Cabin<2>
(-) Arm_No.1<1>
(-) Wheel<1>
(-) Wheel<2>
(-) Cylinder<1>
[Part1^Shovelcar]<1>
合致
参照直線パターン1
Caterpillar
材料 <指定なし>
(-) スケッチ1

Point 36 新規部品の挿入

新規部品を挿入すると，以下の状態になります。

- 新規部品ドキュメントが作成されます。
- 新規部品がアセンブリの構成部品として FeatureManager デザインツリーに追加されます。
- 新規部品の正面と選択した面（この例では，デフォルト平面の「正面」）が一致します。さらに，挿入した平面にその平面が属する原点を投影した位置が新規部品の原点となります。
- 部品編集モードとなり，「アセンブリ」タブ内の「構成部品編集」がオンの状態となり，FeatureManager デザインツリー上で「Caterpillar」の文字がほかとは異なる色で表示されます。そして，新規部品の「正面」（選択した面）でスケッチが開始されます。
- 「相対固定」の合致が追加されます。相対固定が追加されることにより，挿入した新規部品は位置が完全に決定された状態となります。

2 スイープ（外部参照）

すでに開始状態になっているスケッチで「Caterpillar」の断面形状を描きます。これは「スイープ」の輪郭として使用します。

「デフォルト平面」の「正面」を選択アイテムに垂直に表示して，右図のスケッチを描きます。

ヒント 1　「Wheel」と接する線は「Wheel」のエッジを「エンティティ変換」して描きます。

ヒント 2　鉛直な中心線の端点は，エッジの「**中点**」の幾何拘束を設定します。

ヒント 3　中心線を基準に，左右対称の幾何拘束を設定します。

輪郭のスケッチが完全定義になったらスケッチを終了します。つぎに，パスをスケッチします。「Caterpillar」のデフォルト平面「右側面」で，スケッチを開始します。

「スケッチ」タブ内の「**中心点ストレートスロット**」で，右図のように原点と「Wheel」の中心とが一致したスケッチを描きます。

ヒント 4　右端（または左端）の「Wheel」のエッジとスケッチの円弧に「**同一円弧**」の拘束を設定しましょう。

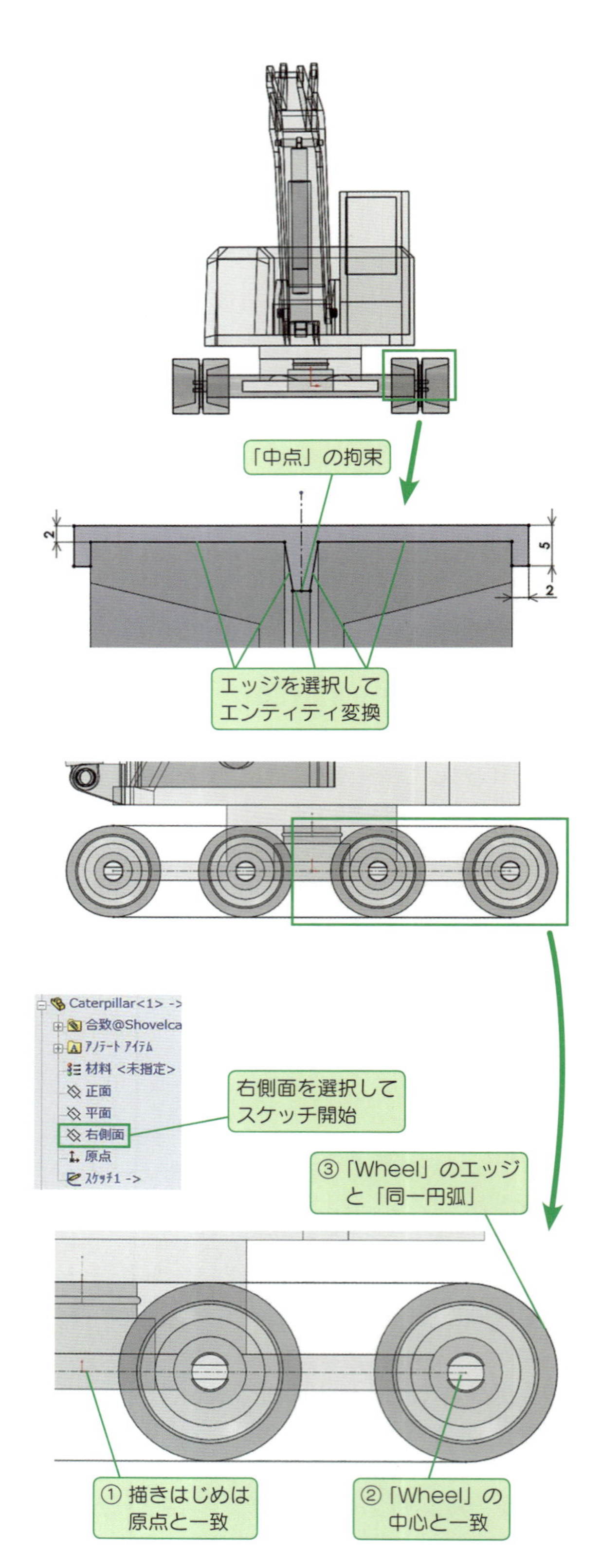

「中点」の拘束
2
5
2
エッジを選択して
エンティティ変換
Caterpillar<1> ->
合致@Shovelca
アノテート アイテム
材料 <未指定>
正面
平面
右側面
原点
スケッチ1 ->
右側面を選択して
スケッチ開始
③「Wheel」のエッジ
と「同一円弧」
① 描きはじめは
原点と一致
②「Wheel」の
中心と一致

スケッチを終了して，「フィーチャー」タブ内の「スイープ」を選択します。
「スケッチ 1」「スケッチ 2」の 2 つのスケッチを使用して，「スイープ」を作成します。

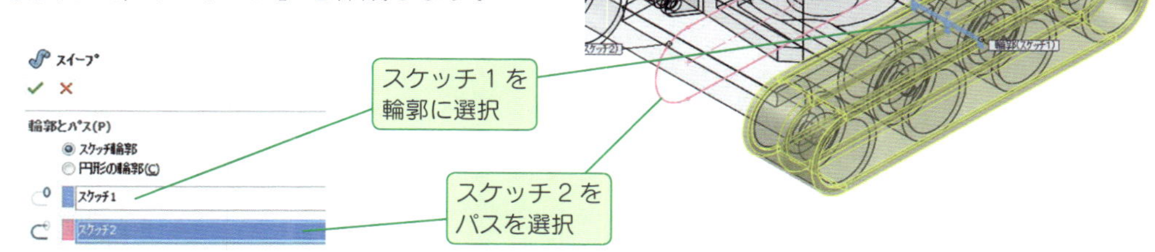

スイープ
輪郭とパス(P)
スケッチ輪郭
円形の輪郭(C)
スケッチ1
スケッチ2
スケッチ 1 を輪郭に選択
スケッチ 2 をパスを選択

「スイープ」が作成され，FeatureManager デザインツリーに「スイープ 1」が追加されます。

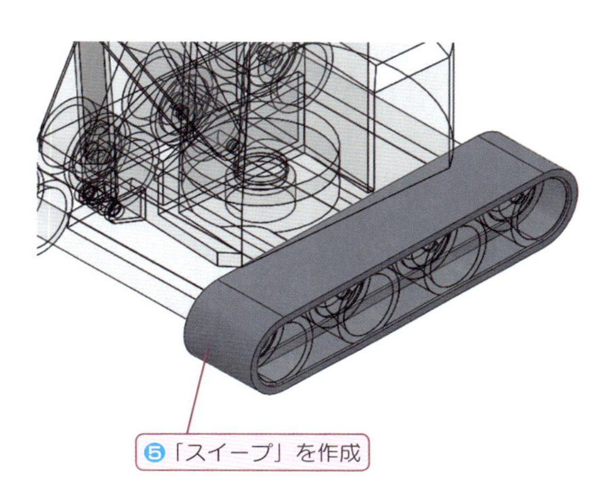

❺「スイープ」を作成

- Caterpillar<1> -> (デ:
  - 合致@Shovelcar
  - 履歴
  - センサー
  - アノテート アイテム
  - ソリッド ボディ(1)
  - 材料 <指定なし>
  - 正面
  - 平面
  - 右側面
  - 原点
  - スイープ1{ ->}
    - スケッチ1 ->
    - スケッチ2 ->

Point 37 外部参照

FeatureManager デザインツリーを確認すると，「Caterpillar」と「スイープ 1」「スケッチ 1」「スケッチ 2」に「->」というマークが付いています。これは，外部参照（ほかの部品やアセンブリを参照して部品を作成していること）を表します。「スケッチ 1」「スケッチ 2」は「Wheel」のエッジを外部参照して作成されているため，そのスケッチを使用した「スイープ 1」も外部参照が含まれており，外部参照マークが付きます。さらに，部品全体としても外部参照を含んでいるため，「Caterpillar」にも外部参照マークが付きます。

- Caterpillar<1> -> (デ:
  - 合致@Shovelcar
  - 履歴
  - センサー
  - アノテート アイテム
  - ソリッド ボディ(1)
  - 材料 <指定なし>
  - 正面
  - 平面
  - 右側面
  - 原点
  - スイープ1{ ->}
    - スケッチ1 ->
    - スケッチ2 ->

外部参照マーク

3 押し出しボス / ベース

「Caterpillar」のデフォルト平面「正面」でスケッチを開始し，以下のスケッチを描きます。（囲んだ部分を拡大しています）

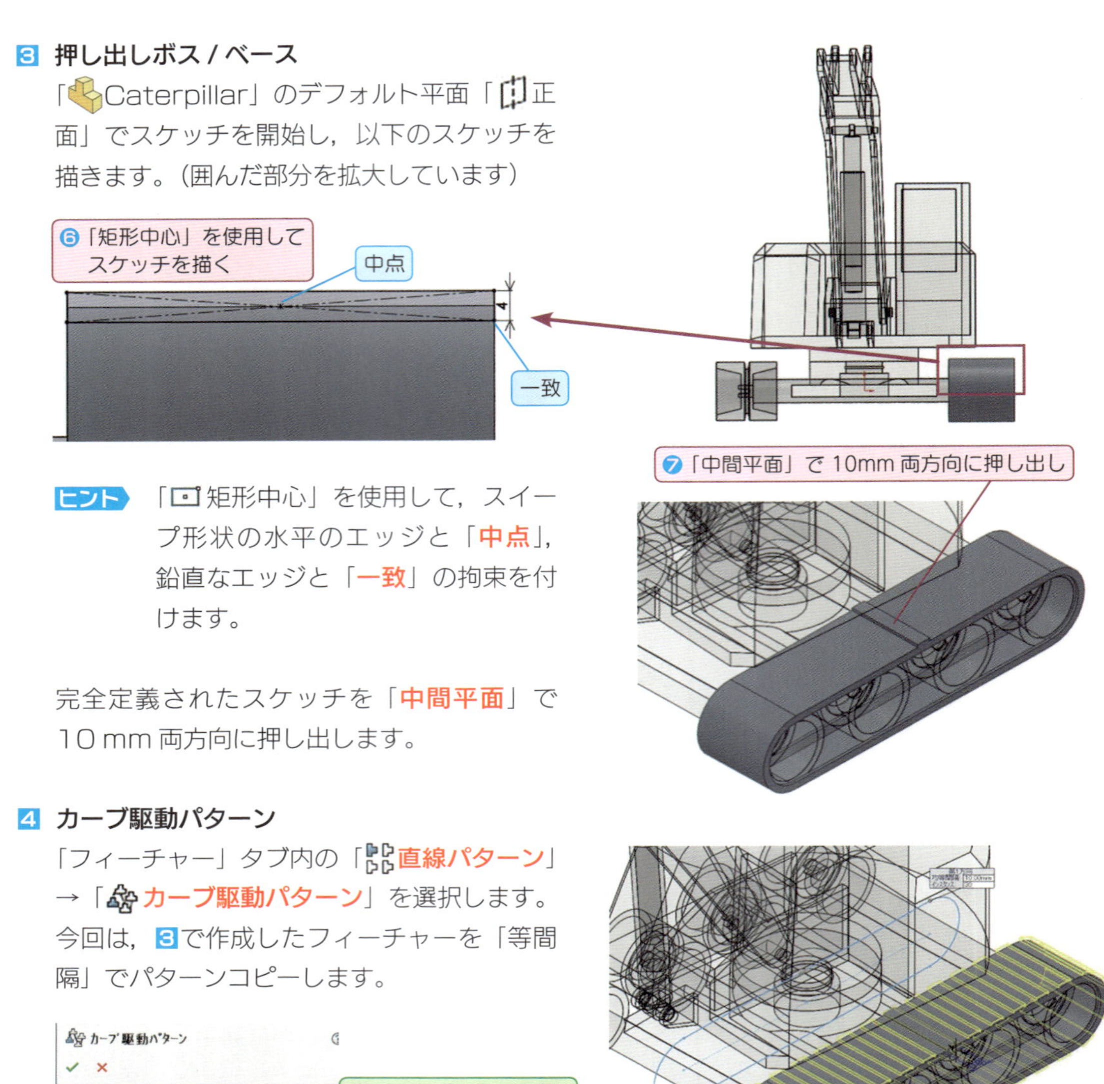

⑥「矩形中心」を使用してスケッチを描く
中点
4
一致
⑦「中間平面」で 10mm 両方向に押し出し

ヒント 「矩形中心」を使用して，スイープ形状の水平のエッジと「**中点**」，鉛直なエッジと「**一致**」の拘束を付けます。

完全定義されたスケッチを「**中間平面**」で 10 mm 両方向に押し出します。

4 カーブ駆動パターン

「フィーチャー」タブ内の「**直線パターン**」→「**カーブ駆動パターン**」を選択します。今回は，3で作成したフィーチャーを「等間隔」でパターンコピーします。

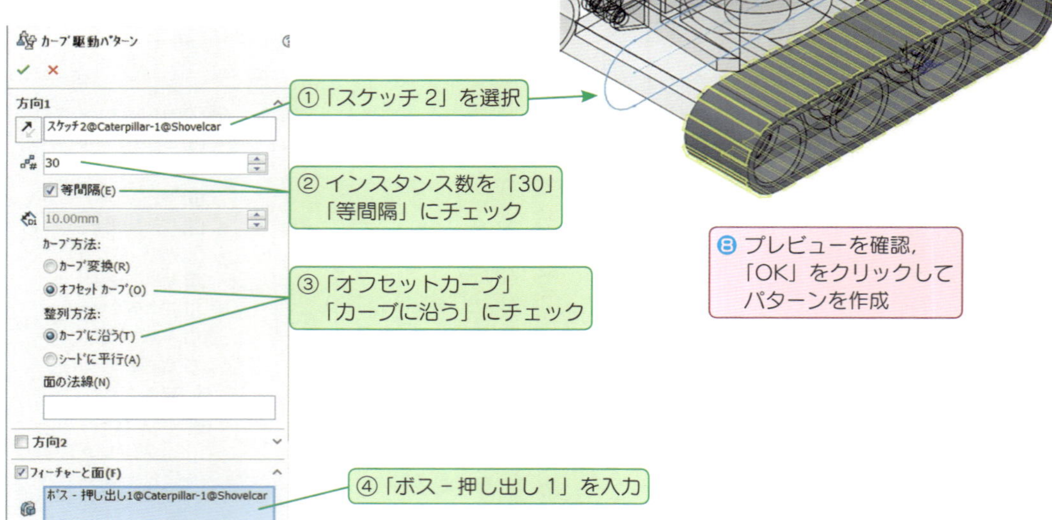

カーブ駆動パターン
方向1
スケッチ2@Caterpillar-1@Shovelcar
30
等間隔(E)
10.00mm
カーブ方法:
カーブ変換(R)
オフセットカーブ(O)
整列方法:
カーブに沿う(T)
シートに平行(A)
面の法線(N)
方向2
フィーチャーと面(F)
ボス - 押し出し1@Caterpillar-1@Shovelcar
①「スケッチ 2」を選択
②インスタンス数を「30」「等間隔」にチェック
③「オフセットカーブ」「カーブに沿う」にチェック
④「ボス - 押し出し 1」を入力
⑧プレビューを確認，「OK」をクリックしてパターンを作成

ヒント ①や④は，グラフィックス領域の Feature Manager デザインツリーを展開し，選択することもできます。

パターン形状が作成されました。「フィーチャー」タブ内の「構成部品編集」をクリックして編集を終了します。
グラフィックス領域の右上のをクリックしても編集を終了できます。

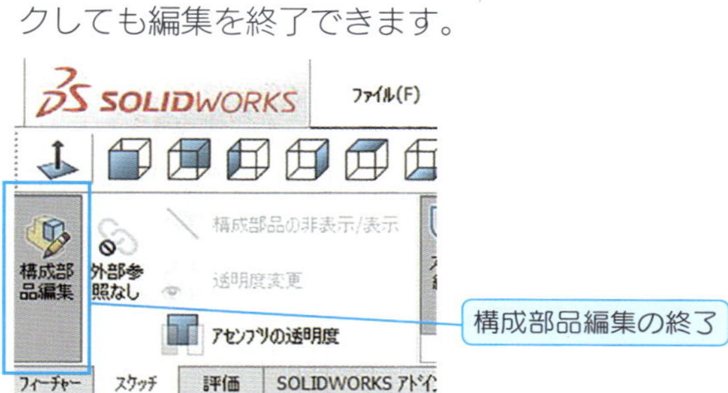

SOLIDWORKS
ファイル(F)
構成部品編集
外部参照なし
構成部品の非表示/表示
透明度変更
アセンブリの透明度
構成部品編集の終了
フィーチャー
スケッチ
評価

5 構成部品のミラー

アセンブリでも，作成した構成部品をミラーコピーすることができます。
「アセンブリ」タブ内の「構成部品パターン」→「構成部品のミラー」の順で選択します。

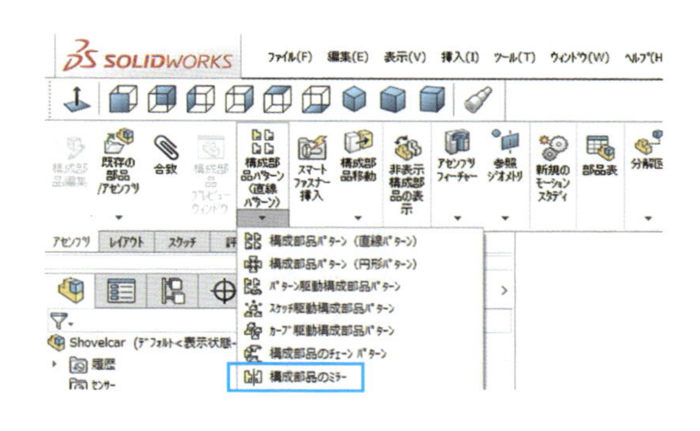

SOLIDWORKS
構成部品のミラー

「ミラー平面」にアセンブリ平面の「右側面」，「ミラーコピーする構成部品」に「Caterpillar」を選択し，「次へ」をクリックします。

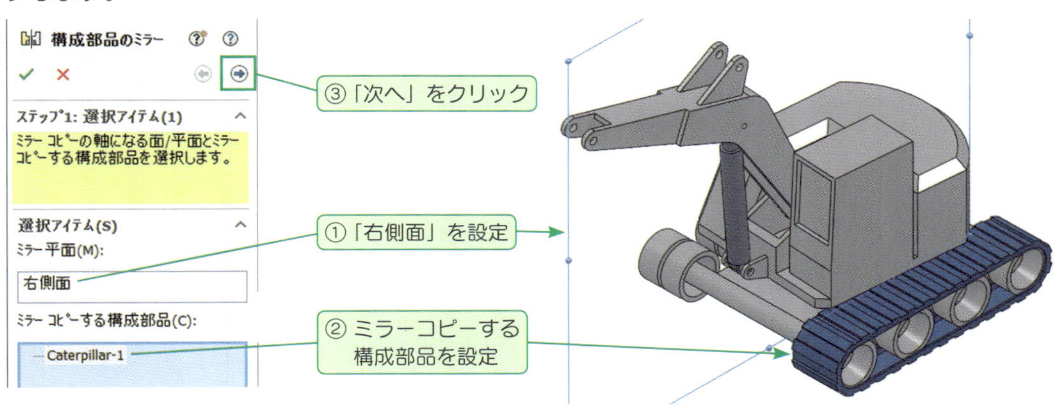

構成部品のミラー
ステップ1: 選択アイテム(1)
ミラー コピーの軸になる面/平面とミラー コピーする構成部品を選択します。
選択アイテム(S)
ミラー平面(M):
右側面
ミラー コピーする構成部品(C):
Caterpillar-1
③「次へ」をクリック
①「右側面」を設定
② ミラーコピーする構成部品を設定

注意 ②の時点では，まだプレビューは表示されません。

構成部品の表示方向の「反対側バージョンを作成」をクリックし，「✔OK」をクリックすると，「Chassis」の反対側に「Caterpillar」の構成部品がミラー配置されます。

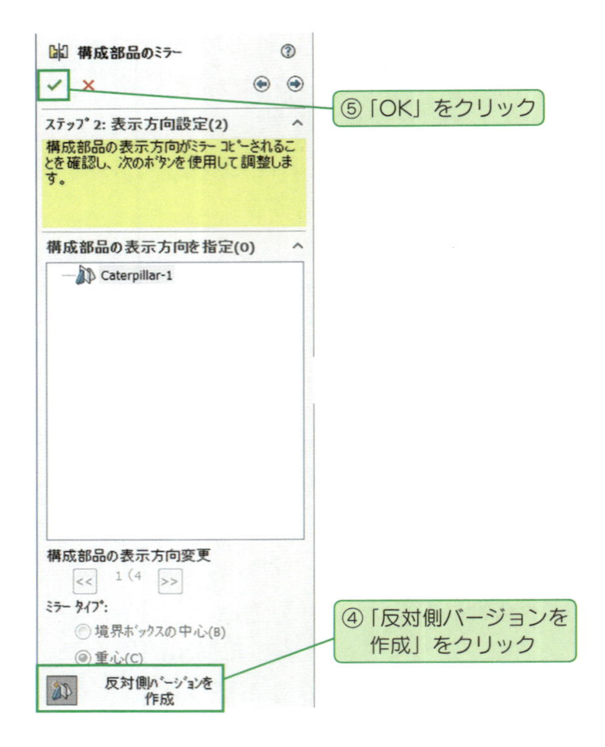

構成部品のミラー
⑤「OK」をクリック
ｽﾃｯﾌﾟ2: 表示方向設定(2)
構成部品の表示方向がﾐﾗｰ ｺﾋﾟｰされることを確認し、次のﾎﾞﾀﾝを使用して調整します。
構成部品の表示方向を指定(0)
Caterpillar-1
構成部品の表示方向変更
ﾐﾗｰ ﾀｲﾌﾟ:
境界ﾎﾞｯｸｽの中心(B)
重心(C)
反対側ﾊﾞｰｼﾞｮﾝを作成
④「反対側バージョンを作成」をクリック

6 部品「Arm_No.1」と「Arm_No.2」の合致

「アセンブリ」タブ内の「既存の部品／アセンブリ」をクリックして「Arm_No.2」の部品ドキュメントを開き，グラフィックス領域に追加します。

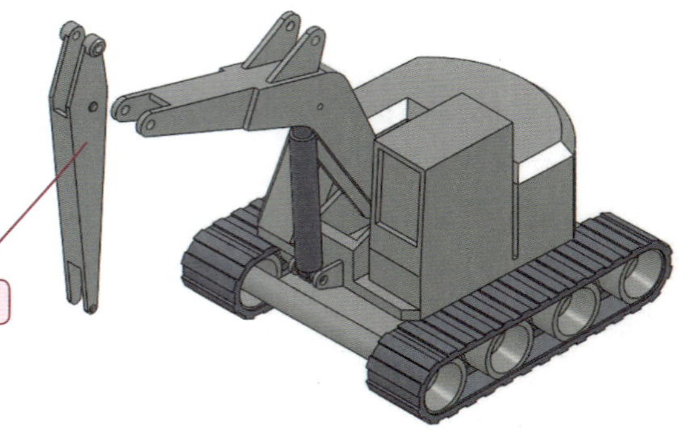

⑩「Arm_No.2」を追加

Point 38 編集状態の見分け方

アセンブリ編集状態と，部品編集状態の見分け方には，つぎの方法があります。

FeatureManager デザインツリー

部品編集状態のときには，編集中の部品の文字色がほかと異なります。

ツールバーの「構成部品編集」アイコン

部品編集状態のときには，アイコンが押された状態になっています。

ステータスバー

部品編集状態のときには「編集中：部品」，アセンブリ編集状態のときには「編集中：アセンブリ」と表示されます。

グラフィックス領域

部品編集状態のときには，編集中の部品以外の構成部品の色が半透明で表示されます。

「アセンブリ」タブ内の「合致」をクリックします。FeatureManager デザインツリーを展開し,「Arm_No.1」と「Arm_No.2」の右側面を合致エンティティとして選択して,「一致」の合致関係を追加します。

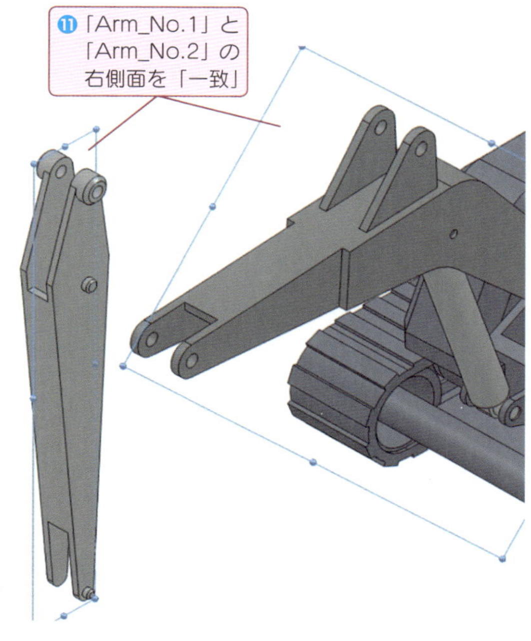
⑪「Arm_No.1」と
「Arm_No.2」の
右側面を「一致」

グラフィックス領域から,「Arm_No.1」と「Arm_No.2」の右図の2つの円筒面を合致エンティティとして選択し,「同心円」の合致関係を追加します。

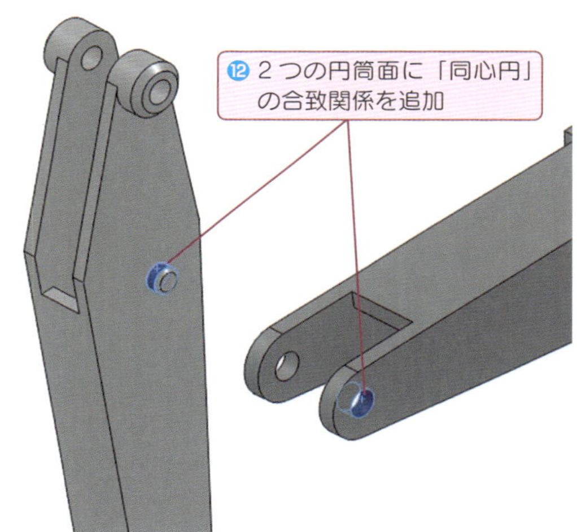
⑫ 2つの円筒面に「同心円」
の合致関係を追加

「Arm_No.1」と「Arm_No.2」に合致の関係が設定されました。

7 部品「Arm_No.2」と「Shovel」の合致

6と同様に，グラフィックス領域に「Shovel」を追加します。

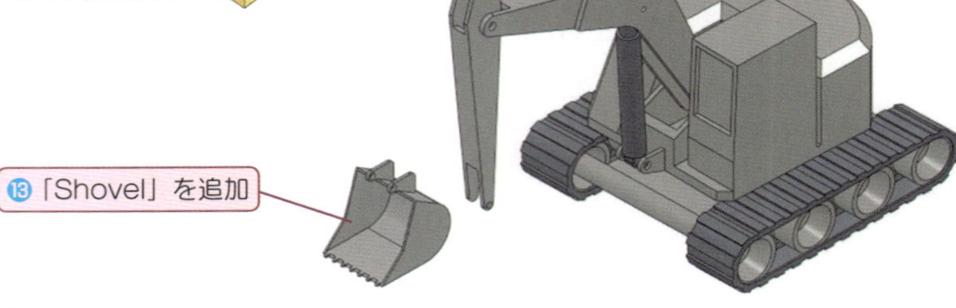
⑬「Shovel」を追加

「アセンブリ」タブ内の「合致」をクリックし，「Shovel」と「Arm_No.2」のそれぞれの右側面に，「一致」の合致を追加します。

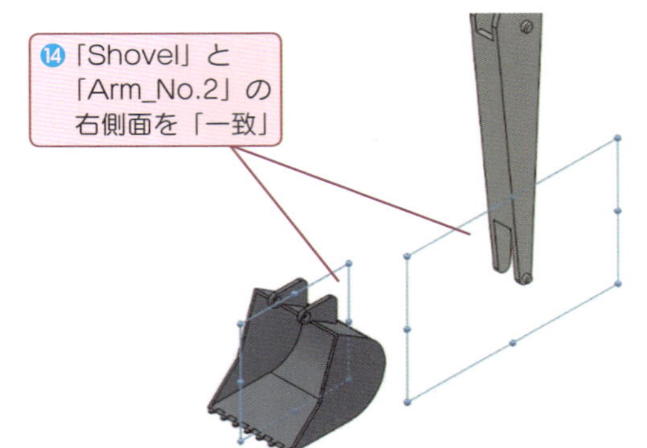
⑭「Shovel」と「Arm_No.2」の右側面を「一致」

グラフィックス領域から「Shovel」と「Arm_No.2」の右図の２つの円筒面を選択し，「同心円」の合致を追加します。

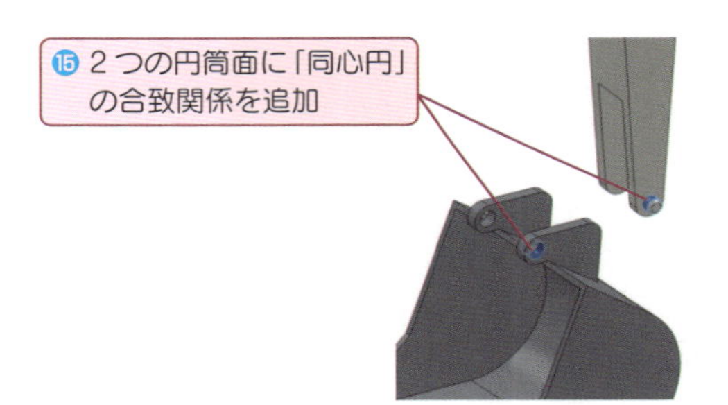
⑮２つの円筒面に「同心円」の合致関係を追加

「Shovel」の向きが裏表逆になっている場合は，PropertyManagerの「合致の整列状態」のアイコン をクリックして正しい向きになおし，「OK」をクリックします。
（➡ P.127）

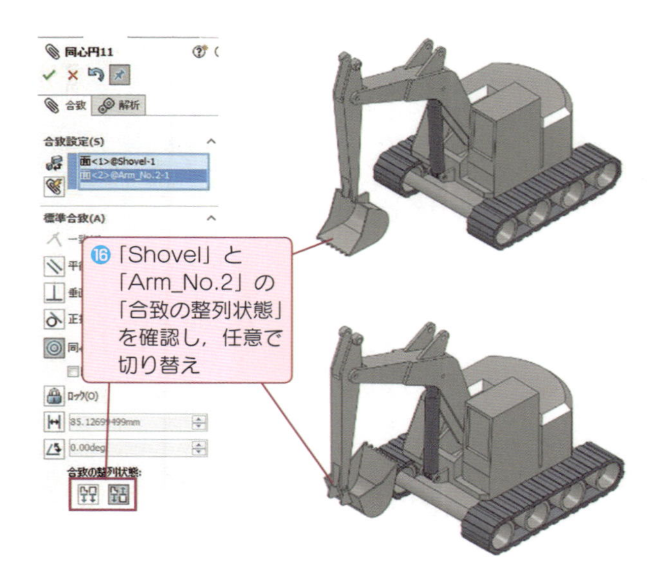
同心円11
合致
解析
合致設定(S)
面<1>@Shovel-1
面<2>@Arm_No.2-1
標準合致(A)
ロック(O)
85.12699499mm
0.00deg
合致の整列状態:
⑯「Shovel」と「Arm_No.2」の「合致の整列状態」を確認し，任意で切り替え

8 アセンブリ「Cylinder」の追加と合致

「アセンブリ」タブ内の「既存の部品 / アセンブリ」をクリックし，「Cylinder」をグラフィックス領域に追加します。FeatureManager デザインツリーに「Cylinder ＜２＞」が追加されます。

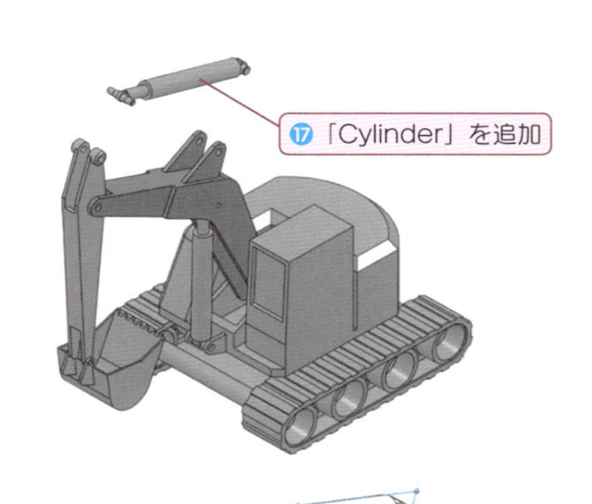
⑰「Cylinder」を追加

「Cylinder_02」と「Arm_No.1」の右側面に「一致」合致を設定します。

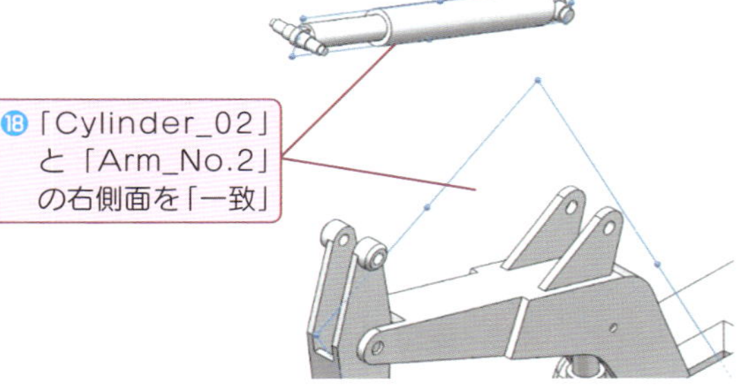
⑱「Cylinder_02」と「Arm_No.2」の右側面を「一致」

「Cylinder_02」と「Arm_No.1」の右図の２つの円筒面に「同心円」の合致を追加します。

「Cylinder ＜２＞」を「リジッド」から「フレキシブル」に変更します。
（➡ P.134，**Point 35**）

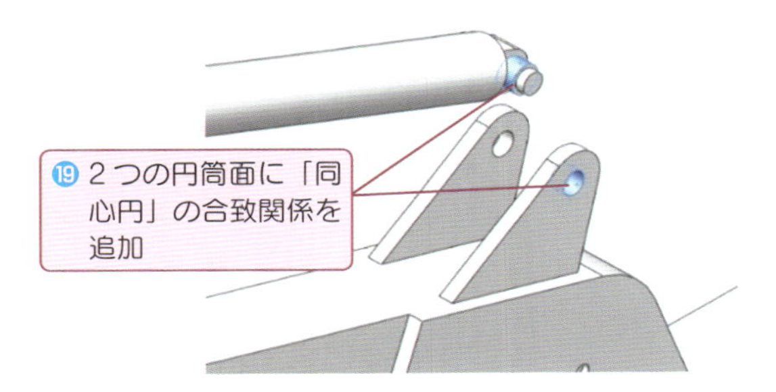
⑲２つの円筒面に「同心円」の合致関係を追加

つぎに，右図で指示されている「Arm_No.2」と「Cylinder_01」の円筒面に「同心円」合致を追加します。

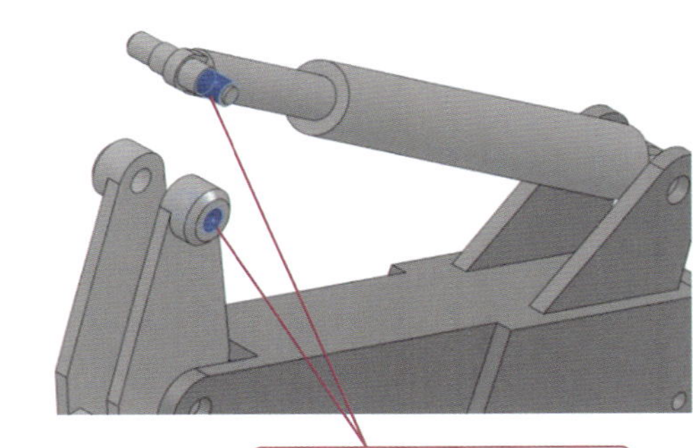
⑳２つの円筒面に「同心円」の合致関係を追加

9 完成

完成した「Shovelcar」を上書き保存してください。

次ページの **Point 39** & **40** では，「干渉認識」の機能を使って構成部品が重ならずに正しく合致ができているかどうか，また，「質量特性」では重さ，重心位置，体積を確認します。

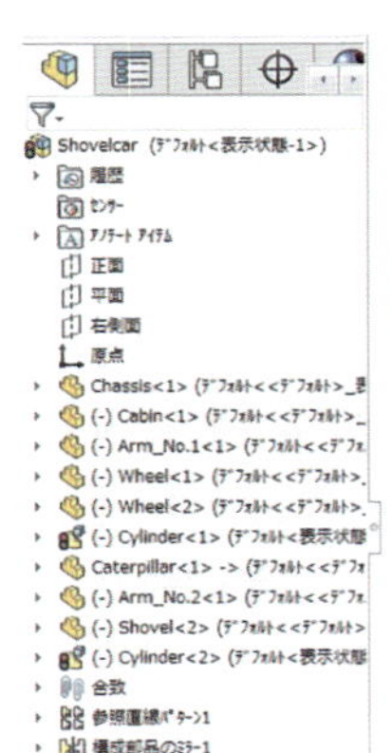
Shovelcar (デフォルト<表示状態-1>)
履歴
センサー
アノテートアイテム
正面
平面
右側面
原点
Chassis<1>
(-) Cabin<1>
(-) Arm_No.1<1>
(-) Wheel<1>
(-) Wheel<2>
(-) Cylinder<1>
Caterpillar<1> ->
(-) Arm_No.2<1>
(-) Shovel<2>
(-) Cylinder<2>
合致
参照直線パターン1
構成部品のミラー1

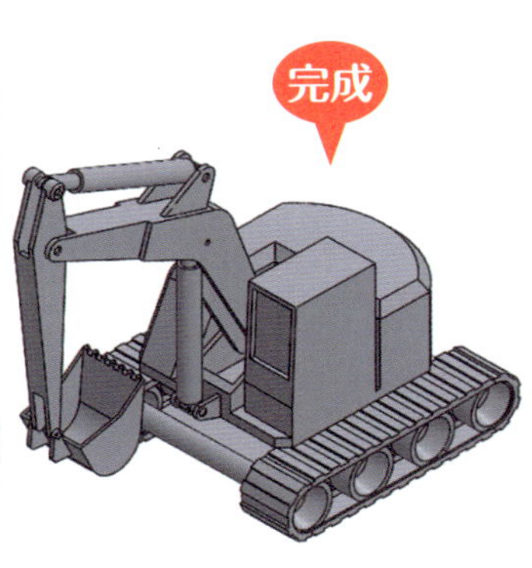
完成

Point 39 干渉認識

「評価」タブ内の「干渉認識」には，たとえばつぎのようなオプションがあります。

- 一致（接触）する部分のチェック
- 干渉しない部品を非表示や透明にする
- ボルトなどの部品を干渉認識から除外（別途ファスナー部品の定義が必要）

また，部品を動かしたときの干渉チェックは，「アセンブリ」タブの「構成部品移動」をクリックし，「衝突検知」オプションを利用しておこなえます。

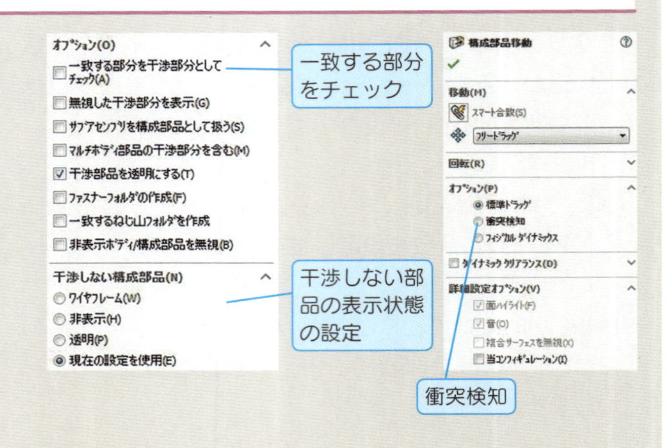
一致する部分をチェック
干渉しない部品の表示状態の設定
衝突検知

Point 40 質量特性

部品ドキュメントやアセンブリドキュメントの質量，重心位置，体積などを計算できます。

「評価」タブ内の「質量特性」を選択します。

質量特性ダイアログボックスが表示され，ドキュメントの特性を確認できます。

密度は，部品ドキュメントに「材料」を指定することで設定されます。

また，質量特性ダイアログの「オプション」をクリックすると，任意の密度の指定や，単位系の変換がおこなえます。

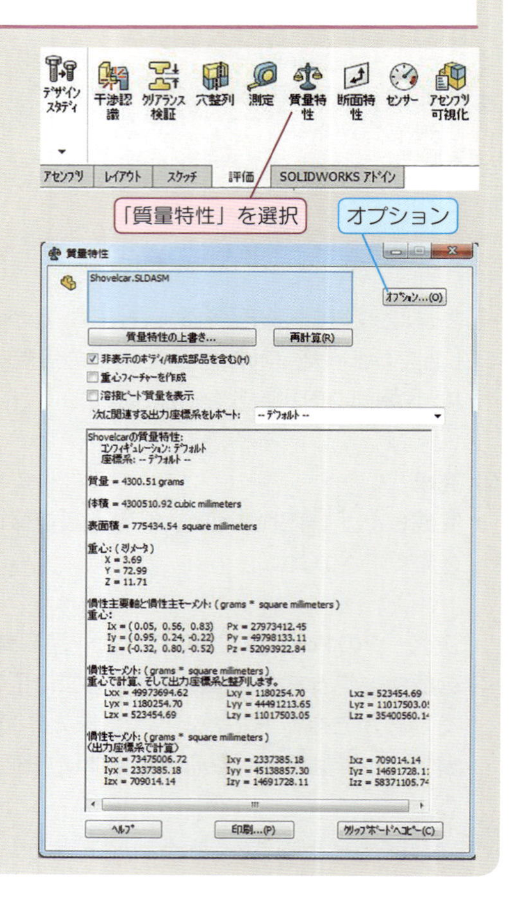
「質量特性」を選択
オプション

3.6 図面の作成

いままでに作成したモデルを使用して，2 次元図面を作成します。
ここでは，「Shovelcar」の組立図，「Arm_No.1」「Shovel」「Wheel」の部品図を作成しながら，2 次元図面の主な機能を説明します。

この節では JIS規格を適応して説明しています。

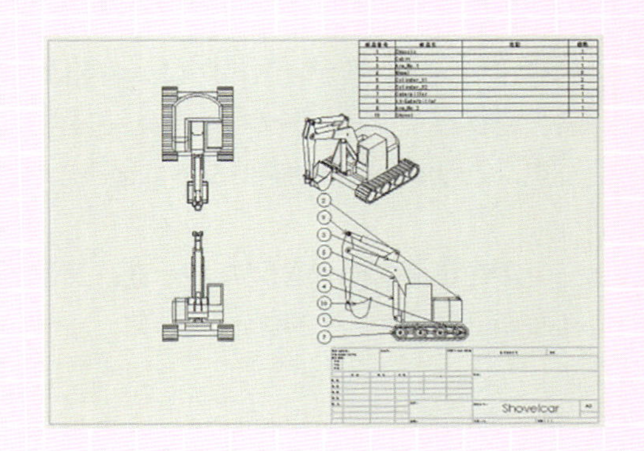

3.6.1 アセンブリ「Shovelcar」組立図の作成

1 新規図面ドキュメントの作成

SOLIDWORKS の標準ツールバーにある「新規」をクリックします。「図面」アイコンをクリックし，「OK」をクリックします。新規図面ドキュメントの作成を開始します。
「シートフォーマット / シートサイズ」のダイアログボックスが表示されます。

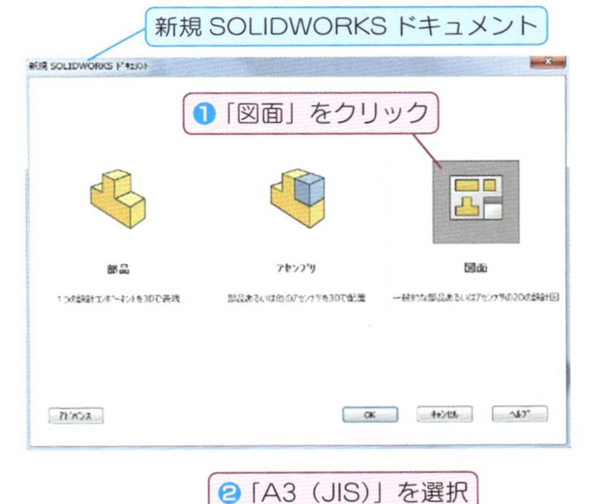
新規 SOLIDWORKS ドキュメント
❶「図面」をクリック
部品
アセンブリ
図面
OK

SOLIDWORKS のオプション設定によっては，2の操作を飛ばして3の工程に飛ぶ場合があります。

2 シートサイズの選択

標準シートサイズのリストから，使用したい用紙サイズを選択します。ここでは,「A3（JIS)」を選択します。

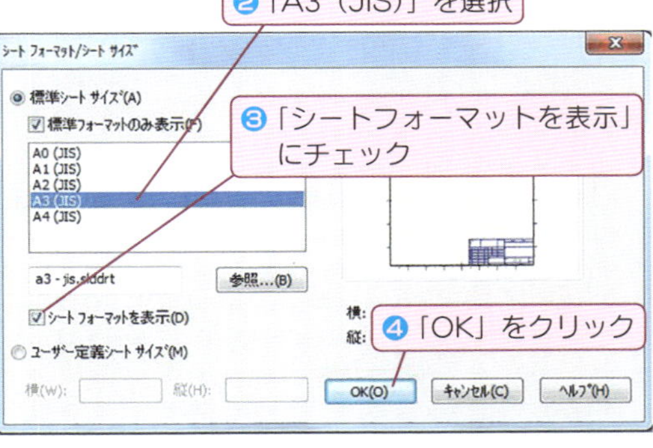
❷「A3（JIS)」を選択
❸「シートフォーマットを表示」にチェック
❹「OK」をクリック
シート フォーマット/シート サイズ
標準シート サイズ(A)
標準フォーマットのみ表示(F)
A0 (JIS)
A1 (JIS)
A2 (JIS)
A3 (JIS)
A4 (JIS)
a3 - jis.slddrt
参照...(B)
シート フォーマットを表示(D)
ユーザー定義シート サイズ(M)
OK(O)
キャンセル(C)
ヘルプ(H)

規格が JIS以外に設定されている場合は，使用している規格の「A3」を選択してください。

「シートフォーマットを表示」のチェックボックスがオンであるのを確認して,「OK」を選択します。
「モデルビュー」の PropertyManager が表示されます。

注意 シートサイズの変更は5（➡ P.149）でもおこなうことができます。

3 正面図・右側面図の配置

まずは正面図を配置します。リストから「Shovelcar」を選択し，「次へ」をクリックします。

「Shovelcar」がリストにない場合は「参照」をクリックし，ドキュメントを選択します。この場合は自動的につぎに進みます。

モデルを正面方向から見た表示を，2次元図面の正面図とします。

「表示方向」の「プレビュー」にチェックを入れ，「正面」をクリックします。

マウスポインタをグラフィックス領域上へ移動すると，正面図のプレビューがマウスポインタに合わせて移動します。

正面図を配置したい位置にマウスポインタを移動し，クリックすると正面図が配置されます。

さらに，マウスポインタを移動させると，正面図を基準として，8方向の投影図のプレビューが表示されます。任意の位置をクリックすることで，続けて正面図以外の投影図の配置が可能です。

平面図と右側面図を配置します。
「OK」をクリックして，配置します。

注意 右図は第3角法で，投影図タイプが第1角法になっている場合には，右図のようには表示されません。
次ページのシートプロパティ内の設定を変更することで，第3角法にすることができます。

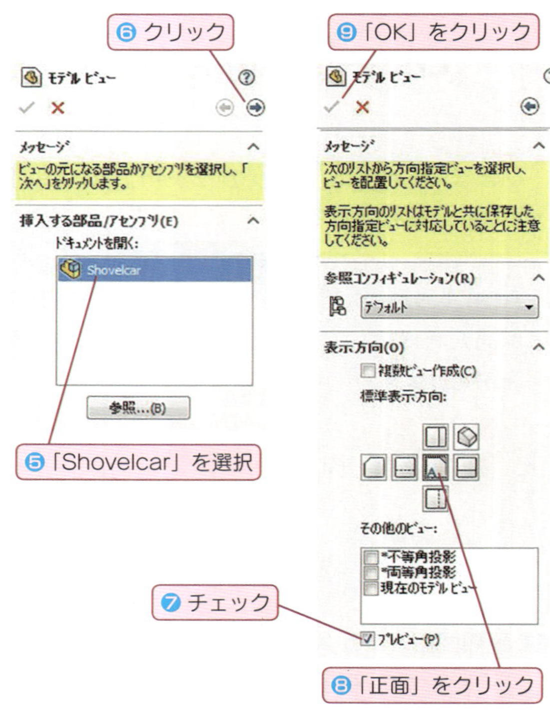
⑥クリック
⑨「OK」をクリック
モデル ビュー
メッセージ
ビューの元になる部品かアセンブリを選択し、「次へ」をクリックします。
挿入する部品/アセンブリ(E)
ドキュメントを開く:
Shovelcar
参照...(B)
⑤「Shovelcar」を選択
次のリストから方向指定ビューを選択し、ビューを配置してください。
表示方向のリストはモデルと共に保存した方向指定ビューに対応していることに注意してください。
参照コンフィギュレーション(R)
デフォルト
表示方向(O)
複数ビュー作成(C)
標準表示方向:
その他のビュー:
*不等角投影
*両等角投影
現在のモデル ビュー
⑦チェック
プレビュー(P)
⑧「正面」をクリック

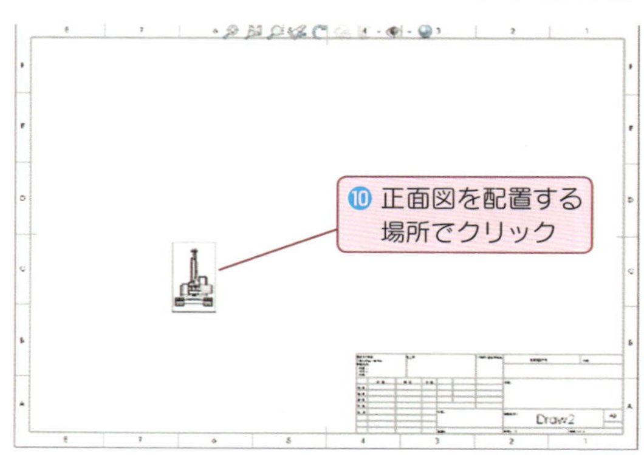
⑩正面図を配置する場所でクリック
Draw2

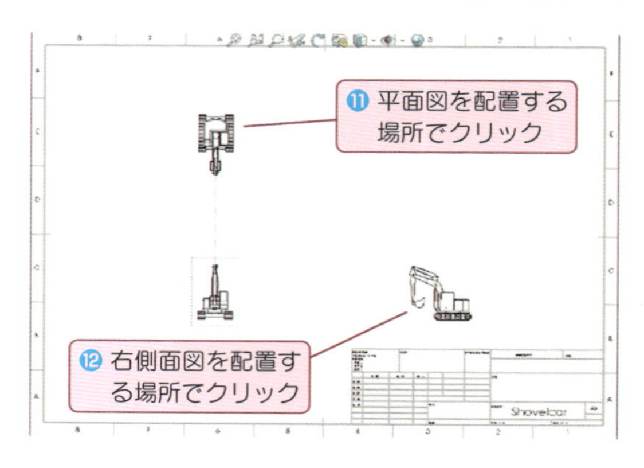
⑪平面図を配置する場所でクリック
⑫右側面図を配置する場所でクリック
Shovelcar

4 図面ビュー

FeatureManager デザインツリーを確認します。「シート 1」のツリーの下に「シートフォーマット 1」があります。「図面ビュー 1」が正面図，「図面ビュー 2」が平面図，「図面ビュー 3」が右側面図です。

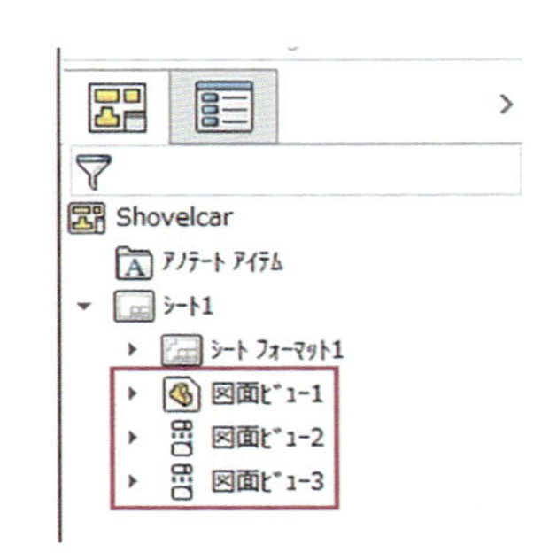
Shovelcar
ｱﾉﾃｰﾄ ｱｲﾃﾑ
ｼｰﾄ1
ｼｰﾄ ﾌｫｰﾏｯﾄ1
図面ﾋﾞｭｰ1
図面ﾋﾞｭｰ2
図面ﾋﾞｭｰ3

SOLIDWORKS では，2 次元図面の投影図のことをビューとよびます。

5 スケールの変更

シートに対してビューの大きさを最適な大きさにするために，ビューのスケールを変更します。

FeatureManager デザインツリーの「**シート 1**」上で右クリックし，メニューから「**プロパティ**」を選択します。

シートプロパティのダイアログボックスが表示されます。

「スケール」を「**1：5**」と設定します。ここで，シート名も変更します。「シート 1」を「**組立図**」と変更して「**変更を適用**」をクリックし，ダイアログボックスを閉じます。

ヒント ここで投影図タイプを切り替えることもできます。

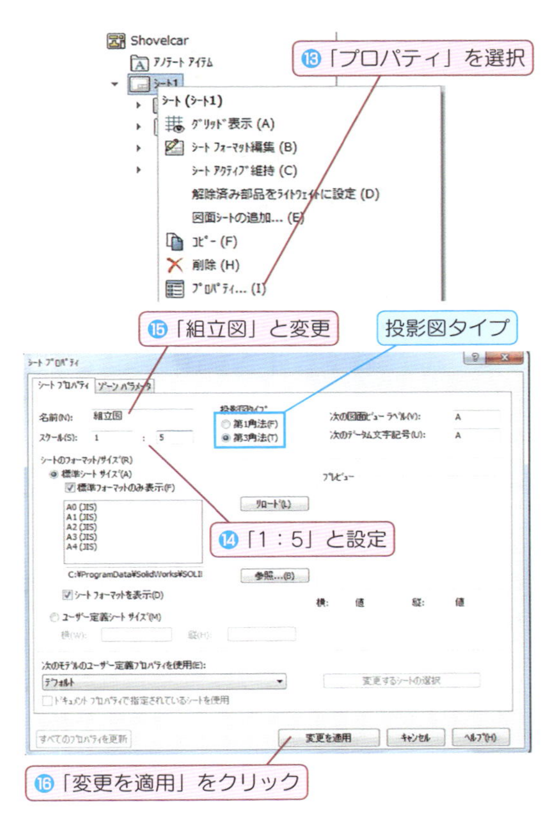
Shovelcar
ｱﾉﾃｰﾄ ｱｲﾃﾑ
ｼｰﾄ1
⑬「プロパティ」を選択
ｼｰﾄ (ｼｰﾄ1)
ｸﾞﾘｯﾄﾞ表示 (A)
ｼｰﾄ ﾌｫｰﾏｯﾄ編集 (B)
ｼｰﾄ ｱｸﾃｨﾌﾞ維持 (C)
解除済み部品をﾗｲﾄｳｪｲﾄに設定 (D)
図面ｼｰﾄの追加... (E)
ｺﾋﾟｰ (F)
削除 (H)
ﾌﾟﾛﾊﾟﾃｨ... (I)
⑮「組立図」と変更
投影図タイプ
ｼｰﾄ ﾌﾟﾛﾊﾟﾃｨ
名前(N): 組立図
ｽｹｰﾙ(S): 1 : 5
第1角法(F)
第3角法(T)
ｼｰﾄのﾌｫｰﾏｯﾄ/ｻｲｽﾞ(R)
標準ｼｰﾄ ｻｲｽﾞ(A)
A0 (JIS)
A1 (JIS)
A2 (JIS)
A3 (JIS)
A4 (JIS)
ﾘﾛｰﾄﾞ(L)
参照...(B)
ｼｰﾄ ﾌｫｰﾏｯﾄを表示(D)
ﾕｰｻﾞｰ定義ｼｰﾄ ｻｲｽﾞ(M)
⑭「1：5」と設定
変更を適用
ｷｬﾝｾﾙ
ﾍﾙﾌﾟ(H)
⑯「変更を適用」をクリック

6 ビューの移動

ビューの位置を，図のように適度な間隔の位置になるように移動します。ビュー付近にマウスポインタを移動させたときに表示される境界線をドラッグします。

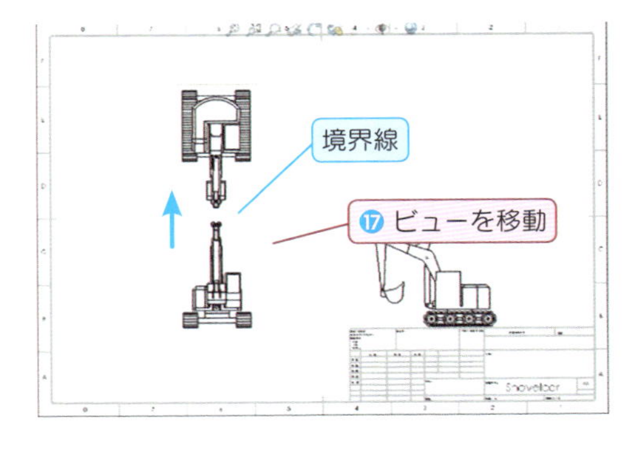
境界線
⑰ ビューを移動

一番最初に挿入した正面図を親ビューといい，それをもとに挿入された右側面図と平面図を子ビューといいます。

子ビューは，対応する親ビューとの位置を保ちながら移動します。

7 等角投影図の挿入

等角投影図を挿入します。

グラフィックス領域上で，正面図の境界線をクリックします。続いて，「レイアウト表示」タブ内の「投影図」をクリックします。

正面図に対する投影図のプレビューが表示されます。等角投影図の状態で，図を配置したい位置をクリックします。
等角投影図を見やすい位置に移動します。

等角投影図の挿入は，「レイアウト表示」タブ内の「**モデルビュー**」をクリックしても可能です。モデルビューのPropertyManagerが表示されるので，3と同様の操作で，「正面」ではなく「**等角投影**」を指定します。

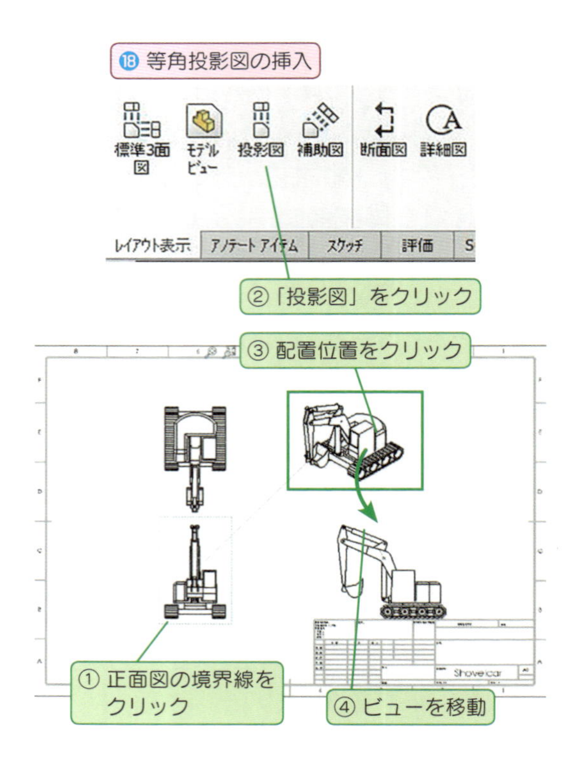
⑱ 等角投影図の挿入
標準3面図
モデルビュー
投影図
補助図
断面図
詳細図
レイアウト表示
アノテートアイテム
スケッチ
評価
②「投影図」をクリック
③ 配置位置をクリック
① 正面図の境界線をクリック
④ ビューを移動

8 部品表の挿入

部品表を挿入します。
グラフィックス領域上で，正面ビューの境界線をクリックします。クリックするのはほかのビューでもかまいません。

「アノテートアイテム」タブ内の「**テーブル**」→「**部品表**」とメニューを選択します。
PropertyManagerが右図のように変わるので，「部品表タイプ」を「**部品のみ**」とします。

「✔**OK**」をクリックします。

グラフィックス領域にマウスポインタを移動させると，マウスポインタにあわせて部品表がプレビューされます。任意の位置でクリックして配置します。

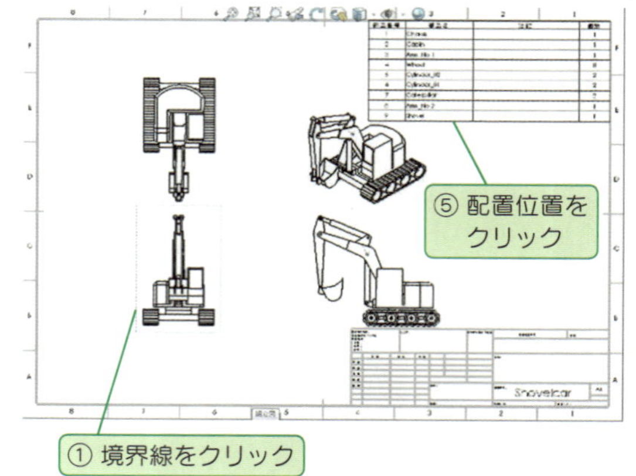
⑲ 部品表を選択
④「OK」をクリック
部品表
中心マーク
リビジョン記号
中心線
リビジョン雲
領域のハッチング/フィル
テーブル
カスタム テーブル
穴テーブル
部品表
テーブル テンプレート(E)
bom-standard
テーブル位置(P)
アンカーポイントに添付(O)
部品表タイプ(Y)
トップレベルのみ
部品のみ
インデント
② 部品表を選択
③「部品のみ」にチェック
⑤ 配置位置をクリック
① 境界線をクリック

9 バルーンの配置

部品表の部品番号に対応したバルーンを配置します。

グラフィックス領域上の，バルーンを配置するビューを選択します。ここでは，右側面図ビューの境界線をクリックします。

「アノテートアイテム」タブ内の「自動バルーン」をクリックします。

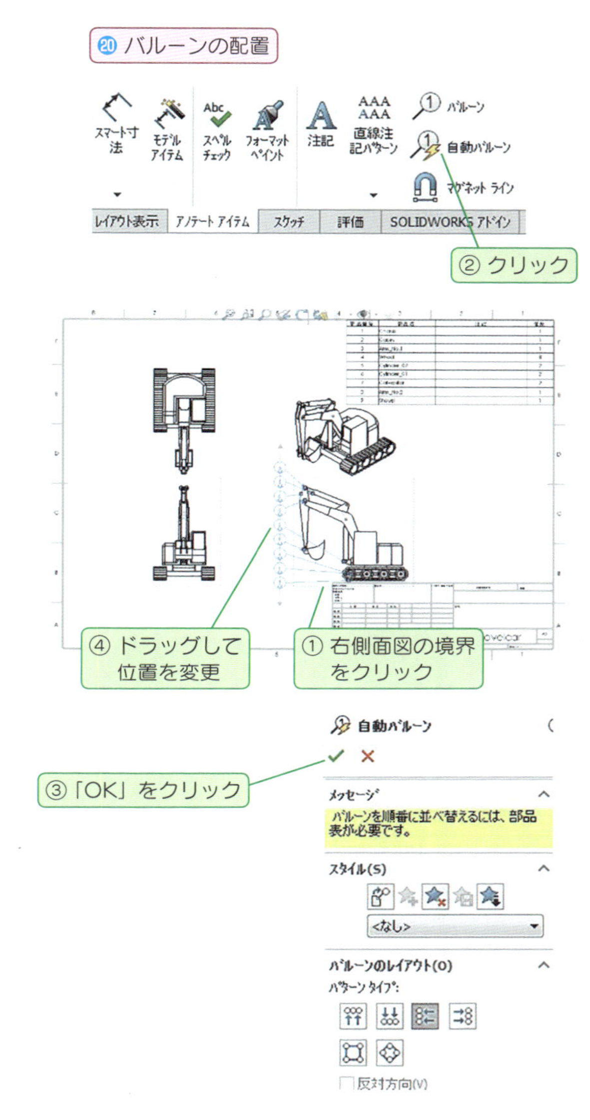

⑳ バルーンの配置
スマート寸法
モデルアイテム
スペルチェック
フォーマットペイント
注記
直線注記パターン
バルーン
自動バルーン
マグネット ライン
レイアウト表示
アノテート アイテム
スケッチ
評価
SOLIDWORKS アドイン
② クリック
④ ドラッグして位置を変更
① 右側面図の境界をクリック
③「OK」をクリック
自動バルーン
メッセージ
バルーンを順番に並べ替えるには、部品表が必要です。
スタイル(S)
<なし>
バルーンのレイアウト(O)
パターン タイプ:
反対方向(V)

PropertyManagerが表示されます。「バルーンのレイアウト」で，バルーンの配置位置，「バルーンのスタイル」ではバルーンの形状などの設定が可能です。「✓ OK」をクリックして，配置を決定します。

配置したバルーンは，ドラッグしてバルーンの位置，接続位置の変更が可能です。接続位置をほかの部品上に変更すると，バルーンの部品番号も自動的に変更されます。

10 保存

組立図が完成しました。
完成した図面ドキュメントを「Shovelcar」という名前で，フォルダ「Shovelcar」の直下に保存してください。（➡ P.73）

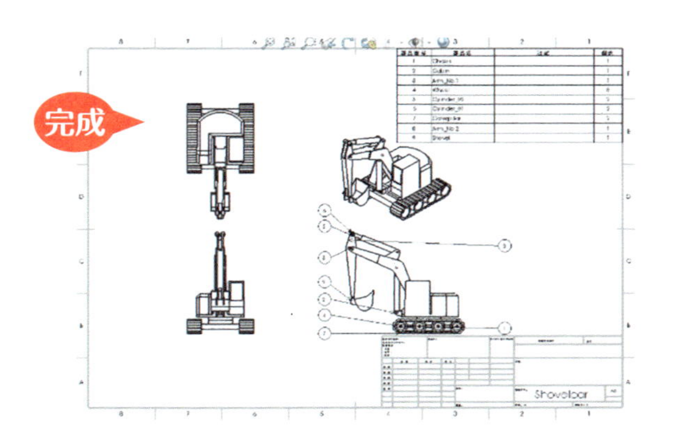

完成

3.6.2 部品図の作成（部品「Arm_No.1」）

1 新規図面ドキュメントの作成

新規図面ドキュメントの作成を開始します。シートサイズとして，「A3（JIS)」を選択してください。

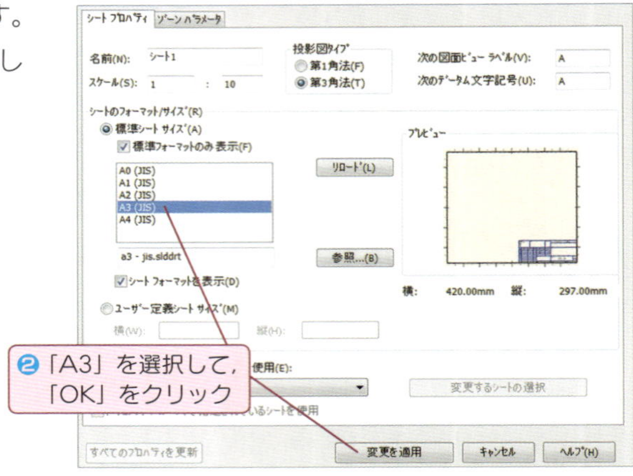

❶ 新規図面ドキュメントの作成
シート プロパティ
ゾーン パラメータ
名前(N):
シート1
スケール(S):
1
10
投影図タイプ
第1角法(F)
第3角法(T)
次の図面ビュー ラベル(V):
次のデータム文字記号(U):
シートのフォーマット/サイズ(R)
標準シート サイズ(A)
標準フォーマットのみ表示(F)
A0 (JIS)
A1 (JIS)
A2 (JIS)
A3 (JIS)
A4 (JIS)
リロード(L)
a3 - jis.slddrt
参照...(B)
シート フォーマットを表示(D)
ユーザー定義シート サイズ(M)
プレビュー
横:
420.00mm
縦:
297.00mm
❷「A3」を選択して，「OK」をクリック
変更するシートの選択
すべてのプロパティを更新
変更を適用
キャンセル
ヘルプ(H)

2 正面図・右側面図の配置

フォルダ「Shovelcar」から「Arm_No.1」を選択します。PropertyManagerの「表示方向」の「正面」を選択して，図面シート上に配置します。続けて，「右側面」を配置します。

シートプロパティで名前を「Arm_No.1」スケールを「1：2」とします。（➡ P.149）

部分投影図

❸ 正面図・右側面図を配置

注意

正面図を配置する前に，PropertyManagerからでもスケールを変更することができます。

3 部分投影図の作成

右側面図から部分投影図を作成します。

右側面に中心線を描きます。

「スケッチ」タブ内の「直線」→「中心線」を選択します。

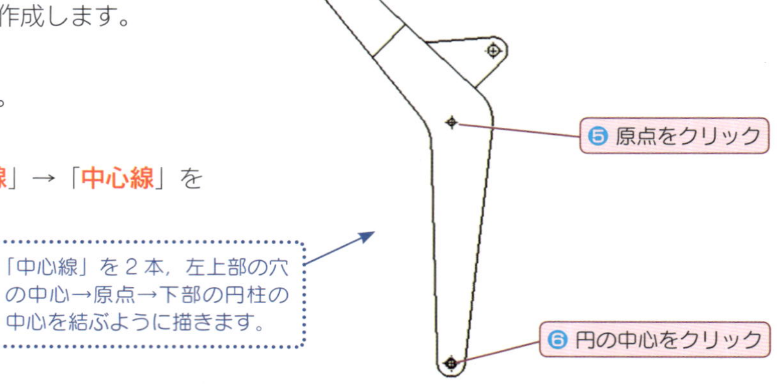

❹ 円の中心をクリック
❺ 原点をクリック
❻ 円の中心をクリック
「中心線」を２本，左上部の穴の中心→原点→下部の円柱の中心を結ぶように描きます。

右側面に表示された「スケッチ1」から，右図で指示された中心線を事前選択します。

つぎに，「レイアウト表示」タブ内の「**補助図**」を選択します。

事前選択する線を間違えないようにしましょう。

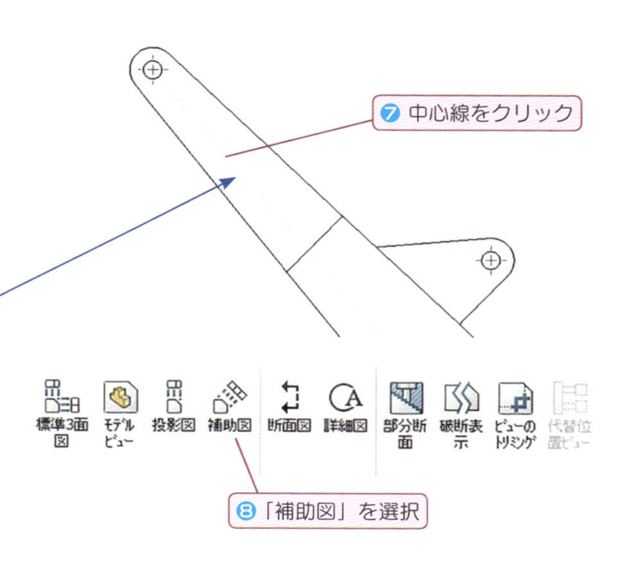
❼ 中心線をクリック
標準3面図
モデルビュー
投影図
補助図
断面図
詳細図
部分断面
破断表示
ビューのトリミング
代替位置ビュー
❽「補助図」を選択

任意の場所でクリックします。「図面ビュー3」として配置されます。

補助図は反対側が表示されている場合があります。その場合は，配置後にPropertyManagerの「**反対方向**」にチェックを入れて，視点を切り替えましょう。
また，補助図の記号は，任意に設定できます。

注意 このとき，補助図の表示方向を表す矢印「」をドラッグして適当な位置に移動させましょう。（参考図（➡ P.208））

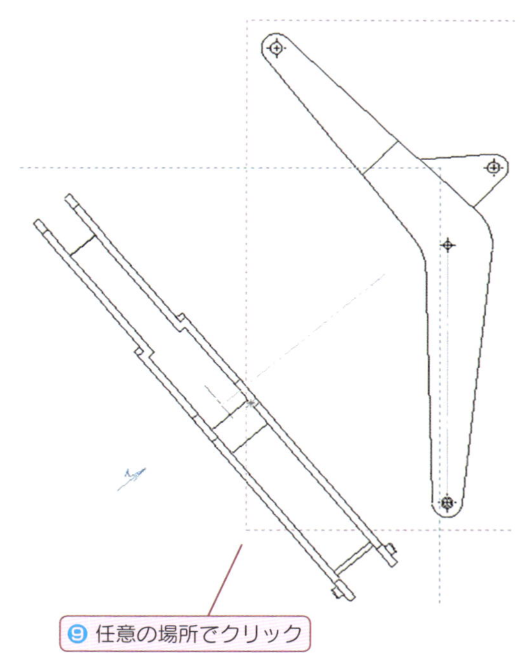
❾ 任意の場所でクリック

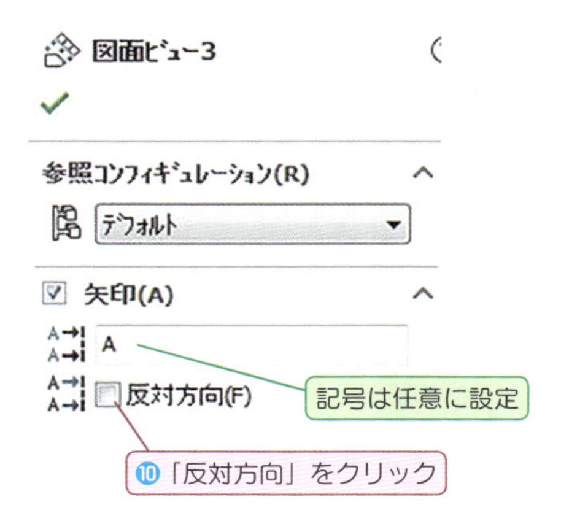
図面ビュー3
参照コンフィギュレーション(R)
デフォルト
矢印(A)
A
反対方向(F)
記号は任意に設定
❿「反対方向」をクリック

グラフィックス領域の「図面ビュー3」内をダブルクリックして，「ビューアクティブ維持※」の状態にしましょう。境界線の四隅が実線に変化して，常に表示状態になります。

ヒント 1　ビュー境界線を右クリックして，サブメニューから「ビューアクティブ維持」を選択することもできます。

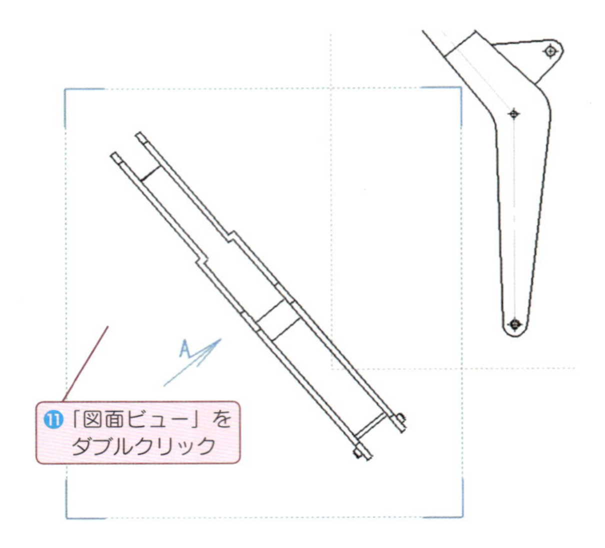
⓫「図面ビュー」をダブルクリック

Point 41　ビューアクティブ・シートアクティブ

複数の図面ビューが重なる状態では，目的の図面ビューに注記やスケッチを描くことが困難な場合があります。

目的の図面ビュー上をダブルクリックすることで，「ビューアクティブ維持」の状態（境界線の四隅が実線）になります。この状態で注記やスケッチを描くと，それらは「ビューアクティブ維持」にしたビューに所属する要素となります。

ビューを移動させると，それらの要素はビューとともに移動します。

再度ビュー上をダブルクリックするか，ほかのビューをダブルクリックすることで，ビューアクティブを解除できます。

これに対して，図面シートに注記やスケッチなどの要素を所属させたい場合は，「シートアクティブ」とします。図面シート上で右クリックし，メニューから「**シートアクティブ維持**」を選択することで，切り替えることができます。

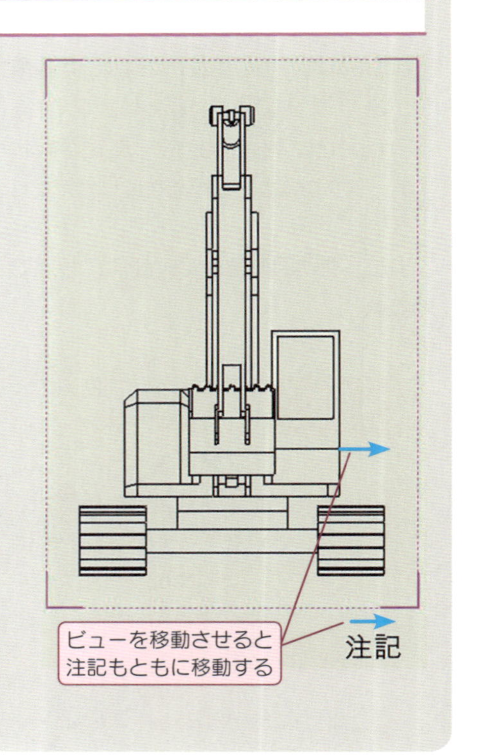
ビューを移動させると注記もともに移動する
注記

つぎに，「スケッチ」タブ内の機能を使って，右図のように閉じた輪郭を描きます。

注意

完全定義する必要はありません。

ヒント 2　「直線」や「スプライン」などを使いましょう。

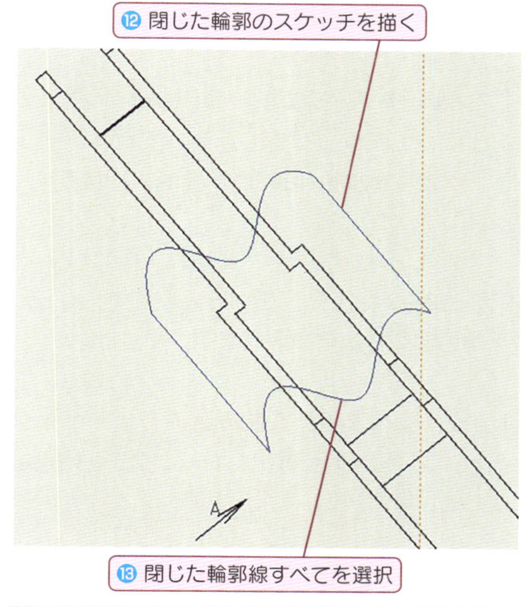
⑫ 閉じた輪郭のスケッチを描く
A
⑬ 閉じた輪郭線すべてを選択

４本の閉じた輪郭線を，事前に複数選択します。

「レイアウト表示」タブ内の「**ビューのトリミング**」を選択します。選択した輪郭の内側を残して，まわりのビューがトリミングされます。

標準3面図　モデルビュー　投影図　補助図　断面図　詳細図　部分断面　破断線　ビューのトリミング　代替位置ビュー
レイアウト表示　アノテートアイテム　スケッチ　評価　Office 製品

⑭「ビューのトリミング」をクリック

以上で部分投影図の設定が完了です。

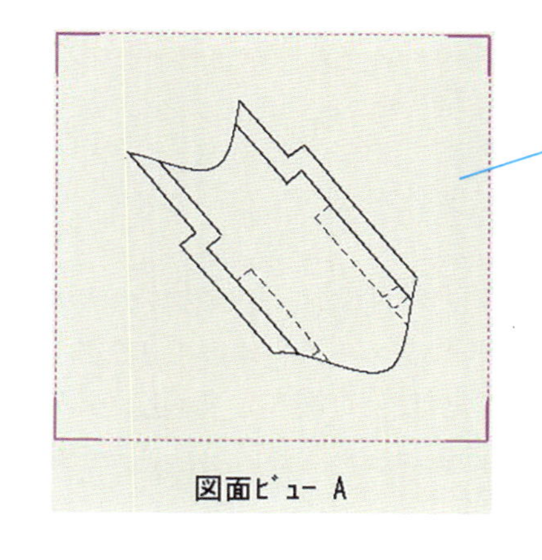
部分投影図
図面ビュー A

注意

「ビューのトリミング」を設定する場合は，閉じた輪郭線をすべて選択しなければ正しく設定できません。

各ビューを選択し，PropertyManager 内の表示スタイルの隠線表示ボタンで，ビューを隠線表示に設定しましょう。

「ビューアクティブ維持」を解除しておきましょう。

4 モデルアイテムの挿入（寸法配置）

寸法を挿入します。

「アノテートアイテム」タブ内から「モデルアイテム」をクリックします。モデルアイテムのPropertyManagerが表示されます。

「データ源 / 指定先」を「モデル全体」とし，モデル全体に寸法を挿入します。

「全ビューへアイテム読み込み」にチェックを入れ，図面上の全部のビューに寸法を挿入します。

「寸法」で「図面に指定」をクリックし，モデル作成時の寸法を挿入します。

「重複アイテムを除外」にチェックを入れます。

「オプション」の「非表示フィーチャーのアイテムを含む」と「スケッチの寸法配置使用」にチェックを入れます。

「✓ OK」をクリックします。

ここで追加された寸法値は，部品作成の際に使用したスケッチやフィーチャーの寸法です。寸法数値をダブルクリックすると「修正」ダイアログボックスが表示され，モデルの寸法を変えることができます。

「モデルアイテム」ツールでは，寸法が意図したとおりに表示されない場合があります。

ヒント スケッチの寸法配置使用にチェックを入れると，これまでスケッチで設定した寸法が図面に出力されます。

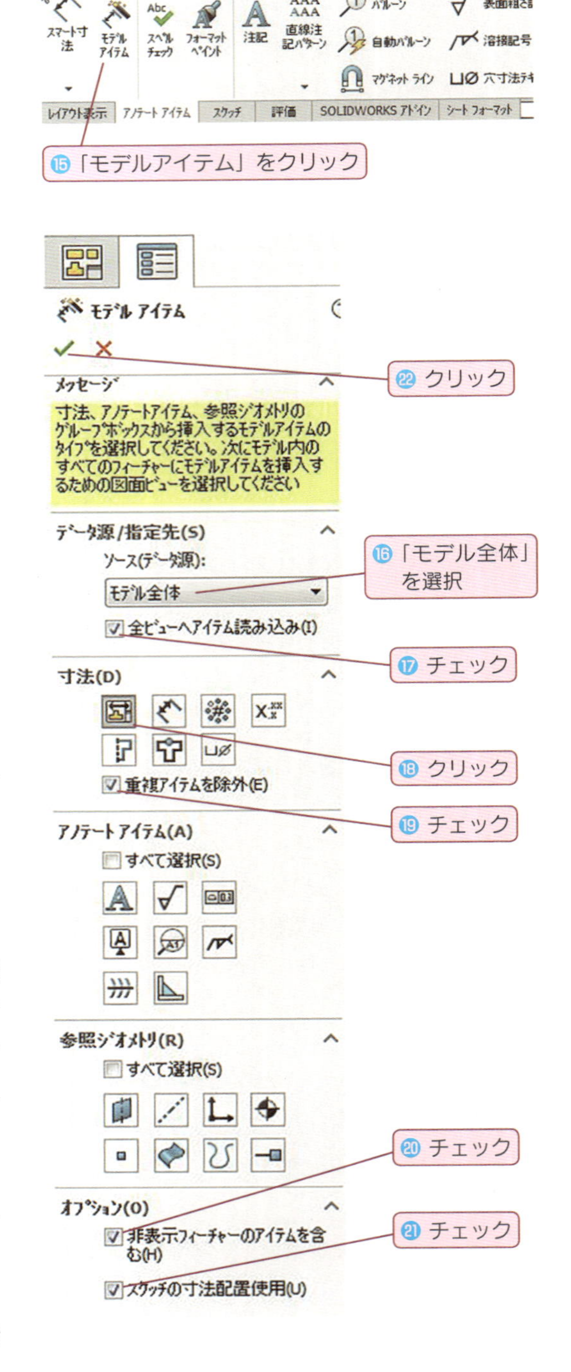
⑮「モデルアイテム」をクリック
モデル アイテム
㉒ クリック
メッセージ
寸法、アノテートアイテム、参照ジオメトリのグループボックスから挿入するモデルアイテムのタイプを選択してください。次にモデル内のすべてのフィーチャーにモデルアイテムを挿入するための図面ビューを選択してください
データ源/指定先(S)
ソース(データ源):
モデル全体
⑯「モデル全体」を選択
全ビューへアイテム読み込み(I)
⑰ チェック
寸法(D)
⑱ クリック
重複アイテムを除外(E)
⑲ チェック
アノテートアイテム(A)
すべて選択(S)
参照ジオメトリ(R)
すべて選択(S)
オプション(O)
非表示フィーチャーのアイテムを含む(H)
⑳ チェック
スケッチの寸法配置使用(U)
㉑ チェック

5 寸法値の位置の整理

参考図（➡ P.208）を見ながら，寸法値をドラッグして位置を整えましょう。

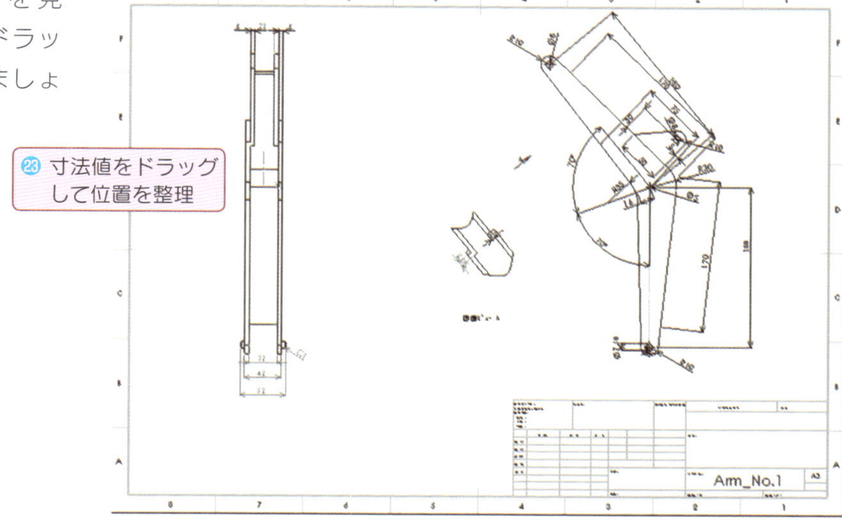
㉓ 寸法値をドラッグして位置を整理
Arm_No.1

6 寸法の追加

モデルアイテムの機能だけでは必要な寸法が足りない場合は，以下の方法で寸法を追加しましょう。

「スケッチ」タブ内（または「アノテートアイテム」タブ内）から「スマート寸法」をクリックし，右図のようにエッジを選択して寸法を追加します。

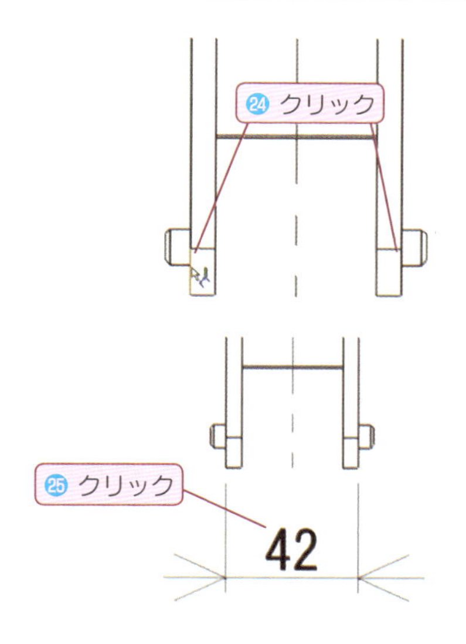
㉔ クリック
㉕ クリック
42

注意

「スマート寸法」で追加した寸法は，ダブルクリックしても「修正」ダイアログボックスは表示されません。

7 寸法の非表示

必要のない寸法は非表示にすることができます。非表示にしたい寸法を選択して右クリックし，メニューから「**非表示**」をクリックします。

以上の操作により，寸法を整理します。

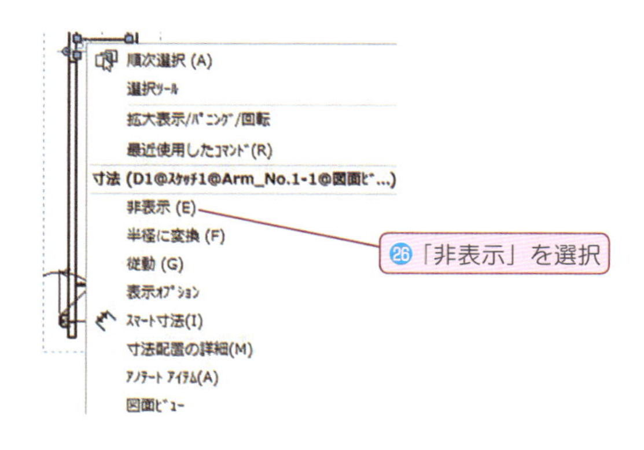
順次選択 (A)
選択ツール
拡大表示/パンニング/回転
最近使用したコマンド(R)
寸法 (D1@スケッチ1@Arm_No.1-1@図面ビ"...)
非表示 (E)
半径に変換 (F)
従動 (G)
表示オプション
スマート寸法(I)
寸法配置の詳細(M)
アノテート アイテム(A)
図面ビュー
㉖「非表示」を選択

8 ビュー間の寸法移動

「Shift」キーを押しながら各寸法数値をドラッグすると，異なるほかのビューへ寸法を移動させることができます。

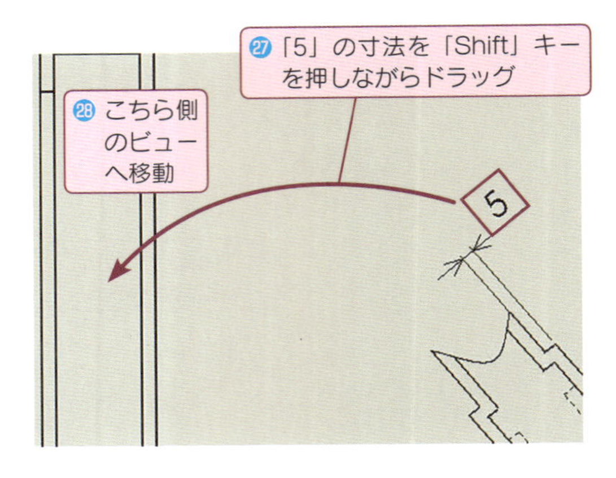
㉗「5」の寸法を「Shift」キーを押しながらドラッグ
㉘こちら側のビューへ移動
5

「Ctrl」キーを押しながら同様の操作をおこなうと，寸法はほかのビューにコピーされます。

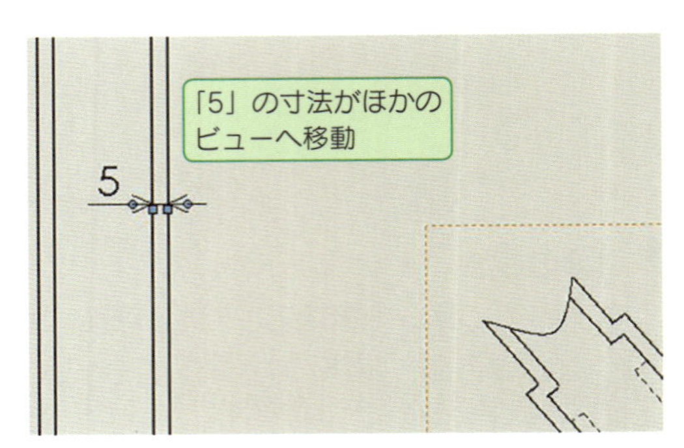
「5」の寸法がほかのビューへ移動
5

9 補助線・引出線・矢印の変更

寸法をクリックすると，PropertyManagerに寸法配置の詳細が表示されます。「引出線」タブ内には「補助線/引出線表示」という項目があり，表示方法を自由に変えることができます。右図では，直径の表示方法を変えています。

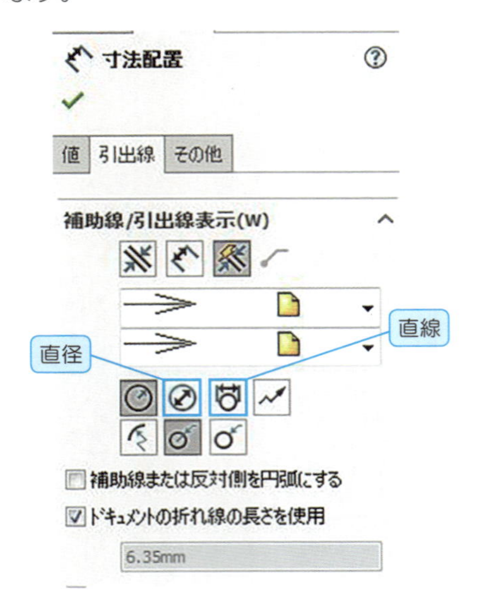
寸法配置
値
引出線
その他
補助線/引出線表示(W)
直径
直線
補助線または反対側を円弧にする
ドキュメントの折れ線の長さを使用
6.35mm

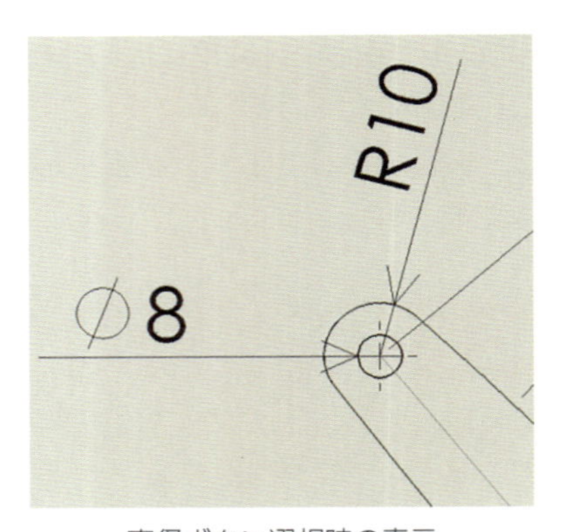
R10
∅8

直径ボタン選択時の表示

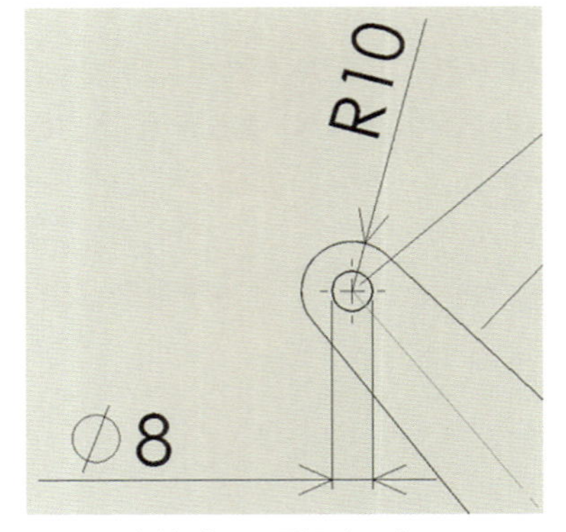
R10
∅8

直線ボタン選択時の表示

寸法数値を選択して表示される末端記号にある点をクリックすると，矢印の向きを変えられます。(「補助線/引出線表示」でも変更できます)
「**点**」を右クリックすると，矢印の種類やサイズなどを変更するサブメニューが表示されます。

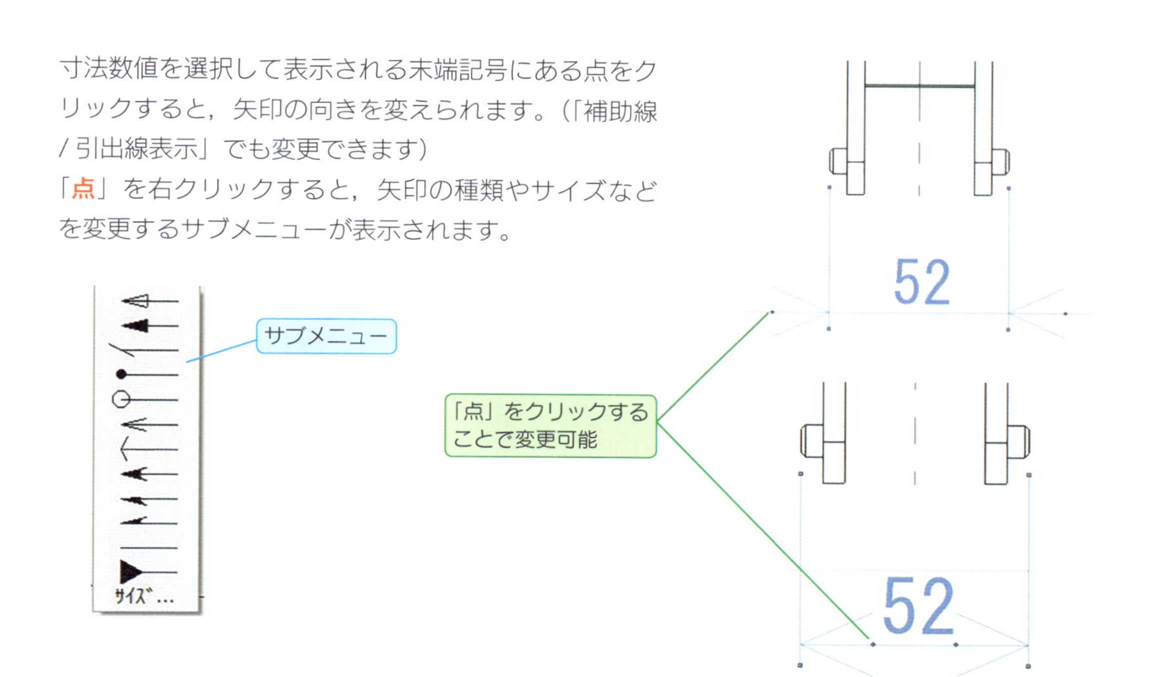
サブメニュー
ｻｲｽﾞ...
「点」をクリックすることで変更可能
52
52

10 面取り寸法の追加

モデルアイテムで設定した面取り寸法は，フィーチャーで使用した設定で表示されます。
(ここでは「角度 距離」で作成)

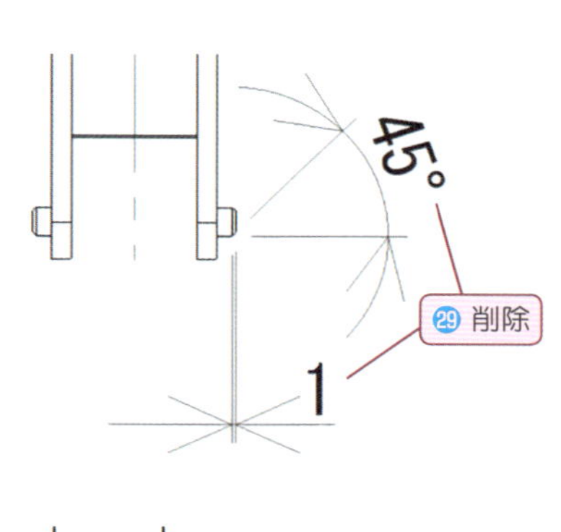
45°
㉙ 削除
1

まず，2つの寸法を削除します。
つぎに，「スマート寸法」内の「**面取り寸法**」を選択し，斜辺のエッジを選択します。
その後，それにつながる直線を選択します。

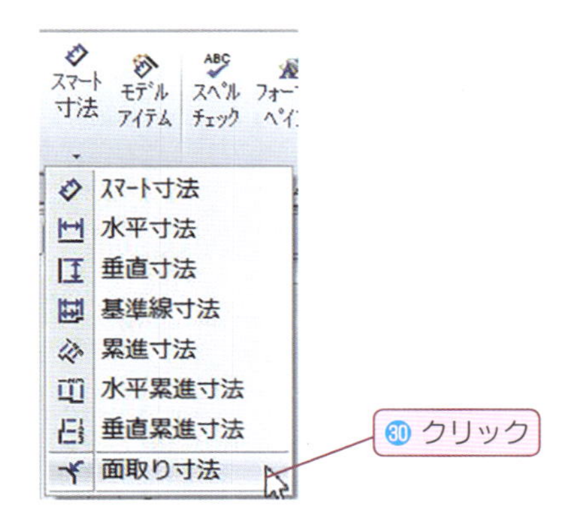
ｽﾏｰﾄ寸法
ﾓﾃﾞﾙｱｲﾃﾑ
ｽﾍﾟﾙﾁｪｯｸ
ｽﾏｰﾄ寸法
水平寸法
垂直寸法
基準線寸法
累進寸法
水平累進寸法
垂直累進寸法
面取り寸法
㉚ クリック

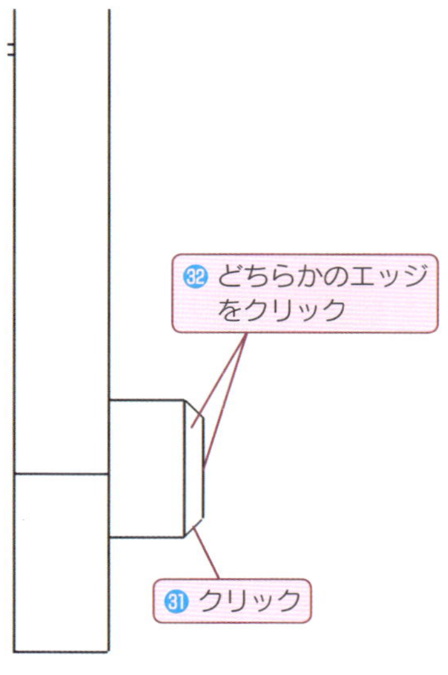
㉜ どちらかのエッジをクリック
㉛ クリック

デフォルトでは「1 X 45°」と表示されます。Property Manager の寸法テキストの項目にある「**C1**」をクリックすると，面取り寸法の表示形式が変わります。

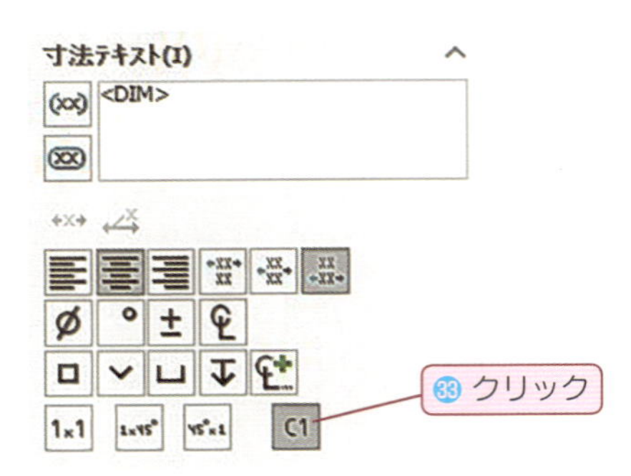
寸法テキスト(I)
<DIM>
C1
㉝ クリック

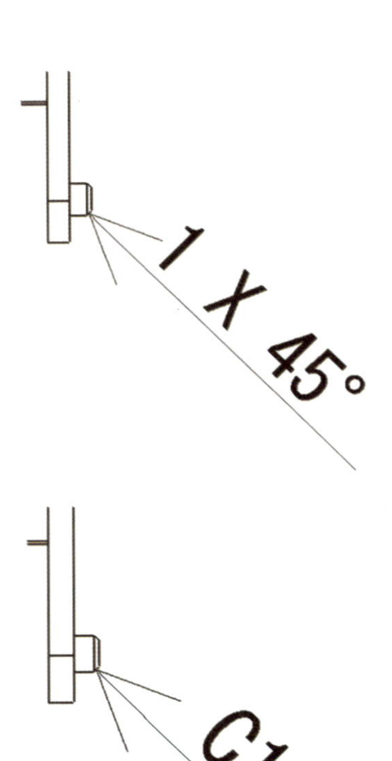
1 X 45°
C1

ここまでで説明した機能と参照図（➡ P.208）を参考に，寸法を追加してみましょう。

11 保存

完成した図面ドキュメントを「Shovelcar_part」という名前で，フォルダ「Shovelcar」の直下に保存してください。（➡ P.73）

Point 42 非表示エッジの選択

非表示のエッジが選択できない場合には，つぎの設定をします。

① メニューバーから「**ツール**」→「**オプション**」とメニューを選択します。

②「システムオプション」の「図面」から，「**非表示のエンティティを選択**」にチェックを入れます。

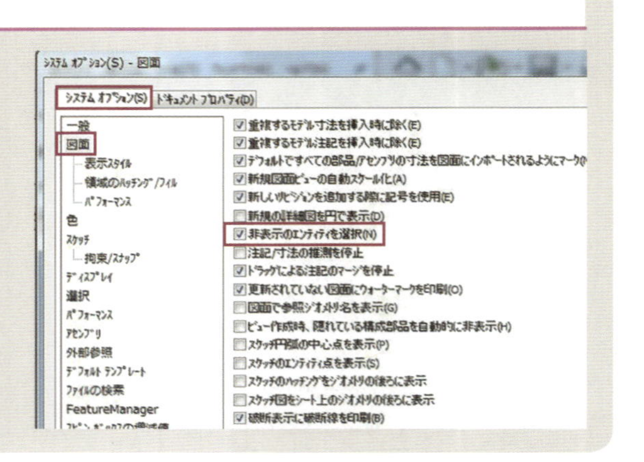
システム オプション(S) - 図面
システム オプション(S)
ドキュメント プロパティ(D)
一般
図面
表示スタイル
色
スケッチ
選択
パフォーマンス
アセンブリ
外部参照
デフォルト テンプレート
ファイルの検索
FeatureManager
非表示のエンティティを選択(N)

3.6.3 部品図の作成（部品「Shovel」）

1 図面シートの追加

すでに作成した「Shovelcar_part」に図面シートを追加して，追加で部品図面を作成します。

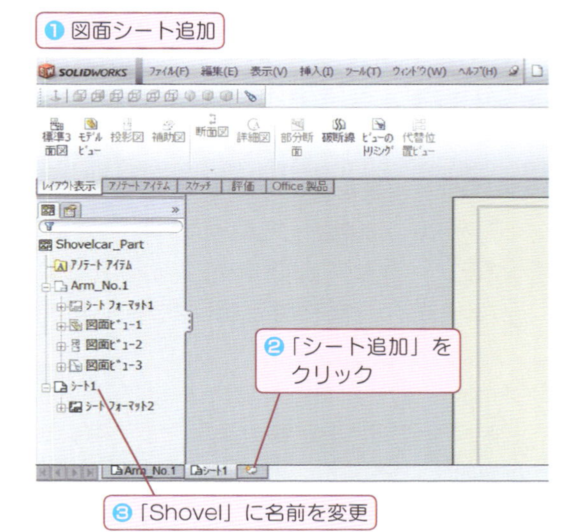

❶ 図面シート追加
❷「シート追加」をクリック
❸「Shovel」に名前を変更

画面下部にあるタブ「**シート追加**」をクリックすると,「Arm_No.1」の横に「シート 1」が追加されます。それと同時に，別シートである「Arm_No.1」は非アクティブ状態になります。
画面下部のタブをクリックすることで，簡単に切り替えられます。

投影法タイプやシートサイズ，スケールは，親シートである「Arm_No.1」の設定を引き継ぎます。

シートプロパティで名前を「**Shovel**」に変更します。PropertyManager と画面下部の「シート 1」が「Shovel」に変わっていることを確認しましょう。（➡ P.149）

2 正面図・右側面図・平面図の配置

「レイアウト表示」タブ内の「**モデルビュー**」を選択し，図面化する部品として，フォルダ「Shovelcar」から「**Shovel**」を選択します。

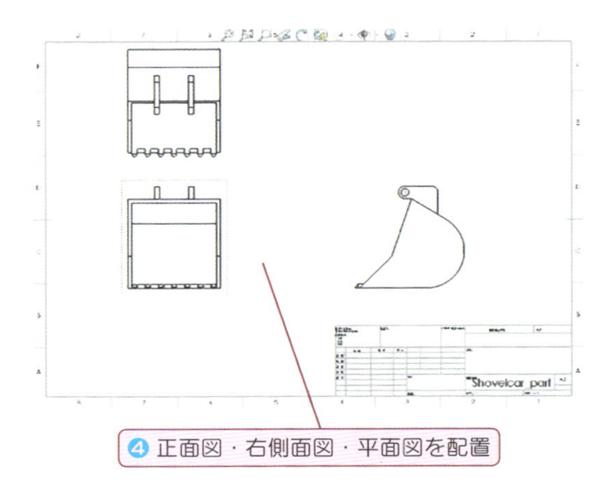

❹ 正面図・右側面図・平面図を配置

PropertyManager の「表示方向」の「**正面**」を選択して，図面シート上に配置します。
続けて「右側面」と「平面」を配置します。

3 詳細図の配置

「スケッチ」タブ内の「**円**」ツールを使って，「右側面」の爪部分を中心に円を描きます。

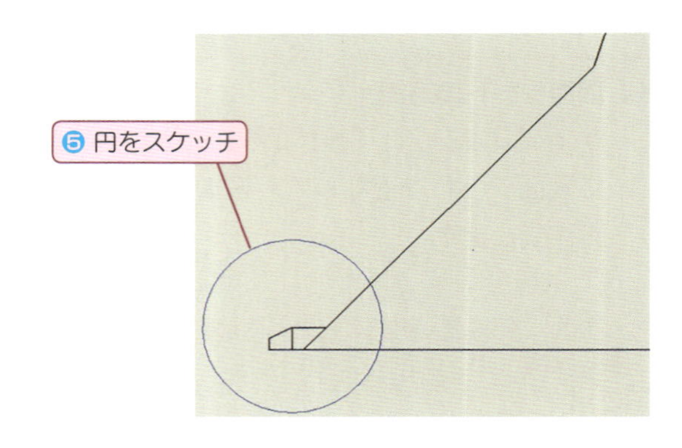
❺ 円をスケッチ

注意 完全定義は必要ありません。

円のスケッチを選択し，「レイアウト表示」タブ内の「**詳細図**」を選択します。
グラフィックス領域内の任意の場所でクリックして，詳細図を配置します。

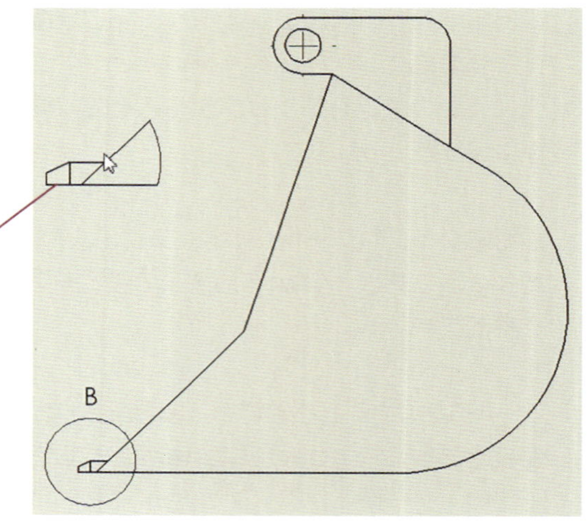
B

PropertyManager でスケールを変更します。「**ユーザー定義のスケール使用**」を選択し，「**2：1**」に設定します。

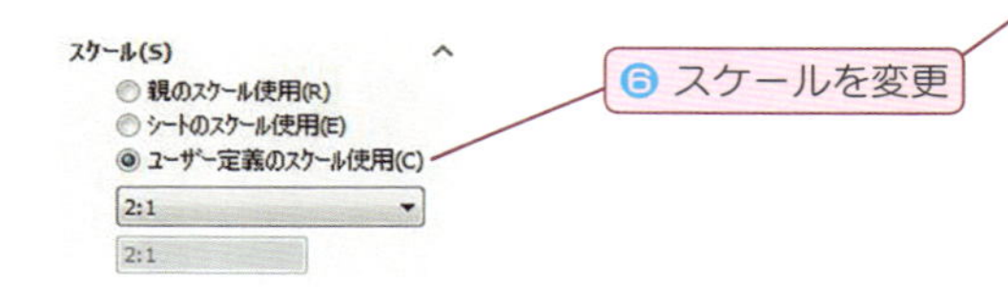
スケール(S)
親のスケール使用(R)
シートのスケール使用(E)
ユーザー定義のスケール使用(C)
2:1
2:1
❻ スケールを変更

4 投影図の配置

「右側面」の境界線を選択し，「レイアウト表示」タブ内の「**投影図**」を選択します。
「右側面」をもとにプレビューが表示されるので，その上に配置します。
「図面ビュー8」として配置されます。

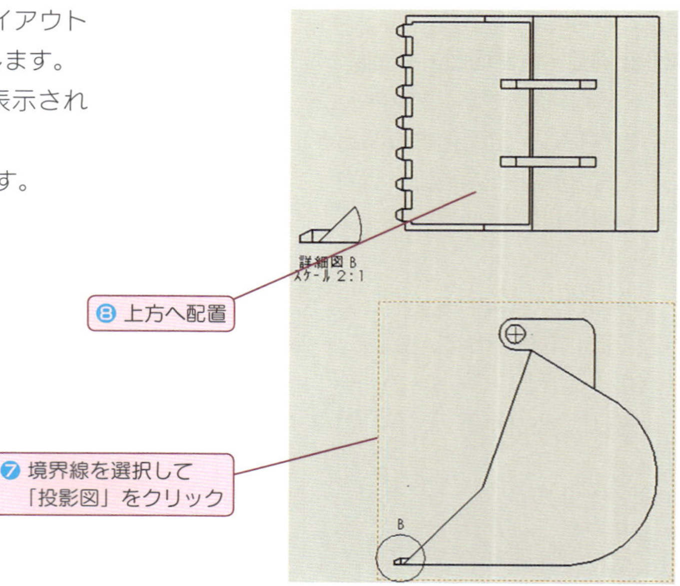
詳細図 B
スケール 2:1
❽ 上方へ配置
B
❼ 境界線を選択して
「投影図」をクリック

5 図面ビューの整列解除

新しく追加した投影図「図面ビュー8」の境界線を右クリックし，サブメニューの「**ビューの整列**」→「**整列解除**」の順に選択します。右側面との整列関係が解除され，自由に移動させることができるようになります。

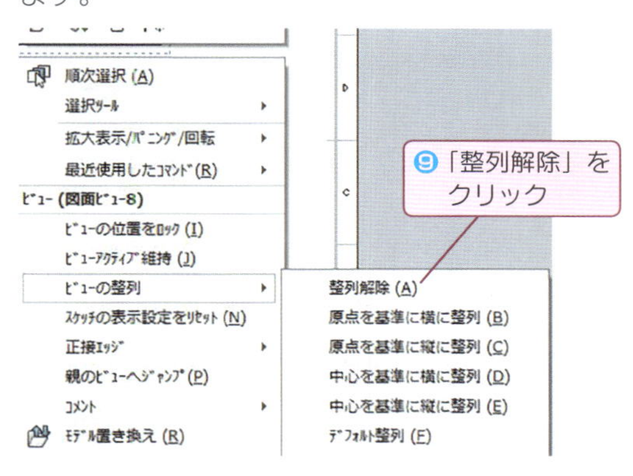

順次選択 (A)
選択ツール
拡大表示/パン/回転
最近使用したコマンド(R)
ビュー (図面ビュー8)
ビューの位置をロック (I)
ビューアクティブ維持 (J)
ビューの整列
スケッチの表示設定をリセット (N)
正接エッジ
親のビューへジャンプ (P)
コメント
モデル置き換え (R)
整列解除 (A)
原点を基準に横に整列 (B)
原点を基準に縦に整列 (C)
中心を基準に横に整列 (D)
中心を基準に縦に整列 (E)
デフォルト整列 (F)
❾「整列解除」をクリック

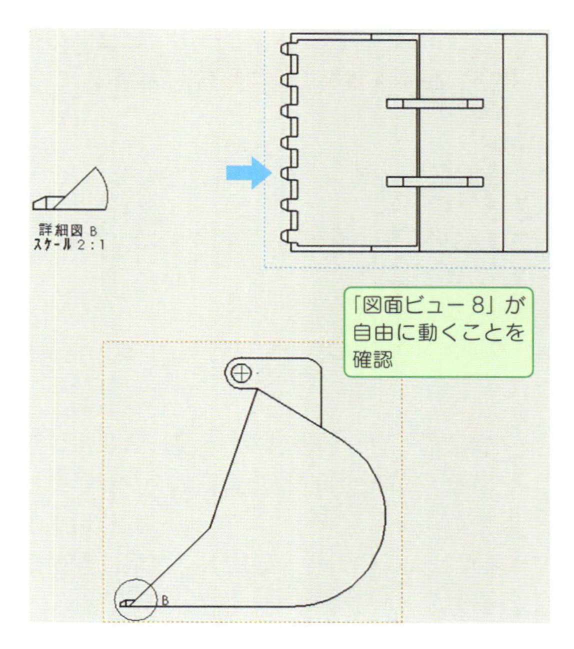

詳細図 B
スケール 2:1
「図面ビュー8」が自由に動くことを確認
B

6 図面ビューのトリミング

「図面ビュー8」の中央の爪部分に円をスケッチします。

スケッチした円を選択し，「レイアウト表示」タブ内の「**ビューのトリミング**」をクリックして，ビューのトリミングをおこないます。

詳細図とスケールに差があるので，「**図面ビュー8**」を選択して，3と同様に，スケールを「**2：1**」に設定します。

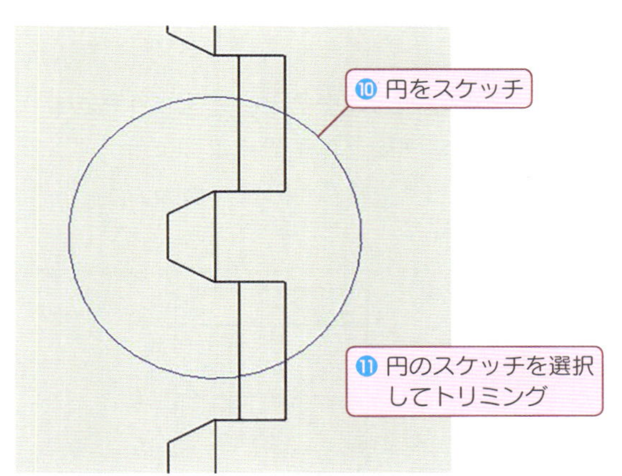

❿ 円をスケッチ
⓫ 円のスケッチを選択してトリミング

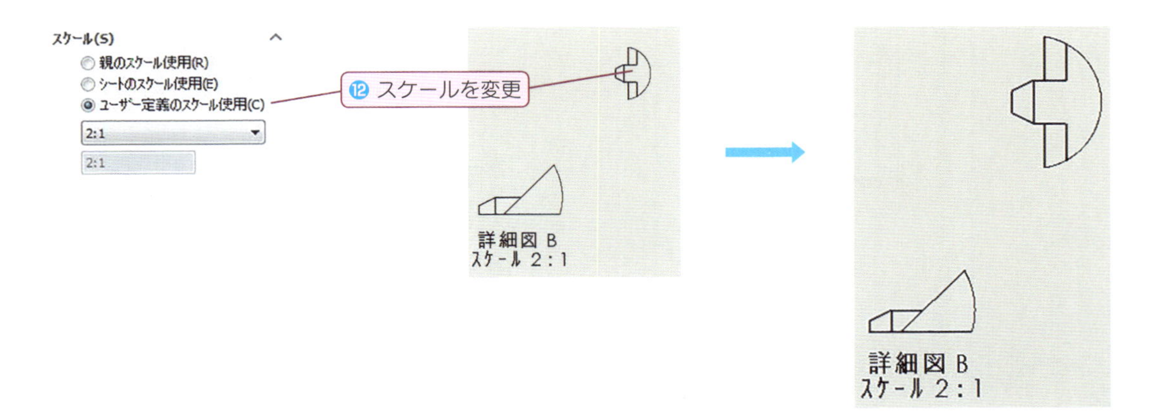

スケール(S)
親のスケール使用(R)
シートのスケール使用(E)
ユーザー定義のスケール使用(C)
2:1
2:1
⓬ スケールを変更
詳細図 B
スケール 2:1
詳細図 B
スケール 2:1

7 図面ビューの整列

トリミングされた「図面ビュー8」の境界線をクリックし，サブメニューの「**ビューの整列**」→「**原点を基準に縦に整列**」を選択します。

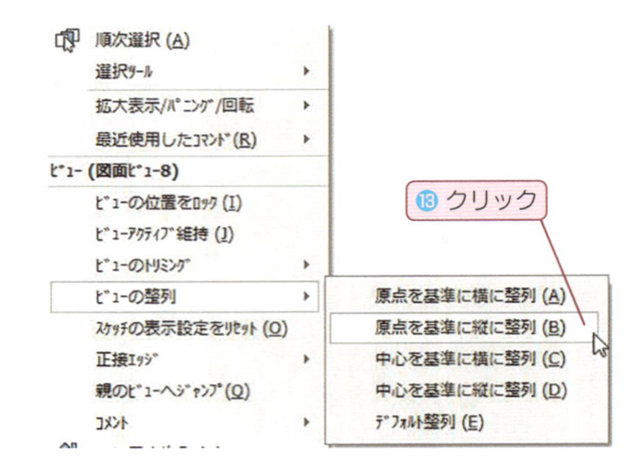

順次選択 (A)
選択ﾂｰﾙ
拡大表示/ﾊﾟﾝﾆﾝｸﾞ/回転
最近使用したｺﾏﾝﾄﾞ(R)
ﾋﾞｭｰ (図面ﾋﾞｭｰ8)
ﾋﾞｭｰの位置をﾛｯｸ (I)
ﾋﾞｭｰｱｸﾃｨﾌﾞ維持 (J)
ﾋﾞｭｰのﾄﾘﾐﾝｸﾞ
ﾋﾞｭｰの整列
ｽｹｯﾁの表示設定をﾘｾｯﾄ (O)
正接ｴｯｼﾞ
親のﾋﾞｭｰへｼﾞｬﾝﾌﾟ (Q)
ｺﾒﾝﾄ
⑬ クリック
原点を基準に横に整列 (A)
原点を基準に縦に整列 (B)
中心を基準に横に整列 (C)
中心を基準に縦に整列 (D)
ﾃﾞﾌｫﾙﾄ整列 (E)

マウスポインタの形状が「」に変化しますので，先ほど作成した詳細図をクリックします。
「図面ビュー8」と「詳細図」が縦に整列されます。

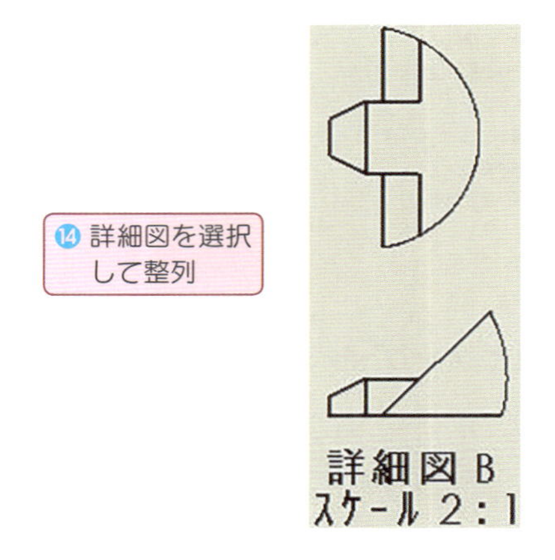

⑭ 詳細図を選択して整列
詳細図 B
ｽｹｰﾙ 2:1

ここまで説明した機能と参考図（➡ P.209）を参考に，寸法を追加してみましょう。
完成したら上書き保存しましょう。

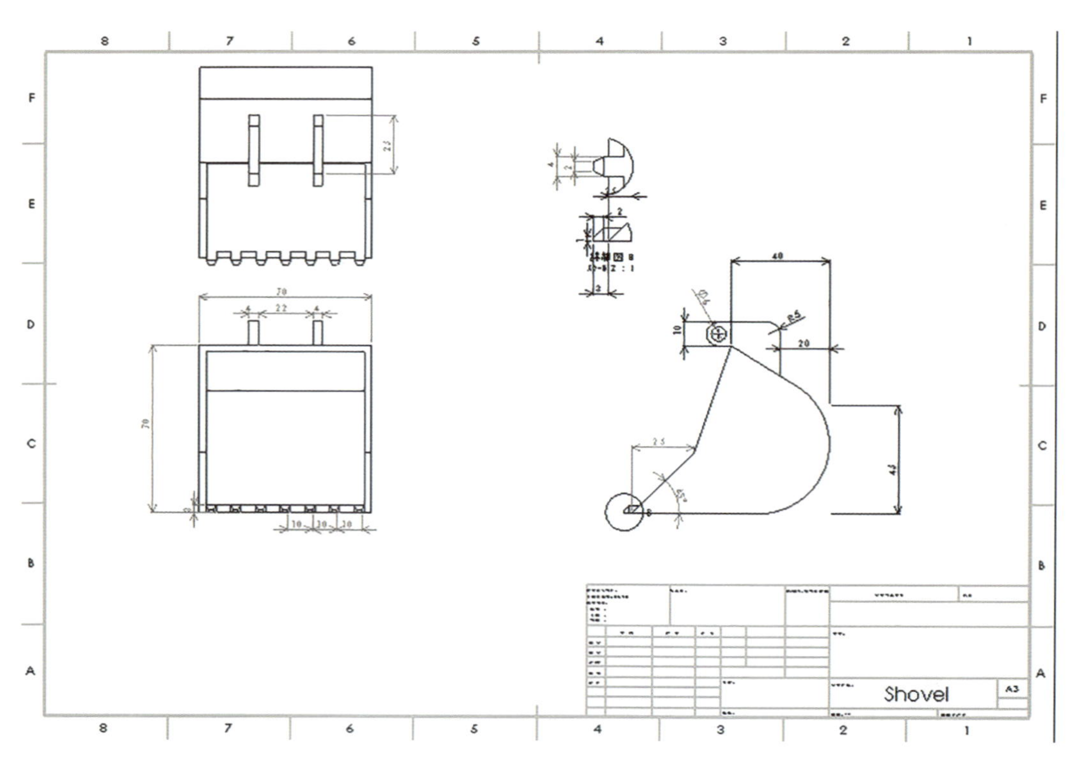

Shovel
A3

3.6.4 部品図の作成（部品「Wheel」）

1 図面シートの追加および配置

3.6.3 1 2と同様に図面シートを追加し，「Wheel」の図面を作成します。
ここでは正面図のみを配置します。
シートプロパティにおいて，名前は「Wheel」，スケールは「2：1」にしてください。

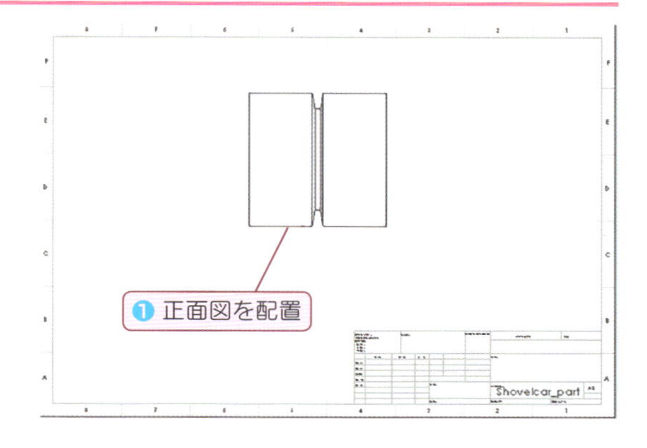

❶ 正面図を配置
Shovelcar_part

2 部分断面図の作成

右図のように，「Wheel」の上半分を囲むように「矩形」をスケッチします。

注意

「矩形」をスケッチするときは，「Wheel」の図面ビューの範囲内でスケッチをおこないます。

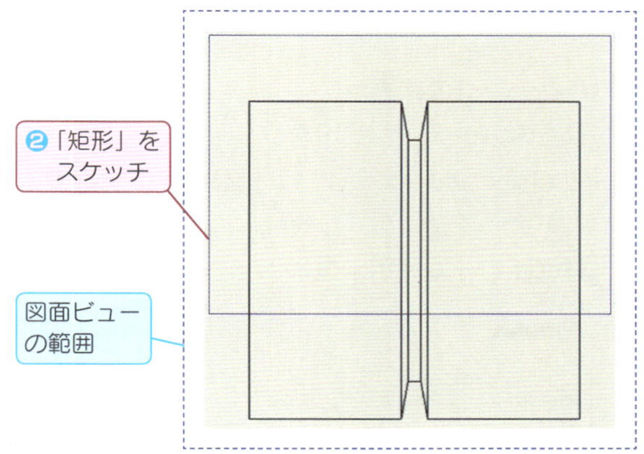

❷「矩形」をスケッチ
図面ビューの範囲

矩形の下のエッジが「Wheel」の中心を通るように幾何拘束を追加しましょう。

ヒント 「一時的な軸」を表示して使用すると，簡単に「Wheel」の中心との幾何拘束が付けられます。

❸ 中心と一致する幾何拘束を設定

矩形の４本のエッジを事前選択し，「レイアウト表示」タブ内の「**部分断面**」を選択します。
「深さの参照」に「**一時的な軸**」を選択して「✔ OK」をクリックします。
「**プレビュー**」にチェックを入れて確認しましょう。

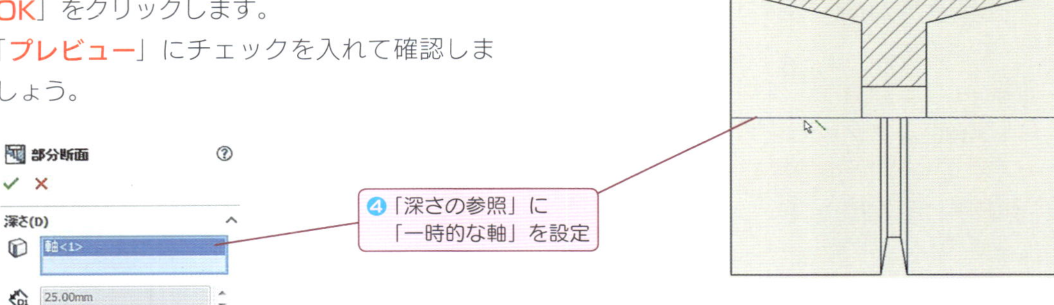

部分断面
深さ(D)
軸<1>
25.00mm
プレビュー(P)
❹「深さの参照」に「一時的な軸」を設定

3 エッジの非表示

「Wheel」の中心を通るエッジを右クリックして非表示を選択し，「中心線」を追加します。

ヒント 「中心線」と「一時的な軸」に「同一線上」の拘束を付けます。

「中心線」が描けたら，「一時的な軸」は非表示にしましょう。

⑤「エッジ非表示/エッジ表示」をクリック

⑥「中心線」をスケッチ

⑦「中心線」と「一時的な軸」に「同一線上」の拘束を設定

4 ハッチングの非表示

断面のハッチング領域をクリックします。PropertyManagerの「材料ハッチング」のチェックを外し，「パターン」を「なし」に設定して「✓OK」をクリックします。

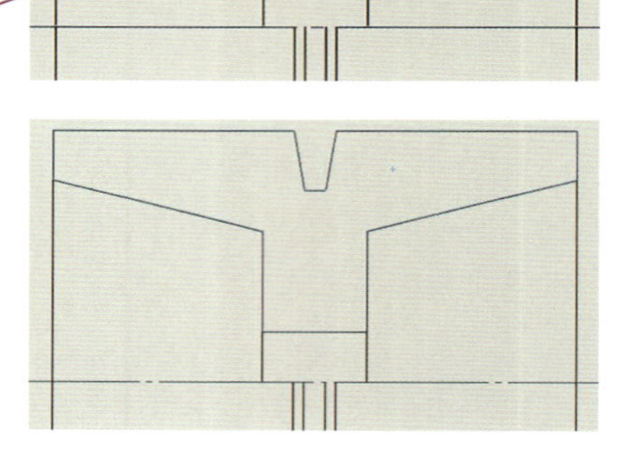
⑧ ハッチング領域をクリック

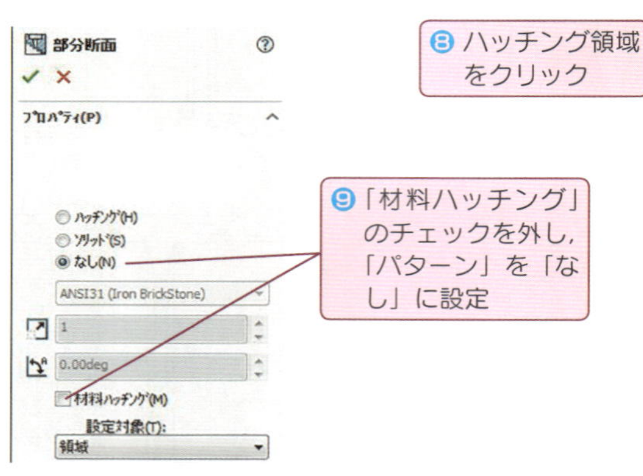
部分断面
プロパティ(P)
ハッチング(H)
ソリッド(S)
なし(N)
ANSI31 (Iron BrickStone)
1
0.00deg
材料ハッチング(M)
設定対象(T):
領域
⑨「材料ハッチング」のチェックを外し，「パターン」を「なし」に設定

5 寸法の部分非表示

「アノテートアイテム」タブ内の「モデルアイテム」で寸法を入力します。（➡ P.156）
（一部の寸法は非表示にしています。）
非表示にしたい寸法補助線を右クリックして，サブメニューの「補助線を非表示」を選択します。

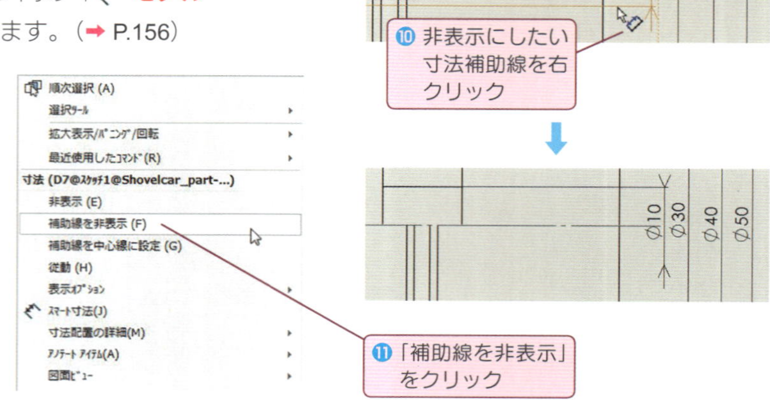
⑩ 非表示にしたい寸法補助線を右クリック
⑪「補助線を非表示」をクリック
順次選択 (A)
選択ツール
拡大表示/パン/回転
最近使用したコマンド(R)
寸法 (D7@スケッチ1@Shovelcar_part-...)
非表示 (E)
補助線を非表示 (F)
補助線を中心線に設定 (G)
従動 (H)
表示オプション
スマート寸法(J)
寸法配置の詳細(M)
アノテートアイテム(A)
図面ビュー
φ10
φ30
φ40
φ50

非表示にしたい寸法線を右クリックして，サブメニューの「寸法線を非表示」を選択します。

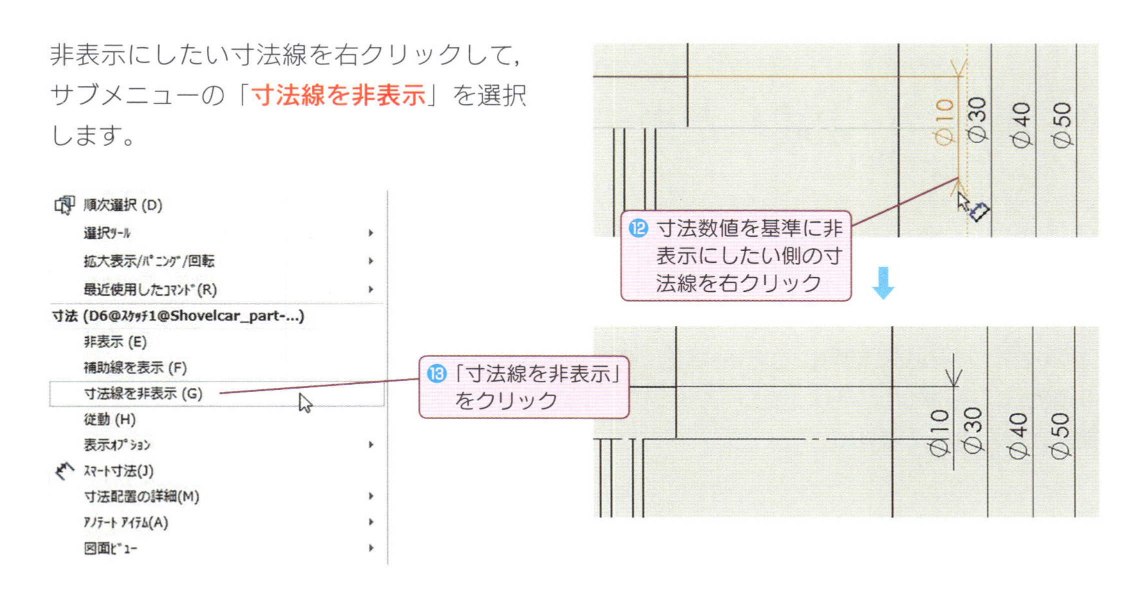

順次選択 (D)
選択ﾂｰﾙ
拡大表示/ﾊﾟﾆﾝｸﾞ/回転
最近使用したｺﾏﾝﾄﾞ(R)
寸法 (D6@ｽｹｯﾁ1@Shovelcar_part-...)
非表示 (E)
補助線を表示 (F)
寸法線を非表示 (G)
従動 (H)
表示ｵﾌﾟｼｮﾝ
ｽﾏｰﾄ寸法(J)
寸法配置の詳細(M)
ｱﾉﾃｰﾄ ｱｲﾃﾑ(A)
図面ﾋﾞｭｰ
⑫ 寸法数値を基準に非表示にしたい側の寸法線を右クリック
⑬「寸法線を非表示」をクリック

片側だけの寸法線および寸法補助線で表示されます。同様に，参考図（➡ P.210）をもとに，各寸法の表示を統一しましょう。完成したら上書き保存をしましょう。

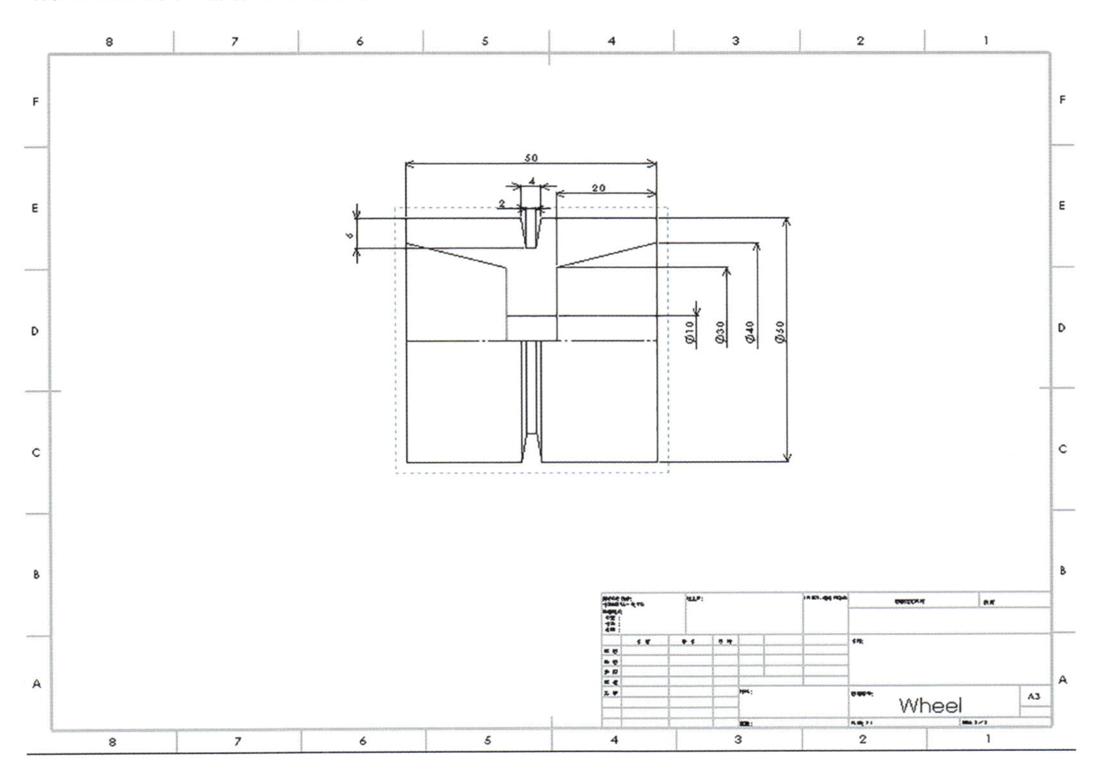

50
20
Wheel
A3

3.7 完成したモデルの設計変更

ここまで，「Shovelcar」の部品・アセンブリ・図面を作成してきて基本的なモデルの作成方法は理解できたと思いますが，日々の設計業務のなかでは，設計変更や，つぎの製品の開発(派生形状)をおこなっていくこととなります。そのときには，新たに一から作成するのではなく，基本モデルをうまく活用して変更・修正，そして流用設計をしていく必要があります。ここでは，一度つくったアセンブリに含まれる部品のパラメータを変更して，もとのアセンブリ形状情報を残しつつ，新しい形状のアセンブリを作成する方法，その際のファイルの管理法などを説明します。

注意 これから説明する方法は数ある方法の 1つです。ソフトウェアのグレードや使用機能の違い，図面管理ルールにより，図版の管理方法はそれぞれ異なりますのでご注意ください。

3.7.1 保存元および保存先の確認

1 ここでは，フォルダ「Shovelcar_standard」内にフォルダ「Shovelcar_Ver1」(元データ格納)と同階層に保存先としてフォルダ「Shovelcar_Ver2」が作成されています。

ヒント 1 今回，フォルダ名および階層の構成は任意です。

ヒント 2 保存先フォルダは，この後に使用する機能設定の際に作成が可能です。

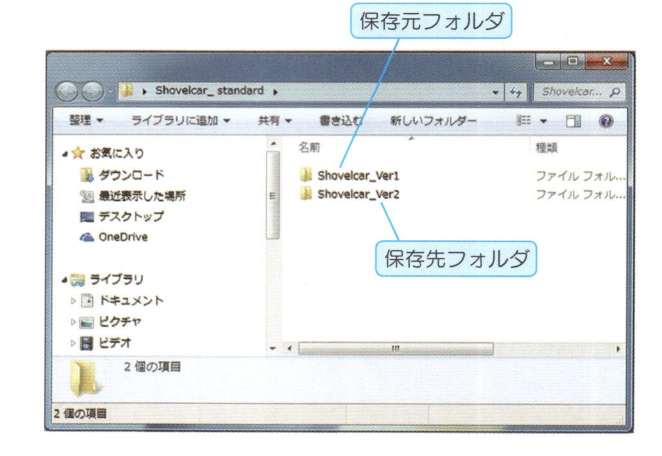
保存元フォルダ
Shovelcar_ standard
Shovelcar...
整理
ライブラリに追加
共有
書き込む
新しいフォルダー
お気に入り
ダウンロード
最近表示した場所
デスクトップ
OneDrive
ライブラリ
ドキュメント
ピクチャ
ビデオ
名前
種類
Shovelcar_Ver1
Shovelcar_Ver2
ファイル フォル...
ファイル フォル...
保存先フォルダ
2 個の項目
2 個の項目

2 フォルダ「Shovelcar_Ver1」内のアセンブリを開きます。

作成した「Shovelcar」のアセンブリを元データとして使用します。

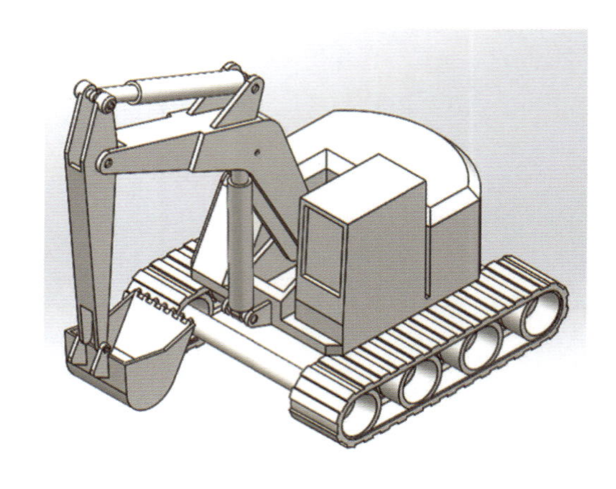

3.7.2 「Pack and Go」でデータを複製

1 メニューバーから「ファイル」→「Pack and Go」※の順にクリックします。

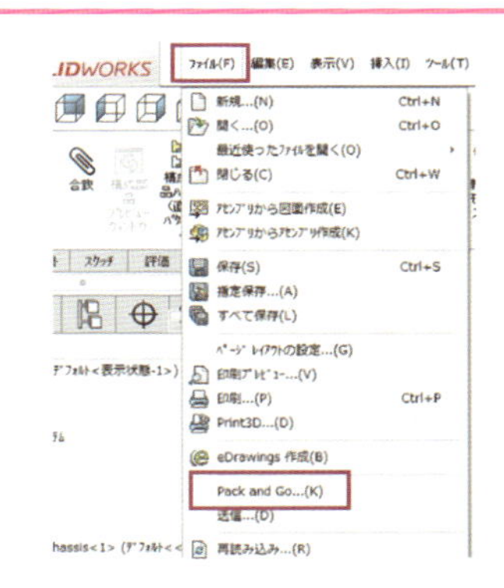

2 「Shovelcar」に配置した部品およびサブアセンブリ，それをもとに作成した図面など，関連したすべてのドキュメントがリストアップされたウィンドウが開きます。

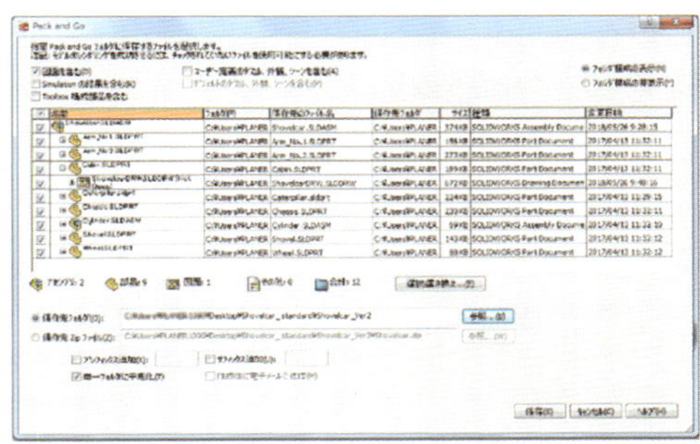

3 「参照」をクリックし，保存先のフォルダ「Shovelcar_Ver2」を設定します。

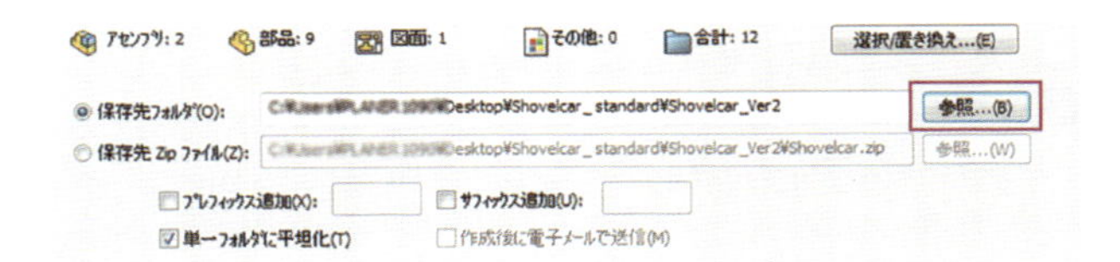

このとき，指定したフォルダがない場合は自動で作成されます。

4 「保存」をクリックして，関連するすべてのデータを収集し，指定フォルダ「Shovelcar_Ver2」に保存します。

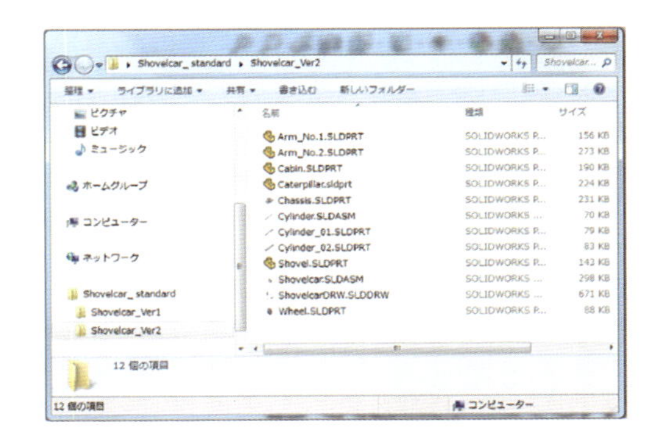

Point 43 Pack and Go

- 「Pack and Go」は，同階層または異なる階層のフォルダからそのドキュメントに関連するドキュメント情報を収集して，指定フォルダに一括コピーするという機能です。指定したドキュメント情報のみをコピーすることも可能です。
- 任意で，2D 図面，外観，解析情報，ツールボックス構成部品を含めることもできます。

3.7.3 部品「Shovel」のパラメータを変更

1. 元データのアセンブリを閉じて，フォルダ「Shovelcar_Ver2」内の「Shovel」を開きます。

2. より多くすくえるようにショベルの幅を横に広げるパラメータに変更します。
「70」から「150」に変更します。

爪数の変更は省略します。

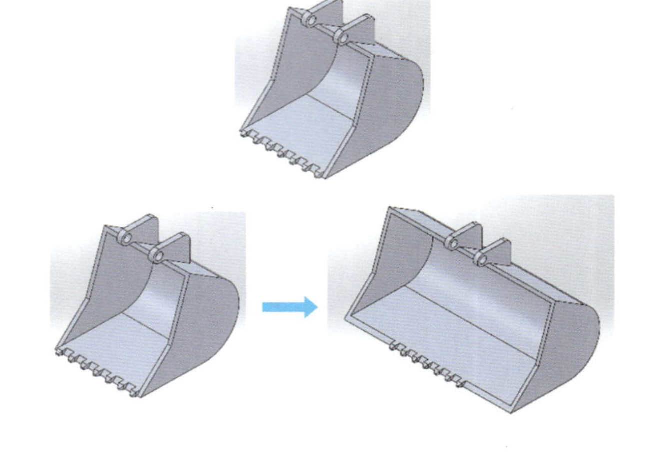

3. ドキュメントを「保存」して，「Shovelcar_Ver2」を開きます。
自動で再構築が行われ，バケットの大きさが変更されたアセンブリが開かれます。

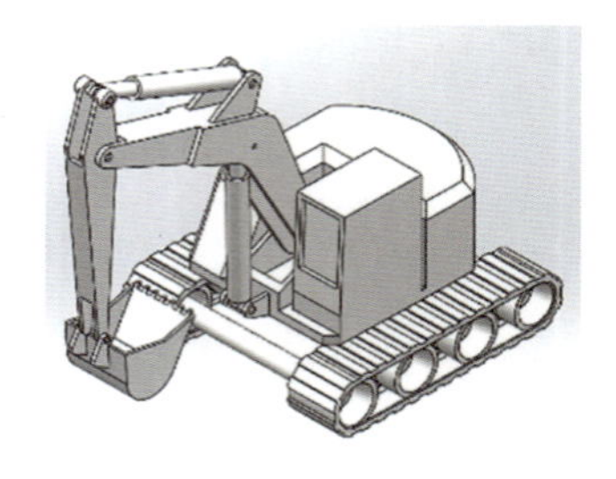

4. これで，「Shovelcar_Ver1」と「Shovelcar_Ver2」の二つの形状情報を保存できました。
なお，旧形状のアセンブリを開くときは新形状のアセンブリを閉じてから開いてください。部品名が同じため，競合してエラーが発生する場合があります。

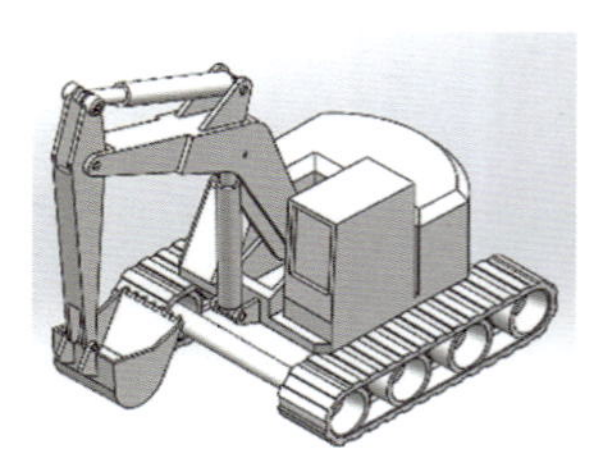

Shovelcar_Ver1

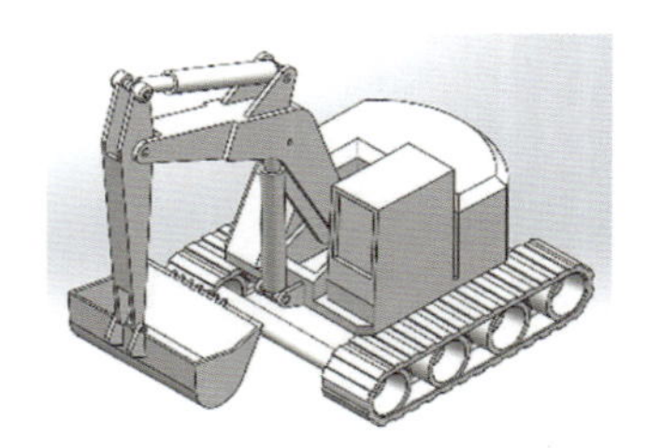

Shovelcar_Ver2

第4章

最新の幾何公差図面

グローバルなものづくりを展開するにあたって，どこの国で部品をつくっても，どこの国で組み立てても，同じ品質の製品ができ上がるようにするために，幾何公差を使用した図面を描くことが必須となっています。
3.6 では SOLIDWORKS による紙の図面作成について説明しましたが，今後の流れとして，3 次元モデル上に寸法・公差・注記・材質などのすべての情報を定義する「3DA モデル」の規格化が進められています。そして，3DA モデルを実現するためのポイントの 1 つが，幾何公差による表記となっており，図面の変遷に向けていまから準備をしておく必要があります。
本章では，SOLIDWORKS に標準で搭載されている MBD Dimension を使用して，3DA モデルを作成し，幾何公差を使用した図面作成例を説明します。

この章での学習内容

4.1 幾何公差と 3DA モデル

今後の新しい図面の形となる「幾何公差」と「3DA モデル」について説明します。

4.1.1 幾何公差とは

幾何公差とは，部品を構成する面・穴・軸などの要素に対して，「形状」・「姿勢」・「位置」を明確に規制するための，全世界共通の図面指示方法です。

図面に幾何公差が指示されていることで，寸法公差の指示だけではあいまいだった図面情報が，より明確に加工や検査などの後工程に伝わるようになります。

残念ながら日本では幾何公差の利用が世界に比べて進んでおらず，「それまで国内で製作していた部品の図面が海外ではまったく通用しない」といった事態が発生しています。

このような背景から，現在では国内でも幾何公差の利用推進が各所で展開されており，設計者にとって必須の技術となっています。

幾何公差のない図面

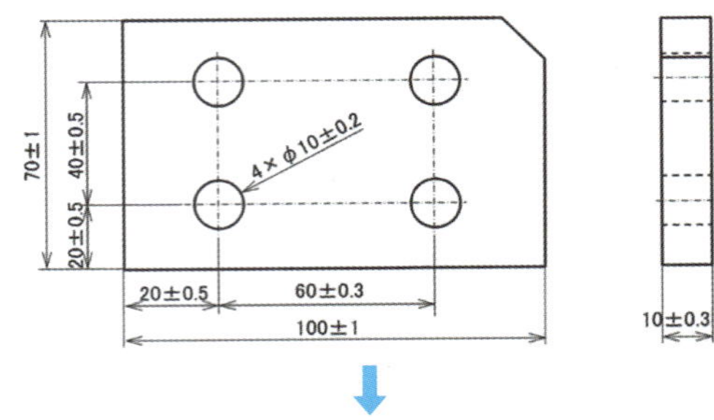

70±1
40±0.5
20±0.5
4×φ10±0.2
20±0.5
60±0.3
100±1
10±0.3

幾何公差のない図面であり得る部品の形

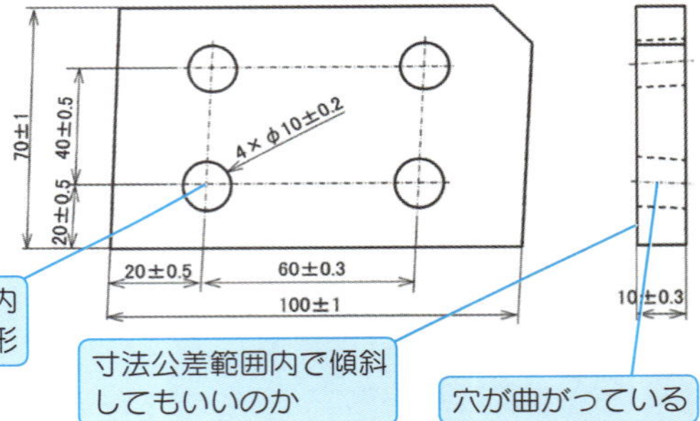

70±1
40±0.5
20±0.5
4×φ10±0.2
20±0.5
60±0.3
100±1
10±0.3
縦横のピッチは寸法公差範囲内だがお互いの位置が平行四辺形
寸法公差範囲内で傾斜してもいいのか
穴が曲がっている

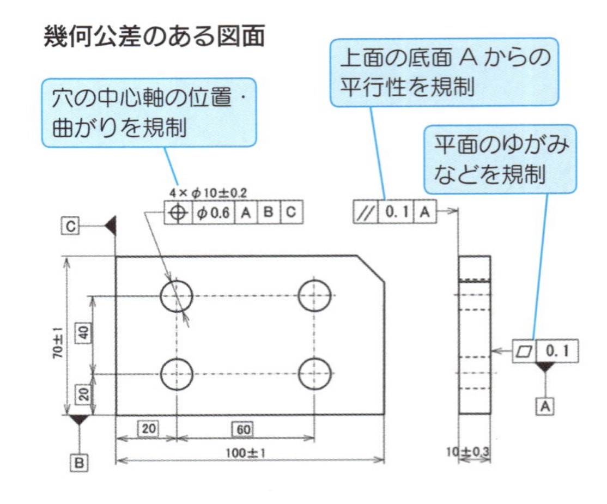

幾何公差のある図面
穴の中心軸の位置・曲がりを規制
上面の底面 A からの平行性を規制
平面のゆがみなどを規制
4×φ10±0.2
φ0.6 A B C
// 0.1 A
C
70±1
40
20
20
60
100±1
B
0.1
A
10±0.3

4.1.2 3DAモデルとは

3DAモデルは，3D Annotated Modelの略称で，寸法，公差，幾何特性，材料特性（物性）などの情報を，すべて3次元モデル上に定義したものです。これまでは，設計者から後工程（製造，検査，生産技術など）への情報伝達には2D図面を用いていましたが，これを作成するには大変な工数（時間と費用）がかかります。一方で，現在では多くの設計者が3次元CADで設計をおこなっています。であれば，新たに2D図面を作成するのではなく3DAモデルを用いるのが最も効率的です。3DAモデル運用への移行には，業務フローやシステムの変更など，さまざまな課題がありますが，将来的には3DAモデルを運用する時代がくるのは必至でしょう。

さらに，3DAモデルの利点にはつぎのようなものがあります。

① 3DAモデルを使用して3次元公差解析がおこなえる。

② 3Dスキャナで取得した形状データと3DAモデルを比較して，測定・検査が効率的におこなえる。

この2つの利点を活かすには，前提条件として図面指示のあいまいさが排除されていることが求められます。その具体的な方法こそが幾何公差です。つまり，幾何公差は，設計そのものだけでなく，システム運用の観点からも必須です。

ヒント ①や幾何公差や公差解析などの詳細は他書などに記載があるので，本書での詳細な説明は省略しております。各関連書籍で学習されることをお勧めします。

本章では右図を使って，幾何公差を含んだ3DAモデル作成例を紹介します。

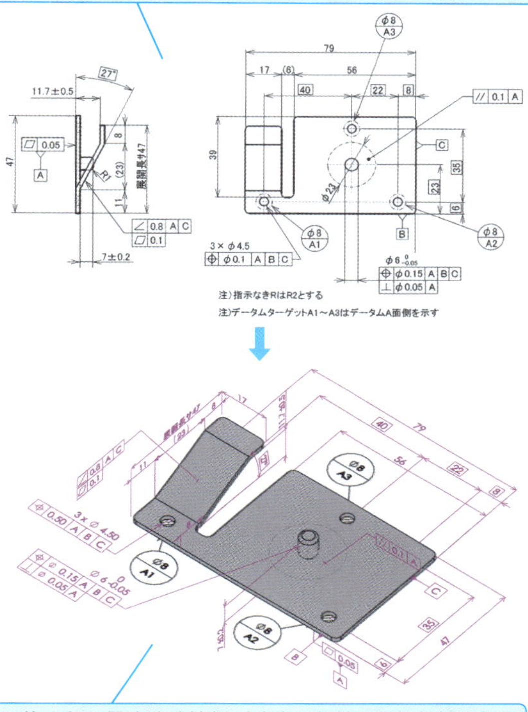

本図面例は，3DAモデルの説明をおこなうためのものであり，実際の図面表記は，設計者の意図にもとづいて指示されるべきものである。本書では，1つの例としてとらえてください。
注）指示なきRはR2とする
注）データムターゲットA1～A3はデータムA面側を示す
● 後工程へ伝達する情報（寸法，公差，幾何特性，物性など）をすべて3Dモデル上に定義する。
● 物性などは，3Dモデルのプロパティ情報としてもたせる。

4.2 幾何公差入り 3DA モデルの作成

実際に MBD Dimension を使って3DA モデルを作成していきましょう。

4.2.1 MBD Dimension のコマンドの確認

MBD Dimension のコマンドは，「MBD Dimension」タブをクリックすることで表示されます。

タブが表示されていない場合は，ほかのタブ上で右クリックし，「MBD Dimension」にチェックを入れると表示されます。

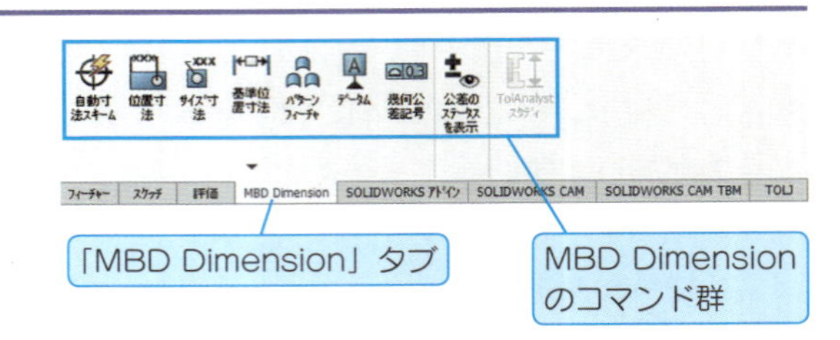
「MBD Dimension」タブ
MBD Dimension のコマンド群

4.2.2 モデルを開く

ダウンロードフォルダ（ダウンロードの方法は本書冒頭に記載）のなかのモデル「3DAModel.SLDPRT」を開きます。

4.2.3 データムの設定

1 データム A（平面度 0.05）

モデルを回転させ，対象の面が見えるようにします。

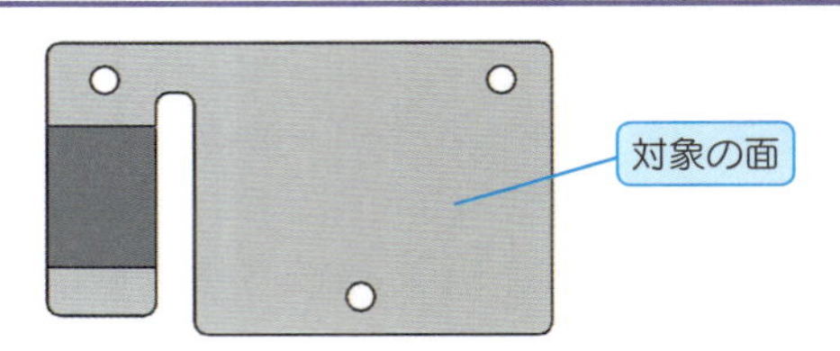
対象の面

まずは平面度を設定するため，MBD Dimension コマンドの「⌓0.3 幾何公差記号」をクリックします。

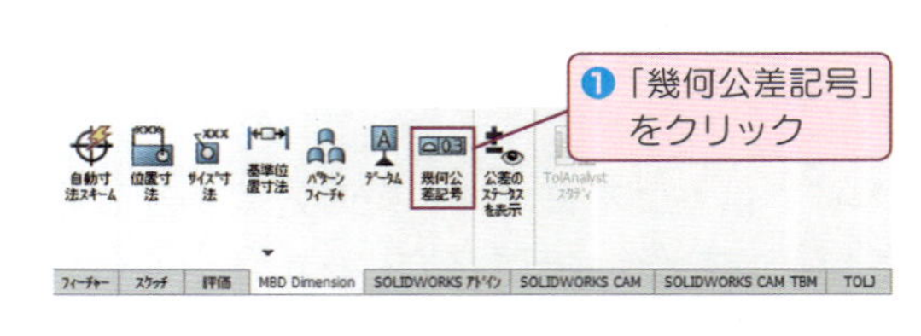
❶「幾何公差記号」をクリック

プロパティ画面が出たら，右図のように，記号に「⏥ 平面度」，公差 1 の枠に「0.05」を入力します。

OK はクリックせずに，そのままモデル上の対象の面をクリックします。

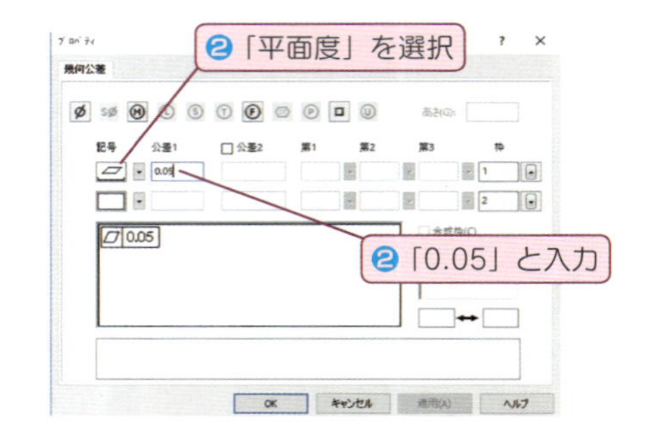
❷「平面度」を選択
❷「0.05」と入力

右図のように，平面度公差が入力されます。

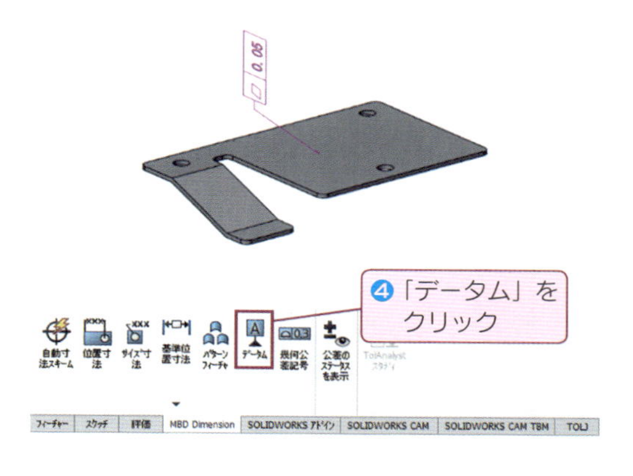

0.05

つぎに，同じ対象の面をクリックし，MBD Dimension メニューの「データム」をクリックします。

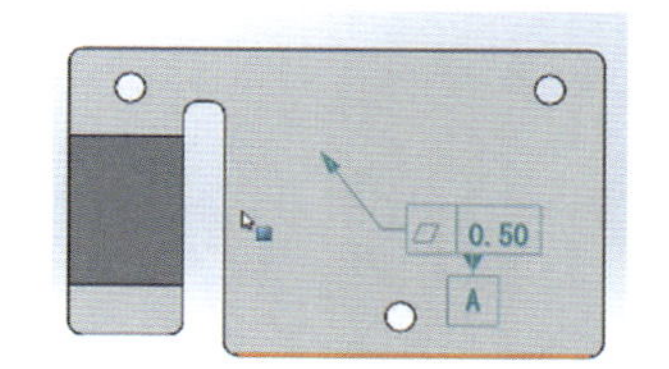

❹「データム」をクリック

右図のように，平面度公差にデータム A が設定されます。

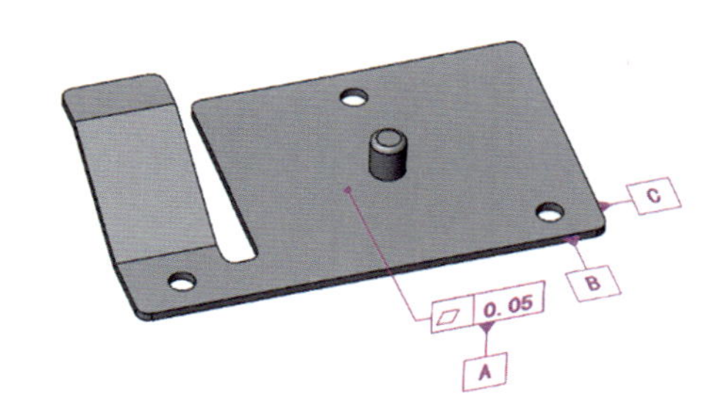

0.50
A

2 データム B，C

MBD Dimension メニューの「データム」を再度クリックし，データム B に該当する面，データム C に該当する面を順番にクリックすると，右図のようになります。

Point 44 幾何公差の表示設定

- 入力された幾何公差記号を右クリックし，「**アノテートアイテムビュー選択**」→「**平面**」をクリックすると，幾何公差記号が表示される向きが変わります。
- 幾何公差記号の表示サイズを変更したい場合は，SOLIDWORKS メニューの「**ツール**」→「**オプション**」→「**ドキュメントプロパティ**」→「**アノテートアイテムのフォント**」からサイズを変更できます。

Point 45 データムの表示について

- データムは，A からアルファベット順の通し番号が自動で追加されます。
- 幾何公差記号やデータムはドラッグして位置を調整できます。

4.2.4 穴と位置度公差の指示

1 穴（3 × φ 4.5）

3 × φ4.5 の穴を指示するため，MBD Dimension メニューの「サイズ寸法」をクリックします。

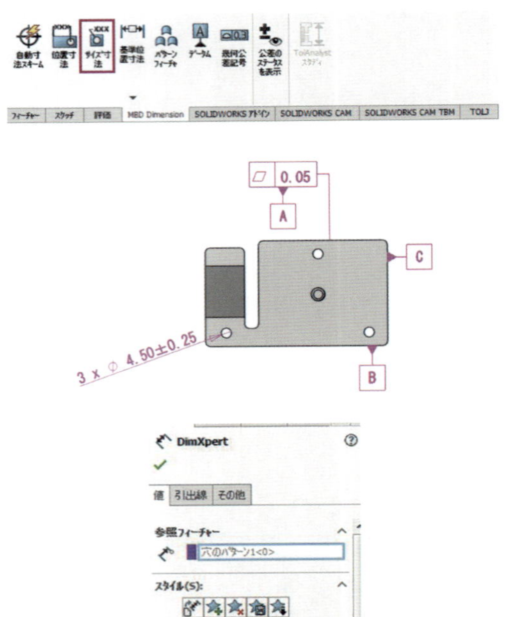

0.05
A
C
B
3 x ⌀ 4.50±0.25

そのまま対象の穴の円筒面あるいは円形のエッジをクリックすると，同じ大きさの穴（今回は 3 つ）に対して寸法が設定されます。
公差も自動的に付加されます。

入力したサイズ寸法が選択された状態で，PropertyManager の「公差 / 小数位数」にある公差タイプを「なし」に設定します。

2 位置公差（φ 0.1）

位置度公差を設定するため，入力したサイズ寸法をクリックし，MBD Dimension メニューから「 幾何公差記号」をクリックします。

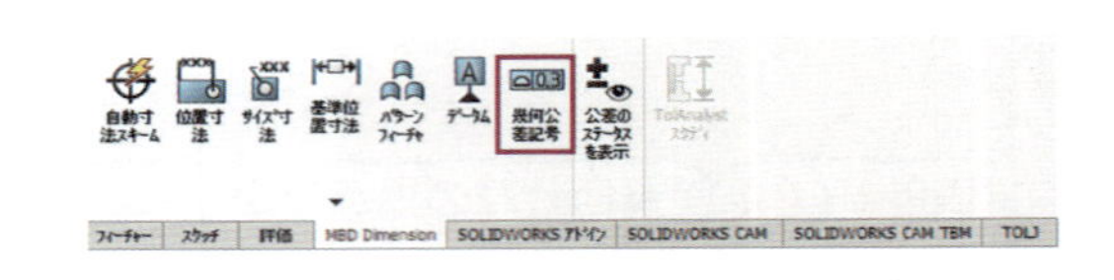

プロパティ画面で，記号は「⌖ 位置度」，公差 1 の枠には「0.1」を入力し，そのまま上部にある ⌀ の記号をクリックします。
また，第 1，第 2，第 3 の枠にそれぞれ大文字で，「A」「B」「C」と入力します。

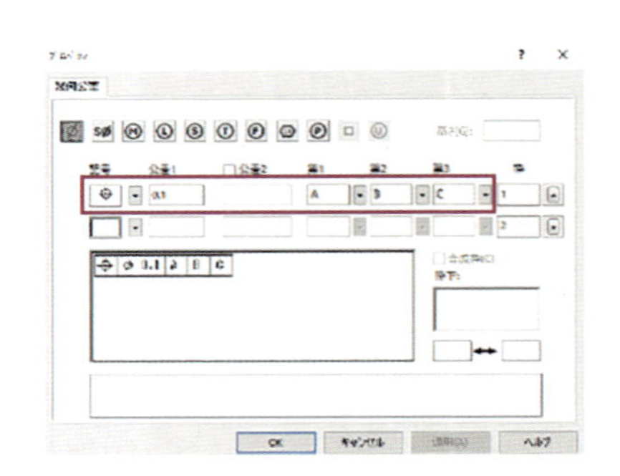

「OK」ボタンをクリックします。
右図のような表記になります。

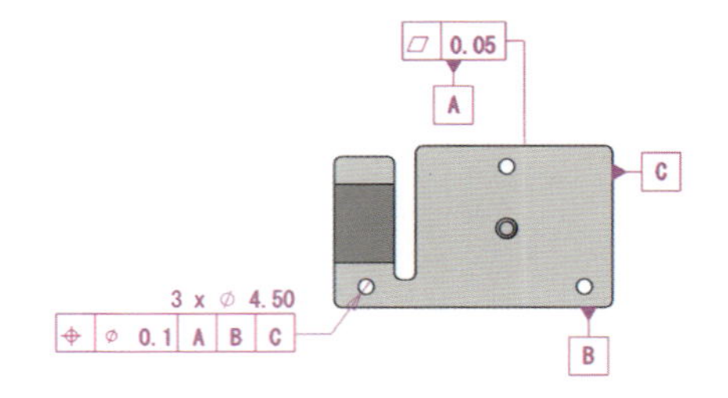

0.05
A
C
3 x ⌀ 4.50
⌀ 0.1 A B C
B

4.2.5 平行度の範囲指示

φ23 の円を表現するために，右図に示す面に，φ6 のボスと同心円となるように「23 mm」の円を描きます。

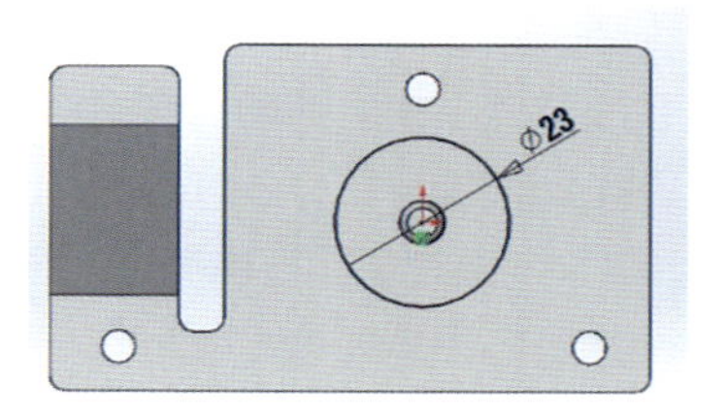
φ23

つぎに，描いた円をクリックし，Property Manager のオプションにある「**作図線**」をチェックしてアクティブにします。
スケッチを終了します。

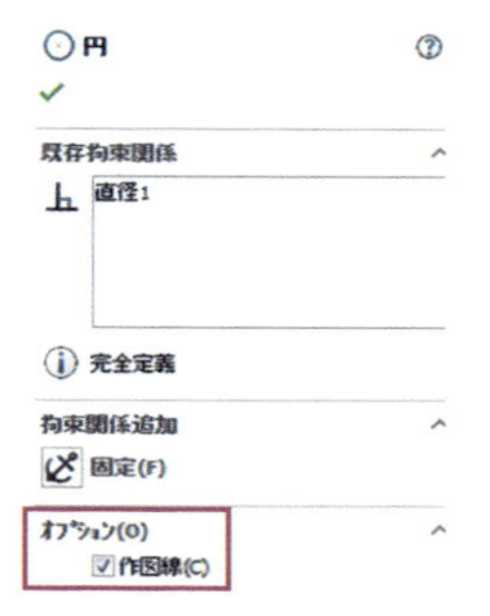
円
既存拘束関係
直径1
完全定義
拘束関係追加
固定(F)
オプション(O)
作図線(C)

右区のように，一点鎖線に切り替わります。

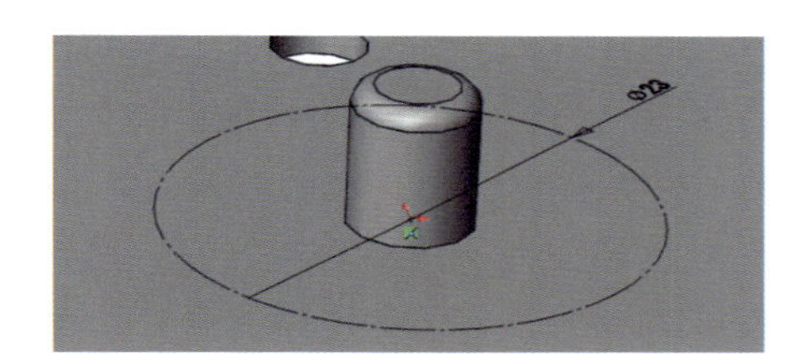
φ23

MBD Dimension メニューの「 0.3 **幾何公差記号**」を使用して，右図のとおり「// **平行度公差**」，公差値「**0.1**」，参照データム A を，φ23 の円内に追加します。

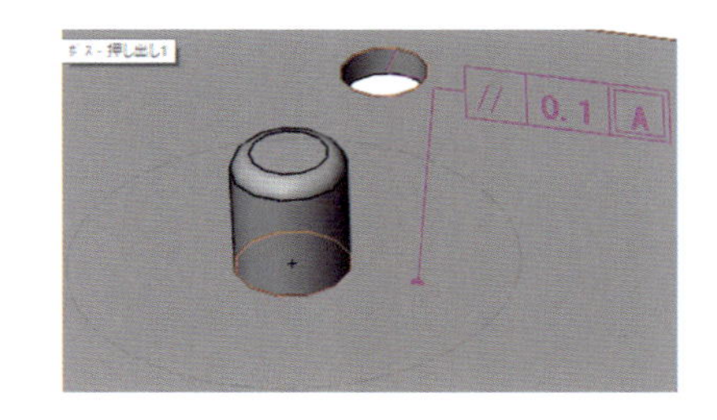
//
0.1
A

Point 46 公差の表示設定

- 公差 / 小数位数欄は，通常「普通公差」に設定されていますが，＋と－の値が違う公差の場合には，上下寸法許容差などを使用すると設定ができます。
- SOLIDWORKS メニューの「**ツール**」→「**オプション**」→「**ドキュメントプロパティ**」→「**MBD Dimension**」→「**幾何公差**」をクリックし，メニューのなかの「基準寸法」にチェックを入れることで，位置度公差を入れた際に，必要な理論的に正確な寸法（□で囲まれた寸法）が自動的に入ります。
- 幾何公差のプロパティ画面で，上から 2 段目に幾何公差記号を入力することで，2 段の幾何公差を入力することができます。

4.2.6 データム A のデータムターゲットの指示

4.2.3 と同様のステップで，ϕ4.5 の穴と同心円となるように「8 mm」の円をスケッチし，作図線に変換します。
その後，スケッチを終了します。

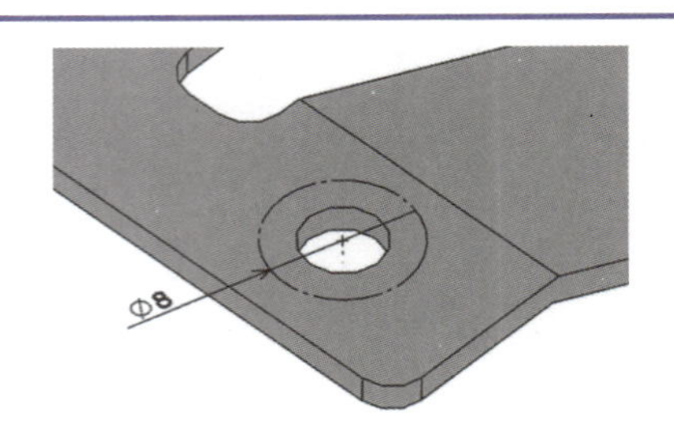
ϕ8

注意

スケッチは **4.2.3**と同様の面に描きます。

描いた円の中心点をクリックした状態で，SOLIDWORKS メニューの「**挿入**」→「**アノテートアイテム**」→「**データムターゲット**」をクリックします。

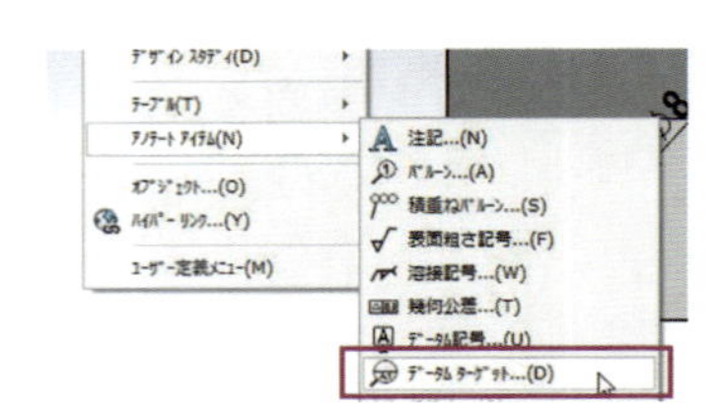

データムターゲットの PropertyManager の設定で，「ターゲット記号」，ターゲット領域サイズを「**8**」，データム参照を第 1 参照の「**A1**」と設定し，画面上の適切な位置にデータムターゲットをクリックして配置します。
同様に，A2 と A3 もデータムターゲットを設定します。

右図のように，データムターゲットが入力されます。

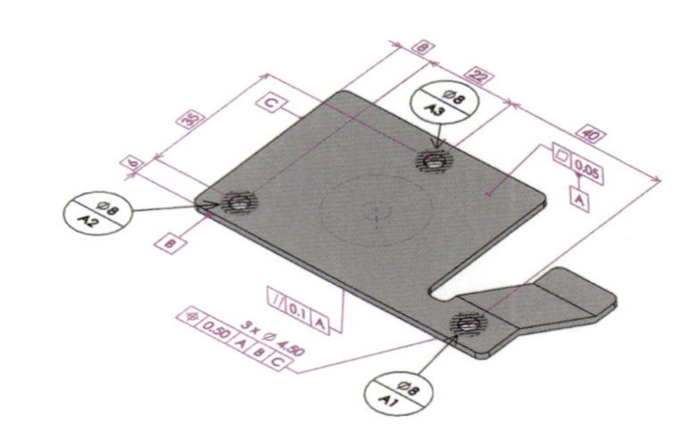
Ø8
A3
Ø8
A2
Ø8
A1
3× Ø 4.50

Point 47 位置寸法と基準寸法

- MBD Dimension メニューの「**位置寸法**」では，2 つの要素間（面と面間，ボスとボス間など）にサイズ公差を入力することができます。
- MBD Dimension メニューの「**基準寸法**」では，2 つの要素間（面と面間，ボスとボス間など）に理論的に正確な寸法を入力することができます。

4.2.7 3DA モデルの完成

これまでの内容を参考に，足りない幾何公差記号，サイズ公差，理論的に正確な寸法などを指示して，3DA モデルを完成させましょう。

Point 44 ～ **47** の記載内容も必ず参考にしてください。

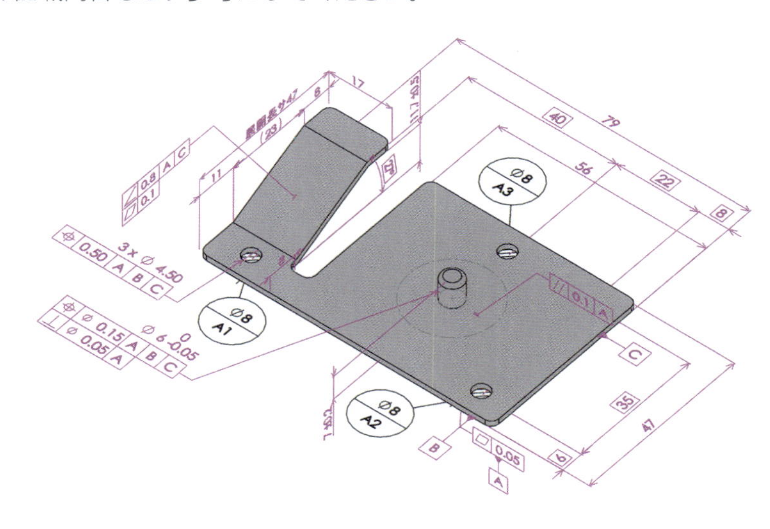

解答 練習問題 1 押し出しボス / ベース

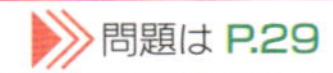
問題は P.29

1 新規部品ドキュメント

① SOLIDWORKS の標準ツールバーにある「新規」をクリックします。「新規 SOLIDWORKS ドキュメント」が開きます。

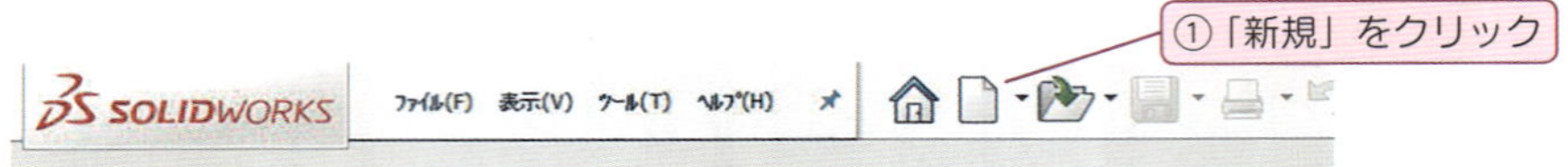
①「新規」をクリック
SOLIDWORKS
ﾌｧｲﾙ(F) 表示(V) ﾂｰﾙ(T) ﾍﾙﾌﾟ(H)

②「部品」アイコンをクリックします。

③「OK」ボタンをクリックします。

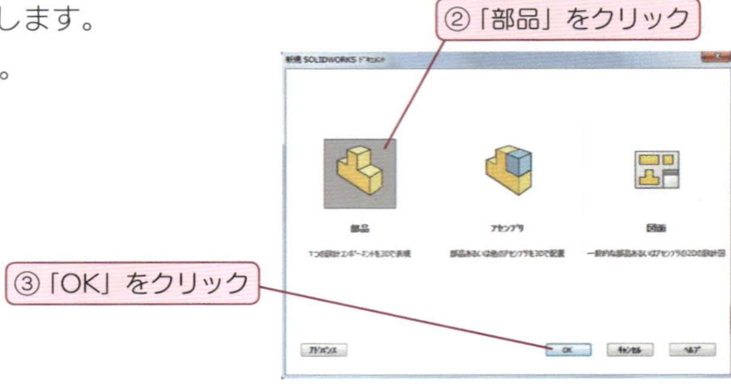
②「部品」をクリック
③「OK」をクリック

2 スケッチの開始

① FeatureManager デザインツリー上で「正面」をクリックします。

②「スケッチ」タブ内の「スケッチ」をクリックします。スケッチが開始されます。

③ つぎに「直線」をクリックします。

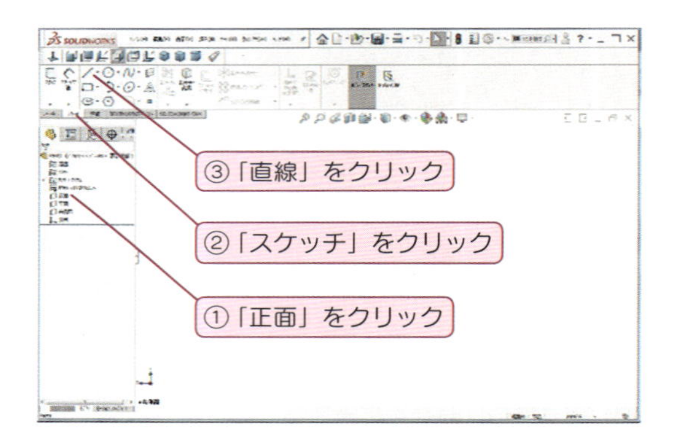
③「直線」をクリック
②「スケッチ」をクリック
①「正面」をクリック

3 輪郭のスケッチ

① マウスポインタを原点上に移動し，原点をクリックします。

②～⑥ 続けて右図のように，直線の通過点をクリックします。

⑦ スケッチが閉じるように原点にもどり，原点をクリックします。自動的に直線の作成が中断します。

⑧「Esc」キーを押し，「直線」を終了します。

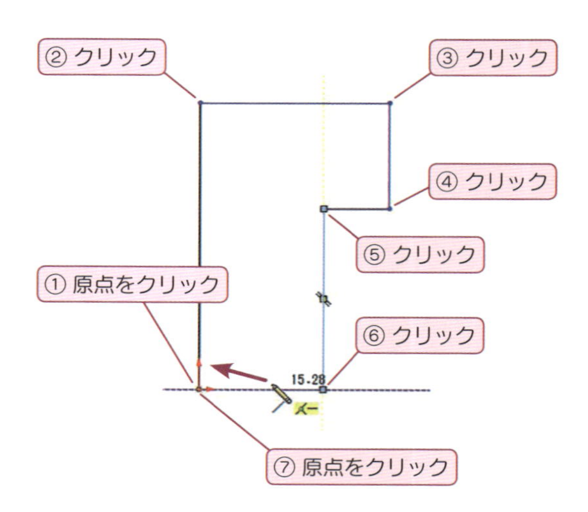
② クリック
③ クリック
④ クリック
⑤ クリック
① 原点をクリック
⑥ クリック
15.28
⑦ 原点をクリック

4 押し出しボス / ベース

①「フィーチャー」タブ内の「押し出しボス / ベース」をクリックします。

②「押し出し状態」を「ブラインド」にします。

③「深さ / 厚み」を「30」にします。ここでは仮の値を設定しておきます。

④「✓OK」をクリックします。

以上で完成です。

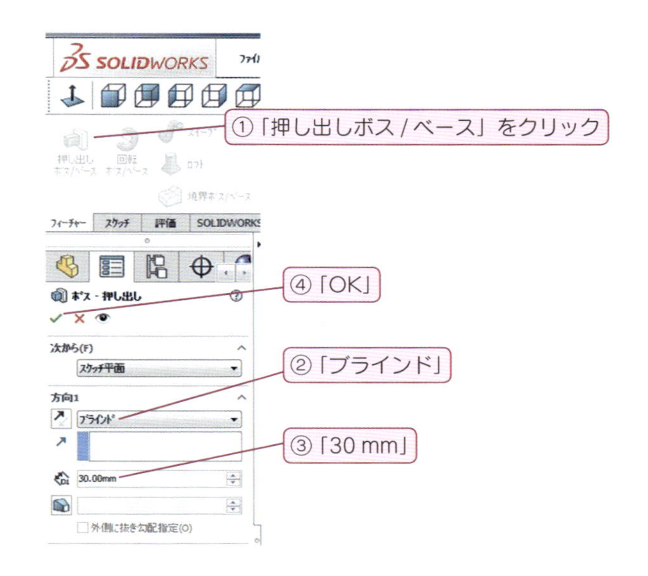

SOLIDWORKS
①「押し出しボス / ベース」をクリック
④「OK」
②「ブラインド」
③「30 mm」

解答 練習問題 2 スケッチとフィーチャーの修正

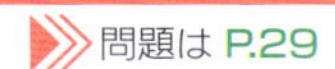
問題は P.29

1 スケッチ編集

① FeatureManager デザインツリー上で，練習問題 1 で作成した「押し出し 1」または「スケッチ 1」を選択し，右クリックします。

② ショートカットメニューから「スケッチ編集」を選択します。スケッチ編集になり，スケッチが表示されます。

①「スケッチ 1」を右クリック
②「スケッチ編集」を選択

2 スケッチ表示方向の変更

スケッチの表示方向を正面に向けます。「ヘッズアップビューツールバー」の「表示方向」を選択・展開し，「選択アイテムに垂直」を選択します。

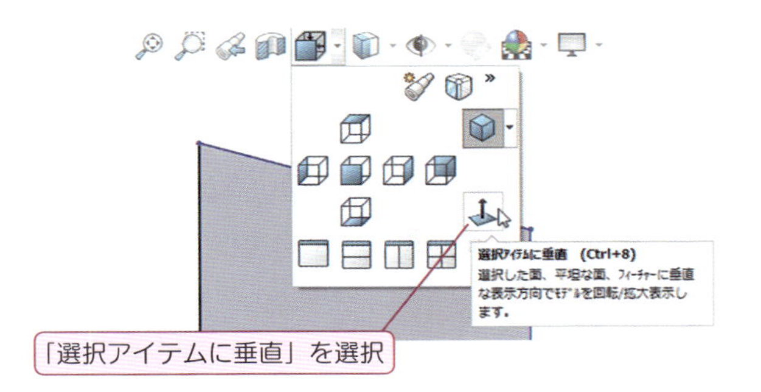

「選択アイテムに垂直」を選択

3 寸法

スケッチに寸法を追加します。

①「スケッチ」タブ内の「スマート寸法」をクリックします。

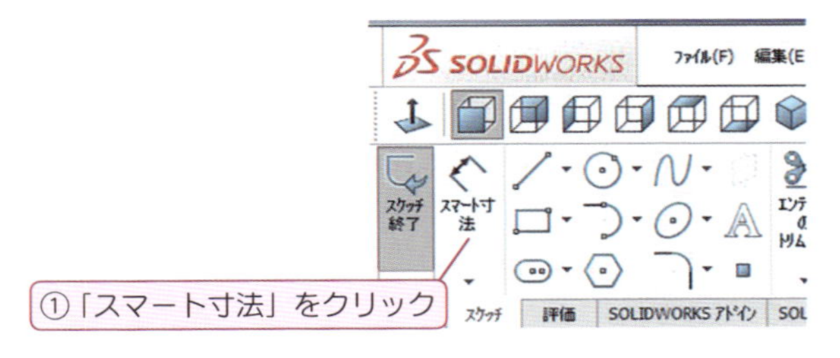

SOLIDWORKS
①「スマート寸法」をクリック

② 直線をクリックします。
③ マウスポインタを移動すると，寸法がついてきます。グラフィックス領域上の任意の位置をクリックし，寸法を配置します。
④ 修正ダイアログボックスが表示されるので，「80」と入力します。
⑤ 修正ダイアログボックスの「✓OK」をクリックします。

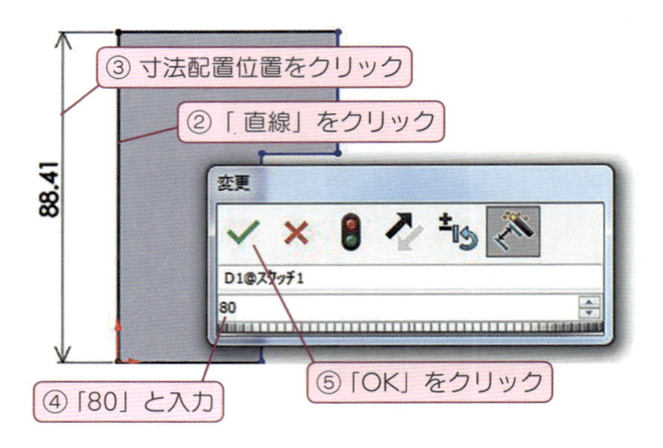
③ 寸法配置位置をクリック
②「直線」をクリック
88.41
変更
D1@スケッチ1
80
④「80」と入力
⑤「OK」をクリック

ほかの寸法も同様に追加します。

4 スケッチの終了

「スケッチ終了」をクリックします。

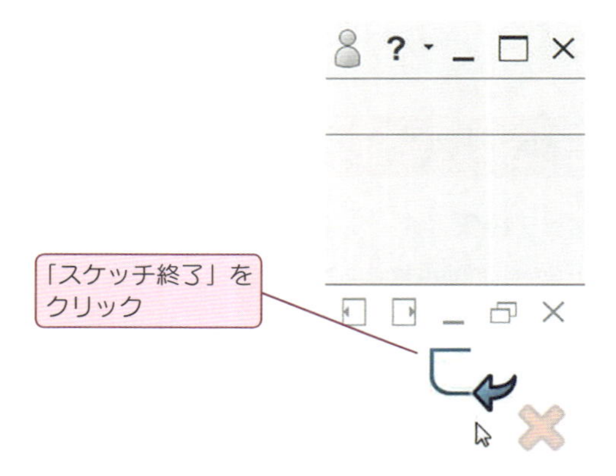
「スケッチ終了」をクリック

5 フィーチャー編集

つぎに，モデルの高さ（厚さ）寸法を変更します。

① FeatureManager デザインツリーの「押し出し 1」を右クリックします。
② ショートカットメニューから「フィーチャー編集」を選択します。「押し出し 1」の PropertyManager が表示され，フィーチャーの編集が可能になります。

③「深さ / 厚み」を「25」に修正します。
④「✓OK」をクリックします。

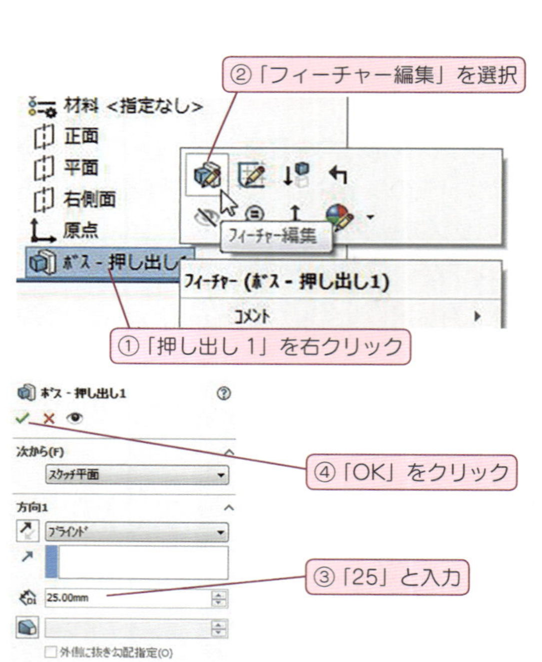
②「フィーチャー編集」を選択
材料 <指定なし>
正面
平面
右側面
原点
ボス - 押し出し1
フィーチャー編集
フィーチャー (ボス - 押し出し1)
コメント
①「押し出し 1」を右クリック
ボス - 押し出し1
次から(F)
スケッチ平面
方向1
ブラインド
25.00mm
外側に抜き勾配指定(O)
④「OK」をクリック
③「25」と入力

パラメトリック機能により，モデルの高さが修正されます。これで完了です。

解答 練習問題 3 スイープ 1

問題は P.34

1 スケッチ編集

① スイープのスケッチを修正します。FeatureManager デザインツリー上で，**2.4.1** で作成した「スイープ 1」の下にある「スケッチ 1」を選択し，右クリックします。

② ショートカットメニューから「スケッチ編集」を選択します。スケッチが編集状態となり，パスのスケッチが表示されます。

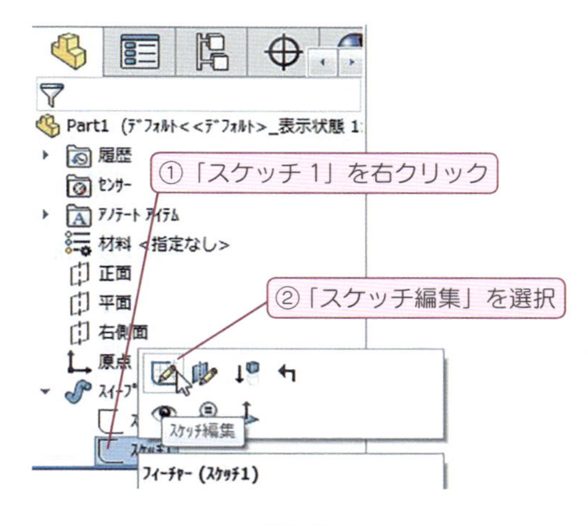

Part1 (デフォルト<<デフォルト>_表示状態 1
履歴
センサー
アノテートアイテム
材料 <指定なし>
正面
平面
右側面
原点
スイープ
スケッチ編集
フィーチャー (スケッチ1)
①「スケッチ 1」を右クリック
②「スケッチ編集」を選択

2 スケッチ表示方向の変更

スケッチの表示方向を正面に向けます。「ヘッズアップビューツールバー」の表示ツールバーの「表示方向」を選択・展開し，「選択アイテムに垂直」を選択します。

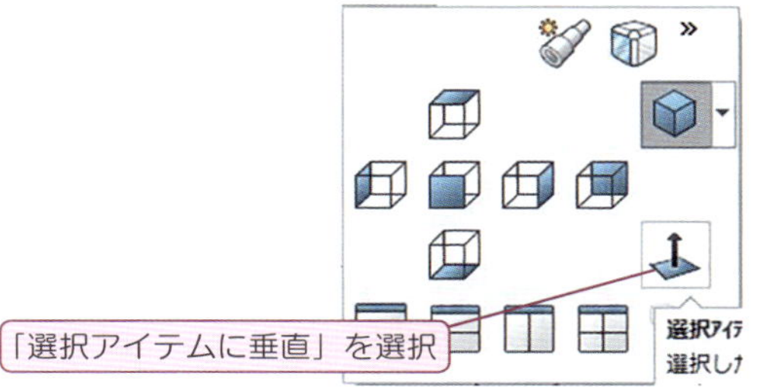

「選択アイテムに垂直」を選択

3 円弧のスケッチ

① 「スケッチ」タブ内の「正接円弧」をクリックします。

② すでに描かれている直線の上側の端点をクリックします。

③ マウスポインタを上側へ移動します。すると，直線に正接連続円弧のプレビューが表示されます。

④ 大きめの円弧にします。始点と終点の位置が 100 mm 以上離れるように，円弧の終点をクリックします。

⑤ 「Esc」キーを押して「正接円弧」を終了します。

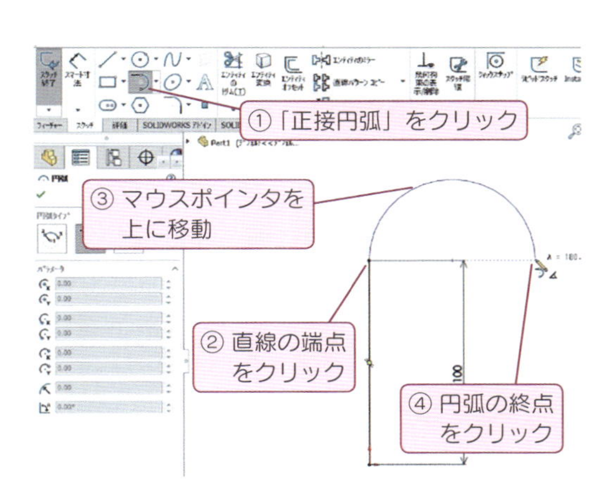

①「正接円弧」をクリック
③ マウスポインタを上に移動
② 直線の端点をクリック
④ 円弧の終点をクリック

4 スケッチの終了

「スケッチ終了」をクリックします。

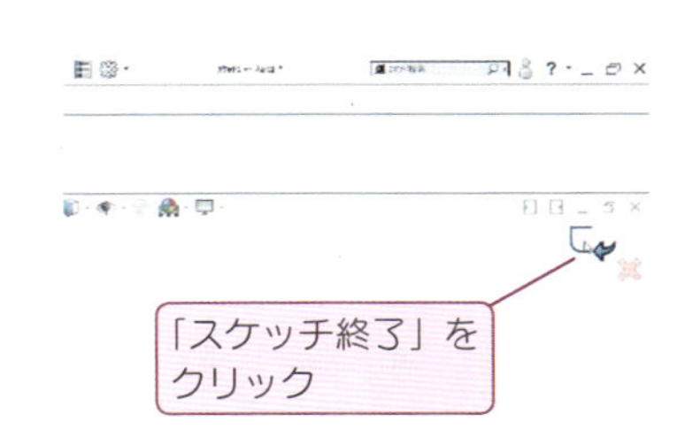

「スケッチ終了」をクリック

モデル形状が変更されます。

解答 練習問題 4 スイープ 2

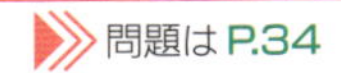
問題はP.34

1 新規部品ドキュメント

① SOLIDWORKS の標準ツールバーにある「新規」をクリックします。「新規 SOLIDWORKS ドキュメント」が開きます。

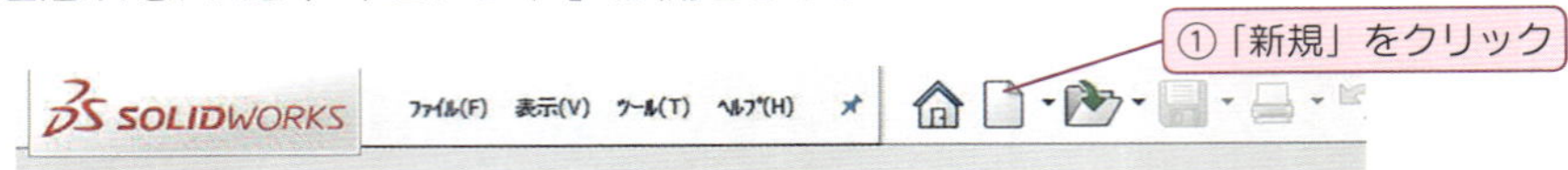
①「新規」をクリック
SOLIDWORKS
ﾌｧｲﾙ(F) 表示(V) ﾂｰﾙ(T) ﾍﾙﾌﾟ(H)

②「部品」をクリックします。
③「OK」ボタンを押します。

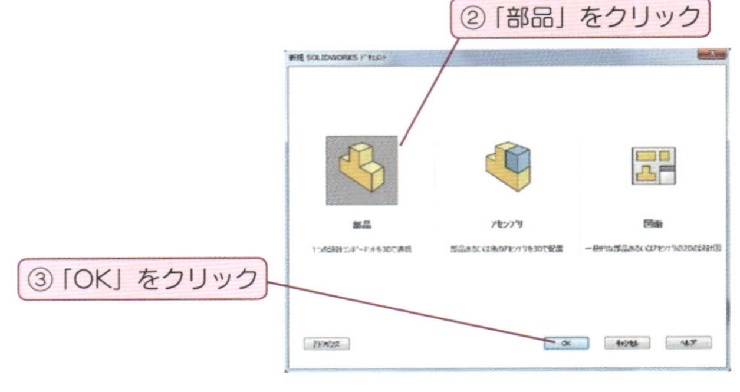
②「部品」をクリック
③「OK」をクリック

2 パスのスケッチ

① FeatureManager デザインツリー上で「右側面」をクリックします。
②「スケッチ」タブ内の「スケッチ」をクリックします。スケッチが開始されます。
③「スケッチ」タブ内の「円」をクリックします。

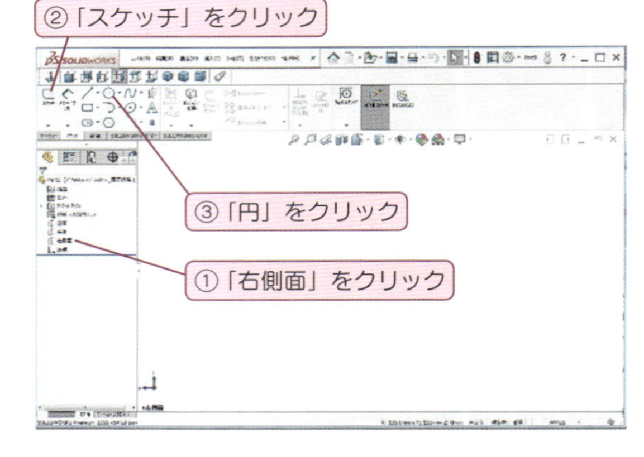
②「スケッチ」をクリック
③「円」をクリック
①「右側面」をクリック

④ 原点を中心に，直径 120 mm の円を描きます。

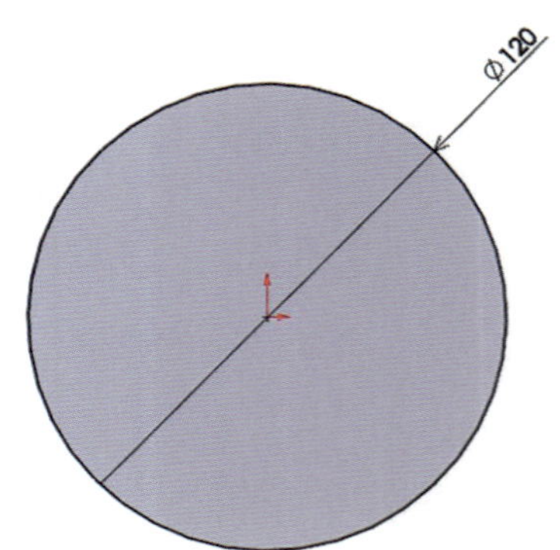
φ120

3 パスのスケッチの終了

「スケッチ終了」をクリックします。

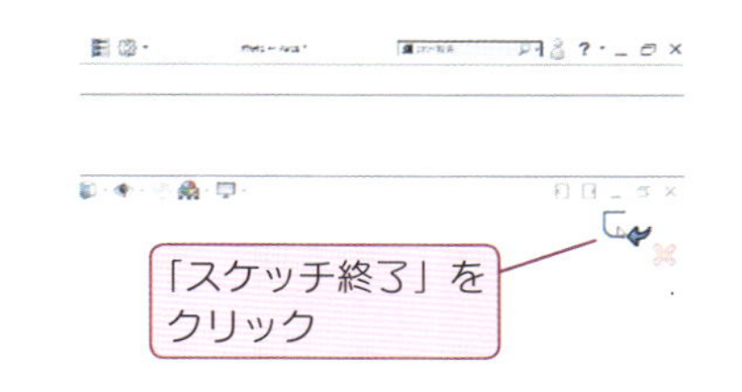
「スケッチ終了」を
クリック

4 輪郭のスケッチ

① FeatureManager デザインツリー上で「正面」をクリックします。

② 「スケッチ」タブ内の「スケッチ」をクリックします。スケッチが開始されます。

③ 「スケッチ」タブ内の「直線」をクリックします。

必要であれば，「選択アイテムに垂直」などにより，スケッチ平面が正面に向くようにしてください。

④ 右図のように，台形形状のスケッチを描きます。

⑤ 台形の頂点をパスのスケッチ上に合わせます。「Ctrl」キーを押しながら，台形の頂点とパスのスケッチをクリックします。

⑥ PropertyManager が表示されます。「拘束関係追加」から「貫通」をクリックします。

台形の頂点が円周上に一致し，スケッチが完全定義になります。

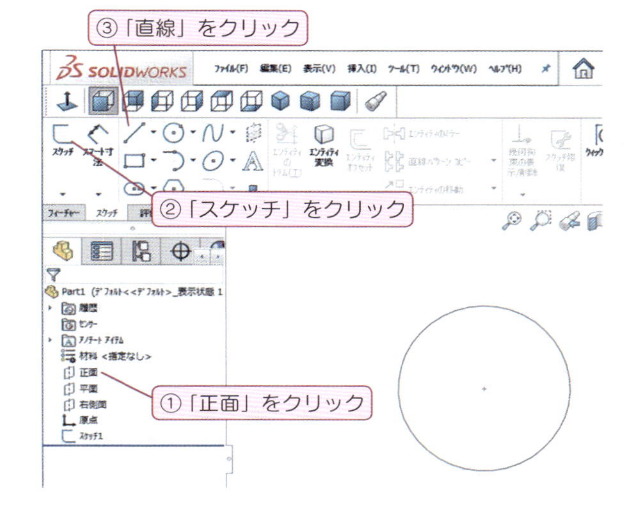
③「直線」をクリック
SOLIDWORKS
②「スケッチ」をクリック
①「正面」をクリック

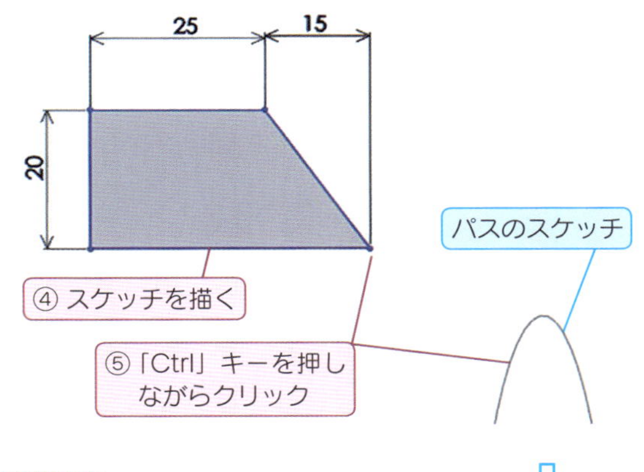
25
15
20
パスのスケッチ
④ スケッチを描く
⑤「Ctrl」キーを押し
ながらクリック

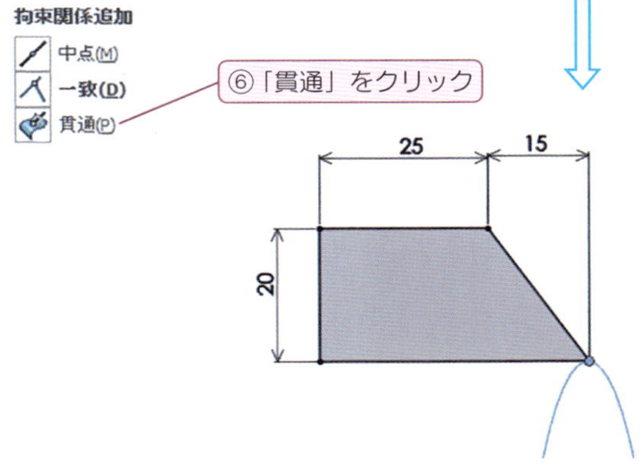
拘束関係追加
中点(M)
一致(D)
貫通(P)
⑥「貫通」をクリック
25
15
20

5 輪郭のスケッチの終了

「スケッチ終了」をクリックします。

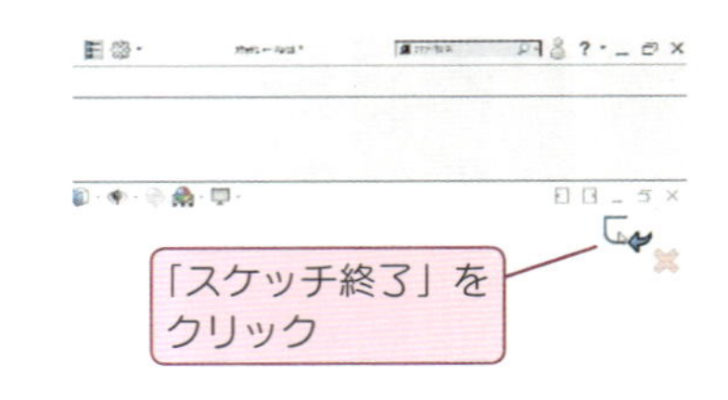
「スケッチ終了」をクリック

6 スイープ

① 「フィーチャー」タブ内の「スイープ」をクリックします。「スイープ」の PropertyManager が開きます。

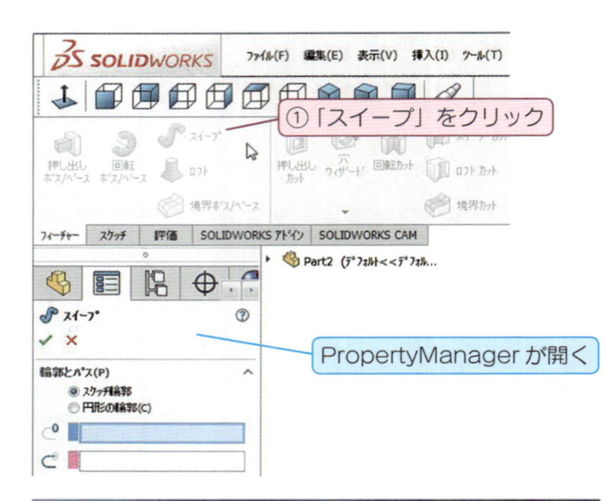
①「スイープ」をクリック
PropertyManager が開く

② FeatureManager デザインツリーから「スケッチ 2」（台形）をクリックします。「スケッチ 2」が輪郭に設定されます。

③ 続けて「スケッチ 1」（円）をクリックします。「スケッチ 1」がパスに設定されます。

輪郭やパスに間違ったスケッチが設定された場合は，輪郭またはパスの欄を右クリックし，メニューから「選択解除」を選択します。設定したい欄をクリックしてアクティブ（青色）にし，再度輪郭やパスのスケッチをクリックします。

④ 設定が終了したら「✓OK」をクリックします。

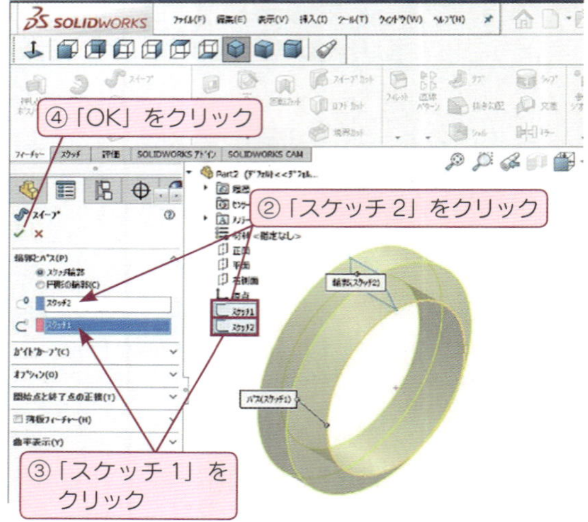
④「OK」をクリック
②「スケッチ 2」をクリック
③「スケッチ 1」をクリック

スイープが完了します。

完成

解答 練習問題 5 ロフト

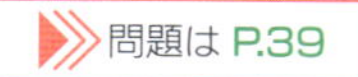
≫問題は P.39

1 新規部品ドキュメント

新規部品ドキュメントの作成を開始します。

2 スケッチ平面の作成 1

2つめの輪郭をスケッチするために，新しい平面を作成します。

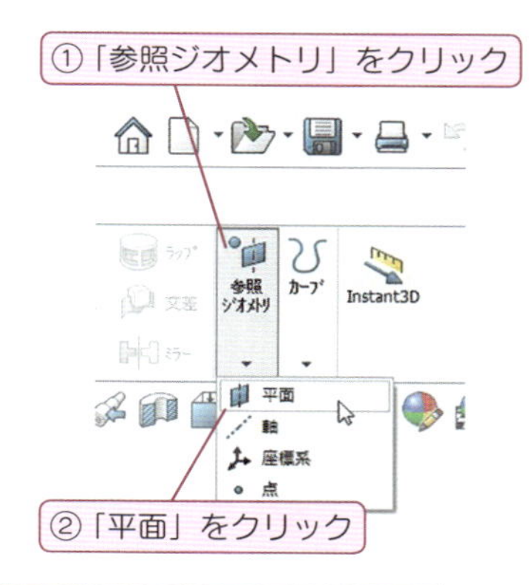
①「参照ジオメトリ」をクリック
参照ジオメトリ
カーブ
Instant3D
平面
軸
座標系
点
②「平面」をクリック

①「フィーチャー」タブ内から「参照ジオメトリ」をクリックします。
②表示されたアイコンから「平面」をクリックします。「平面」の PropertyManager が開きます。
③グラフィックス領域上で FeatureManager デザインツリーを展開し，「平面」をクリックします。
④「オフセット距離」に「100」と入力します。
⑤「✓OK」をクリックします。

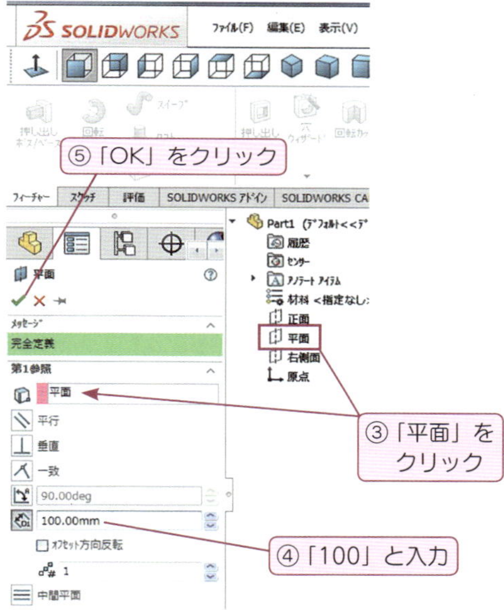
SOLIDWORKS
⑤「OK」をクリック
③「平面」をクリック
④「100」と入力
100.00mm

「平面」の上方 100 mm の位置に「平面 1」が作成されます。

3 スケッチ平面の作成 2

2と同様にして，「平面」の上方「200 mm」の位置に「平面 2」を作成します。

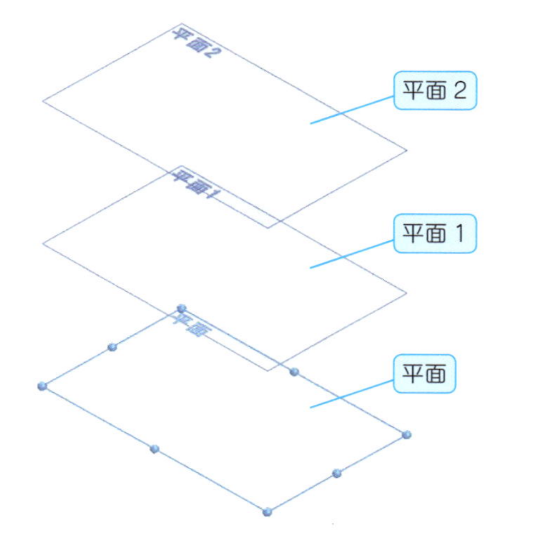
平面 2
平面 1
平面

4 1つめの輪郭のスケッチ

FeatureManager デザインツリー上で，デフォルト平面の「平面」を選択して，スケッチを開始します。

原点を中心に直径「150 mm」の円を描き，スケッチを終了します。

FeatureManager デザインツリー上に「スケッチ1」が作成されます。

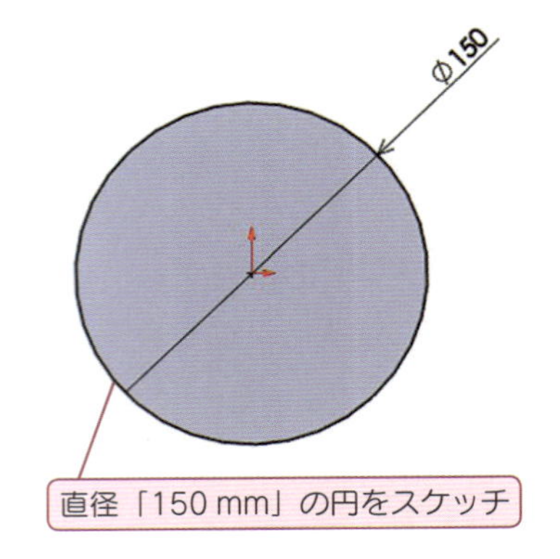
φ150
直径「150 mm」の円をスケッチ

5 2つめの輪郭のスケッチ

4と同様に，「平面1」を選択してスケッチを開始します。

原点を中心に直径「120 mm」の円を描き，スケッチを終了します。

FeatureManager デザインツリー上に「スケッチ2」が作成されます。

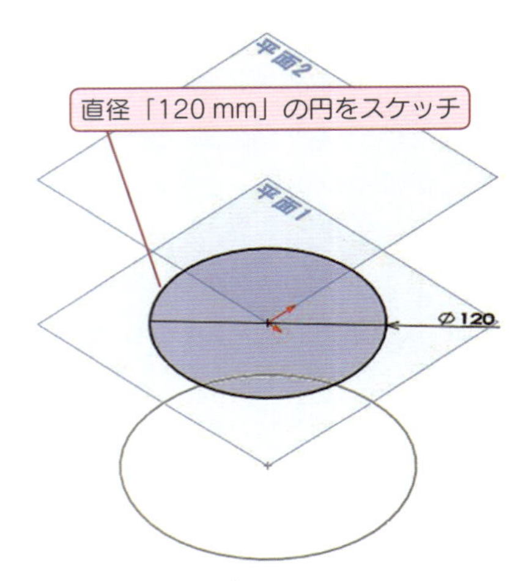
直径「120 mm」の円をスケッチ
平面2
平面1
φ120

6 3つめの輪郭のスケッチ

5と同様に，「平面2」を選択してスケッチを開始します。

原点上に「点」をスケッチし，スケッチを終了します。

FeatureManager デザインツリー上に「スケッチ3」が作成されます。

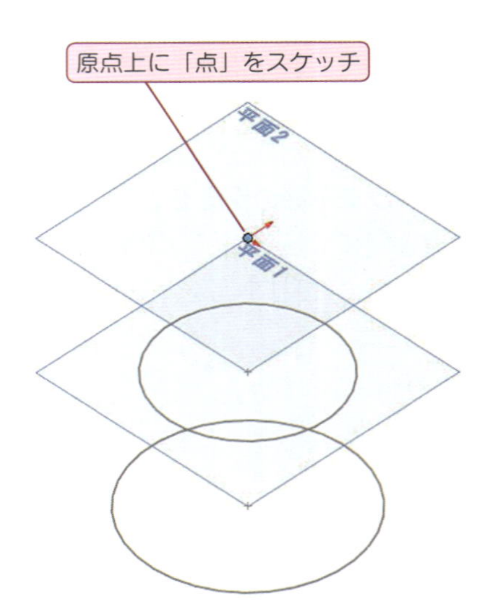
原点上に「点」をスケッチ
平面2
平面1

7 ロフト

①「フィーチャー」タブ内の「ロフト」をクリックします。「ロフト」の PropertyManager が開きます。

②グラフィックス領域上の FeatureManager デザインツリーを展開し，「スケッチ 1」「スケッチ 2」「スケッチ 3」の順にクリックします。
「輪郭」に「スケッチ 1」「スケッチ 2」「スケッチ 3」が設定されます。

③「✓OK」をクリックします。

ロフトが完了します。

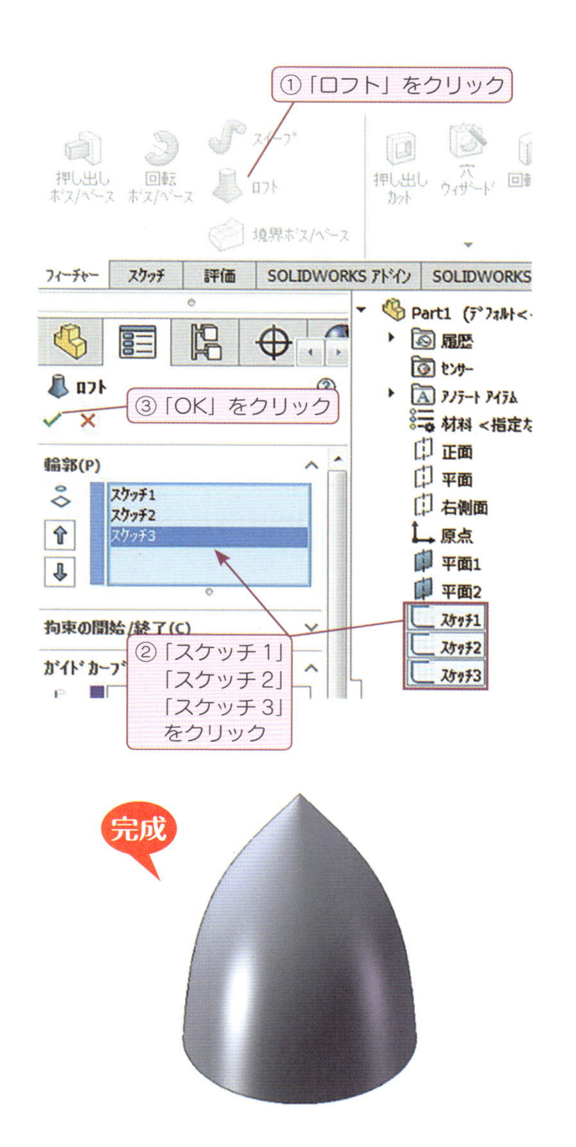

①「ロフト」をクリック
③「OK」をクリック
②「スケッチ 1」
「スケッチ 2」
「スケッチ 3」
をクリック
完成

解答 練習問題 6 回転ボス / ベース

問題は P.43

1 新規部品ドキュメント

新規部品ドキュメントの作成を開始します。

2 スケッチ

FeatureManager デザインツリー上で，デフォルト平面の「正面」を選択してスケッチを開始します。
① 原点を通る「中心線」を描きます。

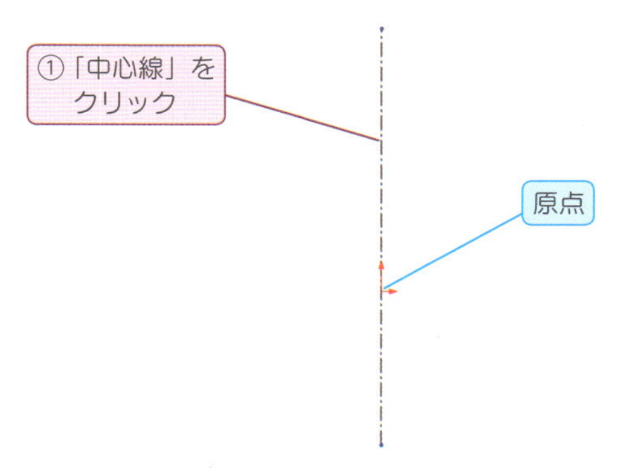

①「中心線」をクリック
原点

②「／直線」で図のようにスケッチを描き，寸法を追加します。

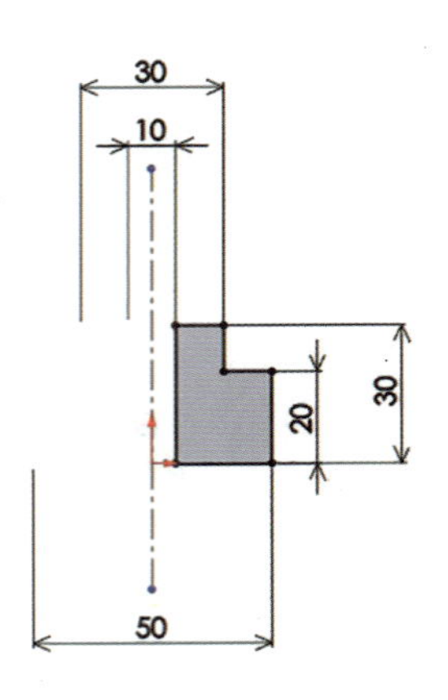
30
10
20
30
50

3 回転ボス / ベース

①「フィーチャー」タブ内の「回転ボス / ベース」をクリックします。

②「✓OK」をクリックします。

「回転ボス / ベース」が完了します。

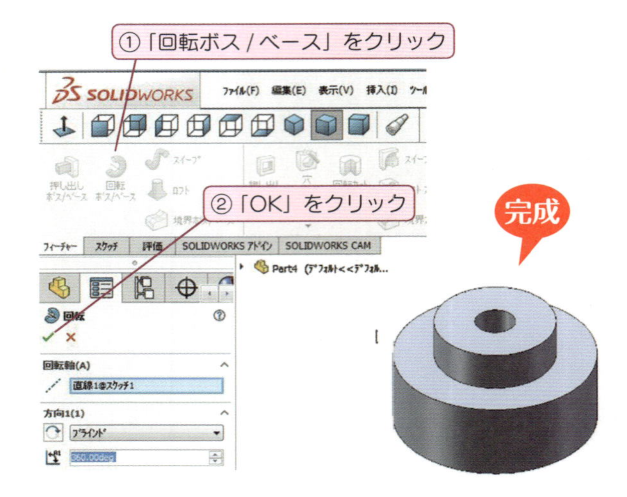
①「回転ボス / ベース」をクリック
②「OK」をクリック
完成

Point 48 スケッチの要素のドラッグ

スケッチを描き，寸法を追加するとき，もとのスケッチの大きさと追加した寸法値が大きく異なっている場合は，スケッチが交差してしまうことがあります。

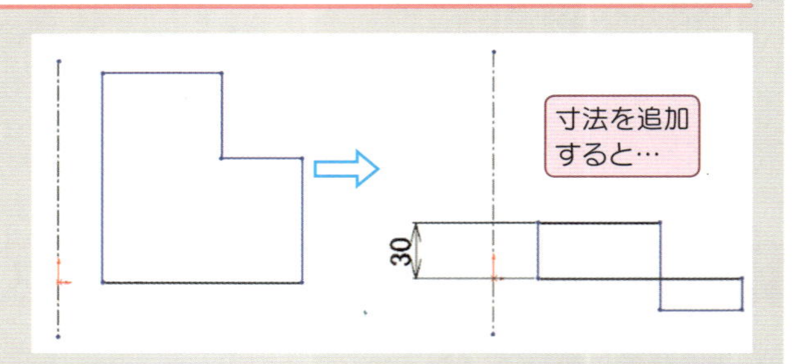
寸法を追加すると…
30

このようなときは，スケッチ要素をドラッグして，本来描きたい形状に整えてから，寸法を追加していきます。

ドラッグして移動できるのは，直線や円弧，またその端点や中心点です。寸法や位置が定義されていない要素をドラッグして移動できます。

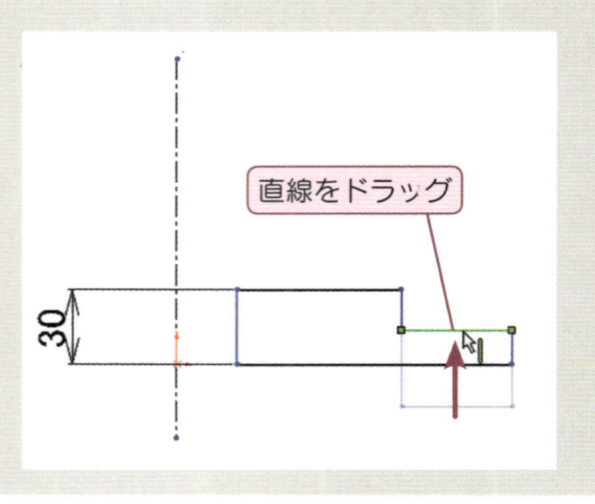
直線をドラッグ
30

解答 練習問題 7 手裏剣

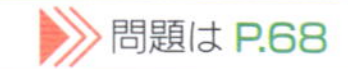
問題は P.68

1 新規部品ドキュメント

新規部品ドキュメントの作成を開始します。

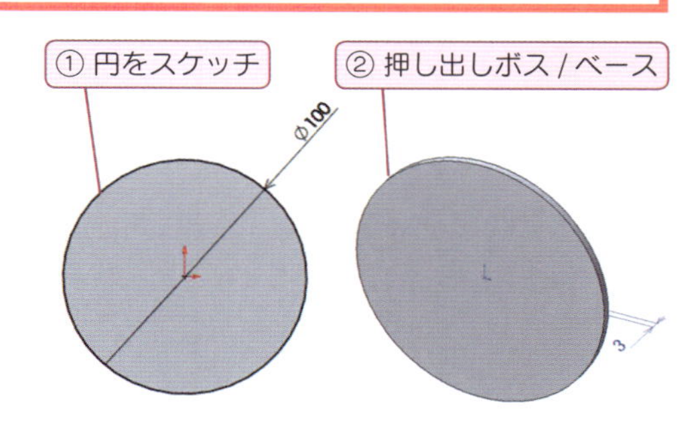

① 円をスケッチ
② 押し出しボス / ベース
φ100
3

2 押し出しボス / ベース 1

デフォルト平面の「正面」を選択してスケッチを開始します。

① 原点を中心に直径「100 mm」の円をスケッチします。

②「押し出しボス / ベース」で，厚さ「3 mm」で押し出します。

3 押し出しボス / ベース 2

デフォルト平面の「正面」を選択してスケッチを開始します。

① 原点を始点として鉛直方向に「中心線」を描きます。

② 中心線の片側に，右図のように 2 本の「直線」を描きます。

③「Ctrl」キーを押しながら，「中心線」と 2 本の「直線」をクリックして選択します。

④「スケッチ」タブ内の「エンティティのミラー」をクリックします。③でクリックした線がミラーコピーされます。

⑤ 右図のように寸法を追加します。

⑥「押し出しボス / ベース」で，厚さ「3 mm」で押し出します。

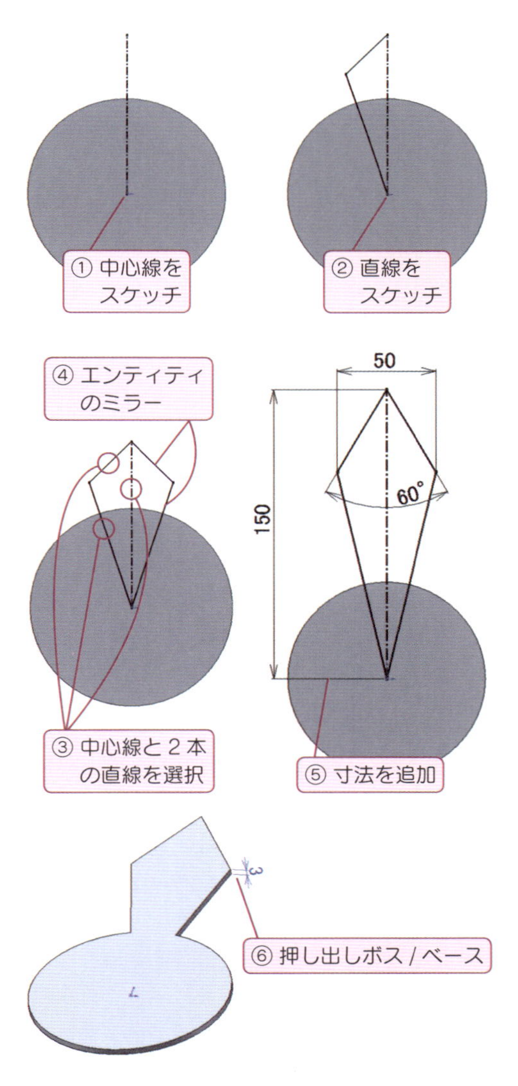

① 中心線をスケッチ
② 直線をスケッチ
④ エンティティのミラー
50
150
60°
③ 中心線と 2 本の直線を選択
⑤ 寸法を追加
3
⑥ 押し出しボス / ベース

4 面取り

「フィーチャー」タブ内の「**フィレット**」を選択し，プルダウンメニュー中の「面取り」をクリックします。

①「面取りタイプ」は「**距離 距離**」を選択します。

②「エッジ，面，または頂点」に右図のエッジをクリックし，設定します。

③「面取りパラメータ」は「**非対称**」を選択し，「距離 1」に「**3**」を，「距離 2」に「**10**」を入力します。または，「距離 1」に「**10**」を，「距離 2」に「**3**」を入力します。作成される面取り形状のプレビューを確認しながら設定します。

④「✓**OK**」をクリックすると，「面取り」が完了します。

④「OK」をクリック
② エッジをクリック
①「距離 距離」にチェック
③「距離 1」に「3」
「距離 2」に「10」
と入力

5 フィレット

「フィーチャー」タブ内の「**フィレット**」をクリックします。

①「フィレットタイプ」は「固定サイズフィレット」を選択します。

②「フィレットするアイテム」にフィレットを追加するエッジ（2 箇所）をクリックします。

③「フィレットパラメータ」を「**対称**」に設定し，「半径」に「**7**」を入力します。

④「✓**OK**」をクリックすると，「フィレット」が完了します。

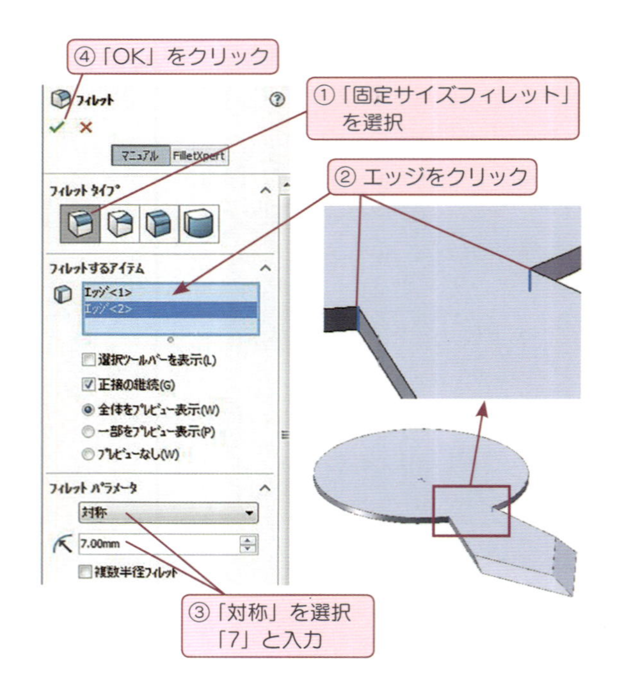
④「OK」をクリック
①「固定サイズフィレット」を選択
② エッジをクリック
フィレット
マニュアル
FilletXpert
フィレット タイプ
フィレットするアイテム
エッジ<1>
エッジ<2>
選択ツールバーを表示(L)
正接の継続(G)
全体をプレビュー表示(W)
一部をプレビュー表示(P)
プレビューなし(W)
フィレット パラメータ
対称
7.00mm
複数半径フィレット
③「対称」を選択
「7」と入力

6 円形パターン

「フィーチャー」タブ内の「直線パターン」をクリックし，プルダウンメニュー中にある「円形パターン」をクリックします。

① 「メニューバー」→「表示」→「表示／非表示」→「一時的な軸」とメニューを選択し，「一時的な軸」を表示させます。短い軸ですので，画面上で確認しづらいかもしれません。

② 「パラメータ」の「パターン軸」として，グラフィックス領域上に表示させた「一時的な軸」をクリックします。

③ 「等間隔」（＝周等配分）にチェックを入れます。

④ 「角度」(＝コピーする角度)を「360」とします。

⑤ 「インスタンス数」（＝コピーする数）を「8」とします。

⑥ 「パターン化するフィーチャー」の欄をクリックしてアクティブにし，FeatureManager デザインツリーから「押し出し 2」「面取り 1」「フィレット 1」をクリックします。

⑦ 「✓OK」をクリックすると，「円形パターン」が完了します。

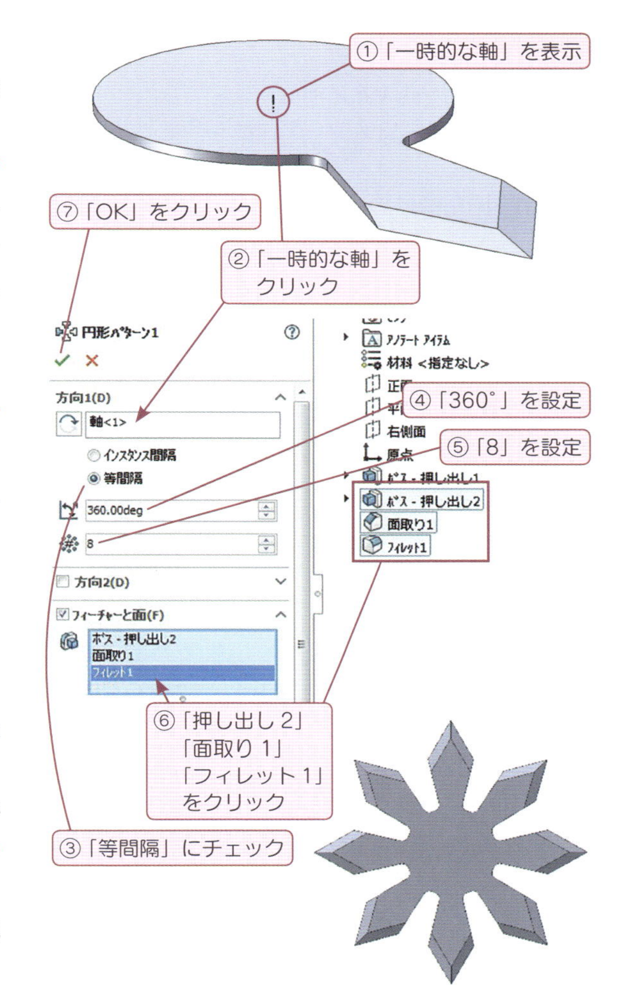

①「一時的な軸」を表示
⑦「OK」をクリック
②「一時的な軸」を クリック
円形パターン1
方向1(D)
軸<1>
インスタンス間隔
等間隔
360.00deg
8
方向2(D)
フィーチャーと面(F)
ボス - 押し出し2
面取り1
フィレット1
アノテート アイテム
材料 <指定なし>
右側面
原点
ボス - 押し出し1
ボス - 押し出し2
面取り1
フィレット1
④「360°」を設定
⑤「8」を設定
⑥「押し出し 2」「面取り 1」「フィレット 1」をクリック
③「等間隔」にチェック

7 押し出しカット

デフォルト平面の「正面」を選択してスケッチを開始します。

① 原点を中心に直径「30 mm」の円をスケッチします。

② 「押し出しカット」で，カットの方向を確認し，「全貫通」でカットします。

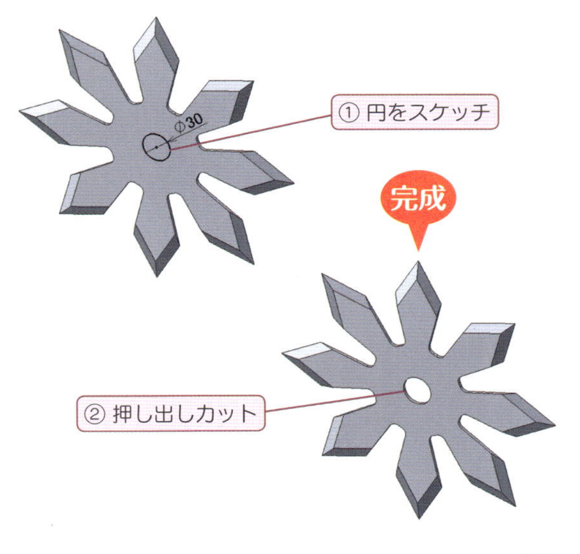

φ30
① 円をスケッチ
完成
② 押し出しカット

解答 練習問題 8 水差し

問題は P.69

1 新規部品ドキュメント

新規部品ドキュメントの作成を開始します。

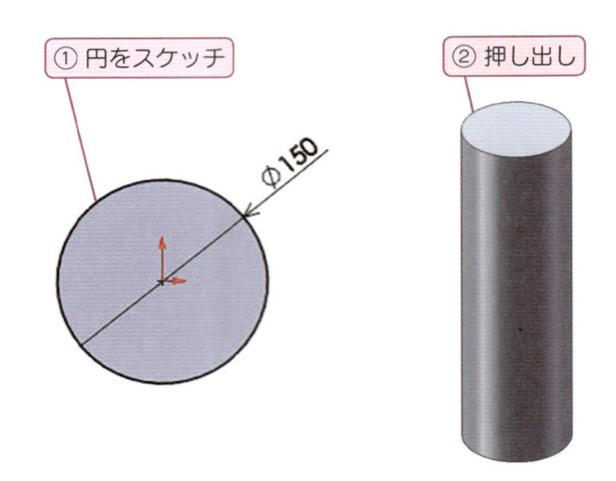
① 円をスケッチ
② 押し出し
Φ150

2 押し出しボス / ベース 1

デフォルト平面の「平面」を選択してスケッチを開始します。

① 原点を中心に直径「150 mm」の円をスケッチします。

②「押し出しボス / ベース」で，高さ「500 mm」で上方に押し出します。

3 スイープ 1

① デフォルト平面の「正面」を選択してスケッチを開始します。右図のようにスイープのパスをスケッチし，スケッチを終了します。

円弧の端点と円弧の中心点，原点と直線の端点にそれぞれ「鉛直」の幾何拘束を追加します。また, 円弧と直線に間には「正接」の幾何拘束を追加します。

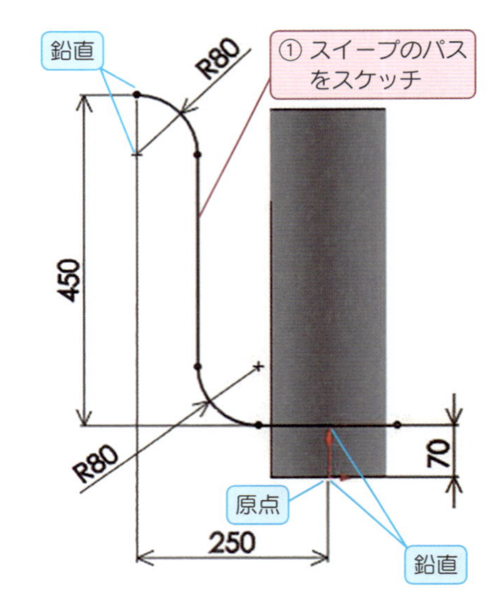
鉛直
R80
① スイープのパスをスケッチ
450
R80
70
原点
250
鉛直

② デフォルト平面の「右側面」を選択してスケッチを開始します。右図のように直径「30 mm」の円をスケッチし，スケッチを終了します。これをスイープの輪郭とします。

③ ②で描いたスケッチを「輪郭」，①で描いたスケッチを「パス」として，「スイープ」を作成します。

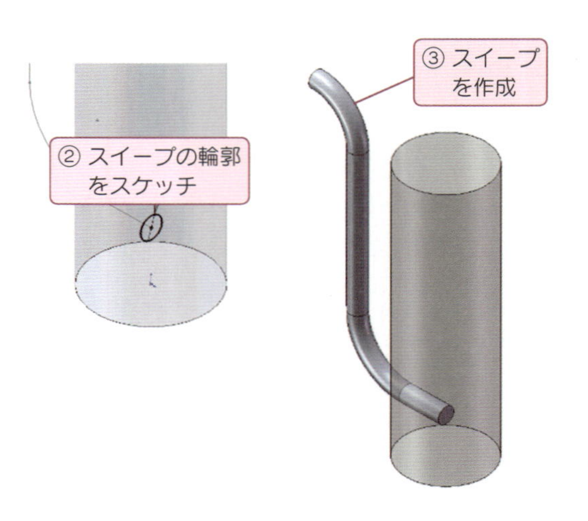
③ スイープを作成
② スイープの輪郭をスケッチ

4 フィレット

図のエッジに半径「20 mm」の「フィレット」を追加します。

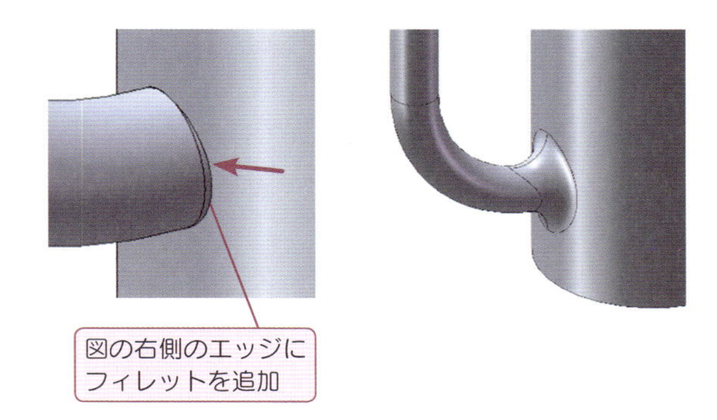
図の右側のエッジに
フィレットを追加

5 シェル

①「フィーチャー」タブ内から,「シェル」をクリックします。
「シェル」の PropertyManager が開きます。

②「厚み」に「2」を入力します。

③「削除する面」に,円筒の上面,下面,注ぎ口の先端面の3箇所を選択します。

④「✓OK」をクリックすると完了します。

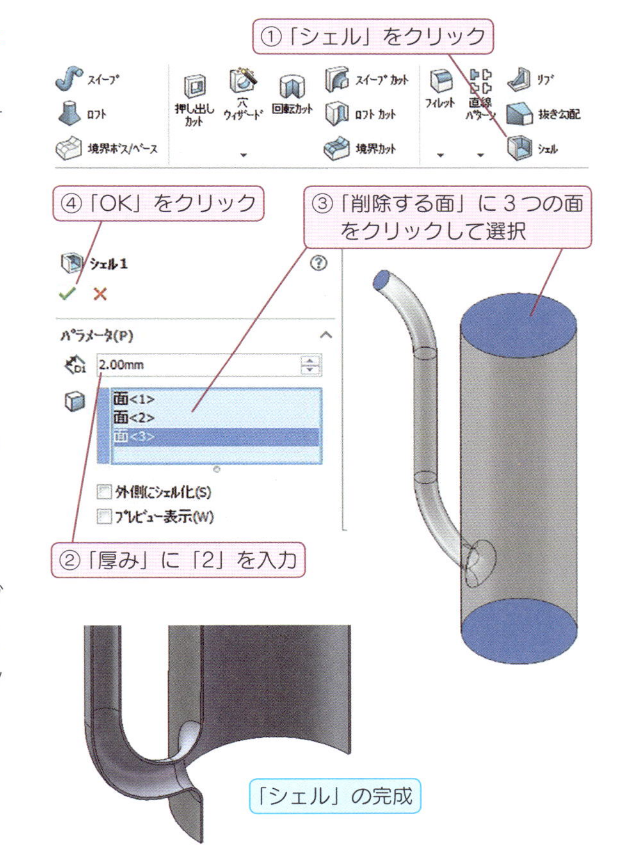
①「シェル」をクリック
④「OK」をクリック
③「削除する面」に3つの面
をクリックして選択
シェル1
パラメータ(P)
2.00mm
面<1>
面<2>
面<3>
外側にシェル化(S)
プレビュー表示(W)
②「厚み」に「2」を入力
「シェル」の完成

ここでは,「シェル」によるモデリング例を紹介しています。「押し出しカット」と「スイープカット」によるモデリングにもチャレンジしてみましょう。

6 スケッチ平面の作成 1

図の面に平行で,「10 mm」オフセットした位置に新しく「平面」を作成します。

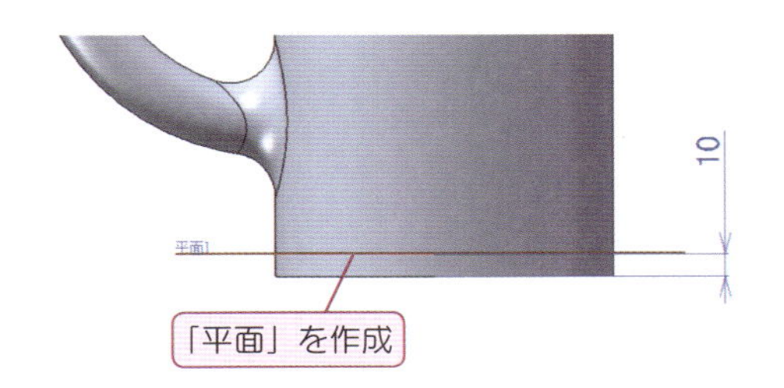
10
「平面」を作成

7 押し出しボス / ベース 2

6で作成した平面「平面」を選択してスケッチを開始します。

① 直径 150 mm の円筒の，内側のエッジを「エンティティ変換」して，円を描きます。

②「押し出しボス / ベース」で，高さ「2 mm」で上方に押し出します。

8 スケッチ平面の作成 2

図の面に平行で，「5 mm」オフセットした位置に新しく「平面」を作成します。

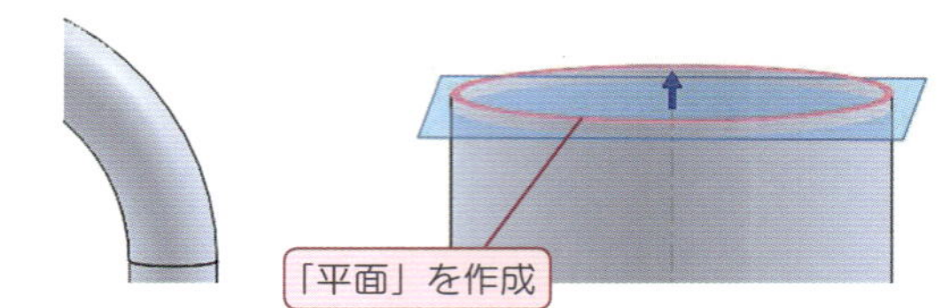
「平面」を作成

9 押し出しボス / ベース 2

8で作成した平面「平面 2」を選択してスケッチを開始します。

① 直径 150 mm の円筒の，内側のエッジを「エンティティ変換」した円を利用して，図のような半月形のスケッチを描きます。

②「押し出しボス / ベース」で，高さ「2 mm」で下方に押し出します。

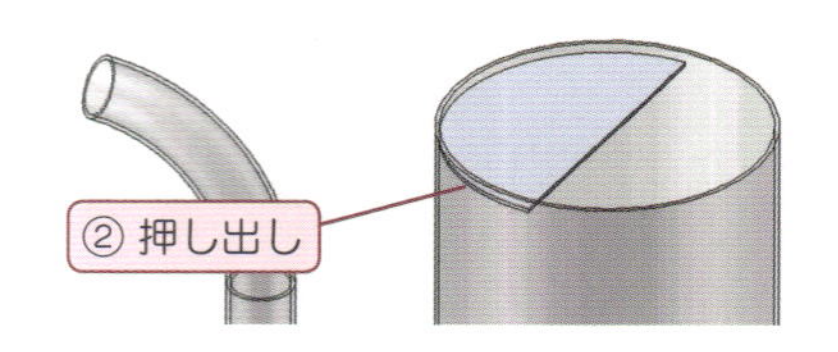
② 押し出し

10 スイープ 2

① デフォルト平面の「正面」を選択してスケッチを開始します。
これを，スイープのパスとします。

② デフォルト平面の「平面」を選択してスケッチを開始します。
これをスイープの輪郭とします。

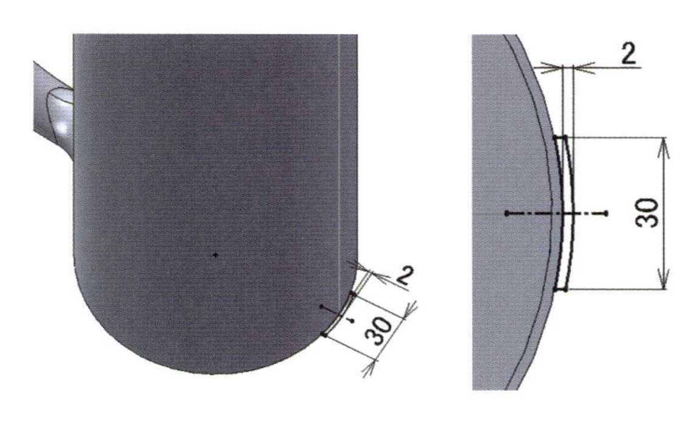
2
30
2
30

③ ②で描いたスケッチを「輪郭」，①で描いたスケッチを「パス」として，「スイープ」を作成します。

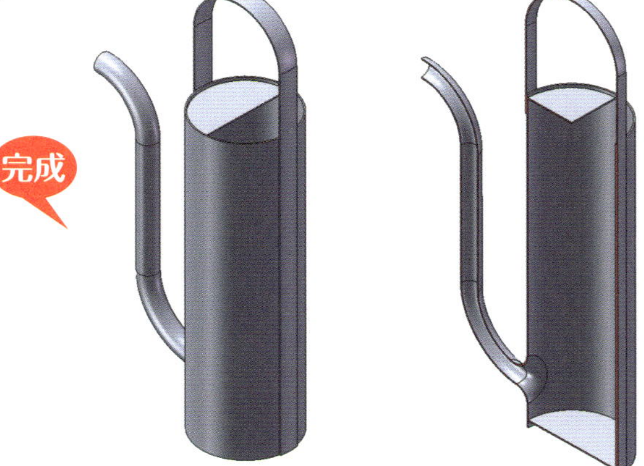
完成

Point 49 幾何拘束の削除

いったん追加した幾何拘束を削除することができます。幾何拘束の削除にはつぎの方法があります。

幾何拘束のシンボルを削除

スケッチ上に表示されている幾何拘束のシンボルをクリックし，「Delete」キーを押します。または，シンボルを右クリックし，ショートカットメニューから「削除」を選択します。

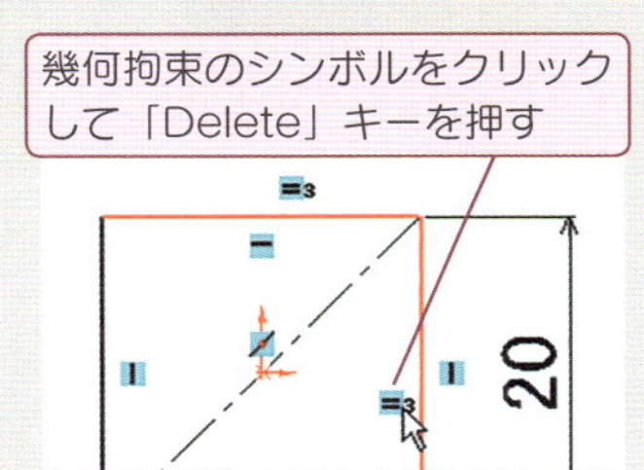
幾何拘束のシンボルをクリックして「Delete」キーを押す
20

プロパティからの削除

幾何拘束が追加されているスケッチ要素をクリックします。そのスケッチのプロパティが表示され，そのスケッチ要素に追加されている幾何拘束が「既存拘束関係」に表示されます。そこから削除したい幾何拘束を選択し，「Delete」キーを押します。または，幾何拘束を右クリックし，ショートカットメニューから「削除」を選択します。

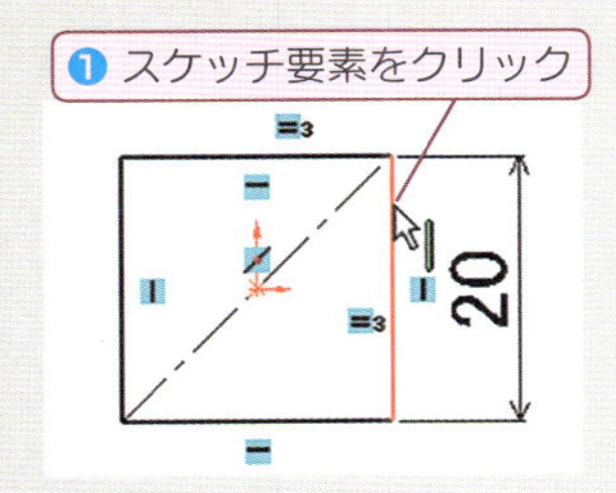
❶ スケッチ要素をクリック
20

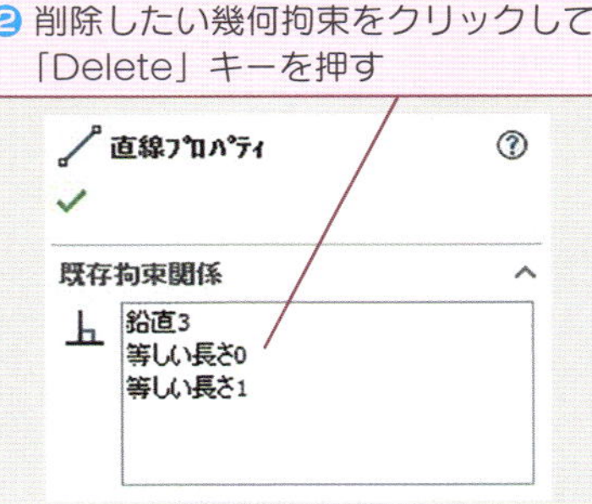
❷ 削除したい幾何拘束をクリックして「Delete」キーを押す
直線プロパティ
既存拘束関係
鉛直3
等しい長さ0
等しい長さ1

解答 練習問題 9 部品「Wheel」の作成

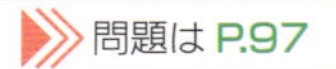
問題は P.97

1 新規部品ドキュメント

新規部品ドキュメントの作成を開始します。

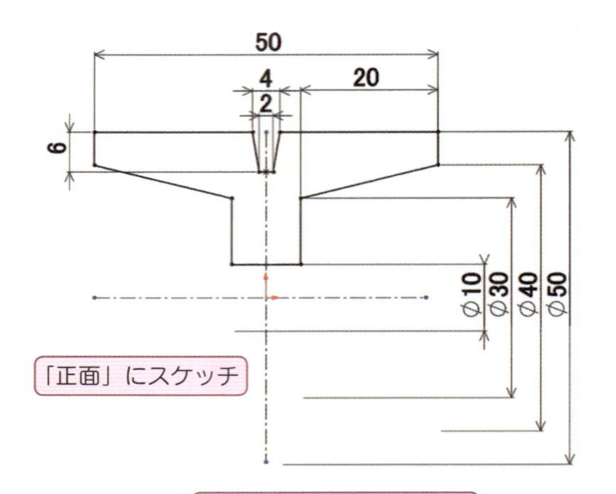
50
4
20
2
6
φ10
φ30
φ40
φ50
「正面」にスケッチ

2 回転ボス / ベース

デフォルト平面の「正面」を選択してスケッチを開始します。

ヒント：鉛直な「中心線」を基準に左右対称なスケッチを描きます。

① 「フィーチャー」タブ内の「回転ボス / ベース」をクリックします。

② 「回転軸」に右図の水平な「中心線」をクリックし，設定します。

③ 「✓OK」をクリックすると，回転が完了します。

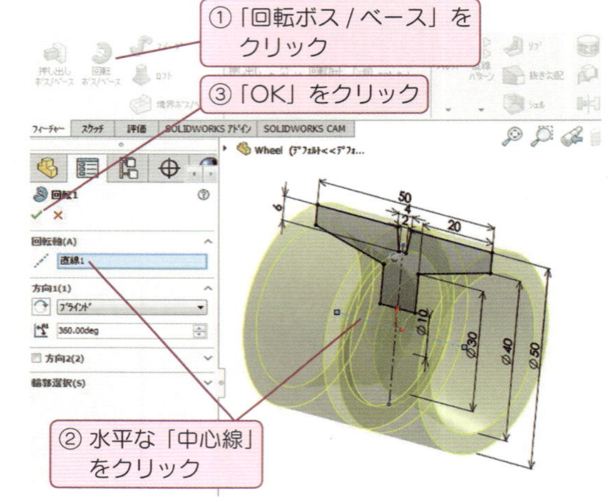
①「回転ボス / ベース」をクリック
③「OK」をクリック
②水平な「中心線」をクリック
回転1
回転軸(A)
直線1
方向1(1)
ブラインド
360.00deg
方向2(2)
輪郭選択(S)
SOLIDWORKS CAM

3 完成

完成した「Wheel」をフォルダ「Shovelcar」の直下に保存してください。（➡ P.73）

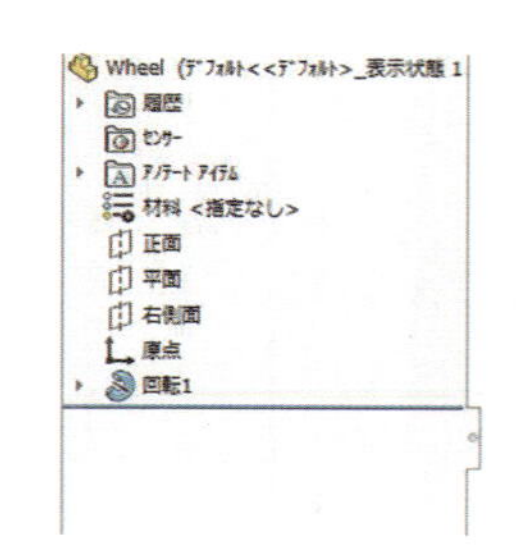
履歴
センサー
アノテート アイテム
材料 <指定なし>
正面
平面
右側面
原点
回転1

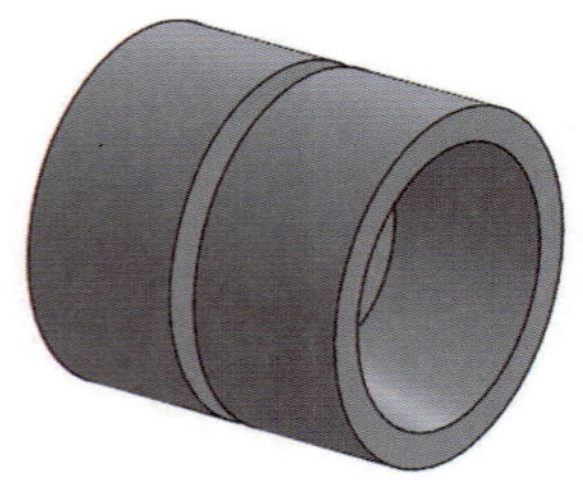

解答 練習問題 10 部品「Cylinder_01」の作成

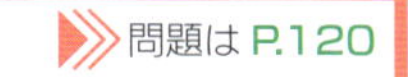

問題は P.120

1 新規部品ドキュメント

新規部品ドキュメントの作成を開始します。

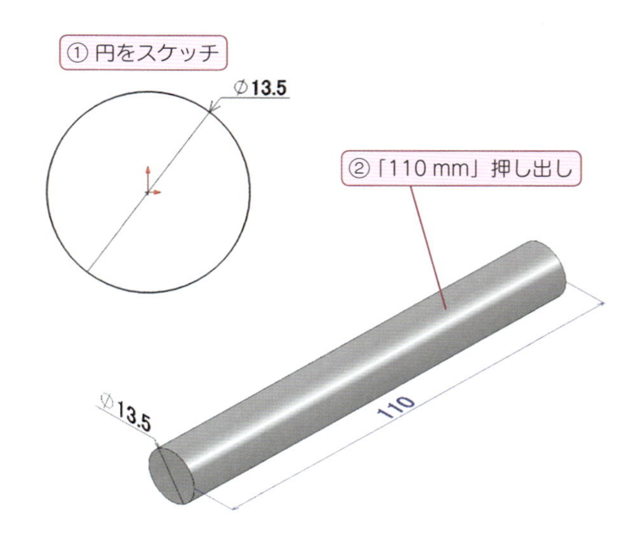

① 円をスケッチ
∅13.5
②「110 mm」押し出し
∅13.5
110

2 押し出しボス / ベース 1

デフォルト平面の「正面」を選択してスケッチを開始します。

① 図のように直径「13.5 mm」の円をスケッチします。

②「押し出しボス / ベース」で，厚み「110 mm」でＺ軸のマイナス方向へ押し出します。

3 押し出しボス / ベース 2

デフォルト平面の「右側面」を選択して，右図のようにスケッチを開始します。

ヒント 1　水平な「中心線」は原点と「一致」しています。

ヒント 2　スケッチは閉じた輪郭にします。

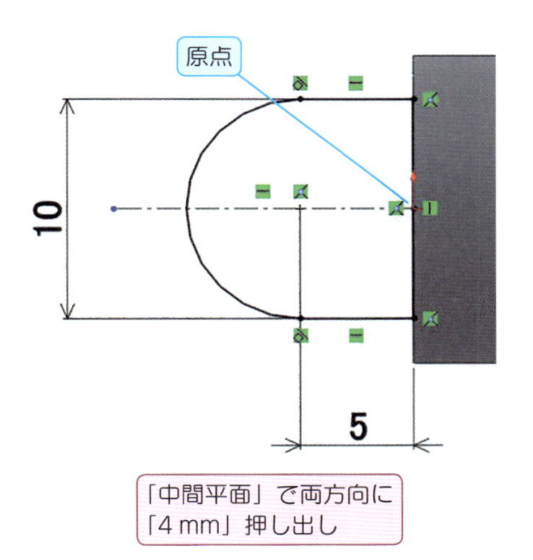

原点
10
5
「中間平面」で両方向に
「4 mm」押し出し

完全定義したスケッチを，「フィーチャー」タブ内の「押し出しボス / ベース」の設定「中間平面」で両方向へ等しく「4 mm」押し出し，「✓OK」をクリックして「押し出しボス / ベース」を完了します。

4 押し出しボス / ベース３

デフォルト平面の「右側面」を選択して，右図のようにスケッチを開始します。

① 直径「6.5 mm」の円をスケッチします。

②「フィーチャー」タブ内の「押し出しボス / ベース」の設定「中間平面」で，両方向へ等しく「32 mm」押し出し，「✓OK」をクリックして「押し出しボス / ベース」を完了します。

ヒント　直径 6.5 mm の円はエッジ（円弧）の中心点と「一致」または「同心円」の幾何拘束を付けます。

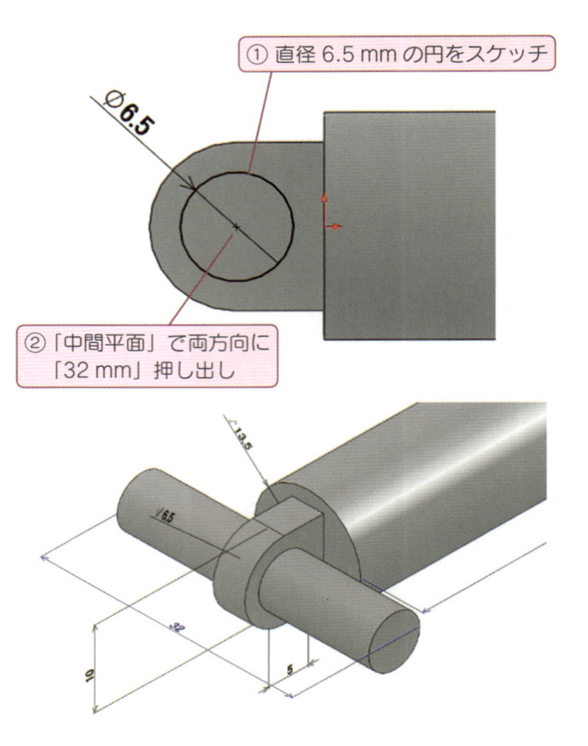

① 直径 6.5 mm の円をスケッチ
Ø6.5
②「中間平面」で両方向に「32 mm」押し出し

5 押し出しボス / ベース４

デフォルト平面の「右側面」を選択して，右図のようにスケッチを開始します。

① 直径「4.5 mm」の円をスケッチします。

②「フィーチャー」タブ内の「押し出しボス / ベース」の設定「中間平面」で，両方向へ等しく「38 mm」押し出し，「✓OK」をクリックして「押し出しボス / ベース」を完了します。

ヒント　直径 4.5 mm の円は円柱の中心点と「一致」または「同心円」の幾何拘束を付けます。

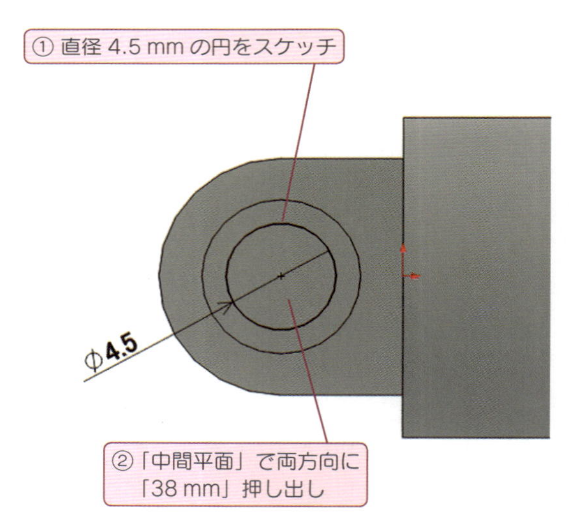

① 直径 4.5 mm の円をスケッチ
Ø4.5
②「中間平面」で両方向に「38 mm」押し出し

6 押し出しボス / ベース 5

デフォルト平面の「右側面」を選択して，右図のようにスケッチを開始します。

5と同様に，直径「8 mm」の円を「中間平面」で，「16 mm」の厚みで押し出します。

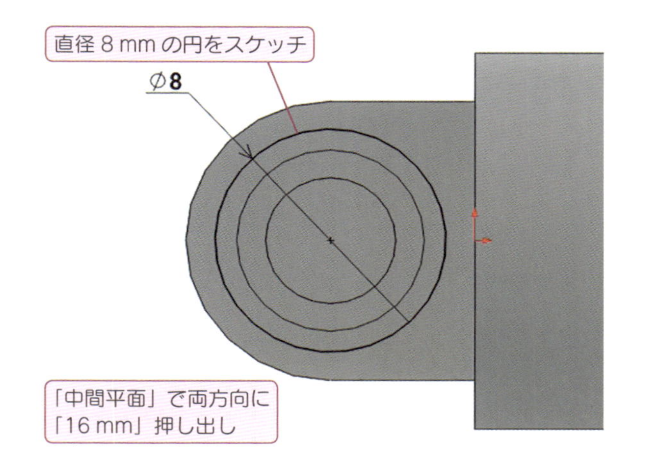
直径 8 mm の円をスケッチ
⌀8
「中間平面」で両方向に
「16 mm」押し出し

7 完成

完成した「Cylinder_01」をフォルダ「Shovelcar」の直下に保存してください。（➡ P.73）

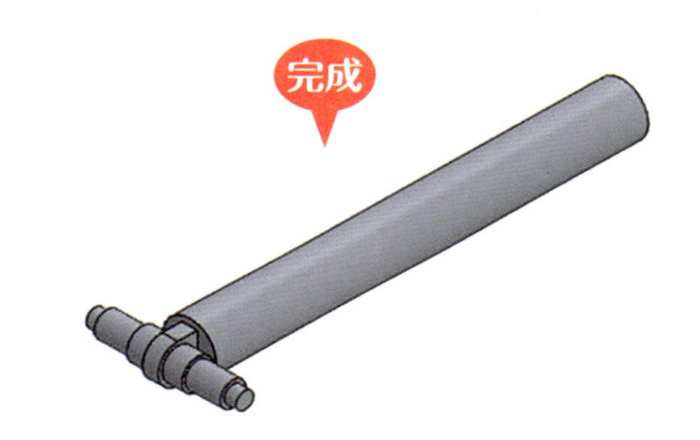
完成

解答 練習問題 11 部品「Cylinder_02」の作成

問題は P.120

1 新規部品ドキュメント

新規部品ドキュメントの作成を開始します。

2 押し出しボス / ベース 1

デフォルト平面の「正面」を選択してスケッチを開始します。

① 図のように直径「20 mm」の円をスケッチします。

②「押し出しボス / ベース」で，厚み「128 mm」で Z 軸のマイナス方向へ押し出します。

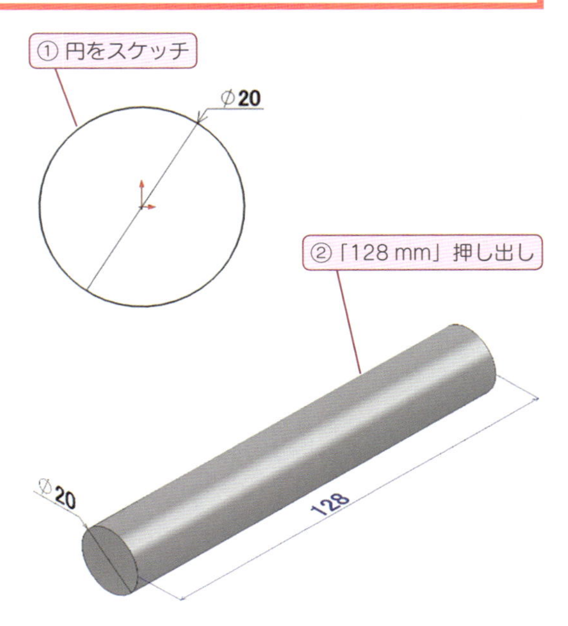
① 円をスケッチ
⌀20
②「128 mm」押し出し
⌀20
128

3 押し出しボス / ベース 2

デフォルト平面の「右側面」を選択して，右図のようにスケッチを開始します。

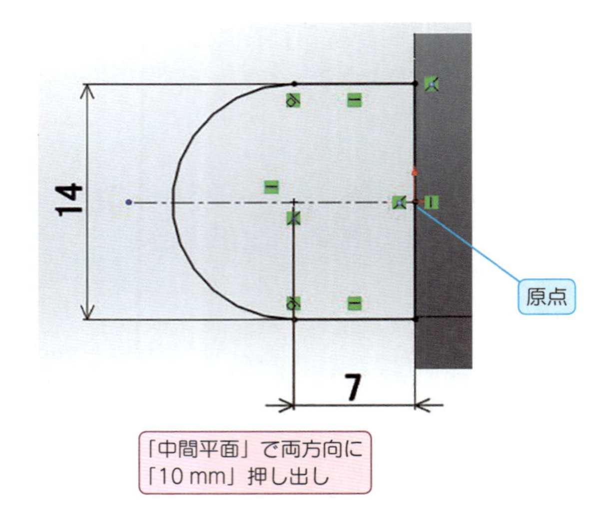
14
7
原点
「中間平面」で両方向に
「10 mm」押し出し

ヒント 1　水平な「中心線」は原点と「一致」しています。

ヒント 2　スケッチは閉じた輪郭にします。

完全定義したスケッチを，「フィーチャー」タブ内の「押し出しボス / ベース」の設定「中間平面」で両方向へ等しく「10 mm」押し出し，「✔OK」をクリックして「押し出しボス / ベース」を完了します。

4 押し出しボス / ベース 3

デフォルト平面の「右側面」を選択して，右図のようにスケッチを開始します。

① 直径 10 mm の円をスケッチします。

② 「フィーチャー」タブ内の「押し出しボス / ベース」の設定「中間平面」で，両方向へ等しく「22 mm」押し出し，「✔OK」をクリックして「押し出しボス / ベース」を完了します。

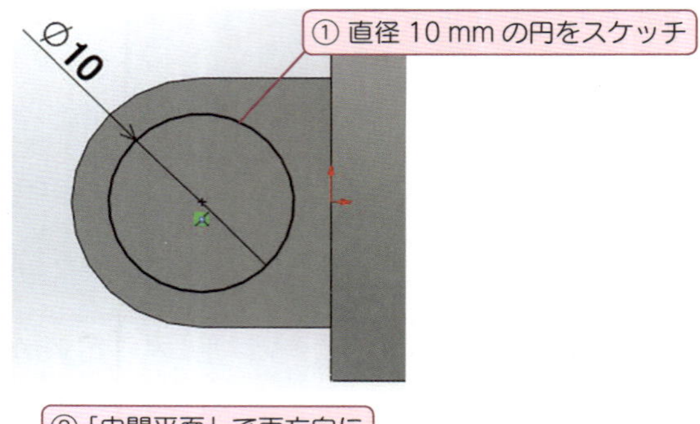
Ø10
① 直径 10 mm の円をスケッチ
② 「中間平面」で両方向に
「22 mm」押し出し

ヒント　直径 10 mm の円はエッジ（円弧）の中心点と「一致」または「同心円」の幾何拘束を付けます。

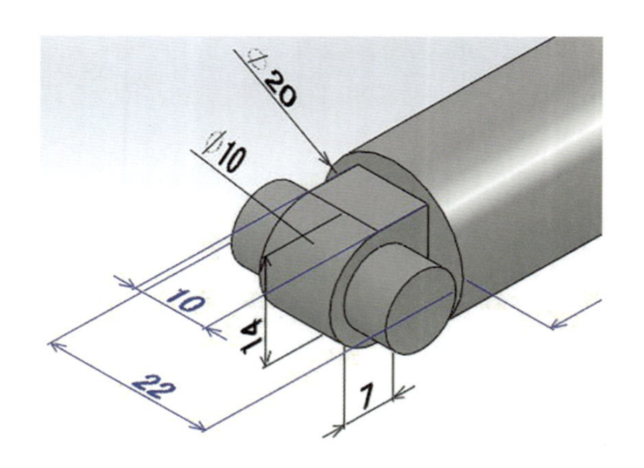
Ø20
Ø10
10
14
22
7

5 押し出しボス / ベース 4

デフォルト平面の「右側面」を選択して，右図のようにスケッチを開始します。

4と同様に，直径「7.5 mm」の円を「中間平面」で，「28 mm」の厚みで押し出します。

ヒント 直径 7.5 mm の円は円柱の中心点と「一致」または「同心円」の幾何拘束を付けます。

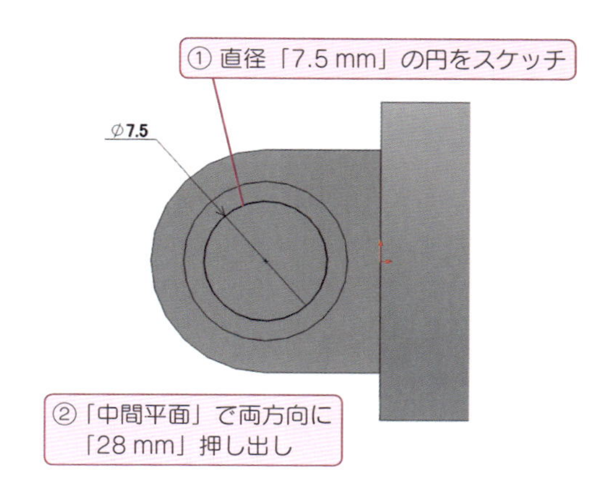
① 直径「7.5 mm」の円をスケッチ
⌀7.5
②「中間平面」で両方向に
「28 mm」押し出し

6 押し出しカット

指定した円柱の底面でスケッチを開始し，下図のスケッチをおこないます。

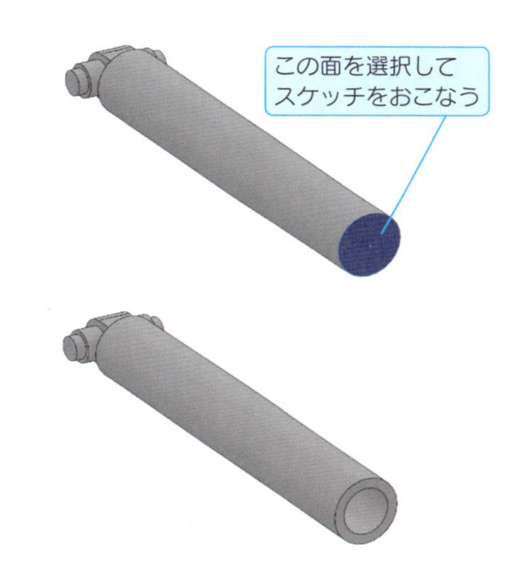
この面を選択して
スケッチをおこなう

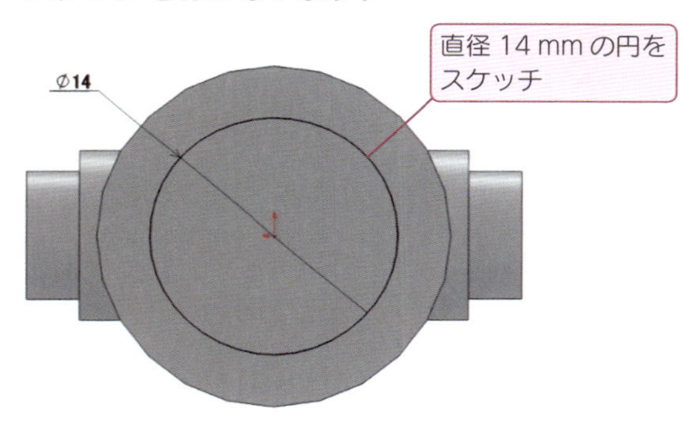
⌀14
直径 14 mm の円を
スケッチ

「フィーチャー」タブ内の「押し出しカット」でＺ軸のプラス方向へ「102 mm」押し出しカットします。

7 完成

完成した「Cylinder_02」をフォルダ「Shovelcar」の直下に保存してください。（➡ P.73）

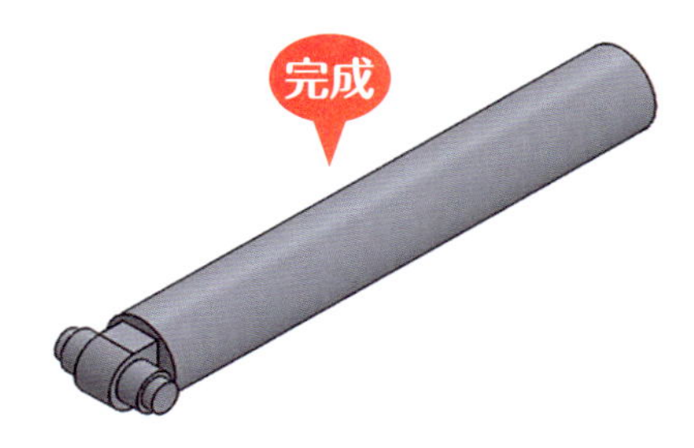
完成

解答 練習問題 12 アセンブリ「Cylinder」の作成

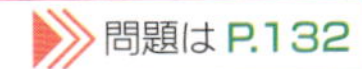
問題は P.132

1 新規アセンブリドキュメントの作成

新規アセンブリドキュメントの作成を開始します。標準ツールバーから「新規」をクリックします。「新規 SOLIDWORKS ドキュメント」ダイアログボックスが開きます。

「アセンブリ」をクリックして，「OK」をクリックします。

新規アセンブリドキュメントが開きます。

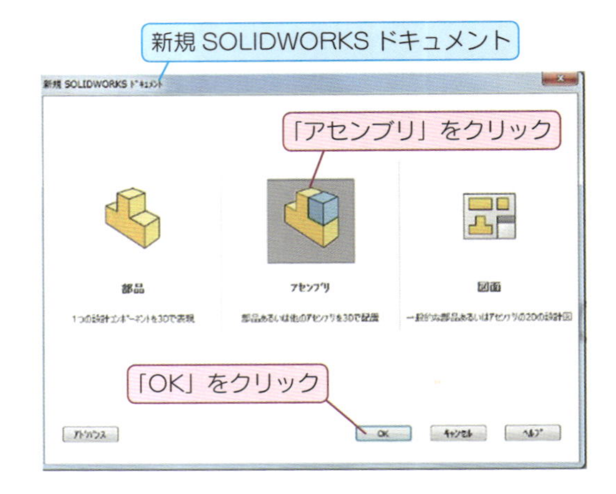
新規 SOLIDWORKS ドキュメント
「アセンブリ」をクリック
部品
アセンブリ
図面
「OK」をクリック
アドバンス
OK
キャンセル
ヘルプ

2 部品「Cylinder_02」の挿入

構成部品の挿入 PropertyManager と同時にファイル選択ダイアログが開くので，部品を保存したフォルダから「Cylinder_02」を選択して開いてください。

「挿入する部品 / アセンブリ」のリストに「Cylinder_02」が表示されます。

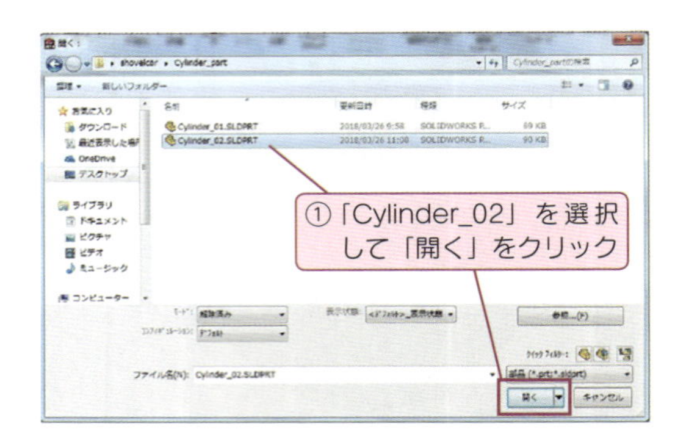
① 「Cylinder_02」を選択して「開く」をクリック

> **注意**
> 部品ドキュメントを開いた状態で新規アセンブリドキュメントの作成を開始した場合は，ファイル選択ダイアログは表示されません。「挿入する部品 /アセンブリ」に開いているドキュメント名が表示されます。

挿入したい部品を選択したら「✓OK」をクリックします。

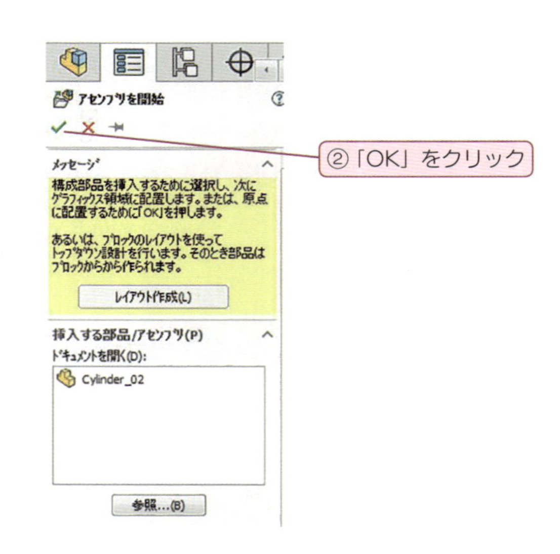
アセンブリを開始
メッセージ
構成部品を挿入するために選択し、次にグラフィックス領域に配置します。または、原点に配置するためにOKを押します。
あるいは、ブロックのレイアウトを使ってトップダウン設計を行います。そのとき部品はブロックからから作られます。
レイアウト作成(L)
挿入する部品/アセンブリ(P)
ドキュメントを開く(D):
Cylinder_02
参照...(B)
② 「OK」をクリック

グラフィックス領域に部品が挿入され，FeatureManager デザインツリーに挿入した部品ドキュメントが追加されます。

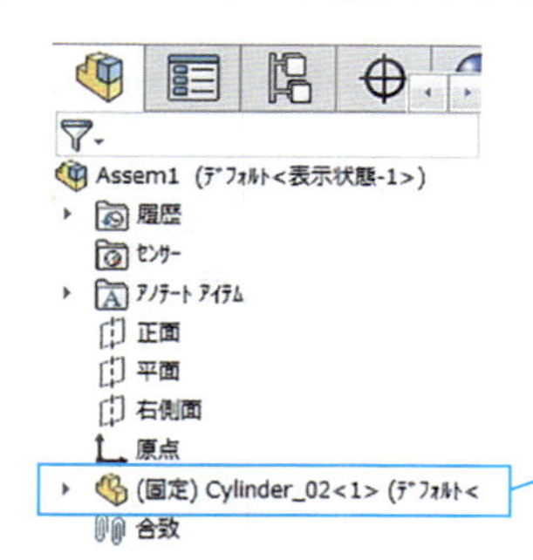
Assem1 (ﾃﾞﾌｫﾙﾄ<表示状態-1>)
履歴
ｾﾝｻｰ
ｱﾉﾃｰﾄ ｱｲﾃﾑ
正面
平面
右側面
原点
(固定) Cylinder_02<1> (ﾃﾞﾌｫﾙﾄ<
合致
「Cylinder_02」が追加

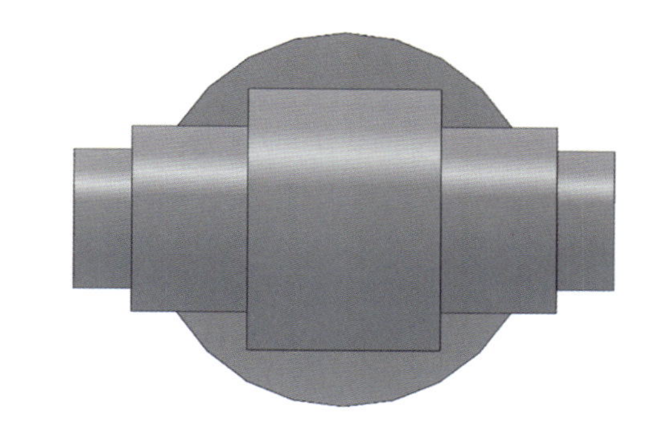

3 部品「Cylinder_01」の挿入

このアセンブリドキュメントに，「Cylinder_01」を挿入します。

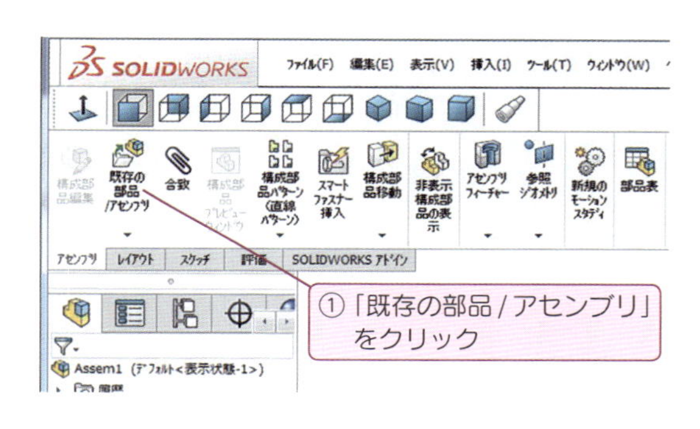
SOLIDWORKS
ﾌｧｲﾙ(F) 編集(E) 表示(V) 挿入(I) ﾂｰﾙ(T) ｳｨﾝﾄﾞｳ(W)
既存の部品/ｱｾﾝﾌﾞﾘ
合致
構成部品ﾊﾟﾀｰﾝ(直線ﾊﾟﾀｰﾝ)
ｽﾏｰﾄ ﾌｧｽﾅｰ挿入
構成部品移動
非表示構成部品の表示
ｱｾﾝﾌﾞﾘ ﾌｨｰﾁｬｰ
参照ｼﾞｵﾒﾄﾘ
新規のﾓｰｼｮﾝ ｽﾀﾃﾞｨ
部品表
ｱｾﾝﾌﾞﾘ
ﾚｲｱｳﾄ
ｽｹｯﾁ
評価
SOLIDWORKS ｱﾄﾞｲﾝ
Assem1 (ﾃﾞﾌｫﾙﾄ<表示状態-1>)
①「既存の部品 / アセンブリ」をクリック

①「アセンブリ」タブ内の「**既存の部品 / アセンブリ**」をクリックします。
選択ダイアログが開くので，部品を保存したフォルダから「**Cylinder_01**」を選択してください。「挿入する部品 / アセンブリ」のリストに「Cylinder_01」が表示されます。

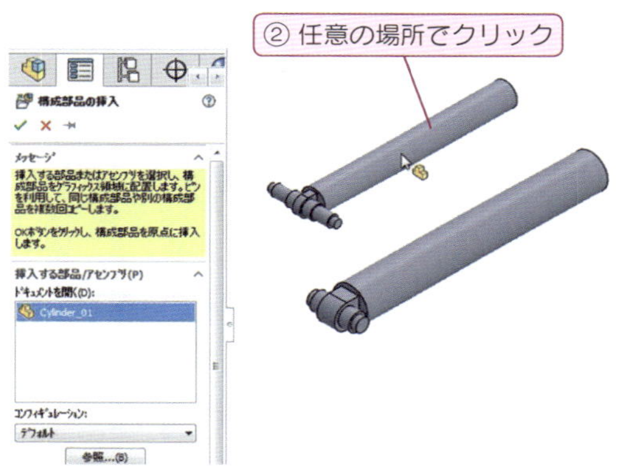
②任意の場所でクリック
構成部品の挿入
ﾒｯｾｰｼﾞ
挿入する部品/ｱｾﾝﾌﾞﾘ(P)
ﾄﾞｷｭﾒﾝﾄを開く(O):
Cylinder_01
ｺﾝﾌｨｷﾞｭﾚｰｼｮﾝ:
ﾃﾞﾌｫﾙﾄ
参照...(B)

② マウスポインタに挿入したい部品がついてきますので，グラフィックス領域内の任意の場所でクリックして部品を配置します。

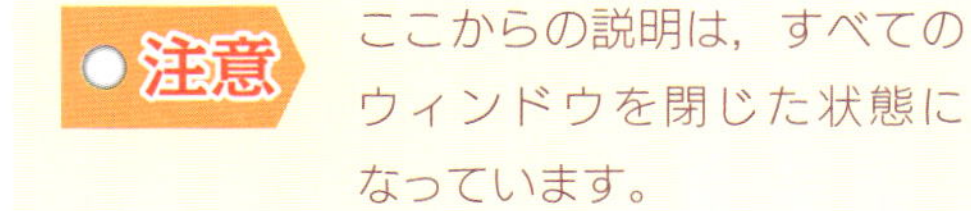
注意
ここからの説明は，すべてのウィンドウを閉じた状態になっています。

FeatureManager デザインツリー内に「Cylinder_01」が追加されていることを確認してください。

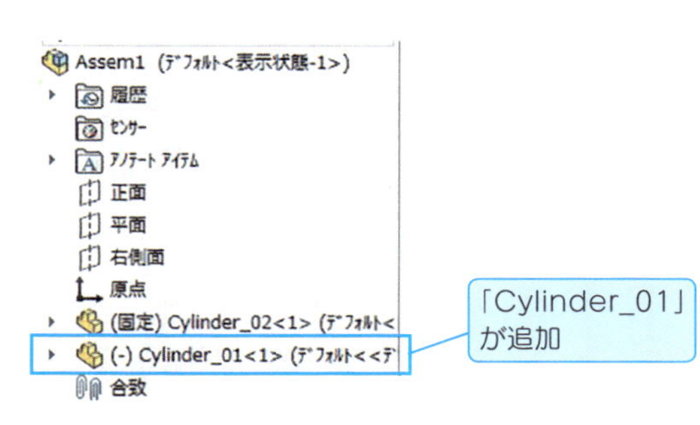
Assem1 (ﾃﾞﾌｫﾙﾄ<表示状態-1>)
履歴
ｾﾝｻｰ
ｱﾉﾃｰﾄ ｱｲﾃﾑ
正面
平面
右側面
原点
(固定) Cylinder_02<1> (ﾃﾞﾌｫﾙﾄ<
(-) Cylinder_01<1> (ﾃﾞﾌｫﾙﾄ<<ﾃﾞ
合致
「Cylinder_01」が追加

4 部品「Cylinder_01」と「Cylinder_02」の合致「同心円」

①「アセンブリ」タブ内の「合致」をクリックします。合致の PropertyManager が開きます。

「合致設定」に何も表示されていないことを確認します。表示されている場合は，「合致設定」の欄を右クリックし，「**選択解除**」をクリックしてください。

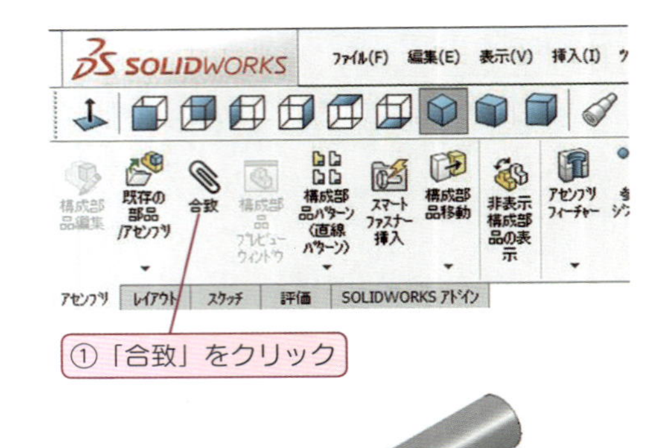
SOLIDWORKS
ﾌｧｲﾙ(F)
編集(E)
表示(V)
挿入(I)
既存の部品/ｱｾﾝﾌﾞﾘ
合致
構成部品パターン(直線パターン)
スマートファスナー挿入
構成部品移動
非表示構成部品の表示
ｱｾﾝﾌﾞﾘフィーチャー
ｱｾﾝﾌﾞﾘ
ﾚｲｱｳﾄ
ｽｹｯﾁ
評価
SOLIDWORKS ｱﾄﾞｲﾝ
①「合致」をクリック

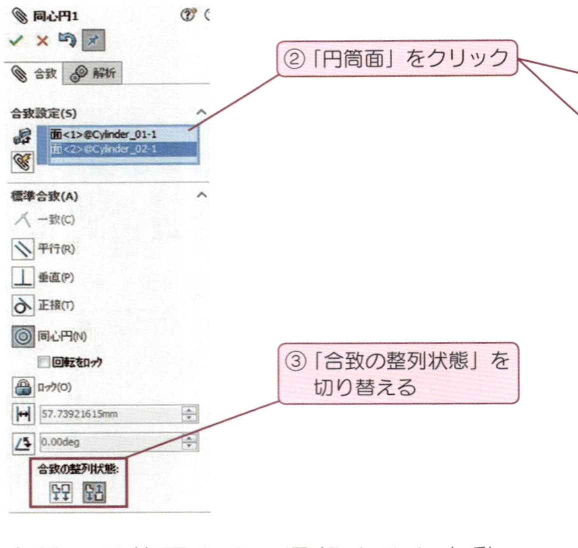
同心円1
合致
解析
合致設定(S)
面<1>@Cylinder_01-1
面<2>@Cylinder_02-1
標準合致(A)
一致(C)
平行(R)
垂直(P)
正接(T)
同心円(N)
回転をﾛｯｸ
ﾛｯｸ(O)
57.73921615mm
0.00deg
合致の整列状態:
②「円筒面」をクリック
③「合致の整列状態」を切り替える

② 右図の円筒面を２つ選択すると自動的に「同心円」合致が設定され，「Cylinder_01」が移動します。

③ プレビューを確認し，向きが裏表逆になっていた場合には，PropertyManager の「合致の整列状態」のアイコンをクリックして，正しい向きになおし，「✓OK」をクリックします。

5 完成

完成した「Cylinder」をフォルダ「Shovelcar」の直下に保存してください。（➡ P.73）

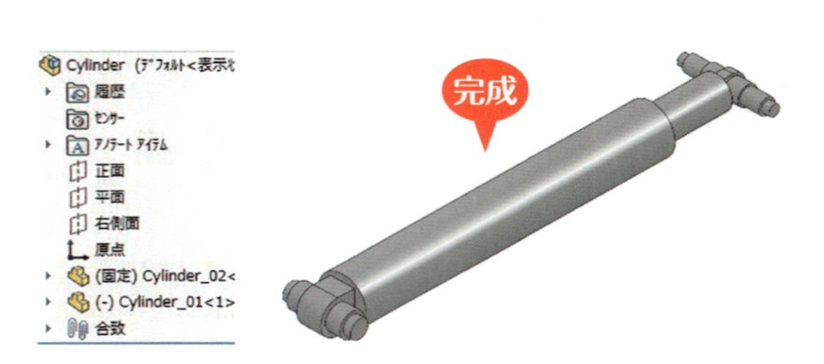
Cylinder
履歴
センサー
ｱﾉﾃｰｼｮﾝ ｱｲﾃﾑ
正面
平面
右側面
原点
(固定) Cylinder_02<
(-) Cylinder_01<1>
合致
完成

参考図

以下に掲載する８枚の図面は，「Shovelcar」の部品図および組立図です。
それぞれの部品のモデリング方法については，本文中で解説していますが，これらの図面を見ながら，どのようにモデリングするかを自分で考え，実際にモデリングしてみることで，さらにモデリングのスキルの向上につながります。
紙面の都合上，縮小されて見づらくなっている部分もあるので，詳しくご覧になりたい読者のために，もとの画像ファイルを下記 URL からダウンロードできるようにしています。ご活用ください。

https://www.morikita.co.jp/books/mid/066663

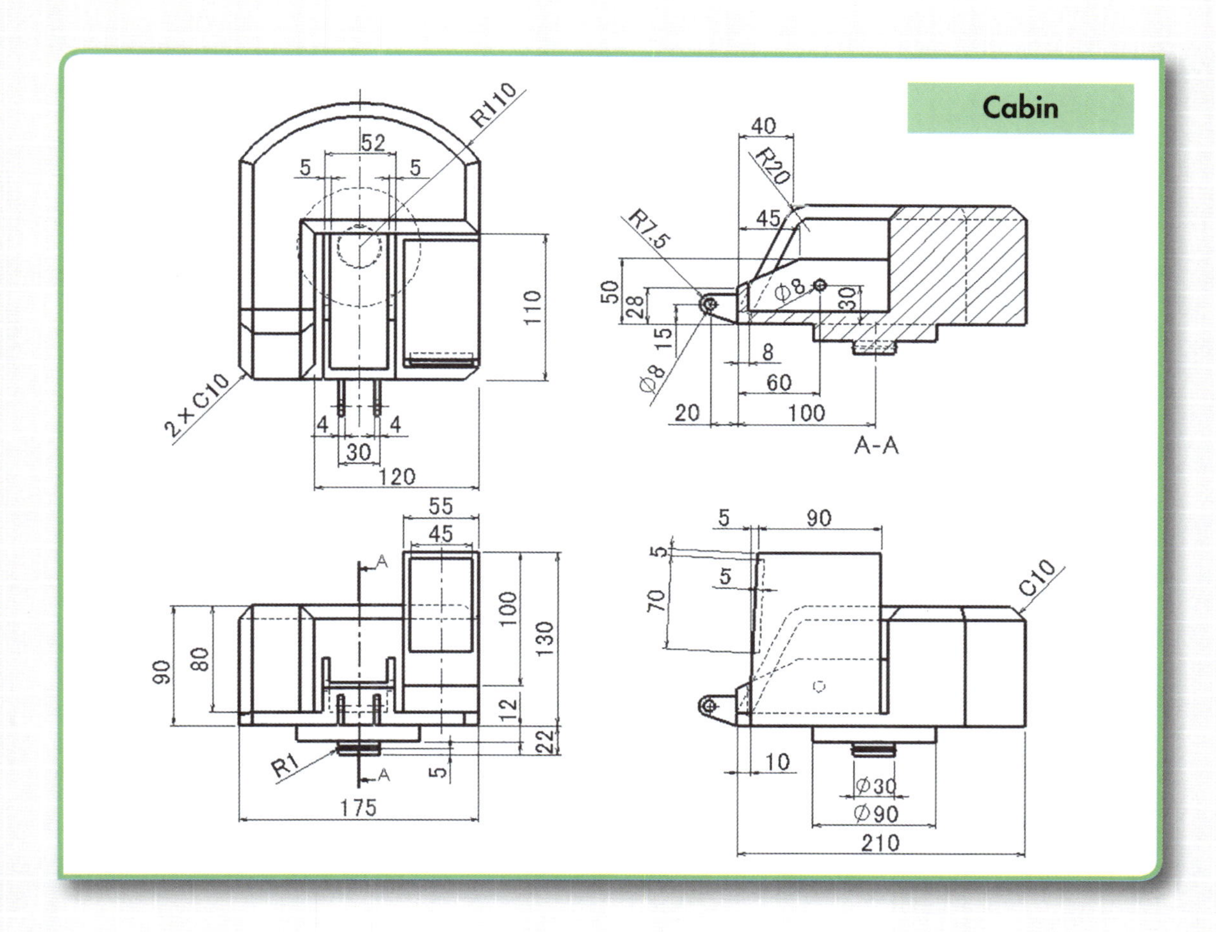
Cabin
R110
52
5
5
110
2×C10
4
4
30
120
40
R20
45
R7.5
50
28
15
Φ8
Φ8
30
8
60
20
100
A-A
55
45
A
A
100
130
90
80
12
22
R1
5
175
5
90
5
5
70
C10
10
Φ30
Φ90
210

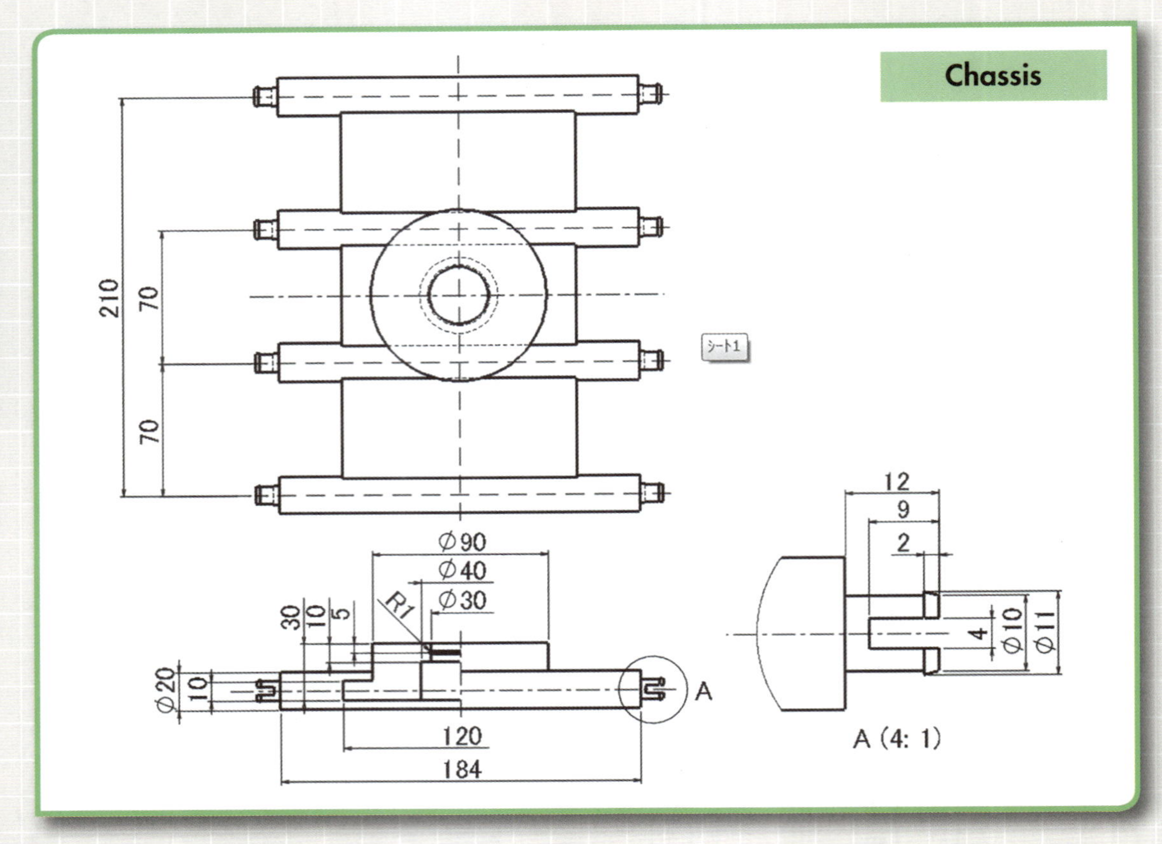
Chassis
210
70
70
Ø90
Ø40
Ø30
R1
30
10
5
Ø20
10
A
120
184
12
9
2
4
Ø10
Ø11
A (4: 1)
シート1

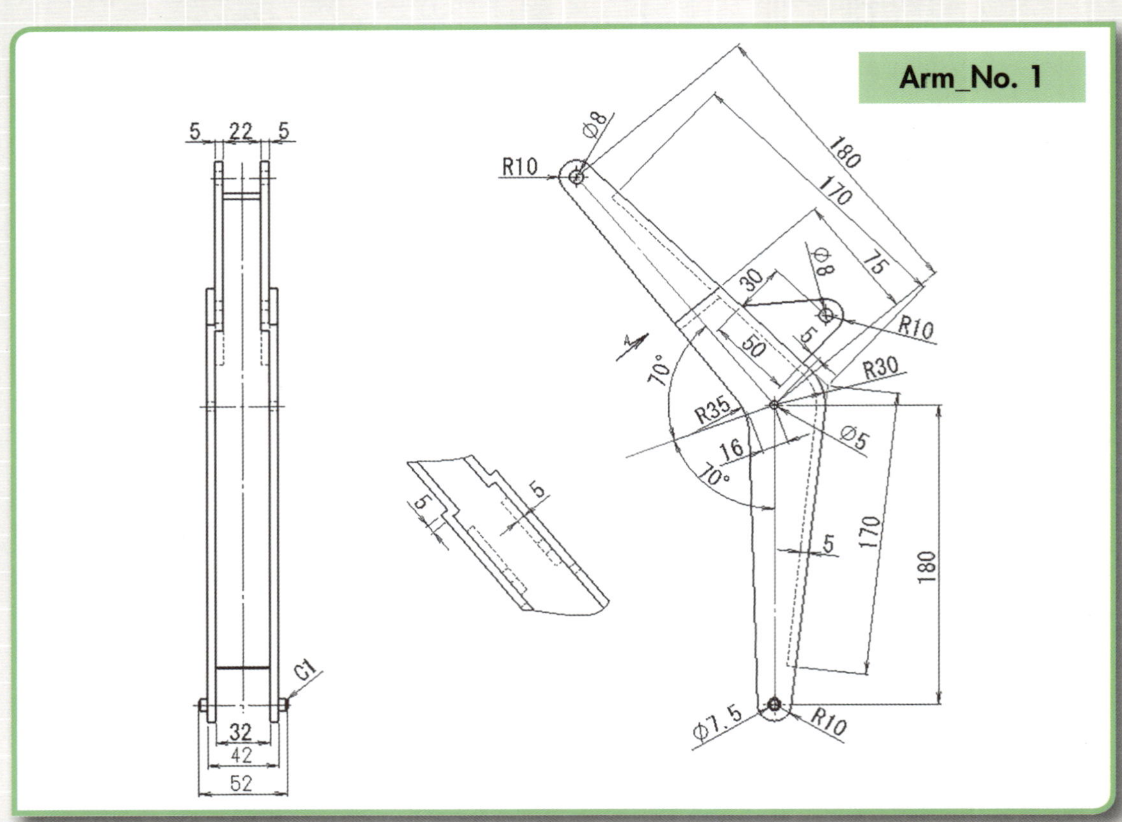
Arm_No. 1
5
22
5
C1
32
42
52
R10
Ø8
180
170
75
30
Ø8
R10
50
5
R30
70°
R35
16
Ø5
70°
5
5
5
170
180
Ø7.5
R10

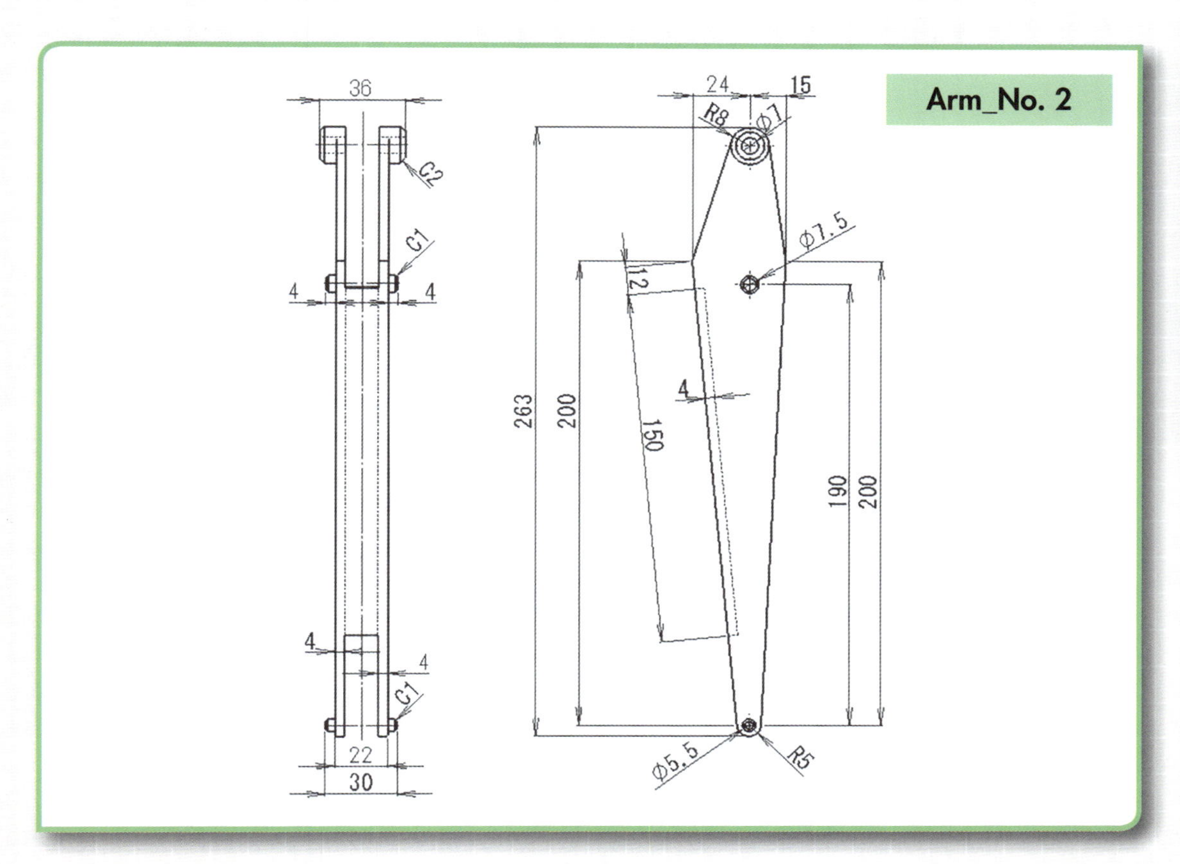
Arm_No. 2
36
C2
C1
4
4
4
4
C1
22
30
24
15
R8
φ7
φ7.5
12
4
150
263
200
190
200
φ5.5
R5

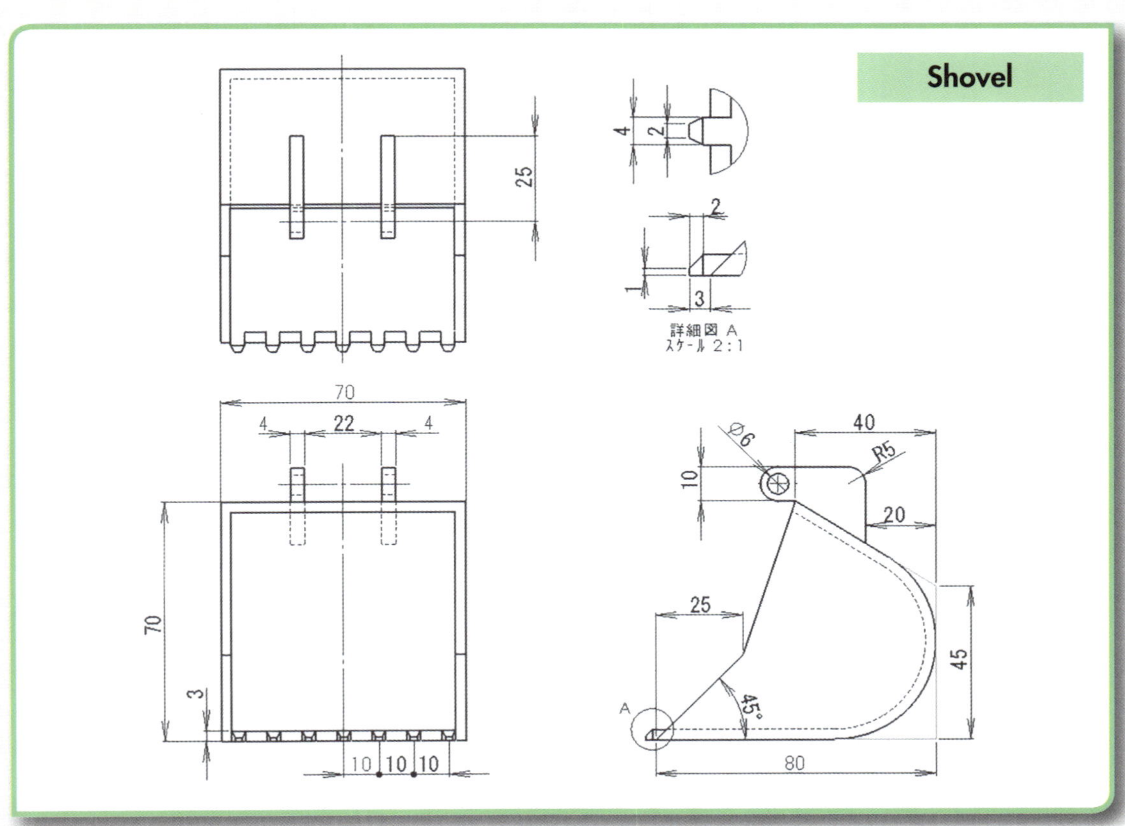
Shovel
25
4
2
2
1
3
詳細図 A
スケール 2:1
70
4
22
4
70
3
10
10
10
φ6
40
R5
10
20
25
45
45°
A
80

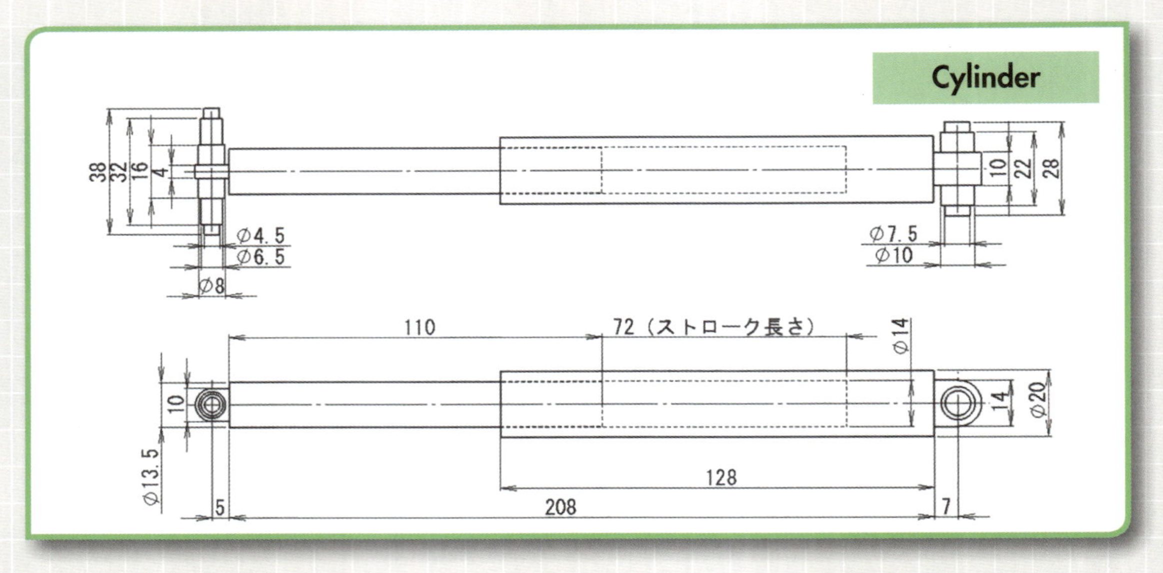
Cylinder
38
32
16
4
φ4.5
φ6.5
φ8
10
22
28
φ7.5
φ10
110
72（ストローク長さ）
φ14
10
14
φ20
φ13.5
128
5
208
7

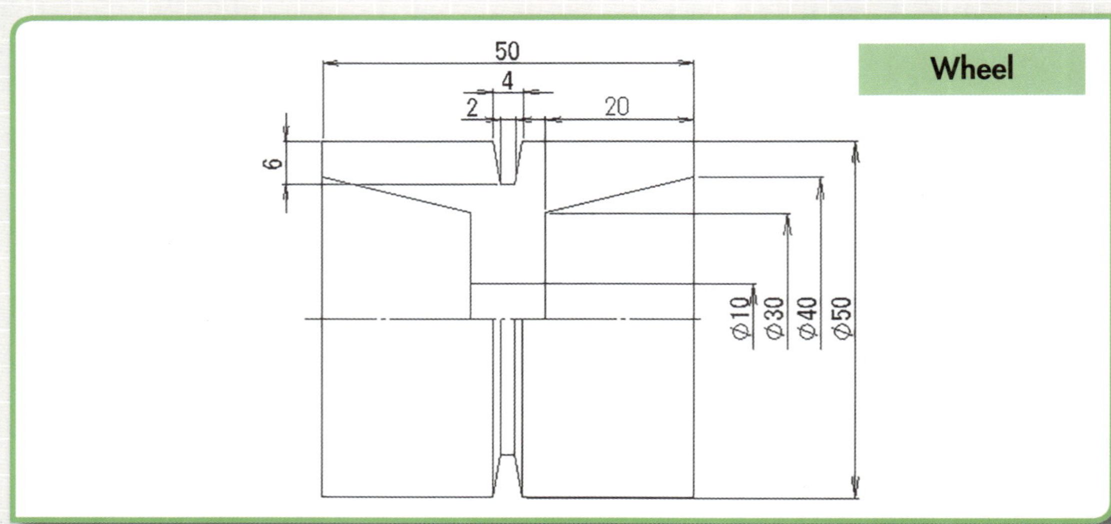
Wheel
50
4
2
20
6
φ10
φ30
φ40
φ50

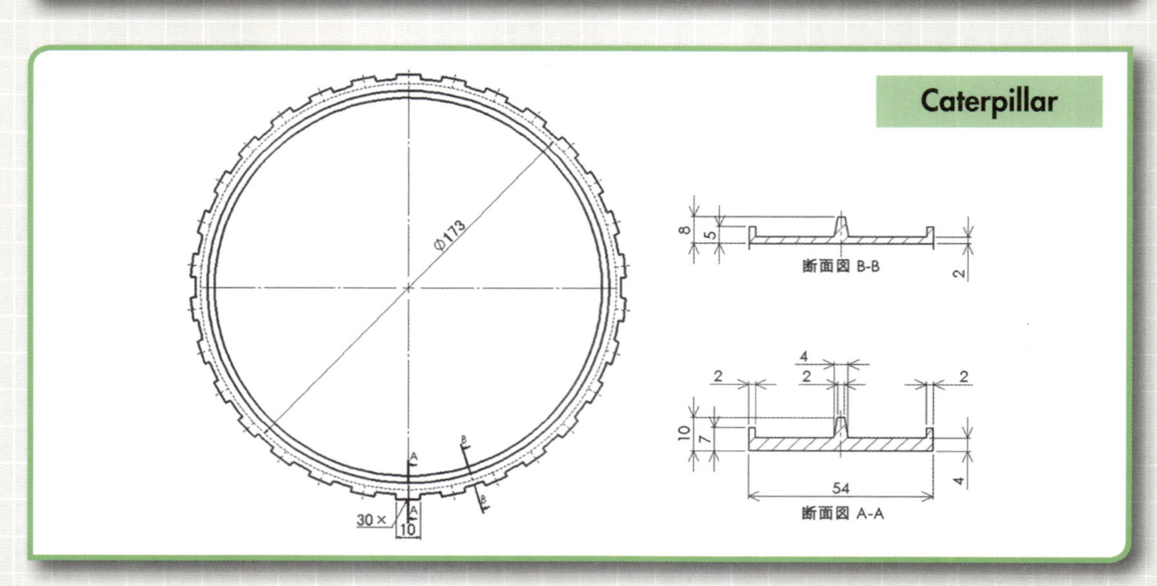
Caterpillar
φ173
30×10
A
B
8
5
2
断面図 B-B
4
2
2
2
10
7
4
54
断面図 A-A

ツールバー
一覧

ツールバーの一覧を記載します。ここでは，一般的によく利用されるツールバーを掲載しています。

メニューバー	アイコン（ショートカット）	コマンド / 説明
		コマンド
		説明

標準ツールバー

メニューバー	アイコン（ショートカット）	コマンド	説明
ファイル	（Ctrl + F2）	SOLIDWORKS へようこそ	ようこそダイアログを開きます。
ファイル	（Ctrl + N）	新規作成	新規のドキュメントを作成します。
ファイル	（Ctrl + O）	開く	既存ドキュメントを開きます。
ファイル	（Ctrl + S）	保存	アクティブなドキュメントを保存します。現在開いているすべてのドキュメントを保存します。
ファイル	（Ctrl + P）	印刷	アクティブなドキュメントを印刷します。
編集	（Ctrl + Z）	取り消し	最後の処理を取り消します。
編集	（Ctrl + B）	再構築	変更されたフィーチャーを再構築します。
ツール		選択	コマンドを実行するアイテムを選択します。
ツール		オプション	ユーザーオプションを設定できます。

表示ツールバー

メニューバー	アイコン（ショートカット）	コマンド	説明
表示→表示コントロール	（F）	ウィンドウにフィット	表示されているアイテムをすべて表示します。
表示→表示コントロール		一部拡大	指定領域を拡大表示します。
表示→表示コントロール	（Ctrl+Shift+Z）	最後の表示変更の取り消し	最後の表示変更を取り消します。
表示→表示/非表示		全タイプ表示 / 非表示	グラフィックス領域のアイテムの視認性を切り替えます。
表示→表示タイプ		ワイヤーフレーム	モデルをワイヤーフレームで表示します。
表示→表示タイプ		隠線表示	モデルを隠線と一緒に表示します。
表示→表示タイプ		隠線なし	モデルを実線のみで表示します。
表示→表示タイプ		エッジシェイディング表示	エッジのあるシェイディングイメージを表示します。
表示→表示タイプ		シェイディング	モデルをシェイディング表示します。
表示→表示タイプ		影付シェイディング表示	シェイディングモードで影の表示のオン / オフを切り替えます。
表示→表示タイプ		断面表示	1つまたは複数の平面を使って部品 / アセンブリの断面を表示します。
表示→表示タイプ		RealView Graphics	実物のようなリアルな色表現のモデルを表示します。

表示方向ツールバー

アイコン	名称	説明
(Ctrl + 8)	選択アイテムに垂直	選択した面，平坦な面，フィーチャーに対し，垂直な方向に表示させます。
(Ctrl + 1)	正面	モデルの正面方向を表示させます。
(Ctrl + 2)	背面	モデルの背面方向を表示させます。
(Ctrl + 3)	左側面	モデルの左側面方向を表示させます。
(Ctrl + 4)	右側面	モデルの右側面方向を表示させます。
(Ctrl + 5)	平面（上面）	モデルの平面（上面）方向を表示させます。
(Ctrl + 6)	底面	モデルの底面方向を表示させます。
(Ctrl + 7)	等角投影	モデルの等角投影の方向を表示させます。
	不等角投影	モデルの不等角投影の方向を表示させます。
	両等角投影	モデルの両等角投影の方向を表示させます。
	表示方向	現在の表示方向，またはビューポートの数を変えます。
	表示スタイル	アクティブなビューの表示スタイルを切り替えます。

スケッチツールバー

区分	名称	説明
	スケッチ	新規のスケッチを作成，または既存のスケッチを編集します。
ツール→スケッチエンティティ	直線	直線をスケッチします。
ツール→スケッチエンティティ	矩形コーナー	辺が水平，垂直な矩形をスケッチします。
ツール→スケッチエンティティ	ストレートスロット	ストレートスロットをスケッチします。
ツール→スケッチエンティティ	円	中心点を基準とした円をスケッチします。
ツール→スケッチエンティティ	正接円弧	直線に正接する円弧をスケッチします。
ツール→スケッチエンティティ	多角形	多角形をスケッチします。
ツール→スケッチエンティティ	スプライン	スプラインカーブをスケッチします。
ツール→スケッチエンティティ	楕円	楕円をスケッチします。
ツール→スケッチエンティティ	平面	3D スケッチに平面を挿入します。
ツール→スケッチエンティティ	テキスト	スケッチにテキストを追加します。
ツール→スケッチエンティティ	点	スケッチ点を作成します。
ツール→スケッチツール	スケッチフィレット	2 つの直線のコーナーをフィレットします。
ツール→スケッチツール	エンティティのトリム	別のエンティティと一致するようスケッチエンティティをトリム，または延長，またはスケッチエンティティを削除します。
ツール→スケッチツール	エンティティ変換	モデルエッジまたはスケッチエンティティをスケッチセグメントに変換します。
ツール→スケッチツール	エンティティのオフセット	モデルエッジまたはスケッチエンティティをオフセットする距離を指定して，スケッチカーブを作成します。
ツール→スケッチツール	エンティティのミラー	中心線や平坦な参照アイテムを中心に，選択したセグメントをミラーコピーします。
ツール→スケッチツール	直線パターンコピー	スケッチエンティティの直線パターンを作成し，リピートします。
ツール→スケッチツール	エンティティの移動	スケッチエンティティとアノテートアイテムを移動します。

フィーチャーツールバー

メニュー	コマンド	説明
挿入→ボス/ベース	押し出しボス / ベース	輪郭とパラメータの指定に従って，押し出してフィーチャーを作成します。
	回転ボス / ベース	スケッチした輪郭と角度パラメータの指定に従って，回転フィーチャーを作成します。
	スイープ	スケッチした輪郭をパスに沿って押し出し，スイープフィーチャーを作成します。
	ロフト	複数のスケッチした輪郭を使用して，ロフトフィーチャーを作成します。
	境界ボス / ベース	輪郭の間に材料を2つの方向で追加して，ソリッドフィーチャーを作成します。
挿入→カット	押し出しカット	輪郭と深さパラメータに従って，カットフィーチャーを作成します。
	回転カット	スケッチした輪郭を回転して押し出し，カットフィーチャーを作成します。
	スイープカット	スケッチした輪郭をパスに沿って押し出し，スイープカットを作成します。
	ロフトカット	複数の輪郭を使用してソリッドモデルをカットします。
	境界カット	輪郭の間にある材料を 2 つの方向に削除して，ソリッドモデルをカットします。
挿入→フィーチャー	穴ウィザード	定義済みの断面を使用した穴を挿入します。
	フィレット	半径を指定して，エッジにフィレットフィーチャーを作成します。
	リブ	リブフィーチャーを作成します。
	抜き勾配	選択したサーフェスに抜き勾配をつけます。
	シェル	シェルフィーチャーを作成します。
	ラップ	閉じたスケッチ輪郭で面をおおいます。
	交差	サーフェス，平面，ソリッドを交差させ，ボリュームを作成します。
挿入→パターン/ミラー	直線パターン	選択フィーチャー / 選択面 / 選択ボディを使用して，直線パターンを作成します。
	円形パターン	選択フィーチャー / 選択面 / 選択ボディを使用して，円形パターンを作成します。
	ミラー	平面を中心に，フィーチャー / 面 / ボディをミラーコピーします。

参照ジオメトリツールバー

メニュー	コマンド	説明
挿入→参照ジオメトリ	平面	参照平面を挿入します。
	軸	参照軸を挿入します。
	座標系	座標系を設定します。
挿入→参照ジオメトリ	点	参照点を作成します。
	合致参照	スマート合致で参照するエンティティを指定します。

寸法 / 拘束 ツールバー

メニュー	コマンド	説明
ツール→寸法配置	スマート寸法	1 つまたは複数の選択エンティティに寸法を追加します。
	水平寸法	2 つの点間に水平寸法を配置します。
	垂直寸法	2 つの点間に垂直寸法を配置します。
	累進寸法	累進寸法記入法を使用して寸法値を配置します。
	水平累進寸法	水平な方向の累進寸法数値を記入します。
ツール→寸法配置	垂直累進寸法	垂直な方向の累進寸法値を記入します。
	スケッチ完全定義	スケッチに自動的に寸法を配置します。
ツール→幾何拘束	幾何拘束の追加	一致や垂直などの幾何拘束を設定します。
	幾何拘束の表示 / 削除	スケッチエンティティに設定されている幾何拘束を表示，削除します。

アセンブリツールバー

分類	名称	説明
挿入→構成部品	構成部品の挿入	既存の部品またはサブアセンブリを追加します。
挿入→構成部品	新規部品	新規部品を作成し，アセンブリに挿入します。
挿入→構成部品	新規アセンブリ	新規アセンブリを作成し，アセンブリに挿入します。
ツール	大規模アセンブリモード	アセンブリのパフォーマンスを向上させるためのシステムオプションを切り替えます。
編集	構成部品の表示 / 非表示	選択した構成部品の表示 / 非表示を切り替えます。
右クリック	構成部品の編集	編集中の部品とサブアセンブリとアセンブリを切り替え，構成部品を編集可能状態にします。
挿入	合致	2 つの構成部品を相対的に配置します。
挿入	分解図	新しい分解図を作成します。
挿入	分解ラインスケッチ	分解ラインスケッチの作成・編集を行います。
ツール→評価	干渉認識	干渉のある構成部品を見つけ表示します。

図面ツールバー

分類	名称	説明
挿入→図面ビュー	モデルビュー	既存の部品やアセンブリを元にしたビューを図面に追加します。
挿入→図面ビュー	詳細図	詳細図を作成します。
挿入→図面ビュー	断面図	断面図，整列断面図，半断面図を作成します。
挿入→図面ビュー	投影図	既存のビューから新しいビューを展開します。
挿入→図面ビュー	標準 3 面図	標準 3 面図を作成します（第 1 角法または第 3 角法使用）
挿入→図面ビュー	補助図	斜面の補助図を作成します。
挿入→図面ビュー	ビューのトリミング	ビューをトリミングします。
挿入→図面ビュー	部分断面	部分断面を作成します。

アノテートアイテムツールバー

分類	名称	説明
挿入→アノテートアイテム	注記	注記を作成します。
挿入→アノテートアイテム	バルーン	選択したエッジまたは面にバルーン注記を添付します。
挿入→アノテートアイテム	自動バルーン	選択したビューの全構成部品にバルーンを追加します。
挿入→アノテートアイテム	表面粗さ記号	表面粗さ記号を追加します。
挿入→アノテートアイテム	幾何公差	幾何公差記号を追加します。
挿入→アノテートアイテム	データム記号	エッジや詳細部分にデータム記号を挿入します。
挿入→アノテートアイテム	中心マーク	モデルの円や円弧に中心マークを追加します。
挿入→アノテートアイテム	キャタピラー	エッジにビードキャタピラーを追加します。
挿入→アノテートアイテム	エンド処理	エッジに溶接ビートのエンド処理を追加します。
挿入→アノテートアイテム	領域のハッチング / フィル	閉じたスケッチの輪郭にハッチング，またはフィルを追加します。

さくいん

タ

ナ

ハ

マ

ヤ

ラ

ワ

著　者　略　歴

株式会社プラーナー
　ソリッドワークス・ジャパン正規トレーニングセンター

栗山　晃治（くりやま・こうじ）
　信州大学非常勤講師
　株式会社プラーナー 代表取締役社長

　著書：3次元CADから学ぶ機械設計入門 第2版
　　　　3次元CADによる手巻きウインチの設計
　　　　強いものづくりのための「公差設計」スキルアップ講座

新間　寛之（しんま・ひろゆき）
　ソリッドワークス認定技術者
　長野県南信工科短期大学校非常勤講師
　株式会社プラーナー

髙橋　史生（たかはし・ふみお）
　ソリッドワークス認定技術者
　株式会社プラーナー

編集担当　二宮　惇（森北出版）
編集責任　藤原祐介（森北出版）
組　　版　ビーエイト
印　　刷　シナノ印刷
製　　本　　同

2007年10月10日　第1版第1刷発行
2011年 8 月 8 日　第1版第4刷発行
2012年10月17日　第2版第1刷発行
2017年 8 月10日　第2版第4刷発行
2019年 9 月30日　第3版第1刷発行
2024年 1 月19日　第3版第3刷発行

編　　者　株式会社プラーナー
発 行 者　森北博巳
発 行 所　**森北出版株式会社**
　東京都千代田区富士見 1-4-11（〒102-0071）
　電話 03-3265-8341／FAX 03-3264-8709
　https://www.morikita.co.jp/
　日本書籍出版協会・自然科学書協会　会員
　JCOPY ＜（一社）出版者著作権管理機構 委託出版物＞

落丁・乱丁本はお取替えいたします.

Printed in Japan／ISBN978-4-627-66663-4